Ordnungen und Verbände

Lizenz zum Wissen.

Rudolf Berghammer

Ordnungen und Verbände

Grundlagen, Vorgehensweisen
und Anwendungen

Rudolf Berghammer
Universität Kiel
Kiel, Deutschland

ISBN 978-3-658-02710-0   ISBN 978-3-658-02711-7 (eBook)
DOI 10.1007/978-3-658-02711-7

Die Deutsche Nationalbibliothek verzeichnet diese Publikation in der Deutschen Nationalbibliografie; detaillierte bibliografische Daten sind im Internet über http://dnb.d-nb.de abrufbar.

Springer Vieweg
© Springer Fachmedien Wiesbaden 2013

Gedruckt auf säurefreiem und chlorfrei gebleichtem Papier.

Springer Vieweg ist eine Marke von Springer DE. Springer DE ist Teil der Fachverlagsgruppe Springer Science+Business Media
www.springer-vieweg.de

Einleitung

Durch dieses Buch wird versucht, eine möglichst präzise, elementare und verständliche Einführung in die Theorie der Ordnungen und die Verbandstheorie zu geben. Weiterhin wird versucht, einige Anwendungen dieser zwei Gebiete zu demonstrieren. Neben mathematischen Anwendungen werden insbesondere auch solche betrachtet, die einen Bezug zu Problemen der Informatik besitzen.

Die Theorie der Ordnungen und die Verbandstheorie spielen heutzutage in vielen Bereichen der reinen und angewandten Mathematik, der Informatik und anderer Wissenschaften (wie beispielsweise Elektrotechnik, Wirtschaftswissenschaften und Sozialwahltheorie) eine große Rolle. Insbesondere haben sehr viele wichtige Sätze der klassischen Algebra über auf- und absteigende Kettenbedingungen, wie sie etwa bei auflösbaren Gruppen oder Noetherschen Ringen auftreten, einen ordnungstheoretischen Hintergrund. Gleiches gilt für die Methoden der Informatik zum Beweis von Terminierungen von Deduktions- und Ersetzungssystemen und von Programmen. Ein weiteres Beispiel hierzu ist die Boolesche Algebra, welche einen speziellen Zweig der Verbandstheorie bildet. Durch sie ist eine Algebraisierung der klassischen Aussagenlogik gegeben. Ihre Bedeutung für insbesondere die Informatik und die Elektrotechnik liegt hauptsächlich in Anwendungen bei den Schaltabbildungen und den logischen Schaltungen. Als letztes Anwendungsbeispiel seien noch Fixpunkte von Abbildungen genannt. Sehr viele praktisch bedeutende Probleme lassen sich als solche Fixpunktprobleme formulieren, etwa die Berechnung der relationalen transitiven und reflexiv-transitiven Hüllen oder das damit eng verbundene Erreichbarkeitsproblem auf gerichteten Graphen und Ersetzungssystemen. Algorithmische Lösungen dieser Probleme ergeben sich dann oft direkt aus den „konstruktiven" Fixpunktsätzen über vollständigen Verbänden. Bestimmte Fixpunkte spielen auch bei der sogenannten denotationellen Semantik von Programmiersprachen eine ausgezeichnete Rolle.

Es gibt wahrscheinlich kein mathematisches Konzept, das so viele Anwendungen findet, wie das einer Ordnungsrelation bzw. einer geordneten Menge. Diese wurden in der Mathematik schon sehr früh betrachtet. Einzelne der grundlegenden Gedanken gehen sogar sehr weit zurück, teilweise bis zu Aristoteles. Eine überragende Bedeutung kam den Konzepten insbesondere zu Beginn des 20. Jahrhunderts zu, als die Grundlagen der Mathematik und hier insbesondere die der Mengenlehre intensiv diskutiert wurden. Untrennbar damit sind die Namen G. Cantor, E. Zermelo und F. Hausdorff verbunden. G. Cantor begründete die Mengenlehre. Von E. Zermelo stammt die Einsicht, dass das Auswahlaxiom ein wesentliches Beweismittel der Mathematik ist. Seine heutzutage mit Abstand am häufigsten verwendete Konsequenz – man sollte genauer sagen: äquivalente Formulierung – ist das bekannte Lemma von M. Zorn. Und F. Hausdorff hat wohl als erster die Ordnungsaxiome explizit in der heutigen Form formuliert. Sein sogenanntes Maximalkettenprinzip ist ebenfalls logisch äquivalent zum Auswahlaxiom.

Den Ursprung der Verbandstheorie kann man wohl bei G. Boole ansetzen, der schon im 19. Jahrhundert eine Algebraisierung der Aussagenlogik untersuchte, sowie bei R. Dedekind, der sich den Verbänden von den Idealen bei den algebraischen Zahlen, also von der algebraischen Seite her näherte. Von R. Dedekind stammt auch die heute übliche algebraische Verbandsdefinition. Von ihm wurde ein Verband auch als eine Dualgruppe bezeichnet, wie etwa in der grundlegenden und erstaunlich modern wirkenden Arbeit „Über die von drei Moduln erzeugte Dualgruppe", erschienen in den Mathematische Annalen 53, 371-403, 1900. Die Untersuchungen von G. Boole wurden sehr bald von anderen Wissenschaftlern aufgegriffen, insbesondere um 1880 von C.S. Peirce in seiner „Algebra of Logic" und von E. Schröder, der von 1885 bis 1895 das umfassende Werk „Algebra der Logik" in drei Bänden publizierte. Eine Vereinheitlichung zu der Theorie, wie wir sie heutzutage kennen, ist wohl in erster Linie das Werk von G. Birkhoff. Es sind aber noch eine Reihe von weiteren bekannten Mathematikern zu nennen, die zur Grundlegung und Weiterentwicklung der Verbandstheorie als einem Teilgebiet sowohl der modernen Algebra als auch der Ordnungstheorie beigetragen haben. Ohne Vollständigkeitsanspruch seien genannt R.P. Dilworth, O. Frink, P. Halmos, L. Kantorovik, K. Kuratowski, J. von Neumann, O. Ore und H.M. Stone. Im Hinblick auf Anwendungen der Verbandstheorie sollte auch eine Gruppe von Wissenschaftlern genannt werden, die ursprünglich von R. Wille an der Technischen Universität Darmstadt geleitet wurde, und der auch B. Ganter als ein einflussreiches Mitglied angehörte. Diese Gruppe legte die Grundlagen der Begriffsverbände, einer Verallgemeinerung der Vervollständigung von Ordnungen durch Schnitte auf beliebige Relationen, und auch der sogenannten formalen Begriffsanalyse. Letztere ist ein Gebiet mit vielen praktischen und mittlerweile auch (verbands-)theoretischen Anwendungen.

Nach diesen knappen historischen Betrachtungen wollen wir nun, ebenfalls sehr knapp, den Inhalt des Buchs skizzieren. Im ersten Kapitel stellen wir kurz die mathematischen Grundlagen aus der Mengenlehre und der Logik zusammen. Dies betrifft insbesondere spezielle Begriffe und Notationen. Dann stellen wir im zweiten Kapitel die Grundlagen der Ordnungs- und Verbandstheorie vor, wobei wir mit den Verbänden beginnen. Darauf aufbauend werden wir im dritten Kapitel dann spezielle Klassen von Ordnungen und Verbänden genauer diskutieren. Wiederum spielen hier die Verbände die Hauptrolle. Im vierten Kapitel werden wir die wichtigsten Fixpunktsätze beweisen und anhand von einigen exemplarischen Anwendungen, wie Hüllen und Galois-Verbindungen, vertiefen. Die wichtigsten Fragen im Zusammenhang mit Vervollständigungen und Darstellbarkeit durch Vervollständigungen spielen für uns dann im fünften Kapitel eine entscheidende Rolle. Danach werden wir im sechsten Kapitel die Wohlordnungen und transfiniten Zahlen mit dem Auswahlaxiom und wichtigen Folgerungen davon (genauer: dazu äquivalenten Formulierungen, wie etwa das Lemma von M. Zorn) und Anwendungen präsentieren. Dies wird uns auch erlauben, Beweise von Sätzen aus früheren Kapiteln zu bringen, die wir dort aufgrund der fehlenden Mittel noch nicht führen konnten. Mit einem siebten Kapitel über einige spezielle Anwendungen von Ordnungen und Verbänden in der Informatik schließen wir den technischen Teil des Buchs ab. Der noch folgende Index soll der Leserin oder dem Leser das Nachschlagen erleichtern.

Wir wollen auch kurz auf begleitende und weiterführende Literatur eingehen. Die nachfolgend angegebenen Bücher gehen in der Regel bei speziellen Gebieten weit über das hinaus, was dieses Buch an Stoff enthält.

- H. Gericke, Theorie der Verbände, 2. Auflage, Bibliographisches Institut, 1967.

- H. Hermes, Einführung in die Verbandstheorie, 2. Auflage, Springer Verlag, 1967.

- G. Birkhoff, Latice Theory, 3. Auflage, Amer. Math. Soc, 1967.

- M. Erné, Einführung in die Ordnungstheorie, Bibliographisches Institut, 1982.

- R. Freese, J. Jezek, J.B. Nation, Free Latices, Amer. Math. Soc, 1995.

- B. Ganter, R. Wille, Formale Begriffsanalyse – Mathematische Grundlagen, Springer Verlag, 1996.

- B.A. Davey, H.A. Priestley, Introduction to Lattices and Orders, 2. Auflage, Cambridge University Press, 2002.

Das Lesen dieses Buchs, welches sich primär an Studierende der Informatik und der Mathematik im Diplom-Hauptstudium, Master-Studium oder den letzten Semestern eines Bachelor-Studiums wendet, aber, wie wir hoffen, auch Studierenden anderer Fächer helfen kann, erfordert relativ wenig tiefgehende Voraussetzungen aus der Informatik und der Mathematik. Da diese alle nicht über das hinausgehen, was wir im ersten Kapitel an Grundlagen vorstellen oder was man üblicherweise an einer höheren Schule oder in den ersten Semestern eines Diplom- oder Bachelor-Studiums in Informatik oder Mathematik lernt, verzichten wir hier auf die Angabe von entsprechender Literatur.

Das vorliegende Buch basiert auf den ersten sechs Kapiteln der zweiten Auflage meines Buchs „Ordnungen, Verbände und Relationen mit Anwendungen", welches beim Verlag Springer Vieweg erschienen ist. Neben einer gründlichen Überarbeitung, insbesondere hinsichtlich der mathematischen Beweise und der Erklärung von komplizierteren Sachverhalten, wurden die Kapitel auch ergänzt, etwa durch neue mathematische Aussagen, zusätzliche Beispiele und Anwendungen und auch einige Algorithmen. Auch wurde ihnen ein neues Kapitel vorangestellt, das in knapper Form die erforderlichen mathematischen Grundlagen enthält. Ich bedanke mich wiederum sehr herzlich beim Verlag Springer Vieweg, insbesondere bei Frau Maren Mithöfer, Frau Sybille Thelen und Herrn Bernd Hansemann, für die sehr angenehme Zusammenarbeit, sowie bei meiner Frau Sibylle für ihre Unterstützung und Hilfe.

Kiel, im Oktober 2013   Rudolf Berghammer

Inhaltsverzeichnis

Kapitel 1

Mathematische Grundlagen

In diesem Kapitel stellen wir knapp die mathematischen Grundlagen vor, die im Rest des Buchs verwendet werden. Es handelt sich um Begriffe, die man teilweise schon von der höheren Schule her kennt. Bei einem Informatik-Studium stehen sie in der Regel am Anfang der einführenden Mathematik-Vorlesung.

1.1 Mengen

Wir werden Mengen in dem naiven Sinn verwenden, wie sie G. Cantor im Jahr 1885 einführte. Er schrieb damals: *Unter einer Menge verstehen wir jede Zusammenfassung M von bestimmten wohlunterschiedenen Objekten m unserer Anschauung oder unseres Denkens (welche die „Elemente" von M genannt werden).* Aufgrund der vorausgesetzten Wohlunterschiedenheit wird für alle Objekte a und b eine Gleichheit $a = b$ bzw. eine Ungleichheit $a \neq b$ als vorgegeben angenommen. Werden nun neue Objekte konstruiert, so ist für diese, damit sie Elemente von Mengen werden können, festzulegen, was Gleichsein $a = b$ heißt. Ungleichheit $a \neq b$ bedeutet dann immer, dass Gleichheit $a = b$ nicht gilt.

Ist M eine Menge und a ein Objekt, so drücken wir durch $a \in M$ aus, dass a ein Element von M ist, und durch $a \notin M$, dass a kein Element von M ist. Es ist dann M eine *Teilmenge* einer Menge N (oder in N enthalten), im Zeichen $M \subseteq N$, falls für alle Objekte a aus $a \in M$ folgt $a \in N$. Gelten $M \subseteq N$ und $M \neq N$, so schreibt man $M \subset N$ und nennt M eine echte Teilmenge von N. Die Konstruktion $M \subseteq N$ heißt auch Mengeninklusion. Eine Gleichheit $M = N$ ist per Definition genau dann wahr, wenn beide Inklusionen $M \subseteq N$ und $N \subseteq M$ wahr sind. Schließlich bezeichnet $\emptyset$ die leere Menge, für die $a \in \emptyset$ für alle Objekte a falsch ist.

Zum Definieren von Mengen M verwenden wir oft explizite Darstellungen. Eine explizite Darstellung von M hat die Form

$$M := \{a_1, \ldots, a_n\},$$

bei der das Zeichen „:=" besagt „ist per Definition gleich zu" oder „ist eine Bezeichnung für", und die Elemente von M innerhalb der Mengenklammern „{" und „}" in irgendeiner Reihenfolge wiederholungsfrei aufgezählt werden. Explizite Darstellungen erlauben formal nur die Definition von Mengen, die Zusammenfassungen von endlich vielen Objekten sind. Letztere Mengen werden endlich genannt. Wir werden nicht endliche (unendliche) Mengen manchmal auch explizit in der Form $M := \{a_1, a_2, a_3, \ldots\}$ angeben, aber nur, wenn dies der Vereinfachung der Lesbarkeit dient und das Bildungsgesetz für die Objekte $a_1, a_2, \ldots$ klar ist. Ein Beispiel ist etwa $M := \{0, 2, 4, 6, \ldots\}$, wodurch die geraden natürlichen Zahlen zur Menge M zusammengefasst werden.

Wir definieren Mengen M auch noch durch deskriptive Darstellungen. Sie haben die Form

$$M := \{x \mid E(x)\},$$

was nun keinerlei Beschränkungen an die Anzahl der zu M zusammengefassten Objekte stellt. In einer deskriptiven Darstellung wie oben ist x eine (frei wählbare) Variable, ein Platzhalter für Objekte, und $E(x)$ ist eine Aussage (hier eine Eigenschaft von x), die wahr oder falsch sein kann. Dann besteht M bei so einer Festlegung genau aus allen Objekten a, für die die Aussage $E(a)$ wahr ist. Statt $\{x \mid x \in M \land E(x)\}$ schreiben wir oft vereinfachend $\{x \in M \mid E(x)\}$.

Das Zeichen „$\land$" in der letzten Konstruktion stellt die logische *Konjunktion* von zwei Aussagen (Eigenschaften, Formeln) dar. Es ist die Aussage $A \land B$ genau dann wahr, wenn sowohl A als auch B wahr ist. Die logische *Disjunktion* $A \lor B$ von zwei Aussagen ist genau dann wahr, wenn mindestens eine der beiden Aussagen A, B wahr ist. Ist A eine Aussage, so ist die logisch *negierte Aussage* $\neg A$ genau dann wahr, wenn A falsch ist. Die restlichen zwei logischen Verknüpfungen von Aussagen, die wir noch verwenden werden, lassen sich auf die bisherigen zurückführen. Es ist die *Implikation* (Folgerungsbeziehung) $A \Rightarrow B$ genau dann wahr, wenn $\neg A \lor B$ wahr ist, und es ist die *Äquivalenz* (wechselseitige Folgerungsbeziehung) $A \Leftrightarrow B$ genau dann wahr, wenn $A \Rightarrow B$ und $B \Rightarrow A$ wahr sind.

Der Aufbau von Aussagen erfordert in vielen Situationen zusätzlich zu den fünf eben gebrachten logischen Konstruktionen noch Quantifizierungen. Es ist die *Allquantifizierung* $\forall\, x \in M : E(x)$ genau dann wahr, wenn $\{x \in M \mid E(x)\} = M$ gilt, und es ist die *Existenzquantifizierung* $\exists\, x \in M : E(x)$ genau dann wahr, wenn $\{x \in M \mid E(x)\} \neq \emptyset$ gilt.

Wir werden in Beweisen durch logische Umformungen vielfach bekannte Regeln in Form von Äquivalenzen und Implikationen verwenden, wie beispielsweise die nachfolgend angegebenen, welche nach A. de Morgan benannt sind:

$$\neg(A \land B) \iff \neg A \lor \neg B \qquad \neg(\forall\, x \in M : E(x)) \iff \exists\, x \in M : \neg E(x)$$
$$\neg(A \lor B) \iff \neg A \land \neg B \qquad \neg(\exists\, x \in M : E(x)) \iff \forall\, x \in M : \neg E(x)$$

Dabei werden wir aber in Beweisen, wie in der Mathematik aus Lesbarkeitsgründen üblich, häufig die formalen Schreibweisen und Regeln nicht verwenden, sondern entsprechende Formulierungen und Schlussfolgerungen in der Umgangssprache. Wir setzen voraus, dass die Leserin oder der Leser mit mathematischen Beweisen vertraut ist und die wichtigsten Beweisprinzipien (wie Fallunterscheidungen, indirekte Beweise, Beweise durch Widerspruch und Induktionsbeweise) kennt.

Neben den logischen Verknüpfungen und den Quantifizierungen werden wir auch die gängigen mengentheoretischen Konstruktionen verwenden, insbesondere die binäre *Vereinigung* $M \cup N$, den binären *Durchschnitt* $M \cap N$ und die binäre *Differenz* $M \setminus N$ von zwei Mengen M und N, welche wie folgt deskriptiv definiert sind:

$$M \cup N := \{x \mid x \in M \vee x \in N\}$$
$$M \cap N := \{x \mid x \in M \wedge x \in N\}$$
$$M \setminus N := \{x \mid x \in M \wedge x \notin N\}$$

Das *Komplement* $\overline{M}$ ist durch $\overline{M} := N \setminus M$ erklärt, falls in dem Zusammenhang, wo diese Bezeichnung verwendet wird, alle betrachteten Mengen als in N enthalten angenommen sind[1]. Viele Eigenschaften dieser Operationen sind eine Folge der entsprechenden Eigenschaften der oben eingeführten Konstruktionen auf Aussagen. Etwa liefert die logische Äquivalenz $A \vee B \Leftrightarrow B \vee A$ sofort die mengentheoretische Gleichung $M \cup N = N \cup M$. Schließlich ist die *Potenzmenge* 2^M einer Menge M erklärt durch

$$2^M := \{X \mid X \subseteq M\},$$

wodurch M zum Universum für all das wird, was sich nur in 2^M abspielt, und für den Fall, dass M endlich ist, bezeichnen wir mit $|M|$ die Anzahl der Elemente von M, genannt die *Kardinalität* oder Größe von M. Man beachte, dass $|M|$ für unendliche Mengen, wie die Menge der geraden natürlichen Zahlen, nicht definiert ist. Ist M eine endliche Menge, so gilt $|2^M| = 2^{|M|}$, und sind M und N endliche Mengen, so gilt $|M \cup N| = |M| + |N| - |M \cap N|$. Mengen mit $M \cap N = \emptyset$ werden disjunkt genannt.

Man kann die Vereinigung und den Durchschnitt von zwei Mengen auf beliebige Mengen von Mengen wie folgt verallgemeinern:

$$\bigcup \mathcal{M} := \{x \mid \exists M \in \mathcal{M} : x \in M\} \qquad \bigcap \mathcal{M} := \{x \mid \forall M \in \mathcal{M} : x \in M\}$$

Damit gilt $\bigcup \emptyset = \emptyset$. Aus logischen Gründen würde $\bigcap \emptyset$ die Menge aller Objekte ergeben. Da dies zu einem Widerspruch führen würde, betrachtet man $\bigcap \emptyset$ nur im Zusammenhang mit einer Potenzmengenkonstruktion 2^M und definiert dann $\bigcap \emptyset = M$. In so einem Zusammenhang gelten auch $\bigcup 2^M = M$ und $\bigcap 2^M = \emptyset$. Man schreibt auch $\bigcup_{X \in \mathcal{M}} X$ statt $\bigcup \mathcal{M}$ und $\bigcap_{X \in \mathcal{M}} X$ statt $\bigcap \mathcal{M}$. Weiterhin schreibt man $\bigcup_{i=1}^n M_i$ statt $\bigcup \{M_1, \ldots, M_n\}$ und $\bigcap_{i=1}^n M_i$ statt $\bigcap \{M_1, \ldots, M_n\}$ und verwendet diese Notationen auch in abgewandelten (sofort einsichtigen) Formen wie $\bigcap_{i \in \mathbb{N}} M_i$ oder $\bigcap_{i \geq 0} M_i$.

Für bestimmte Mengen von Zahlen verwenden wir in diesem Buch die gängigen Bezeichnungen. So bezeichnet $\mathbb{N}$ die Menge der natürlichen Zahlen, welche in diesem Buch *mit der Null beginnen*, $\mathbb{Z}$ die Menge der ganzen Zahlen, $\mathbb{Q}$ die Menge der rationalen Zahlen, also die Menge der Brüche, und $\mathbb{R}$ die Menge der reellen Zahlen. Damit ist etwa $M := \{x \in \mathbb{N} \mid \exists y \in \mathbb{N} : x = 2y\}$ eine deskriptive Darstellung der Menge der geraden natürlichen Zahlen. Weiterhin verwenden wir $\mathbb{B}$ als Menge der Wahrheitswerte, wobei *tt* für „wahr" und *ff* für „falsch" steht.

---

[1]In so einer Situation nennt man N auch ein Universum.

1.2 Relationen und Abbildungen

Nach den allgemeinen Mengen behandeln wir nun spezielle Mengen. Das besondere Merkmal, welches sie auszeichnet, ist, dass die Elemente eine bestimmte Form besitzen. Dies führt erst zu den Relationen und dann zu den Abbildungen als speziellen Relationen.

Sind M und N zwei Mengen und gelten $a \in M$ und $b \in N$, so nennt man die Konstruktion $\langle a, b \rangle$ ein *Paar* mit erster Komponente a und zweiter Komponente b. Die Menge all dieser Paare nennt man das direkte Produkt von M und N, formal definiert wie folgt:

$$M \times N := \{x \mid \exists a \in M, b \in N : x = \langle a, b \rangle\} := \{\langle a, b \rangle \mid a \in M \wedge b \in N\}$$

Dabei stellt die rechte Konstruktion eine abkürzende Schreibweise der deskriptiven Darstellung dar, welche zur Definition von $M \times N$ verwendet wird. Zwei Paare $\langle a, b \rangle$ und $\langle c, d \rangle$ aus $M \times N$ sind genau dann gleich, wenn $a = c$ und $b = d$ gelten. Im Fall von endlichen Mengen M und N gilt $|M \times N| = |M| \cdot |N|$.

Eine Teilmenge R eines direkten Produkts $M \times N$ heißt eine (binäre) *Relation* von M nach N. Man nennt M oft den Vorbereich und N oft den Nachbereich von R. Gilt $M = N$, so sagt man auch, dass R eine Relation auf M ist. Statt $\langle a, b \rangle \in R$ schreibt man normalerweise $a\,R\,b$ und sagt dann, dass a und b in einer Beziehung (vermöge der Relation R) stehen. Die *Gleichheit von Relationen* ist etwas abweichend von der für Mengen definiert. Zwei Relationen sind per Definition genau dann gleich, wenn ihre Vorbereiche gleich sind, ihre Nachbereiche gleich sind und sie als Mengen von Paaren gleich sind.

Nachfolgend geben wir einige der Eigenschaften von Relationen $R \subseteq M \times M$ an, die wichtig sind im Hinblick auf geordnete Mengen und Zerlegungen von Mengen durch Äquivalenzrelationen. Es heißt $R \ldots$

- $\ldots$ *reflexiv*, falls für alle $a \in M$ gilt $a\,R\,a$,

- $\ldots$ *irreflexiv*, falls für alle $a \in M$ gilt $\neg(a\,R\,a)$,

- $\ldots$ *symmetrisch*, falls für alle $a, b \in M$ aus $a\,R\,b$ folgt $b\,R\,a$,

- $\ldots$ *antisymmetrisch*, falls für alle $a, b \in M$ aus $a\,R\,b$ und $b\,R\,a$ folgt $a = b$,

- $\ldots$ *transitiv*, falls für alle $a, b, c \in M$ aus $a\,R\,b$ und $b\,R\,c$ folgt $a\,R\,c$.

Normalerweise kann bei einer Relation $R \subseteq M \times N$ ein Element aus M mit beliebig vielen anderen Elementen aus N in Beziehung stehen, sogar auch mit gar keinem Element aus N. Die folgenden Festlegungen schränken diese Möglichkeiten drastisch ein und führen damit zu einem der zentralen Begriffe der Mathematik. Es heißt eine Relation $R \subseteq M \times N \ldots$

- $\ldots$ *eindeutig*, falls für alle $a \in M$ und $b, c \in N$ aus $a\,R\,b$ und $a\,R\,c$ folgt $b = c$,

- $\ldots$ *total*, falls für alle $a \in M$ ein $b \in N$ existiert, so dass $a\,R\,b$ wahr ist,

- $\ldots$ eine *Abbildung*, falls sie eindeutig und total ist.

Abbildungen werden auch Funktionen genannt und eindeutige Relationen auch partielle Abbildungen oder partielle Funktionen. Sind M und N endliche Mengen, so gibt es $|N|^{|M|}$ Abbildungen von M nach N und $|N + 1|^{|M|}$ partielle Abbildungen von M nach N.

Bei einer Abbildung von M nach N steht ein Element $a \in M$ des Vorbereichs mit genau einem Element $b \in N$ des Nachbereichs in Beziehung. In diesem Zusammenhang verwendet man oftmals den Buchstaben f zur Bezeichnung der Abbildung und bezeichnet dann das einzige mit a in Beziehung stehende Objekt mit $f(a)$. Auch schreibt man $f : M \to N$ statt $f \subseteq M \times N$ und nennt M Quelle oder Argumentbereich und N Ziel oder Resultatbereich von f. Somit gilt $b = f(a)$ in der Abbildungsschreibweise genau dann, wenn $a\,f\,b$ in der originalen relationalen Schreibweise gilt. Diese eben eingeführten Schreibweisen werden auch für partielle Abbildungen verwendet. Um in diesem Zusammenhang anzuzeigen, dass ein Objekt a mit keinem Objekt b in Beziehung steht, verwendet man oft Schreibweisen wie „$f(a)$ ist undefiniert".

Die *Gleichheit von Abbildungen* ist genau die der Relationen. Also sind zwei Abbildungen $f : M \to N$ und $g : P \to Q$ genau dann gleich, wenn $M = P$ und $N = Q$ gelten und für alle $a \in M$ gilt $f(a) = g(a)$.

Abbildungen $f : M \to N$ definiert man in der Regel, indem man zu jedem beliebig gewählten Element $a \in M$ angibt, wie sein Bildelement $f(a) \in N$ aussieht. Dabei verwendet man normalerweise auch das Gleichheitssymbol „$=$" statt das Symbol „$:=$" der definierenden Gleichheit. Beispielsweise ist durch

$$(g \circ f)(a) \;=\; g(f(a))$$

die Komposition $g \circ f : M \to P$ von $f : M \to N$ und $g : N \to P$ definiert.

Wir kommen nun zu wichtigen Eigenschaften von Abbildungen im Hinblick auf ihre Umkehrbarkeit. Eine Abbildung $f : M \to N$ heißt ...

- ... *injektiv*, falls für alle $a, b \in M$ aus $f(a) = f(b)$ folgt $a = b$,

- ... *surjektiv*, falls für alle $b \in N$ ein $a \in M$ existiert, so dass $f(a) = $ gilt,

- ... *bijektiv*, falls sie injektiv und surjektiv ist.

Es ist f genau dann injektiv, wenn es eine Abbildung $g : N \to M$ gibt, so dass $g(f(a)) = a$ für alle $a \in M$ gilt, genau dann surjektiv, wenn es eine Abbildung $g : N \to M$ gibt, so dass $f(g(b)) = b$ für alle $b \in N$ gilt, und genau dann bijektiv, wenn es genau eine Abbildung $g : N \to M$ gibt, so dass $g(f(a)) = a$ für alle $a \in M$ und $f(g(b)) = b$ für alle $b \in N$ gelten. Im letzten Fall bezeichnet man die eindeutig bestimmte Abbildung g mit f^{-1} und nennt sie die zu f *inverse Abbildung* oder auch *Umkehrabbildung* von f.

Mit bijektiven Abbildungen kann man, B. Bolzano folgend, die Endlichkeit von Mengen auch ohne den Rückgriff auf den informellen Begriff der Zusammenfassung von Objekten definieren. Es ist eine Menge M nämlich genau dann endlich, wenn es keine bijektive Abbildung $f : N \to M$ gibt, für die $N \subset M$ gilt.

Die Komposition $g \circ f : M \to P$ von Abbildungen $f : M \to N$ und $g : N \to P$ ist eine Spezialisierung der Komposition $R \circ S \subseteq M \times P$ von zwei Relationen $R \subseteq M \times N$ und $S \subseteq N \times P$. Letztere dreht die Reihenfolge der Argumente um und ist durch

$$a\,(R \circ S)\,b \ :\Longleftrightarrow\ \exists\,c \in N : a\,R\,b \wedge b\,S\,c$$

für alle $a \in M$ und $b \in P$ definiert. Hier ist „$:\Longleftrightarrow$ das Symbol der definierenden Äquivalenz. D.h., dass die linke Seite per Definition genau dann wahr ist, wenn die rechte Seite wahr ist. Üblicherweise schreibt man RS statt $R \circ S$, manchmal auch $R;S$. Bezeichnet man zu $R \subseteq M \times M$ mit R^i die i-fache Komposition von R mit sich selbst, mit R^0 als der identischen Relation $\{\langle a, a\rangle \mid a \in M\}$, so kann man die *reflexive Hülle* R^+ und die *reflexiv-transitive Hülle* R^* von R wie folgt definieren:

$$R^+ := \bigcup_{i>0} R^i \qquad\qquad R^* := \bigcup_{i\geq0} R^i$$

Es gilt $R \subseteq R^+ \subseteq R^*$. Weiterhin ist R^+ transitiv und R^* ist reflexiv und transitiv. Schließlich gilt noch für alle Relationen $S \subseteq M \times M$ mit $R \subseteq S$ die Inklusion $R^+ \subseteq S$, falls S transitiv ist, und die Inklusion $R^* \subseteq S$, falls S reflexiv und transitiv ist.

1.3   Tupel, Folgen und Familien

Bisher kennen wir nur Paare mit zwei Komponenten. Eine Verallgemeinerung zu m-Tupeln $\langle a_1, \dots, a_m\rangle$ mit $m > 0$ Komponenten $a_1, \dots, a_m$ und der Eigenschaft, dass $a_i \in M_i$ für alle $i \in \{1, \dots, m\}$ gilt, führt zu m-fachen direkten Produkten von Mengen. Wenn wir zu ihren deskriptiven Darstellungen gleich eine vereinfachende Schreibweise verwenden, so erhalten wir die folgende Definition des direkten Produkts der Mengen M_1 bis M_m:

$$\prod_{i=1}^{m} M_i := \{\langle a_1, \dots, a_m\rangle \mid \forall\,i \in \{1, \dots, m\} : a_i \in M_i\}$$

Statt $\prod_{i=1}^{m} M_i$ schreibt man oft auch $M_1 \times \dots \times M_m$ und statt $\prod_{i=1}^{m} M$ schreibt man normalerweise M^m. Somit gilt die folgende Gleichheit:

$$M^m := \{\langle a_1, \dots, a_m\rangle \mid \forall\,i \in \{1, \dots, m\} : a_i \in M\}$$

Im Fall von endlichen Mengen ist die Kardinalität eines m-fachen direkten Produkts das (arithmetische) Produkt der Kardinalitäten der Mengen, aus denen das direkte Produkt gebildet wird.

Ist f eine Abbildung, die einem Tupel $\langle a_1, \dots, a_m\rangle$ ein Bildelement zuordnet, so bezeichnet man dieses nicht durch $f(\langle a_1, \dots, a_m\rangle)$, sondern vereinfachend durch $f(a_1, \dots, a_m)$. Solche Abbildungen heißen m-stellig. Liefert eine Abbildung m-Tupel als Resultate, dann nennt man sie m-wertig.

Tupel $\langle a_1, a_2, a_3, \dots\rangle$ mit (abzählbar) unendlich vielen Komponenten kann man nicht auf die bisherige Art und Weise einführen. Hier wählt man einen anderen Zugang und beginnt mit 0 als dem Index der ersten Komponente. Dann kann ein Tupel $\langle a_0, a_1, a_2, \ldots \rangle$ aufgefasst werden als eine andere Schreibweise für eine Abbildung $f : \mathbb{N} \to \bigcup_{i \in \mathbb{N}} M_i$, für die $a_i := f(i) \in M_i$ für alle $i \in \mathbb{N}$ gilt. Wir werden diese Konstruktion nur für den Fall benötigen, dass alle Mengen M_i identisch sind, also alle Komponenten aus einer vorgegebenen Menge M stammen. Dann ist ein Tupel $\langle a_0, a_1, a_2, \ldots \rangle$ mit $a_i \in M$ nichts anderes als eine Abbildung $f : \mathbb{N} \to M$ in einer anderen Schreibweise. So ein Tupel nennt man *Folge* von Elementen aus M und man gibt es oft in der Form $a_0, a_1, a_2, \ldots$ ohne die Klammerung an, wobei man a_i das i-te Folgenglied oder das Folgenglied zum Index i nennt. Für Folgen sind auch Schreibweisen wie $(a_i)_{i \geq 0}$ und $(a_i)_{i \in \mathbb{N}}$ üblich, beispielsweise $(\frac{1}{i+1})_{i \in \mathbb{N}}$ statt $1, \frac{1}{2}, \frac{1}{3}, \ldots$ für die Folge der Stammbrüche. Stehen jeweils zwei aufeinanderfolgende Folgenglieder a_i und a_{i+1} in einer Beziehung vermöge einer Relation $R \subseteq M \times M$, so drückt man dies vereinfachend auch in der Form $a_1 \, R \, a_2 \, R \, a_3 \, R \ldots$ aus, beispielsweise in der Form $a_1 \leq a_2 \leq a_3 \leq \ldots$, falls die Folgenglieder natürliche Zahlen sind. Solche Schreibweisen sind auch in der Form $a_1 \, R \, a_2 \, R \, a_3 \, R \ldots R \, a_m$ für Tupel $\langle a_1, \ldots, a_m \rangle$ üblich.

Ersetzt man in einer Folgenschreibweise $(a_i)_{i \in \mathbb{N}}$ die Menge der natürlichen Zahlen durch eine beliebige Indexmenge $I \neq \emptyset$, so nennt man die Konstruktion $(a_i)_{i \in I}$ eine *Familie* von Elementen aus M, die mit Elementen aus I indiziert ist. Dies ist wiederum nur eine andere Schreibweise für eine Abbildung $f : I \to M$.

Tupel sind per Definition genau dann gleich, wenn sie die gleiche Anzahl von Komponenten besitzen und sie Komponente für Komponente gleich sind. Die Gleichheit von Folgen und Familien ist die der Abbildungen. So gilt also die Folgengleichheit $(a_i)_{i \in \mathbb{N}} = (b_i)_{i \in \mathbb{N}}$ genau dann, wenn alle Folgenglieder beider Folgen aus einer Menge stammen und $a_i = b_i$ für alle $i \in \mathbb{N}$ gilt.

Kapitel 2

Verbände und Ordnungen

Es gibt zwei Arten, Verbände zu definieren. Die erste Art ist algebraisch und erklärt Verbände als spezielle algebraische Strukturen, die zweite Art ist relational und definiert Verbände als spezielle geordnete Mengen. Ein erstes Ziel dieses Kapitels ist es, beide Definitionsmöglichkeiten für Verbände einzuführen und sie als gleichwertig zu beweisen. Weiterhin studieren wir in beiden Fällen Unterstrukturen und die strukturerhaltenden Abbildungen, die sogenannten Homomorphismen. Als nächstes gehen wir auf Nachbarschaftsbeziehungen und die damit zusammenhängenden Hasse-Diagramme zur zeichnerischen Darstellung von Ordnungen ein. Schließlich stellen wir noch einige wichtige Konstruktionsmechanismen auf Ordnungen und Verbänden vor.

2.1   Algebraische Beschreibung von Verbänden

Wir behandeln Verbände zuerst als *algebraische Strukturen*, d.h. als Mengen mit inneren Verknüpfungen (d.h. Abbildungen auf ihnen). Der Hauptgrund dafür ist, dass ein Verband eine weniger geläufige algebraische Struktur ist als z.B. die Gruppe, der Ring, der Vektorraum oder der Körper. Weiterhin wäre bei einer ordnungstheoretischen Einführung – wegen der vielen von der Analysis und der linearen Algebra herrührenden Begriffe auf der speziellen geordneten Menge $(\mathbb{R}, \leq)$ – die Gefahr sehr groß, dass wichtige Nuancen als offensichtlich erachtet und deshalb nicht formal aus den Axiomen des Verbands deduziert werden. Algebraisch werden Verbände wie folgt festgelegt:

2.1.1 Definition Ein *Verband* ist eine algebraische Struktur $(V, \sqcup, \sqcap)$, bestehend aus einer (Träger-)Menge $V \neq \emptyset$ und zwei Abbildungen $\sqcup, \sqcap : V \times V \to V$ (notiert in Infix-Schreibweise), so dass die folgenden Eigenschaften für alle $a, b, c \in V$ gelten:

- Kommutativität: $a \sqcup b = b \sqcup a$ und $a \sqcap b = b \sqcap a$

- Assoziativität: $(a \sqcup b) \sqcup c = a \sqcup (b \sqcup c)$ und $(a \sqcap b) \sqcap c = a \sqcap (b \sqcap c)$

- Absorptionen: $(a \sqcup b) \sqcap a = a$ und $(a \sqcap b) \sqcup a = a$ $\hfill\square$

An Stelle des Tripels $(V, \sqcup, \sqcap)$ schreiben wir öfter nur die Menge V. Sind mehrere Verbände im Spiel, so indizieren wir auch die Trägermengen und Operationen, etwa zu $(V, \sqcup_V, \sqcap_V)$ oder $(V_1, \sqcup_1, \sqcap_1)$. Statt der Zeichen $\sqcup, \sqcap$ werden in der Literatur auch die Symbole $\vee$ und $\wedge$ bzw. $\cup$ und $\cap$ und die Namen Disjunktion / Vereinigung und Konjunktion / Durchschnitt verwendet. Dies rührt von den ersten beiden der drei Beispiele für Verbände her, die wir nachfolgend angeben.

2.1.2 Beispiele (für Verbände) Im Folgenden geben wir drei wichtige Beispiele für Verbände an, auf die wir später noch öfter zurückgreifen werden:

1. *Verband der Wahrheitswerte* $(\mathbb{B}, \vee, \wedge)$ mit $\mathbb{B} = \{tt, ff\}$, der Disjunktion $\vee$ und der Konjunktion $\wedge$.

2. *Potenzmengenverband* $(2^X, \cup, \cap)$ mit 2^X als der Potenzmenge von X, der Vereinigung $\cup$ und dem Durchschnitt $\cap$.

3. *Teilbarkeitsverband* $(\mathbb{N}, \mathrm{kgV}, \mathrm{ggT})$ mit $\mathbb{N} = \{0, 1, 2, \ldots\}$, dem kleinsten gemeinsamen Vielfachen kgV und dem größten gemeinsamen Teiler ggT:

$$\mathrm{kgV}(a, b) = \min\{x \in \mathbb{N} \,|\, a \text{ teilt } x \wedge b \text{ teilt } x\}$$
$$\mathrm{ggT}(a, b) = \max\{x \in \mathbb{N} \,|\, x \text{ teilt } a \wedge x \text{ teilt } b\}$$

Dabei wird $y \in \mathbb{N}$ von $x \in \mathbb{N}$ per Definition genau dann geteilt, wenn es eine Zahl $z \in \mathbb{N}$ mit der Eigenschaft $x \cdot z = y$ gibt. Die zwei Operationen min und max liefern die kleinste bzw. die größte natürliche Zahl der nichtleeren Menge, auf die sie angewendet werden. $\square$

Im folgenden Satz werden erste, aber grundlegende Eigenschaften für Verbände angegeben, die im Falle von $\mathbb{B}$ und 2^X vielen Leserinnen und Lesern aus den Vorlesungen der ersten Semester sicherlich geläufig sind.

2.1.3 Satz Es sei ein Verband $(V, \sqcup, \sqcap)$ gegeben. Dann gelten für alle $a, b \in V$ die folgenden drei Eigenschaften:

1. $a \sqcup a = a$ und $a \sqcap a = a$ (*Idempotenz*)

2. $a \sqcap b = a \iff a \sqcup b = b$.

3. $a \sqcap b = a \sqcup b \iff a = b$.

Beweis: Es seien $a, b \in V$ beliebig vorausgesetzte Elemente. Dann beweist man die drei Aussagen wie folgt:

1. Die linke Gleichung folgt aus der Rechnung

$$
\begin{aligned}
a \sqcup a &= a \sqcup ((a \sqcup a) \sqcap a) && \text{Absorption} \\
&= (a \sqcap (a \sqcup a)) \sqcup a && \text{Kommutativität} \\
&= a && \text{Absorption}
\end{aligned}
$$

und die rechte Gleichung folgt aus der Rechnung

$$
\begin{aligned}
a \sqcap a &= a \sqcap ((a \sqcap a) \sqcup a) && \text{Absorption} \\
&= (a \sqcup (a \sqcap a)) \sqcap a && \text{Kommutativität} \\
&= a && \text{Absorption.}
\end{aligned}
$$

2. „$\Longrightarrow$": Es sei $a \sqcap b = a$. Dann gilt

$$
\begin{aligned}
b &= (b \sqcap a) \sqcup b && \text{Absorption} \\
&= (a \sqcap b) \sqcup b && \text{Kommutativität} \\
&= a \sqcup b && \text{Voraussetzung.}
\end{aligned}
$$

„$\Longleftarrow$": Durch Dualisierung des eben erbrachten Beweises (Vertauschen von $\sqcup$ und $\sqcap$ und Umbenennung; genauer wird darauf in Abschnitt 2.4 eingegangen) erhält man die Implikation

$$
a \sqcup b = b \implies a = a \sqcap b.
$$

3. „$\Longrightarrow$": Es sei $a \sqcap b = a \sqcup b$. Dann gilt

$$
\begin{aligned}
a &= (a \sqcup b) \sqcap a && \text{Absorption} \\
&= (a \sqcap b) \sqcap a && \text{Voraussetzung} \\
&= a \sqcap b && \text{Assoz., Komm., (1)} \\
&= (b \sqcap a) \sqcap b && \text{Assoz., Komm., (1)} \\
&= (b \sqcup a) \sqcap b && \text{Komm., Assoz., Komm.} \\
&= b && \text{Absorption.}
\end{aligned}
$$

„$\Longleftarrow$": Diese Richtung folgt unmittelbar aus Gleichung (1). $\square$

Wir haben diesen Beweis in großem Detail durchgeführt. Später werden wir die Anwendungen der Axiome oft nicht mehr explizit erwähnen, ebenso auch die Idempotenz nicht.

Bei algebraischen Strukturen ist man an den *Unterstrukturen* interessiert, beispielsweise an Untergruppen (oder sogar Normalteilern) bei den Gruppen. Im Falle von Verbänden legt man Unterstrukturen wie folgt fest:

2.1.4 Definition Es seien V ein Verband und $W \subseteq V$ mit $W \neq \emptyset$. Gilt für alle $a, b \in W$ auch $a \sqcap b \in W$ und $a \sqcup b \in W$ (man sagt dann: W ist abgeschlossen bezüglich $\sqcup$ und $\sqcap$), so heißt die Menge W und auch das Tripel

$$
(W, \sqcup_{|W \times W}, \sqcap_{|W \times W})
$$

ein *Unterverband* (bzw. *Teilverband*) von V. $\square$

In Definition 2.1.4 bezeichnen die Symbole $\sqcup_{|W \times W}$ und $\sqcap_{|W \times W}$ die Restriktionen der beiden Operationen $\sqcup$ und $\sqcap$ auf den Argumentbereich W. Normalerweise bezeichnet man aber aus Gründen der Einfachheit auch die Restriktionen mit den gleichen Symbolen, also mit $\sqcup$ und $\sqcap$; Fehlinterpretationen dürfte es dabei eigentlich nicht geben. Unterverbände sind

Verbände. Offensichtlich induziert aber nicht jede nichtleere Teilmenge eines Verbands wiederum einen Verband, da die Abgeschlossenheitseigenschaft nicht immer gelten muss. Die Leserin oder der Leser überlege sich dazu einige einfache Beispiele.

Neben den Unterstrukturen ist man bei algebraischen Strukturen immer auch an den *strukturerhaltenden Abbildungen*, den sogenannten Homomorphismen, interessiert; die Leserin oder der Leser kennt dies sicherlich von den einführenden Vorlesungen der Mathematik her, beispielsweise von den Gruppen oder Vektorräumen in der linearen Algebra. Verbandshomomorphismen definiert man wie nachfolgend angegeben.

2.1.5 Definition Gegeben seien zwei Verbände $(V, \sqcup_V, \sqcap_V)$ und $(W, \sqcup_W, \sqcap_W)$.

1. Eine Abbildung $f : V \to W$ mit

$$f(a \sqcup_V b) \ = \ f(a) \sqcup_W f(b) \qquad f(a \sqcap_V b) \ = \ f(a) \sqcap_W f(b)$$

   für alle $a, b \in V$ heißt ein *Verbandshomomorphismus*.

2. Ein bijektiver Verbandshomomorphismus ist ein *Verbandsisomorphismus*. Wir sagen „V ist verbandsisomorph zu W" oder kürzer „V und W sind isomorph" genau dann, wenn es einen Verbandsisomorphismus von V nach W gibt. □

Auch weitere Begriffe wie Verbandsmonomorphismus (injektiver Verbandshomomorphismus) und -epimorphismus (surjektiver Verbandshomomorphismus) gibt es analog zu den Begriffen bei den Gruppen, den Ringen usw. – wir benötigen sie aber im restlichen Text nicht. Es gelten die in dem folgenden Satz aufgeführten Eigenschaften bezüglich der Komposition und der Inversenbildung. Der Beweis ergibt sich durch einfaches Nachrechnen; deshalb verzichten wir auf ihn und empfehlen, ihn zu Übungszwecken zu führen.

2.1.6 Satz Für Verbandshomomorphismen und -isomorphismen gelten die beiden folgenden Aussagen:

1. Die Komposition von Verbandshomomorphismen (bzw. -isomorphismen) ist wiederum ein Verbandshomomorphismus (bzw. -isomorphismus).

2. Ist f ein Verbandsisomorphismus, so auch die inverse Abbildung f^{-1}. □

Wir haben bei den Unterverbänden und auch bei den Verbandshomomorphismen auf die Angabe von Beispielen verzichtet, da die beiden Begriffe sehr viel anschaulicher werden und auch besser visualisiert werden können, wenn man Verbände ordnungstheoretisch betrachtet. Ordnungen und die wichtigsten mit ihnen zusammenhängenden Begriffe werden im nächsten Abschnitt eingeführt, ihre Verbindung zu den Verbänden wird dann im übernächsten Abschnitt eindeutig erklärt. Die Unterstrukturen und Homomorphismen stimmen aber, wie wir ebenfalls zeigen werden, bei den beiden sich ergebenden Sichtweisen auf einen Verband nicht exakt überein. Deshalb werden wir auf die Vorsilben „Verband" und „Ordnung" im Rest des Buchs in der Regel nicht verzichten.

2.2   Geordnete Mengen

In diesem Abschnitt wiederholen wir die wichtigsten Grundbegriffe für geordnete Mengen. Sie müssten eigentlich alle von den einführenden Mathematik-Vorlesungen her bekannt sein. Die grundlegendsten Begriffe wie Reflexivität, Antisymmetrie usw. einer Relation haben wir schon im ersten Kapitel zusammengestellt.

2.2.1 Definition   1. Ist $\sqsubseteq$ eine reflexive, antisymmetrische und transitive Relation auf einer Menge $M \neq \emptyset$, so heißt $\sqsubseteq$ eine *Ordnungsrelation* auf M und das Paar $(M, \sqsubseteq)$ eine *geordnete Menge*.

2. Ist $\sqsubset$ eine irreflexive und transitive Relation auf einer Menge $M \neq \emptyset$, so heißt $\sqsubset$ *Striktordnungsrelation* auf M und das Paar $(M, \sqsubset)$ eine *striktgeordnete Menge*.   □

Etwas kürzer bezeichnet man in der Literatur sowohl die Relation $\sqsubseteq$ als auch die relationale Struktur $(M, \sqsubseteq)$ als *Ordnung* und sowohl die Relation $\sqsubset$ als auch die relationale Struktur $(M, \sqsubset)$ als *Striktordnung*. Auch wir werden in der Regel diese kürzeren Sprechweisen verwenden. Weiterhin schreiben wir manchmal nur M statt $(M, \sqsubseteq)$.

2.2.2 Satz   1. Ist $\sqsubseteq$ eine Ordnung und definiert man

$$a \sqsubset b \quad :\Longleftrightarrow \quad a \sqsubseteq b \wedge a \neq b,$$

so ist die Relation $\sqsubset$ eine Striktordnung.

2. Ist $\sqsubset$ eine Striktordnung und definiert man

$$a \sqsubseteq b \quad :\Longleftrightarrow \quad a \sqsubset b \vee a = b,$$

so ist die Relation $\sqsubseteq$ eine Ordnung.   □

Der Beweis dieses Satzes ergibt sich unmittelbar durch einfaches Nachrechnen. Deshalb verzichten wir auf seine Durchführung.

Man nennt die Relation $\sqsubset$ aus Satz 2.2.2.1 den strikten Anteil von $\sqsubseteq$ und die Relation $\sqsubseteq$ aus Satz 2.2.2.2 die reflexive Hülle von $\sqsubset$. Den zweiten Begriff werden wir später noch sehr viel allgemeiner kennenlernen. In Zukunft werden wir allgemeine Ordnungen, d.h. solche ohne feste Interpretation, wie sie – im Gegensatz dazu – die Ordnungen $\leq$ auf $\mathbb{N}$ oder $\mathbb{R}$ darstellen, in der Regel mit dem Symbol $\sqsubseteq$ bezeichnen. Für den strikten Anteil schreiben wir dann in der Regel immer das Symbol $\sqsubset$.

Einige weitere bei Ordnungen sehr wichtige Begriffe werden nun eingeführt.

2.2.3 Definition Gegeben sei eine Ordnung $(M, \sqsubseteq)$.

1. Zwei Elemente $a, b \in M$ mit $a \sqsubseteq b$ oder $b \sqsubseteq a$ heißen *vergleichbar*.

2. Zwei Elemente $a, b \in M$ mit $a \not\sqsubseteq b$ und $b \not\sqsubseteq a$ heißen *unvergleichbar*.

3. Eine Teilmenge K von M mit $K \neq \emptyset$ heißt eine (mengentheoretische) *Kette*, falls für alle $a, b \in K$ gilt $a \sqsubseteq b$ oder $b \sqsubseteq a$. Ist M eine Kette, so heißt $(M, \sqsubseteq)$ eine *Totalordnung* oder *lineare Ordnung*.

4. Eine Teilmenge $A \subseteq M$ heißt eine *Antikette*, falls $A \neq \emptyset$ und für alle $a, b \in A$ die Beziehung $a \sqsubseteq b$ nur für $a = b$ möglich ist. □

Im Falle einer (unendlichen) abzählbaren Kette $K = \{a_i \mid i \in \mathbb{N}\}$, bei der $a_i \sqsubset a_{i+1}$ für alle $i \in \mathbb{N}$ gilt, schreiben wir auch, wie im ersten Kapitel eingeführt, $a_0 \sqsubset a_1 \sqsubset a_2 \sqsubset \ldots$, da diese Schreibweise die Sache oft mehr verdeutlicht. Diese Schreibweise ist auch für andere (unendliche) Indexbereiche geläufig, beispielsweise in der Form $\ldots \sqsubset a_{-1} \sqsubset a_0 \sqsubset a_1 \sqsubset \ldots$ im Falle des Indexbereichs $\mathbb{Z}$ der ganzen Zahlen.

Wird eine Kette als eine Folge angegeben, so bildet die Menge der Kettenglieder eine Kette im Sinne der obigen Definition. Umgekehrt kann man jede abzählbare Kette auch als eine Folge mit Ordnungsbeziehungen in der Art $a_0 \sqsubset a_1 \sqsubset \ldots$ angeben. Bei überabzählbaren Ketten ist dies nicht mehr möglich. Hier muss man statt Folgen Familien $(a_i)_{i \in I}$ mit beliebigen Indexmengen benutzen.

Für das weitere Vorgehen brauchen wir der Begriff der Äquivalenzrelation mit seinen definierenden Eigenschaften der Reflexivität, Symmetrie und Transitivität. Ist $\equiv$ eine Äquivalenzrelation auf M, so nennt man $[a] := \{b \in M \mid a \equiv b\}$ die Äquivalenzklasse von $a \in M$. Durch die Menge der Äquivalenzklassen ist eine Zerlegung von M gegeben, d.h. alle Äquivalenzklassen sind nichtleer, verschiedene Äquivalenzklassen sind disjunkt und die Vereinigung aller Äquivalenzklassen ergibt M.

Verzichtet man bei Ordnungsrelationen auf die Forderung der Antisymmetrie, so erhält man sogenannte *Quasiordnungen*, also reflexive und transitive Relationen, für die das Symbol $\preccurlyeq$ oft Verwendung findet. Quasiordnungen induzieren Ordnungen im bisherigen Sinn, indem man zu Zerlegungen übergeht. Ist nämlich das Paar $(M, \preccurlyeq)$ eine Quasiordnung, so definiert

$$a \equiv b \quad :\Longleftrightarrow \quad a \preccurlyeq b \wedge b \preccurlyeq a$$

für alle $a, b \in M$ eine Äquivalenzrelation auf M. Geht man nun zu den Äquivalenzklassen über, betrachtet also die Menge $M/{\equiv}$ aller Äquivalenzklassen. und setzt

$$[a] \sqsubseteq [b] \quad :\Longleftrightarrow \quad a \preccurlyeq b$$

für alle $a, b \in M$, so ist das Paar $(M/{\equiv}, \sqsubseteq)$ offensichtlich eine Ordnung. Die Antisymmetrie wird dabei genau durch die Zusammenfassung von all jenen Elementen zu einer Äquivalenzklasse erzwungen, für die sie in der Originalrelation nicht gilt, Natürlich bestehen zwischen der Originalrelation und der aus ihr konstruierten Äquivalenzrelation und Ordnungsrelation einige enge Beziehungen. Wir wollen dieses Thema hier aber nicht vertiefen.

Nun kommen wir zu den Unterstrukturen und strukturerhaltenden Abbildungen. Wir beginnen mit den Unterstrukturen.

2.2.4 Definition Es seien $(M, \sqsubseteq)$ eine Ordnung und $\emptyset \neq N \subseteq M$. Dann heißt $(N, \sqsubseteq_{|N})$ die durch N induzierte *Teilordnung*.   □

In dieser Definition bezeichnet $\sqsubseteq_{|N}$ die Restriktion der Relation $\sqsubseteq$ auf die Teilmenge N, welche mengentheoretisch durch $\sqsubseteq_{|N} := \sqsubseteq \cap N \times N$ festgelegt ist. Die Restriktion einer Ordnung ist wieder eine Ordnung und verhält sich auf der Teilmenge N genau wie das Original: Sind $a, b \in N$, so gilt also $a \sqsubseteq_{|N} b$ genau dann, wenn $a \sqsubseteq b$ gilt. Wie beim Unterverband, so lassen wir auch bei einer Teilordnung die Restriktionskennzeichnung „$|N$" in der Regel weg, da sie sich aus dem Zusammenhang ergibt.

Die nächste Definition erklärt für die relationale Struktur einer Ordnung den entsprechenden Homomorphie- und Isomorphiebegriff.

2.2.5 Definition Gegeben seien zwei Ordnungen $(M_1, \sqsubseteq_1)$ und $(M_2, \sqsubseteq_2)$.

1. Eine Abbildung $f : M_1 \to M_2$ heißt ein *Ordnungshomomorphismus* oder *monoton*, falls für alle $a, b \in M_1$ gilt

$$a \sqsubseteq_1 b \implies f(a) \sqsubseteq_2 f(b).$$

   Gilt hingegen für alle $a, b \in M_1$ die Implikation

$$a \sqsubseteq_1 b \implies f(b) \sqsubseteq_2 f(a),$$

   d.h. ist f monoton bezüglich der Originalordnung $(M_1, \sqsubseteq_1)$ und der sogenannten Dualisierung der Ordnung $(M_2, \sqsubseteq_2)$, so nennt man f *antiton*.

2. Ein bijektiver Ordnungshomomorphismus heißt ein *Ordnungsisomorphismus*, falls auch die inverse Abbildung ein Ordnungshomomorphismus ist.

3. Wir sagen „M_1 ist ordnungsisomorph zu M_2" oder kürzer „M_1 und M_2 sind isomorph" genau dann, wenn es einen Ordnungsisomorphismus von M_1 nach M_2 gibt.   □

Man beachte: In der Definition 2.2.5 wird für den Ordnungsisomorphismus explizit gefordert, dass die inverse Abbildung ein Ordnungshomomorphismus ist (vgl. Definition 2.1.5). Wir werden im restlichen Text fast immer die kürzere Bezeichnung „monotone Abbildung" statt Ordnungshomomorphismus verwenden.

Analog zu Satz 2.1.6 haben wir die folgende Aussage. Der Beweis ergibt sich durch einfaches Nachrechnen. Wir verzichten deshalb auf seine Durchführung.

2.2.6 Satz Die Komposition von monotonen Abbildungen ist monoton.   □

Hingegen ist die Umkehrabbildung einer monotonen Abbildung im Allgemeinen nicht monoton. Ein Gegenbeispiel wird nachfolgend beschrieben.

2.2.7 Beispiel Wir definieren M_1 als die Potenzmenge von $\{a,b\}$, wobei $a \neq b$ gilt, und M_2 als die Menge, welche aus den ersten vier natürlichen Zahlen 0, 1, 2 und 3 besteht. Dann ordnen wir M_1 durch die Inklusion und M_2 wie üblich, also durch $0 < 1 < 2 < 3$. Schließlich definieren wir eine Abbildung $f : M_1 \to M_2$ wie folgt:

$$f(\emptyset) = 0 \qquad f(\{a\}) = 1 \qquad f(\{b\}) = 2 \qquad f(\{a,b\}) = 3$$

Es ist f bijektiv und, wie man sofort nachprüft, auch monoton. Jedoch ist die bijektive Umkehrabbildung $f^{-1} : M_2 \to M_1$ nicht monoton. Es gilt zwar $1 \leq 2$, aber demgegenüber sind die Bildelemente $f^{-1}(1) = \{a\}$ und $f^{-1}(2) = \{b\}$ bezüglich der Inklusion unvergleichbar, also trifft insbesondere die für eine Monotonie notwendige Ordnungsbeziehung $f^{-1}(1) \subseteq f^{-1}(2)$ nicht zu.   □

Bei relationalen Strukturen, wie Ordnungen oder auch verschiedenen Arten von Graphen, muss man bei den Isomorphismen also in den Definitionen fordern, was bei algebraischen Strukturen, wie Gruppen, Ringen, Körpern und Verbänden beweisbar ist, nämlich, dass Umkehrabbildungen bijektiver strukturerhaltender Abbildungen ebenfalls strukturerhaltend sind. Von Anfängerinnen und Anfängern wird dies oft übersehen.

Nun kommen wir zu speziellen Elementen in Ordnungen und Teilmengen von Ordnungen. Sie spielen bei vielen Fragestellungen eine herausragende Rolle.

2.2.8 Definition Es sei $(M, \sqsubseteq)$ eine Ordnung. Weiterhin seien $N \subseteq M$ und $a \in M$. Dann heißt das Element a ...

- ... *obere Schranke* von N, falls für alle $b \in N$ gilt $b \sqsubseteq a$,

- ... *untere Schranke* von N, falls für alle $b \in N$ gilt $a \sqsubseteq b$,

- ... *maximales Element* von N, falls $a \in N$ und kein $b \in N$ existiert mit $a \sqsubset b$,

- ... *minimales Element* von N, falls $a \in N$ und kein $b \in N$ existiert mit $b \sqsubset a$,

- ... *größtes Element* von N, falls $a \in N$ und für alle $b \in N$ gilt $b \sqsubseteq a$,

- ... *kleinstes Element* von N, falls $a \in N$ und für alle $b \in N$ gilt $a \sqsubseteq b$.   □

Solche extremen Elemente müssen nicht immer existieren. Beispielsweise hat die Menge der natürlichen Zahlen bezüglich der üblichen Ordnung kein größtes Element. Bei den Schranken und den maximalen/minimalen Elementen ist auch die Eindeutigkeit nicht immer gegeben. Betrachtet man etwa die Potenzmenge von $\{a,b\}$ und darin die Teilmenge $\{\{a\}, \{b\}\}$, so besitzt diese Teilmenge genau $\{a\}$ und $\{b\}$ als minimale und maximale Elemente. Hingegen sind größte und kleinste Elemente immer eindeutig, sofern sie existieren. Dies folgt sofort aus der Antisymmetrie der Ordnung.

Den folgenden einfachen Satz werden wir oft verwenden, ohne ihn explizit zu erwähnen. Sein Beweis stellt im Prinzip einen Algorithmus zur Bestimmung eines maximalen bzw. eines minimalen Elements durch eine lineare Suche dar.

2.2.9 Satz Ist $(M, \sqsubseteq)$ eine Ordnung, so besitzt jede endliche, nichtleere Teilmenge N ein maximales und ein minimales Element.

Beweis: Es sei für N die explizite Darstellung $N = \{a_1, \ldots, a_n\}$ mit $n \geq 1$ angenommen. Wir definieren eine aufsteigende Folge (deren Elemente eine Kette bilden) $x_1 \sqsubseteq \ldots \sqsubseteq x_n$ induktiv durch die folgenden zwei Gleichungen:

$$x_1 := a_1 \qquad\qquad x_{i+1} := \begin{cases} a_{i+1} & \text{falls } x_i \sqsubset a_{i+1} \\ x_i & \text{falls } x_i \not\sqsubset a_{i+1} \end{cases}$$

Dann ist x_n offensichtlich maximal in N. Analog zeigt man konstruktiv die Existenz eines minimalen Elements. $\qquad\square$

Fallen die beiden Mengen M und N zusammen, so spricht man nur von einem maximalen, minimalen, größten bzw. kleinsten Element und unterstellt damit natürlich implizit „von der gesamten Ordnung". Obere Schranken und untere Schranken führen zu zwei mengenwertigen Abbildungen, die später noch eine sehr große Rolle spielen werden. Diese Abbildungen werden nun eingeführt.

2.2.10 Definition Zu einer Ordnung $(M, \sqsubseteq)$ sind durch die Festlegungen

$$\begin{aligned} \mathsf{Ma}(X) &= \{a \in M \mid a \text{ obere Schranke von } X\} \\ \mathsf{Mi}(X) &= \{a \in M \mid a \text{ untere Schranke von } X\} \end{aligned}$$

zwei Abbildungen $\mathsf{Ma}, \mathsf{Mi} : 2^M \to 2^M$ auf der Potenzmenge 2^M von M definiert. Man nennt die Mengen $\mathsf{Ma}(X)$ und $\mathsf{Mi}(X)$ den oberen bzw. den unteren *Konus* von X. $\qquad\square$

Die Bezeichnungen Ma und Mi stammen von den Worten „Majorante" und „Minorante" ab, welche man auch oft statt „obere Schranke" bzw. „untere Schranke" verwendet. Statt $\mathsf{Ma}(\{a\})$ schreiben wir kürzer $\mathsf{Ma}(a)$ und wir kürzen auch $\mathsf{Mi}(\{a\})$ zu $\mathsf{Mi}(a)$ ab. Der nachfolgende Satz stellt wichtige Eigenschaften der Abbildungen Ma und Mi zusammen.

2.2.11 Satz Für die beiden Abbildungen Ma und Mi von Definition 2.2.10 gelten die folgenden Eigenschaften für alle Mengen $N_1, N_2, N \in 2^M$:

1. Aus $N_1 \subseteq N_2$ folgt $\mathsf{Ma}(N_2) \subseteq \mathsf{Ma}(N_1)$ und $\mathsf{Mi}(N_2) \subseteq \mathsf{Mi}(N_1)$, d.h. Ma und Mi sind antitone Abbildungen.

2. Es ist $\mathsf{Ma}(\mathsf{Mi}(\mathsf{Ma}(N))) = \mathsf{Ma}(N)$ und $\mathsf{Mi}(\mathsf{Ma}(\mathsf{Mi}(N))) = \mathsf{Mi}(N)$.

Beweis: Wir gehen wie folgt vor, wobei wir beliebige Mengen $N_1, N_2, N \in 2^M$ annehmen:

1: Es sei also $N_1 \subseteq N_2$. Dann gilt

$$\begin{aligned} \mathsf{Ma}(N_2) &= \{a \in M \mid \forall b \in N_2 : b \sqsubseteq a\} && \text{Definition von } \mathsf{Ma} \\ &\subseteq \{a \in M \mid \forall b \in N_1 : b \sqsubseteq a\} && N_1 \subseteq N_2 \\ &= \mathsf{Ma}(N_1) && \text{Definition von } \mathsf{Ma}. \end{aligned}$$

Auf die gleiche Art und Weise verifiziert man die Antitonieeigenschaft von Mi.

2: Wir beweisen nur die erste Gleichung. Die andere Gleichung folgt analog.

Inklusion „$\subseteq$": Ist $a \in N$ beliebig gewählt, so bekommen wir $a \sqsubseteq b$ für alle $b \in \mathsf{Ma}(N)$, also auch $a \in \mathsf{Mi}(\mathsf{Ma}(N))$. Damit gilt $N \subseteq \mathsf{Mi}(\mathsf{Ma}(N))$ und mit Eigenschaft (1) folgt dann die Behauptung.

Inklusion „$\supseteq$": Es sei $X \subseteq M$ beliebig, und es sei $a \in X$. Dann gilt $b \sqsubseteq a$ für alle $b \in \mathsf{Mi}(X)$. Also gilt $a \in \mathsf{Ma}(\mathsf{Mi}(X))$ und damit $X \subseteq \mathsf{Ma}(\mathsf{Mi}(X))$. Für $X := \mathsf{Ma}(N)$ folgt dann die Behauptung. $\qquad\Box$

Im Beweis dieses Satzes haben wir M als globale Ordnung vorausgesetzt. Die nächste Definition ist sehr wichtig. Durch die in ihr eingeführten Begriffe werden wir später in der Lage sein, die Brücke zwischen den Verbänden und den Ordnungen zu schlagen.

2.2.12 Definition Es seien $(M, \sqsubseteq)$ eine Ordnung, $N \subseteq M$ und $a \in M$. Dann heißt $a \ldots$

- $\ldots$ *Infimum* von N, falls a das größte Element von $\mathsf{Mi}(N)$ ist,

- $\ldots$ *Supremum* von N, falls a das kleinste Element von $\mathsf{Ma}(N)$ ist. $\qquad\Box$

Wir bezeichnen mit $\bigsqcap N$ das Infimum von N und mit $\bigsqcup N$ das Supremum von N. Statt Infimum und Supremum verwendet man auch die Begriffe *größte untere Schranke* und *kleinste obere Schranke*. Ist N eine indizierte Menge, $N = \{a_i \mid i \in I\}$, so schreiben wir $\bigsqcup_{i \in I} a_i$ und $\bigsqcap_{i \in I} a_i$ statt $\bigsqcup N$ und $\bigsqcap N$. Für ein Intervall $I = [m, n] \subseteq \mathbb{N}$ verwenden wir noch spezieller $\bigsqcup_{m \leq i \leq n} a_i$ und $\bigsqcap_{m \leq i \leq n} a_i$ als Schreibweisen. Bei nach oben unbeschränkten Intervallen $I = [m, \infty[$ von $\mathbb{N}$ sind auch $\bigsqcup_{i \geq m} a_i$ und $\bigsqcap_{i \geq m} a_i$ geläufig und werden von uns verwendet. Als kleinste bzw. größte Elemente sind Suprema und Infima eindeutig, sofern sie existieren. Dies führt zur Auffassung von $\bigsqcup, \bigsqcap : 2^M \to M$ als partielle Abbildungen. Wir werden später sehen, dass die Abbildungen $\bigsqcup$ und $\bigsqcap$ zu den Abbildungen $\sqcup$ und $\sqcap$ auf Verbänden in einer sehr ähnlichen Beziehung stehen wie $\sum$ zur zweistelligen Addition und $\prod$ zur zweistelligen Multiplikation im Fall der Arithmetik.

Die folgenden Aussagen besagen, wie sich Suprema und Infima verändern, wenn man Mengen bezüglich Inklusion verkleinert bzw. vergrößert. Wir werden sie im restlichen Text oft in Beweisen verwenden, ohne sie eigens zu erwähnen.

2.2.13 Satz Sind N_1 und N_2 Teilmengen einer Ordnung $(M, \sqsubseteq)$ mit $N_1 \subseteq N_2$, so gelten $\bigsqcup N_1 \sqsubseteq \bigsqcup N_2$ und $\bigsqcap N_2 \sqsubseteq \bigsqcap N_1$, falls diese Suprema und Infima existieren.

Beweis: Es sei angenommen, dass Elemente $a, b \in M$ mit $a = \bigsqcup N_1$ und $b = \bigsqcup N_2$ existieren. Die erste Eigenschaft zeigt man dann wie folgt:

$$
\begin{aligned}
b = \textstyle\bigsqcup N_2 &\implies b \in \mathsf{Ma}(N_2) && \text{Definition Supremum} \\
&\implies b \in \mathsf{Ma}(N_1) && \text{Satz 2.2.11.1 und } N_1 \subseteq N_2 \\
&\implies a \sqsubseteq b && \text{Definition Supremum}
\end{aligned}
$$

Auf die gleiche Art und Weise kann man auch die zweite Eigenschaft verifizieren. $\qquad\Box$

2.3   Verbände als spezielle geordnete Mengen

In diesem Abschnitt studieren wir die Wechselwirkung zwischen der algebraischen Struktur „Verband" und der relationalen Struktur „Ordnung". Es wird sich herausstellen, dass Verbände zu speziellen Ordnungen in einer eindeutig umkehrbaren Beziehung stehen. Wir beginnen mit der Konstruktion der Ordnung bei einem gegebenen Verband.

2.3.1 Satz (Charakterisierung einer Ordnung bzgl. eines Verbands) Es sei ein Verband $(V, \sqcup, \sqcap)$ gegeben. Definiert man auf seiner Trägermenge V eine Relation $\sqsubseteq$ durch

$$a \sqsubseteq b \;:\Longleftrightarrow\; a \sqcap b = a$$

für alle $a, b \in V$, so ist $\sqsubseteq$ eine Ordnungsrelation auf V, und für alle Teilmengen der Form $\{a, b\} \subseteq V$ gelten die nachfolgenden Gleichungen:

$$\bigsqcup\{a, b\} \;=\; a \sqcup b \qquad\qquad \bigsqcap\{a, b\} \;=\; a \sqcap b$$

Beweis: Wir beweisen zuerst die Ordnungseigenschaften.

1. *„Reflexivität"*: Ist $a \in V$ beliebig gewählt, so gilt:

$$
\begin{aligned}
a \sqsubseteq a &\iff a \sqcap a = a && \text{Definition von } \sqsubseteq \\
&\iff a = a && \text{Satz 2.1.3.1}
\end{aligned}
$$

2. *„Antisymmetrie"*: Sind $a, b \in V$ beliebig gewählt, so gilt:

$$
\begin{aligned}
a \sqsubseteq b \wedge b \sqsubseteq a &\iff a \sqcap b = a \wedge && \text{Definition von } \sqsubseteq \\
& \qquad b \sqcap a = b \\
&\implies a = a \sqcap b = b && \text{Kommutativität}
\end{aligned}
$$

3. *„Transitivität"*: Sind $a, b, c \in V$ beliebig gewählt, so gilt:

$$
\begin{aligned}
a \sqsubseteq b \wedge b \sqsubseteq c &\iff a \sqcap b = a \wedge && \text{Definition von } \sqsubseteq \\
& \qquad b \sqcap c = b \\
&\implies a \sqcap c = a \sqcap b \sqcap c && a = a \sqcap b \\
& \quad\;\; = a && a \sqsubseteq b, b \sqsubseteq c \\
&\iff a \sqsubseteq c && \text{Definition von } \sqsubseteq
\end{aligned}
$$

Als nächstes beweisen wir die Gleichung $\bigsqcup\{a, b\} = a \sqcup b$. Das Element $a \sqcup b$ ist nach den folgenden Rechnungen eine obere Schranke von $\{a, b\}$.

$$
\begin{aligned}
a \sqsubseteq a \sqcup b &\iff a \sqcap (a \sqcup b) = a && \text{Definition } \sqsubseteq \\
&\iff (a \sqcup b) \sqcap a = a && \text{Kommutativität} \\
&\iff a = a && \text{Absorption}
\end{aligned}
$$

$$
\begin{aligned}
b \sqsubseteq a \sqcup b &\iff b \sqcap (a \sqcup b) = b && \text{Definition } \sqsubseteq \\
&\iff (b \sqcup a) \sqcap b = b && \text{Kommutativität} \\
&\iff b = b && \text{Absorption}
\end{aligned}
$$

Wegen der eben bewiesenen Eigenschaft ist folglich nur noch zu zeigen, dass $a \sqcup b$ das kleinste Element der Menge $\mathsf{Ma}(\{a, b\})$ ist. Es sei also ein beliebiges Element $x \in \mathsf{Ma}(\{a, b\})$ gegeben, d.h. es gelten $a \sqsubseteq x$ und $b \sqsubseteq x$. Dann haben wir die nachstehende Äquivalenz, welche die gewünschte Eigenschaft bringt:

$$
\begin{aligned}
a \sqcup b \sqsubseteq x \;\; &\Longleftrightarrow \;\; (a \sqcup b) \sqcap x = a \sqcup b && \text{Definiton } \sqsubseteq \\
&\Longleftrightarrow \;\; (a \sqcup b) \sqcup x = x && \text{Satz 2.1.3.2} \\
&\Longleftrightarrow \;\; (a \sqcup x) \sqcup (b \sqcup x) = x && \text{Idempotenz} \\
&\Longleftrightarrow \;\; x \sqcup x = x && a \sqsubseteq x, b \sqsubseteq x, \text{Satz 2.1.3.2} \\
&\Longleftrightarrow \;\; x = x && \text{Idempotenz}
\end{aligned}
$$

Auf die gleiche Art und Weise zeigt man die Gleichung $\bigsqcap\{a, b\} = a \sqcap b$. $\square$

Von Verbänden kommt man also zu speziellen Ordnungen. Im nächsten Satz zeigen wir die Umkehrung, also, dass man von den Ordnungen, wie sie in Satz 2.3.1 konstruiert wurden, wieder zu Verbänden kommt.

2.3.2 Satz (Charakterisierung eines Verbands bzgl. einer Ordnung)   Gegeben sei eine Ordnung $(M, \sqsubseteq)$ mit der Eigenschaft, dass für $a, b \in M$ sowohl $\bigsqcup\{a, b\}$ als auch $\bigsqcap\{a, b\}$ existieren. Definiert man zwei Abbildungen

$$
\sqcup, \sqcap : M \times M \to M
$$

durch $a \sqcup b = \bigsqcup\{a, b\}$ und $a \sqcap b = \bigsqcap\{a, b\}$, so ist $(M, \sqcup, \sqcap)$ ein Verband.

Beweis: Wir müssen die sechs Verbandsaxiome für die Abbildungen $\sqcup$ und $\sqcap$ nachrechnen. Dies geschieht wie folgt, wobei $a, b, c \in M$ beliebige Elemente sind:

1. *„Kommutativität"*: Wir behandeln nur die Abbildung $\sqcup$, da der Fall $\sqcap$ analog zu behandeln ist.

$$
\begin{aligned}
a \sqcup b \;&= \; \bigsqcup\{a, b\} && \text{Definition von } \sqcup \\
&= \; \bigsqcup\{b, a\} && \\
&= \; b \sqcup a && \text{Definition von } \sqcup
\end{aligned}
$$

2. *„Assoziativität"*: Auch hier beschränken wir uns auf den Fall $\sqcup$:

$$
\begin{aligned}
(a \sqcup b) \sqcup c \;&= \; \bigsqcup\{\bigsqcup\{a, b\}, c\} && \text{Definition von } \sqcup \\
&= \; \bigsqcup\{a, b, c\} && \text{Eigenschaft Supremum} \\
&= \; \bigsqcup\{a, \bigsqcup\{b, c\}\} && \text{Eigenschaft Supremum} \\
&= \; a \sqcup (b \sqcup c) && \text{Definition von } \sqcup
\end{aligned}
$$

Der Beweis, dass das Supremum der Menge $\{a, b, c\}$ gleich ist dem (nach der Annahme existierenden) Supremum der Menge $\{\bigsqcup\{a, b\}, c\}$ und auch gleich dem (ebenfalls nach der Annahme existierenden) Supremum der Menge $\{a, \bigsqcup\{b, c\}\}$, ergibt sich durch einfaches Nachrechnen und sei der Leserin oder dem Leser zur Übung empfohlen.

3. „*Absorption*": Es gilt $a \sqsubseteq \bigsqcup\{a, b\} = a \sqcup b$. Daraus folgt

$$
\begin{aligned}
(a \sqcup b) \sqcap a &= \textstyle\bigsqcap\{a \sqcup b, a\} && \text{Definition von } \sqcap \\
&= a && x \sqsubseteq y \Rightarrow \textstyle\bigsqcap\{x, y\} = x,
\end{aligned}
$$

also das erste Gesetz. Analog beweist man auch das zweite Absorptionsgesetz. $\quad\square$

Insgesamt ist durch die beiden eben bewiesenen Sätze 2.3.1 und 2.3.2 die algebraische Definition 2.1.1 eines Verbands $(V, \sqcup, \sqcap)$ gleichwertig zur ordnungstheoretischen Beschreibung, bei der man für die Ordnung $(V, \sqsubseteq)$ die Existenz von Suprema $\bigsqcup\{a, b\}$ und Infima $\bigsqcap\{a, b\}$ für alle Teilmengen der speziellen Form $\{a, b\}$ von V fordert. Verbände entsprechen also genau den Ordnungen, wo zwei Elemente sowohl ein Supremum als auch ein Infimum besitzen. Damit sind auch nachträglich die Bezeichnungen $\bigsqcup$ für die Supremumsoperation bzw. $\bigsqcap$ für die Infimumsoperation als Verallgemeinerungen von $\sqcup$ und $\sqcap$ gerechtfertigt.

2.3.3 Definition Die in Satz 2.3.1 eingeführte Relation $\sqsubseteq$ heißt die durch den Verband $(V, \sqcup, \sqcap)$ *induzierte Ordnung* oder die *Verbandsordnung* von V. $\quad\square$

Wegen der Hinzunahme der Ordnung wird ein Verband eigentlich zu einer gemischt algebraisch-relationalen Struktur $(V, \sqcup, \sqcap, \sqsubseteq)$ mit den Axiomen von Definition 2.1.1 und der Ordnungsfestlegung von Satz 2.3.1 als den definierenden Gesetzen.

Wie verhalten sich nun die bisher eingeführten strukturerhaltenden Abbildungen zueinander? Diese Frage wird in den nachfolgenden zwei Sätzen geklärt. Wir beginnen mit der stärkeren Aussage.

2.3.4 Satz Sind $(V_1, \sqcup_1, \sqcap_1)$ und $(V_2, \sqcup_2, \sqcap_2)$ Verbände und ist $f : V_1 \to V_2$ ein Verbandshomomorphismus, so ist f monoton bezüglich der induzierten Ordnungen $\sqsubseteq_1$ und $\sqsubseteq_2$.

Beweis: Es seien $a, b \in V_1$ beliebig vorgegeben. Dann gilt

$$
\begin{aligned}
a \sqsubseteq_1 b &\iff a \sqcap_1 b = a && \text{Definition von } \sqsubseteq_1 \\
&\implies f(a \sqcap_1 b) = f(a) && \text{Anwendung von } f \\
&\iff f(a) \sqcap_2 f(b) = f(a) && f \text{ ist Verbandshom.} \\
&\iff f(a) \sqsubseteq_2 f(b) && \text{Definition von } \sqsubseteq_2,
\end{aligned}
$$

was die Monotonie der Abbildung f beweist. $\quad\square$

Die Umkehrung von Satz 2.3.4 trifft nicht zu. Es gibt also monotone Abbildungen auf Verbänden, die keine Verbandshomomorphismen sind. Ein Gegenbeispiel wurde schon in Beispiel 2.2.7 angegeben, denn die dortigen Ordnungen sind derartig, dass sie zu Verbänden führen. Jedoch gelten statt der Umkehrung, welche ja die Gültigkeit von zwei Gleichungen verlangt, die folgenden abgeschwächten Tatsachen.

2.3.5 Satz Sind $(V_1, \sqcup_1, \sqcap_1)$ und $(V_2, \sqcup_2, \sqcap_2)$ zwei Verbände und ist die Abbildung $f : V_1 \to V_2$ monoton bezüglich der induzierten Verbandsordnungen $\sqsubseteq_1$ und $\sqsubseteq_2$, so gelten für alle $a, b \in V_1$ die folgenden zwei Abschätzungen:

1. $f(a \sqcap_1 b) \sqsubseteq_2 f(a) \sqcap_2 f(b)$

2. $f(a \sqcup_1 b) \sqsupseteq_2 f(a) \sqcup_2 f(b)$

Beweis: Es seien $a, b \in V_1$ beliebige Elemente. Wir zeigen dann die beiden Behauptungen wie folgt:

1. Das Element $f(a \sqcap_1 b)$ ist eine untere Schranke der Menge $\{f(a), f(b)\}$, denn es gelten die folgenden zwei Implikationen:

$$\begin{aligned} &a \sqcap_1 b = \textstyle\bigsqcap_1\{a, b\} \sqsubseteq_1 a && \text{Ordnungsth. vs. Verbandsth.} \\ \Longrightarrow\ &f(a \sqcap_1 b) \sqsubseteq_2 f(a) && f \text{ monoton} \end{aligned}$$

$$\begin{aligned} &a \sqcap_1 b = \textstyle\bigsqcap_1\{a, b\} \sqsubseteq_1 b && \text{Ordnungsth. vs. Verbandsth.} \\ \Longrightarrow\ &f(a \sqcap_1 b) \sqsubseteq_2 f(b) && f \text{ monoton} \end{aligned}$$

Daraus folgt sofort $f(a \sqcap_1 b) \sqsubseteq_2 \bigsqcap_2\{f(a), f(b)\} = f(a) \sqcap_2 f(b)$, also die gewünschte Eigenschaft.

2. Diese Behauptung beweist man vollkommen analog. $\square$

In diesem Satz haben wir die Notation $a \sqsupseteq b$ für $b \sqsubseteq a$ verwendet. Dies werden wir auch weiterhin tun, wenn damit die Abschätzungen besser die Dualität (genauer werden wir dies im Abschnitt 2.4 studieren) ausdrücken. Weiterhin haben wir die Abschätzung $a \sqcap b \sqsubseteq a$ für die Verbandsoperation $\sqcap$ verwendet, welche beim Beweis des Satzes 2.3.1 eigentlich hätte gezeigt werden müssen („das Infimum ist eine untere Schranke"), dort aber unterdrückt wurde. Die duale Beziehung $a \sqsubseteq b \sqcup a$ für das Supremum („das Supremum ist eine obere Schranke") wurde im Beweis von Satz 2.3.1 hingegen explizit gezeigt.

In einem Verband fallen die zwei Begriffe Verbandshomomorphismus und monotone Abbildung also nicht zusammen. Bei den Isomorphismen hat man hingegen Übereinstimmung, wie wir nun zeigen.

2.3.6 Satz Sind $(V_1, \sqcup_1, \sqcap_1)$ und $(V_2, \sqcup_2, \sqcap_2)$ Verbände und $f : V_1 \to V_2$, so gilt: f ist ein Verbandsisomorphismus genau dann, wenn f ein Ordnungsisomorphismus bzgl. der beiden induzierten Ordnungen $\sqsubseteq_1$ und $\sqsubseteq_2$ ist.

Beweis: „$\Longrightarrow$": Die Monotonie von f folgt aus Satz 2.3.4. Es ist f^{-1} ein Verbandsisomorphismus (also auch -homomorphismus) nach Satz 2.1.6 und damit monoton nach Satz 2.3.4. Damit ist f ein Ordnungsisomorphismus.

„$\Longleftarrow$": Zu zeigen ist, dass die Eigenschaften (1) und (2) aus Satz 2.3.5 zu Gleichungen werden. Wir zeigen hier nur den Beweis für (2). Es seien also $a, b \in V_1$ beliebig gewählt und es bezeichne true die immer wahre Aussage. Da f surjektiv ist, finden wir ein Element $c \in V_1$ mit

$$f(a) \sqcup_2 f(b) \;=\; f(c). \tag{$*$}$$

Es gilt nun sowohl die Beziehung $a \sqsubseteq_1 c$ als auch die Beziehung $b \sqsubseteq_1 c$, denn wir haben die beiden Äquivalenzen

$$
\begin{array}{llll}
\text{true} & \Longleftrightarrow & f(a) \sqsubseteq_2 f(c) & \qquad f(a) \sqsubseteq_2 f(a) \sqcup_2 f(b) \text{ und } (*) \\
& \Longleftrightarrow & a \sqsubseteq_1 c & \qquad\qquad\qquad\qquad f^{-1} \text{ monoton}
\end{array}
$$

$$
\begin{array}{llll}
\text{true} & \Longleftrightarrow & f(b) \sqsubseteq_2 f(c) & \qquad f(b) \sqsubseteq_2 f(a) \sqcup_2 f(b) \text{ und } (*) \\
& \Longleftrightarrow & b \sqsubseteq_1 c & \qquad\qquad\qquad\qquad f^{-1} \text{ monoton},
\end{array}
$$

und deren rechte Seiten implizieren $a \sqcup_1 b \sqsubseteq_1 c$. Damit sind wir aber fertig, da

$$
\begin{array}{llll}
a \sqcup_1 b \sqsubseteq_1 c & \Longrightarrow & f(a \sqcup_1 b) \sqsubseteq_2 f(c) & \qquad f \text{ ist monoton} \\
& \Longleftrightarrow & f(a \sqcup_1 b) \sqsubseteq_2 f(a) \sqcup_2 f(b) & \qquad \text{Gleichung } (*)
\end{array}
$$

gilt. Mit Aussage (2) aus Satz 2.3.5 folgt dann die Gleichheit $f(a \sqcup_1 b) = f(a) \sqcup_2 f(b)$. Die Aussage (1) aus Satz 2.3.5 verschärft man analog zur Gleichheit. $\qquad\square$

2.4 Das Dualitätsprinzip der Verbandstheorie

Beim Beweisen der bisherigen verbandstheoretischen Eigenschaften stellte sich heraus, dass viele Aussagen und Beweise ineinander überführbar sind, indem man die Operation $\sqcup$ mit der Operation $\sqcap$ und die Ordnung $\sqsubseteq$ mit der Ordnung $\sqsupseteq$ vertauscht. Dem liegt ein allgemeines Prinzip zugrunde, das wir nun angeben und auch beweisen wollen. Für den folgenden Stoff werden einige Grundkenntnisse aus der Prädikatenlogik vorausgesetzt, die vielen Leserinnen und Lesern wahrscheinlich aus einer einführenden Vorlesung zur mathematischen Logik bekannt sind. Ist dies nicht der Fall, so hoffen wir trotzdem, dass die Argumentationen einigermaßen nachvollziehbar sind. Gegebenenfalls schlage man in einem Standard-Lehrbuch über mathematische Logik nach.

Für den Beweis des Dualitätsprinzips folgen wir logischen Prinzipien und unterscheiden zwischen Syntax (Ausdrücke, Formeln) und Semantik (Werte, Wahrsein, Falschsein) einerseits und logischer Konsequenz aufgrund von Gültigkeit und Beweisbarkeit in einem Kalkül andererseits. Zum Behandeln der Syntax legen wir zuerst drei Mengen von syntaktischen Objekten, fest, nämlich die nachfolgend angegebenen:

$\mathfrak{L}$: Dies ist die Sprache (das Vokabular) der (reinen) Verbandstheorie. Die Menge $\mathfrak{L}$ besteht also aus Bezeichnern für die zwei verbandstheoretischen Operationen $\sqcup$ und $\sqcap$, für welche wir ebenfalls diese Symbole wählen.

$\mathfrak{T}_{\mathfrak{L}}$: Dies ist die Menge der Terme (Ausdrücke), die über der Sprache $\mathfrak{L}$ gebildet werden können. Terme sind aufgebaut mit Hilfe der zwei Operationssymbole $\sqcup, \sqcap$ der Sprache, welche auch infix-notiert werden, sowie freien Variablen aus einer vorgegebenen Variablenmenge, welche für Elemente von Verbänden stehen. Beispiele für Terme sind etwa $x \sqcup x$ und $(x \sqcup y) \sqcap z$ oder auch nur eine einzelne Variable x,

$\mathfrak{F}_\mathfrak{L}$: Dies ist die Menge der Formeln der Prädikatenlogik erster Stufe über der Sprache $\mathfrak{L}$ mit Gleichungen $t_1 = t_2$ (wobei $t_i \in \mathfrak{T}_\mathfrak{L}$) als Primformeln. Formeln sind dabei wie üblich induktiv definiert. Beispiele für solche Formeln sind etwa $x = y$, $x \sqcup x = x$ und $\forall\, x : (x \sqcup x = x) \wedge (x \sqcap x = x)$.

Zu einer Formel $\varphi \in \mathfrak{F}_\mathfrak{L}$ sei $\varphi^d \in \mathfrak{F}_\mathfrak{L}$ diejenige Formel, die aus φ entsteht, indem die Operationssymbole $\sqcup$ und $\sqcap$ vertauscht werden. Man nennt dann die Formel φ^d die *duale Form* der Formel φ. Etwa ist $x = y$ die duale Form von $x = y$, es ist $x \sqcap x = x$ die duale Form von $x \sqcup x = x$ und es ist $\forall\, x : (x \sqcap x = x) \wedge (x \sqcup x = x)$ die duale Form von $\forall\, x : (x \sqcup x = x) \wedge (x \sqcap x = x)$. Auch $\varphi^d \in \mathfrak{F}_\mathfrak{L}$ kann man formal durch Induktion über den Aufbau von φ definieren.

Im Beweis des folgenden Dualitätsprinzips bezeichnen wir mit $\vdash$ die Beweisbarkeitsrelation zwischen Formelmengen und Formeln und unterstellen, dass sie formal definiert ist mit Hilfe eines vollständigen und korrekten Hilbert-Kalküls (benannt nach dem Mathematiker D. Hilbert) für die Prädikatenlogik erster Stufe. Hier ist ein (formaler) Beweis einer Formel φ aus einer Formelmenge (den Hypothesen) $\mathcal{A}$ ein Baum, dessen Blätter Axiome der Prädikatenlogik oder Hypothesen aus $\mathcal{A}$ sind, dessen Wurzel die zu beweisende Formel φ ist und wo Übergänge nur den Modus ponens $\frac{\varphi,\varphi \to \psi}{\psi}$ als Deduktionsregel verwenden. Gibt es so einen Beweis, dann gilt definitionsgemäß die Beziehung $\mathcal{A} \vdash \varphi$. Mit $\models$ bezeichnen wir die Relation der semantischen Konsequenz zwischen Formelmengen und Formeln, d.h. es ist $\mathcal{A} \models \varphi$ genau dann wahr, falls die Formel φ in allen Modellen der Formelmenge $\mathcal{A}$ gilt. Vollständigkeit und Korrektheit besagen, dass die Relationen $\vdash$ und $\models$ übereinstimmen. Man findet die entsprechenden Einzelheiten in vielen Lehrbüchern der mathematischen Logik. Nach diesen Vorbereitungen hinsichtlich der logischen Grundlagen können wir nun das Dualitätsprinzip formulieren und auch formal beweisen.

2.4.1 Satz (Dualitätsprinzip) Gilt die Formel $\varphi \in \mathfrak{F}_\mathfrak{L}$ in allen Verbänden, so auch die duale Formel φ^d.

Beweis: Es sei $\mathfrak{V} \subseteq \mathfrak{F}_\mathfrak{L}$ die Menge von Formeln, welche den formalen Hinschreibungen der Axiome der Verbandstheorie in der Prädikatenlogik erster Stufe entsprechen, also:

$$\mathfrak{V} \;=\; \{\, \forall\, x \,\forall\, y : x \sqcup y = y \sqcup x, \ldots, \forall\, x \,\forall\, y : (x \sqcap y) \sqcup x = x \,\}$$

Dann hat man folgende Rechnung:

$$
\begin{array}{lll}
 & \varphi \text{ gilt in allen Verbänden} & \\
\Longleftrightarrow & \mathfrak{V} \models \varphi & \text{Definition } \models \\
\Longrightarrow & \mathfrak{V} \vdash \varphi & \text{Vollständigkeit des Kalküls} \\
\Longrightarrow & \mathfrak{V} \vdash \varphi^d & \text{siehe unten} \\
\Longrightarrow & \mathfrak{V} \models \varphi^d & \text{Korrektheit des Kalküls} \\
\Longleftrightarrow & \varphi^d \text{ gilt in allen Verbänden} & \text{Definition } \models
\end{array}
$$

Die Begründung des dritten Schritts ist dabei wie folgt: Hat man einen Beweis für die Formel φ aus den Hypothesen $\mathfrak{V}$ und ersetzt man in ihm simultan jedes Vorkommen des

Symbols $\sqcup$ durch das Symbol $\sqcap$ und umgekehrt, so hat man einen (dualen) Beweis für die duale Formel φ^d aus den Hypothesen $\mathfrak{V}$, denn die Dualisierung von einem Axiom der Prädikatenlogik ist wiederum ein Axiom der Prädikatenlogik und die Dualisierung einer Formel aus $\mathfrak{V}$ liegt wiederum in $\mathfrak{V}$.   □

Fasst man eine Beziehung $t_1 \sqsubseteq t_2$ mit Termen $t_1, t_2 \in \mathfrak{T}_\mathfrak{L}$ als Abkürzung für die Gleichung $t_1 \sqcap t_2 = t_1$ auf und bezeichnet t_i^d, analog zu φ^d, die duale Form von Termen, so bekommt man als Spezialfall die nachstehende Äquivalenz:

$$\begin{aligned} & t_1 \sqsubseteq t_2 \text{ gilt in allen Verbänden} \\ \iff\ & t_1 \sqcap t_2 = t_1 \text{ gilt in allen Verbänden} & \text{Definition von } \sqcup \\ \iff\ & (t_1 \sqcap t_2 = t_1)^d \text{ gilt in allen Verbänden} & \text{Dualitätsprinzip} \\ \iff\ & t_1^d \sqcup t_2^d = t_1^d \text{ gilt in allen Verbänden} & \text{Definition duale Formel} \\ \iff\ & t_2^d \sqsubseteq t_1^d \text{ gilt in allen Verbänden} \end{aligned}$$

Im Folgenden betrachten wir zwei Beispiele für das Dualitätsprinzip. Dabei gehen wir aber von der Formelschreibweise der Prädikatenlogik wieder ab und verwenden die „freiere" gewohnte mathematische Notation. Das erste Beispiel führt wichtige Rechenregeln ein, das zweite Beispiel wird in einer Verschärfung später noch eine sehr große Rolle spielen.

2.4.2 Beispiele (für das Dualitätsprinzip) Es sei $(V, \sqcup, \sqcap)$ ein Verband mit der induzierten Verbandsordnung $(V, \sqsubseteq)$.

1. Für alle $a, b, c \in V$ gelten die folgenden Implikationen:

$$\begin{aligned} a \sqsubseteq b &\implies a \sqcup c \sqsubseteq b \sqcup c & \textit{Linksmonotonie von } \sqcup \\ a \sqsubseteq b &\implies c \sqcup a \sqsubseteq c \sqcup b & \textit{Rechtsmonotonie von } \sqcup \end{aligned}$$

Beweis: Wir beweisen zuerst die Linksmonotonie. Dazu seien beliebige $a, b, c \in V$ mit $a \sqsubseteq b$ vorausgesetzt. Dann gilt:

$$\begin{aligned} (a \sqcup c) \sqcup (b \sqcup c) &= a \sqcup b \sqcup c & \text{Idempotenz von } \sqcup \\ &= b \sqcup c & \text{Voraussetzung } a \sqsubseteq b \end{aligned}$$

Also gilt die Beziehung $a \sqcup c \sqsubseteq b \sqcup c$ nach der Definition der Ordnung $\sqsubseteq$. Der Beweis der Rechtsmonotonie folgt analog.

Die Dualisierungen der Links- und Rechtsmonotonie liefern uns sofort die folgenden Implikationen für alle $a, b, c \in V$:

$$\begin{aligned} a \sqsupseteq b &\implies a \sqcap c \sqsupseteq b \sqcap c & \text{Linksmonotonie}^d \text{ von } \sqcap \\ a \sqsupseteq b &\implies c \sqcap a \sqsupseteq c \sqcap b & \text{Rechtsmonotonie}^d \text{ von } \sqcap \end{aligned}$$

Deren Umschreiben durch „Umdrehen" der Ordnungssymbole führt dann zur Gültigkeit der folgenden zwei Implikationen für alle $a, b, c \in V$:

$$\begin{aligned} b \sqsubseteq a &\implies b \sqcap c \sqsubseteq a \sqcap c & \textit{Linksmonotonie von } \sqcap \\ b \sqsubseteq a &\implies c \sqcap b \sqsubseteq c \sqcap a & \textit{Rechtsmonotonie von } \sqcap \end{aligned}$$

2. Es ist durchaus möglich, dass eine allgemeingültige Aussage über Verbände (also eine Eigenschaft / Formel, die in allen Verbänden gilt) durch Dualisierung in sich selbst (genauer: in eine zu sich selbst äquivalente Aussage) übergeht. Als Beispiel betrachten wir für alle $a, b, c \in V$ die folgende Implikation:

$$a \sqsubseteq c \implies a \sqcup (b \sqcap c) \sqsubseteq (a \sqcup b) \sqcap c \qquad \textit{Modulare Ungleichung}$$

Beweis: Es seien beliebige $a, b, c \in V$ mit $a \sqsubseteq c$. Dann gilt:

$$
\begin{aligned}
a \;&=\; a \sqcap a && \text{Idempotenz}\\
&\sqsubseteq\; (a \sqcup b) \sqcap a && a \sqsubseteq a \sqcup b \text{ und Linksmonotonie}\\
&\sqsubseteq\; (a \sqcup b) \sqcap c && \text{Voraussetzung } a \sqsubseteq c \text{ und Rechtsmonotonie}
\end{aligned}
$$

Weiterhin haben wir:

$$b \sqcap c \;\sqsubseteq\; (a \sqcup b) \sqcap c \qquad\qquad \text{da } b \sqsubseteq a \sqcup b \text{ und Linksmonotonie}$$

Aufgrund dieser zwei Abschätzungen ist $(a \sqcup b) \sqcap c$ eine obere Schranke der Menge $\{a, b \sqcap c\}$ und somit größer als das Supremum $a \sqcup (b \sqcap c)$ dieser Menge, was die Behauptung zeigt.

Eine Dualisierung der modularen Ungleichung liefert, dass für alle $a, b, c \in V$ gilt

$$a \sqsupseteq c \implies a \sqcap (b \sqcup c) \sqsupseteq (a \sqcap b) \sqcup c,$$

und durch eine Umformung der zwei Ordnungsbeziehungen erhalten wir die eben gezeigte Implikation in der Version

$$c \sqsubseteq a \implies (a \sqcap b) \sqcup c \sqsubseteq a \sqcap (b \sqcup c).$$

Wenn wir nun in dieser allquantifizierten Aussage (die Variable) a durch c und umgekehrt ersetzen und dann die Kommutativität des Verbands ausnutzen, so erhalten wir genau die ursprüngliche modulare Ungleichung.

Fordert man, dass die rechte Seite der modularen Ungleichung eine Gleichung ist, so gelangt man zur interessanten Klasse der modularen Verbände. Diese werden im ersten Abschnitt 3.1 des nächsten Kapitels genauer untersucht. $\square$

Zum Schluss ist noch eine wichtige *Bemerkung zum Dualitätsprinzip* angebracht. Oft betrachtet man spezielle Klassen von Verbänden, die durch weitere Axiome (Gesetze, Eigenschaften, Forderungen; hier verwendet man mehrere Sprechweisen) bestimmt sind. Wie der Beweis des Dualitätsprinzips zeigt, gilt das Dualitätsprinzip nur dann für solche Verbandsklassen, wenn bei ihnen diese zusätzlichen Gesetze abgeschlossen gegenüber Dualisierung sind. Genauer heißt dies: Ist $\mathfrak{G}$ diese zusätzliche Gesetzesmenge, welche die betrachtete Verbandsklasse definiert, so muss es zu jedem Gesetz $\varphi_1 \in \mathfrak{G}$ ein Gesetz $\varphi_2 \in \mathfrak{G}$ geben, so dass φ_1^d und φ_2 logisch äquivalent sind. Beispielsweise gilt das Dualitätsprinzip für die schon erwähnte Klasse der modularen Verbände.

2.5 Nachbarschaft und Diagramme

In diesem Abschnitt werden einige Eigenschaften definiert und untersucht, die mit der Nachbarschaft in geordneten Mengen zu tun haben. Dies führt in natürlicher Art und Weise zu Diagrammen, deren bildliche Darstellung man oft als Visualisierung für eine gegebene Ordnung und/oder einen gegebenen Verband verwendet, beispielsweise um sich Eigenschaften klar zu machen, extreme Elemente zu erkennen oder Gegenbeispiele zu suchen. Wir beginnen die Diskussion mit der Festlegung der Nachbarschaftsbeziehungen.

2.5.1 Definition Es seien V ein Verband und $a \in V$.

1. Ein Element $u \in V$ heißt *unterer Nachbar* von a, falls gilt

$$u \sqsubset a \wedge \forall b \in V : u \sqsubseteq b \sqsubseteq a \Rightarrow (u = b \vee a = b).$$

2. Ein Element $o \in V$ heißt *oberer Nachbar* von a, falls gilt

$$a \sqsubset o \wedge \forall b \in V : a \sqsubseteq b \sqsubseteq o \Rightarrow (o = b \vee a = b).$$

Wenn es auf die Richtung der Ordnungsbeziehung nicht ankommt, so spricht man auch nur von Nachbarn. $\qquad\square$

Ein unterer Nachbar bezüglich $\sqsubseteq$ ist also ein oberer Nachbar bezüglich $\sqsupseteq$. In der Literatur stützen sich viele Untersuchungen auf beide Begriffe der Nachbarschaft. Beginnen wir mit der oberen Nachbarschaft eines kleinsten Elements in Verbänden.

2.5.2 Definition Es sei V ein Verband mit kleinstem Element $\mathsf{O} \in V$.

1. Jeder obere Nachbar von O wird ein *Atom* genannt. Mit $\mathsf{At}(V)$ ist die *Menge der Atome* von V bezeichnet.

2. V heißt *atomarer Verband*, falls es zu jedem $b \in V$ mit $b \neq \mathsf{O}$ ein Atom $a \in \mathsf{At}(V)$ mit $a \sqsubseteq b$ gibt. $\qquad\square$

Der nächste Satz stellt eine große Klasse atomarer Verbände vor. Mit O ist wiederum das kleinste Element bezeichnet.

2.5.3 Satz Jeder endliche Verband $(V, \sqcup, \sqcap)$ (das ist ein Verband mit einer endlichen Trägermenge) besitzt ein kleinstes Element O und ist atomar.

Beweis: Da der Verband endlich ist, besitzt er eine explizite Darstellung mit $n > 0$ Elementen, also von der Form $V = \{a_1, \ldots, a_n\}$. Es ist offensichtlich, dass dann das durch $a_1 \sqcap \ldots \sqcap a_n$ gegebene Element das kleinste Element O von V ist.

Wir kommen nach diesen Vorbemerkungen nun zum Beweis der behaupteten Atomizität von V. Hier haben wir zwei Fälle zu betrachten.

Der erste Fall ist, dass $|V| = 1$ gilt. In diesem Fall gilt die Behauptung, da es kein $b = inV$ mit $b \neq O$ gibt, die geforderte Allquantifizierung also gilt.

Es verbleibt der Falls, dass $|V| \geq 2$ gilt. Hier zeigen wir die Behauptung durch einen Widerspruchsbeweis und gehen dabei wie folgt vor. Es sei V als nicht atomar angenommen. Dann existiert (auch wegen $|V| \geq 2$) ein Element $b_0 \in V$ mit $O \neq b_0$, unter dem kein Atom liegt. Wegen $b_0 \sqsubseteq b_0$ kann insbesondere b_0 kein Atom sein. Also gibt es ein weiteres Element $b_1 \in V$ mit der Eigenschaft $O \sqsubset b_1 \sqsubset b_0$. Wegen $b_1 \sqsubseteq b_0$ kann auch b_1 kein Atom sein. Also gibt es wieder ein weiteres Element $b_2 \in V$ mit $O \sqsubset b_2 \sqsubset b_1 \sqsubset b_0$. Auf diese Art und Weise konstruiert man Schritt für Schritt eine unendliche Kette (formal natürlich mittels Induktion!)

$$\ldots \sqsubset b_i \sqsubset \ldots \sqsubset b_2 \sqsubset b_1 \sqsubset b_0,$$

von paarweise verschiedenen Elementen von V, und dies ist ein Widerspruch zur Endlichkeit von V. $\square$

Natürlich besitzt jeder endliche Verband auch ein größtes Element. Dieses ist gegeben durch $a_1 \sqcup \ldots \sqcup a_n$, wobei a_1 bis a_n die Elemente des Verbands sind. Atome sind unzerteilbare Elemente eines Verbands in dem folgenden Sinn.

2.5.4 Satz Sind $a, b \in \mathsf{At}(V)$ zwei verschiedene Atome eines Verbands $(V, \sqcup, \sqcap)$, so gilt die Gleichheit $a \sqcap b = O$ (wobei O das kleinste Element von V ist).

Beweis: Es seien $a, b \in \mathsf{At}(V)$ mit $a \neq b$. Angenommen, es gilt $a \sqcap b \neq O$. Dann haben wir die Implikation

$$
\begin{array}{lll}
& a \sqcap b \sqsubseteq a \,\wedge\, a \sqcap b \sqsubseteq b & \text{gültige Formel} \\
\Longrightarrow & a \sqcap b = a \,\wedge\, a \sqcap b = b & a, b \text{ Atome, } a \sqcap b \neq O \\
\Longrightarrow & a = b & \text{Gleichheit transitiv,}
\end{array}
$$

und das ist ein Widerspruch zur Voraussetzung $a \neq b$. $\square$

Ein weiteres Beispiel für einen atomaren Verband ist der Potenzmengenverband $(2^X, \cup, \cap)$, hier sind genau die einelementigen Mengen $\{a\}$ die Atome. Auch der Teilbarkeitsverband $(\mathbb{N}, \mathrm{kgV}, \mathrm{ggT})$ ist atomar. Nun sind genau die Primzahlen die Atome. Vertauscht man bei einem Verband $\sqcup$ mit $\sqcap$, so erhält man den sogenannten *dualen Verband* $(V, \sqcap, \sqcup)$ mit revertierter (dualer) Ordnung. Der duale Verband $(\mathbb{N}, \mathrm{ggT}, \mathrm{kgV})$ des Teilbarkeitsverbands ist kein atomarer Verband. Er besitzt die Null als kleinstes Element. Weil aber jede natürliche Zahl ungleich der Null, die Null teilt, auch ein echtes Vielfaches hat, das die Null teilt, kann es in $(\mathbb{N}, \mathrm{ggT}, \mathrm{kgV})$ keine Atome geben.

Ordnungen stellt man oft graphisch dar, indem man die Elemente der Trägermenge in der Euklidschen (Zeichen-)Ebene als Punkte zeichnet und dann durch Linien verbindet. Dabei wird die Ordnungsbeziehung $a \sqsubset b$ dadurch ausgedrückt, dass das Element a unterhalb vom Element b in der Zeichenebene gezeichnet wird (eventuell aus Darstellungsgründen auch versetzt) und eine Linie a mit b verbindet. Auf die Angabe von $a \sqsubseteq a$, also der Reflexivitätsbeziehungen, in solchen Bildern kann man verzichten. Ebenso muss man bei $a \sqsubseteq b$

und $b \sqsubseteq c$ nicht auch noch die Linie zwischen a und c zeichnen. Die Transitivität ist nämlich per Definition eine Ordnungseigenschaft und kann leicht aus den graphischen Darstellungen rekonstruiert werden. Durch das Weglassen der die Reflexivität anzeigenden Schlingen und der die Transitivität anzeigenden „Überbrückungslinien" gewinnen solche Zeichnungen von Ordnungen immens an Übersichtlichkeit. Anschauliche graphischen Darstellungen von Ordnungen sind auch sehr gut dazu geeignet, extreme Elemente zu identifizieren, sich spezielle Eigenschaften zu verdeutlichen und mit neuen Konzepten zu experimentieren. Zu formalen Beweiszwecken dürfen sie natürlich nicht verwendet werden.

Für die Inklusionsordnung auf der Potenzmenge von $\{a, b, c\}$ bekommt man beispielsweise die in Abbildung 2.1 angegebene zeichnerische Darstellung.

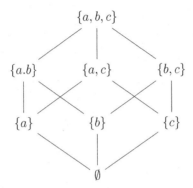

Abbildung 2.1: Das Hasse-Diagramm einer kleinen Potenzordnung

Zum Ende dieses Abschnitts wollen wir die zeichnerischen Darstellungen von Ordnungen, auch Ordnungsdiagramme genannt, durch die folgende Definition mathematisch präziser erfassen.

2.5.5 Definition Zu einer Ordnung $(M, \sqsubseteq)$ heißt die Relation $H_\sqsubseteq$ der unteren Nachbarschaft das *Hasse-Diagramm*. D.h. es wird für alle $a, b \in M$ festgelegt, dass

$$a \, H_\sqsubseteq \, b \quad :\Longleftrightarrow \quad a \text{ ist unterer Nachbar von } b.$$

Gilt für alle $a, b \in M$ die Beziehung $a \sqsubseteq b$ genau dann, wenn $a \, H_\sqsubseteq^* \, b$ gilt, mit $H_\sqsubseteq^*$ als der reflexiv-transitiven Hülle von $H_\sqsubseteq$ wie im ersten Kapitel eingeführt, so *besitzt die Ordnung per Definition ein Hasse-Diagramm*. □

Es heißt das Hasse-Diagramm auch die *Überdeckungs-Relation* der Ordnung und wird mit dem Symbol „$\prec$" bezeichnet. Zeichnungen, wie die von Abbildung 2.1, werden zu Zeichnungen von Hasse-Diagrammen als gerichtete Graphen, wenn man alle Linien durch Pfeilspitzen zu Pfeilen macht und jene immer von unten nach oben gerichtet sind. Für Hasse-Diagramme gilt die folgende grundlegende Eigenschaft, welche den zeichnerischen Darstellungen zugrunde liegt und auch anschaulich klar zu sein scheint. Auf einen formalen Beweis dieses Satzes verzichten wir, da er mit den bisherigen Mitteln nur sehr umständlich geführt werden kann. Wir werden Satz 2.5.6 auch nirgends beim Beweisen verwenden. Er dient nur zur Rechtfertigung der graphischen Darstellung von Ordnungen und Verbänden.

2.5.6 Satz Jede endliche Ordnung besitzt ein Hasse-Diagramm.   □

Unendliche Ordnungen müssen durchaus kein Hasse-Diagramm besitzen. Ein einfaches Beispiel ist die geordnete Menge $(\mathbb{R}, \leq)$ der reellen Zahlen. Da die reellen Zahlen dicht sind, also zwischen zwei reellen Zahlen immer noch eine dritte liegt, ist das Hasse-Diagramm der Ordnung $(\mathbb{R}, \leq)$ die leere Relation, denn es stehen keine zwei reellen Zahlen a und b in der Beziehung „a ist unterer Nachbar von b". Somit ist die reflexiv-transitive Hülle des Hassediagramms die identische Relation auf $\mathbb{R}$ und damit ungleich der (nicht identischen) Ordnung auf $\mathbb{R}$.

Hasse-Diagramme sind nach dem Algebraiker H. Hasse benannt, der sie intensiv benutzte, um Sachverhalte anschaulich darzustellen. Solch eine Verwendung ist heutzutage allgemein üblich und wird durch moderne Computerprogramme zum schönen Zeichnen von Graphen noch unterstützt. Pioniere der Verbands- und Ordnungstheorie, wie etwa G. Boole, E. Schröder und R. Dedekind, scheinen keinerlei graphische Darstellungen von Ordnungen verwendet zu haben.

2.6   Einige Konstruktionsmechanismen

Bisher haben wir als einzigen Mechanismus zur Konstruktion von neuen Verbänden die Beschränkung auf Unterverbände kennengelernt. Es gibt bei algebraischen Strukturen aber einige weitere solcher Mechanismen. Diesen wollen wir uns nun zuwenden. Betrachtet man die durch diese Mechanismen auf Verbänden hervorgerufenen Ordnungen, so trifft man, wie wir sehen werden, auch hier auf bekannte Konstruktionen. Wir beginnen die Vorstellung der Konstruktionsmechanismen mit dem direkten Produkt.

2.6.1 Definition Gegeben seien zwei Verbände $(V, \sqcup_V, \sqcap_V)$ und $(W, \sqcup_W, \sqcap_W)$. Man definiert auf dem direkten Produkt $V \times W$ zwei Abbildungen komponentenweise durch

$$\langle a, b \rangle \sqcup \langle c, d \rangle = \langle a \sqcup_V c, b \sqcup_W d \rangle \qquad \langle a, b \rangle \sqcap \langle c, d \rangle = \langle a \sqcap_V c, b \sqcap_W d \rangle.$$

Dann heißt $(V \times W, \sqcup, \sqcap)$ das *direkte Produkt* (oft auch der *Produktverband*) der beiden Verbände $(V, \sqcup_V, \sqcap_V)$ und $(W, \sqcup_W, \sqcap_W)$.   □

Um die Wortwahl „Produktverband" zu rechtfertigen, haben wir natürlich den folgenden Satz zu beweisen:

2.6.2 Satz (Produktverband) Das direkte Produkt $(V \times W, \sqcup, \sqcap)$ von zwei Verbänden $(V, \sqcup_V, \sqcap_V)$ und $(W, \sqcup_W, \sqcap_W)$ ist wiederum ein Verband.

Beweis: Die zu zeigenden sechs Gleichungen ergeben sich direkt aus den entsprechenden

Gleichungen der vorliegenden Verbände. Etwa zeigt, unter Verwendung der Bezeichnungen von Definition 2.6.1, die Gleichung

$$
\begin{aligned}
\langle a, b \rangle \sqcup \langle c, d \rangle &= \langle a \sqcup_V c, b \sqcup_W d \rangle \\
&= \langle c \sqcup_V a, d \sqcup_W b \rangle \qquad\qquad V, W \text{ Verbände} \\
&= \langle c, d \rangle \sqcup \langle a, b \rangle
\end{aligned}
$$

für alle $a, c \in V$ und $b, d \in W$ das erste Kommutativgesetz. Analog zeigt man auch die anderen Gesetze. □

Es ist offensichtlich, wie man die Definition des Produktverbands auf beliebige m-fache direkte Produkte und sogar unendliche direkte Produkte verallgemeinert. Weiterhin ergibt sich aus der Definition sofort für die Ordnung eines Produktverbands $(V \times W, \sqcup, \sqcap)$, dass

$$
\langle a, b \rangle \sqsubseteq \langle c, d \rangle \iff a \sqsubseteq_V c \wedge b \sqsubseteq_W d
$$

für alle $\langle a, b \rangle, \langle c, d \rangle \in V \times W$ gilt. Die relationale Struktur $(V \times W, \sqsubseteq)$ bzw. deren Ordnungsrelation $\sqsubseteq$ entspricht also genau dem, was man üblicherweise eine *Produktordnung* nennt. Das Hasse-Diagramm der Ordnung eines Produktverbands $V \times W$ kann man zeichnerisch sehr einfach aus den Hasse-Diagrammen der Ordnungen von V und W erstellen. Man ersetzt zuerst im Hasse-Diagramm von V jeden Knoten durch eine Kopie des Hasse-Diagramms von W. Dann verbindet man jeden Knoten einer Kopie mit dem jeweiligen Knoten jeder anderen Kopie genau dann, wenn die den Kopien entsprechenden Knoten im Hasse-Diagramm von V verbunden sind. Schließlich streicht man noch die überflüssigen Linien. Die Leserin oder der Leser mache sich diese Vorgehensweise an kleinen Beispielen klar.

Unsere nächste Verbandskonstruktion behandelt die Menge aller Abbildungen von einem Verband in einen anderen (oder auch den gleichen) Verband und zeigt dann, wie man auch in dieser Situation zu einem neuen Verband kommt. Die Konstruktion kann als eine Verallgemeinerung der Produktkonstruktion angesehen werden, wenn man die Elemente eines direkten Produkts $\prod_{i \in I} V_i$ mit beliebiger Indexmenge I als Abbildungen f von I in $\bigcup_{i \in I} V_i$ auffasst, die $f(i) \in V_i$ für alle $i \in I$ erfüllen.

2.6.3 Definition Gegeben seien wiederum zwei Verbände $(V, \sqcup_V, \sqcap_V)$ und $(W, \sqcup_W, \sqcap_W)$. Man definiert auf der Menge W^V aller Abbildungen von V nach W zwei Operationen durch die Festlegungen

$$
(f \sqcup g)(a) = f(a) \sqcup_W g(a) \qquad (f \sqcap g)(a) = f(a) \sqcap_W g(a).
$$

Dann heißt $(W^V, \sqcup, \sqcap)$ der *Abbildungsverband* von $(V, \sqcup_V, \sqcap_V)$ und $(W, \sqcup_W, \sqcap_W)$. □

Man beachte, dass bei der Definition des Abbildungsverbands nur die Operationen von W verwendet werden. V braucht eigentlich nur eine nichtleere Menge sein. Dass die Konstruktion wiederum einen Verband liefert, wird in dem folgenden Satz gezeigt.

2.6.4 Satz (Abbildungsverband) Der Abbildungsverband $(W^V, \sqcup, \sqcap)$ von zwei Verbänden $(V, \sqcup_V, \sqcap_V)$ und $(W, \sqcup_W, \sqcap_W)$ ist ebenfalls ein Verband.

Beweis: Wiederum ergeben sich die zu zeigenden sechs Gleichungen direkt aus den entsprechenden Gleichungen des Verbands des Resultatbereiches. Mit den Bezeichnungen von Definition 2.6.3 haben wir

$$
\begin{aligned}
(f \sqcup g)(a) &= f(a) \sqcup_W g(a) \\
&= g(a) \sqcup_W f(a) \qquad\qquad\qquad W \text{ Verband} \\
&= (g \sqcup f)(a)
\end{aligned}
$$

für alle $a \in V$. Nach der Definition der Gleichheit von zwei Abbildungen (durch die Übereinstimmung aller ihrer Bildelemente; man vergleiche mit dem ersten Kapitel) zeigt dies die Gleichung $f \sqcup g = g \sqcup f$, also das erste Kommutativgesetz. Analog zeigt man auch die anderen Gesetze. $\qquad\square$

Wir betrachten nun die Ordnungsbeziehung zwischen zwei Abbildungen $f, g : V \rightarrow W$ eines Abbildungsverbands. Offensichtlich gilt

$$
f \sqsubseteq g \iff \forall\, a \in V : f(a) \sqsubseteq_W g(a).
$$

Eine so definierte Ordnung auf Abbildungen wird *Abbildungsordnung* genannt. Dieser Name ist in der Ordnungstheorie auch für die relationale Struktur $(W^V, \sqsubseteq)$ üblich. Leider gibt es keine einfache zeichnerische Möglichkeit, aus einem Hasse-Diagramm der Bildmenge das Hasse-Diagramm der Ordnung eines Abbildungsverbands zu erhalten.

Neben den allgemeinen Abbildungsverbänden sind auch einige der Unterverbände solcher Verbände von Bedeutung. Offensichtlich sind für monotone Abbildungen $f, g : V \rightarrow W$ auf Verbänden V und W auch $f \sqcup g, f \sqcap g : V \rightarrow W$ monoton. Die monotonen Abbildungen bilden also einen Unterverband des Abbildungsverbands W^V. Gleiches gilt auch für andere Abbildungsklassen.

Die nächste Konstruktion betrifft die Quotientenbildung (oder Restklassenbildung). Man benötigt dazu eine Äquivalenzrelation auf der Trägermenge, die mit den Verbandsoperationen verträglich ist. Dies kennt manche Leserin oder mancher Leser schon aus der klassischen Algebra, etwa bei Gruppen. Im Fall einer Gruppe $(G, \cdot)$ und einer Teilmenge $N \subseteq G$ ist die durch die Äquivalenz von $a \equiv b$ und $a \cdot b^{-1} \in N$ für alle $a, b \in G$ definierte Äquivalenzrelation auf G nur dann mit den Gruppenoperationen verträglich, wenn N ein Normalteiler von G ist. Man nennt so eine Relation in der Gruppentheorie eine Gruppenkongruenz. Formal werden die entsprechenden Relationen für Verbände wie folgt festgelegt.

2.6.5 Definition Eine Äquivalenzrelation $\equiv$ auf einem Verband $(V, \sqcup, \sqcap)$ heißt eine *Verbandskongruenz*, falls die Implikation

$$
a \equiv b \land c \equiv d \implies a \sqcup c \equiv b \sqcup d \land a \sqcap c \equiv b \sqcap d
$$

für alle Elemente $a, b, c, d \in V$ gilt. $\qquad\square$

Nachfolgend geben wir ein (auch für die Theorie wichtiges) Beispiel für eine Verbandskongruenz an, die durch einen Verbandshomomorphismus induziert wird.

2.6.6 Beispiel (Kern eines Verbandshomomorphismus) Es sei $f : V \to W$ ein Verbandshomomorphismus von einem Verband $(V, \sqcup_V, \sqcap_V)$ nach einem Verband $(W, \sqcup_W, \sqcap_W)$. Man definiert eine Relation $\equiv_f$ auf der Trägermenge V durch die Festlegung

$$a \equiv_f b \iff f(a) = f(b)$$

für alle $a, b \in V$. Offensichtlich ist dies eine Äquivalenzrelation. Sie ist aber auch verträglich mit den Operationen auf dem Verband V. Es gilt nämlich für alle $a, b, c, d \in V$ mit $a \equiv_f b$ und $c \equiv_f d$, dass

$$
\begin{aligned}
a \sqcup_V c \equiv_f b \sqcup_V d \quad &\iff \quad f(a \sqcup_V c) = f(b \sqcup_V d) && \text{Definition } \equiv_f \\
&\iff \quad f(a) \sqcup_W f(c) = f(b) \sqcup_W f(d) && f \text{ Homomorphismus} \\
&\iff \quad f(a) \sqcup_W f(c) = f(a) \sqcup_W f(c) && a \equiv_f b \text{ und } c \equiv_f d,
\end{aligned}
$$

und auch, dass

$$
\begin{aligned}
a \sqcap_V c \equiv_f b \sqcap_V d \quad &\iff \quad f(a \sqcap_V c) = f(b \sqcap_V d) && \text{Definition } \equiv_f \\
&\iff \quad f(a) \sqcap_W f(c) = f(b) \sqcap_W f(d) && f \text{ Homomorphismus} \\
&\iff \quad f(a) \sqcap_W f(c) = f(a) \sqcap_W f(c) && a \equiv_f b \text{ und } c \equiv_f d.
\end{aligned}
$$

Man nennt die oben eingeführte Verbandskongruenz $\equiv_f$ auf der Menge V den *Kern* der Abbildung f. $\qquad\square$

Bezeichnet man die Äquivalenzklassen (Kongruenzklassen) bezüglich der Kongruenzrelation $\equiv$ ebenfalls mit den bei Äquivalenzrelationen üblichen eckigen Klammern, so besagt die in der Definition 2.6.5 geforderte Eigenschaft, dass aus $[a] = [b]$ und $[c] = [d]$ folgt $[a \sqcup c] = [b \sqcup d]$ und auch $[a \sqcap c] = [b \sqcap d]$. Dies ist genau das, was es erlaubt, auf den Äquivalenzklassen eine Verbandsstruktur festzulegen.

2.6.7 Definition Es sei $\equiv$ eine Verbandskongruenz auf dem Verband $(V, \sqcup_V, \sqcap_V)$. Weiterhin bezeichne $V/\!\equiv$ die Menge der Äquivalenzklassen $[a]$, $a \in V$. Auf $V/\!\equiv$ werden zwei Operationen wie folgt festgelegt:

$$[a] \sqcup [b] = [a \sqcup_V b] \qquad [a] \sqcap [b] = [a \sqcap_V b].$$

Dann heißt $(V/\!\equiv, \sqcup, \sqcap)$ der *Quotientenverband* von V modulo (oder: nach) $\equiv$. $\qquad\square$

Nach den bisherigen Ergebnissen zu direkten Produkten und Abbildungsmengen ist das nachfolgende Ergebnis teilweise sicher schon erwartet worden.

2.6.8 Satz (Quotientenverband) Der Quotientenverband $V/\!\equiv$ modulo einer Verbandskongruenz $\equiv$ ist wiederum ein Verband und die *kanonische Abbildung*

$$\psi : V \to V/\!\equiv \qquad \psi(a) = [a]$$

ist ein surjektiver Verbandshomomorphismus von $(V, \sqcup_V, \sqcap_V)$ nach $(V/\equiv, \sqcup, \sqcap)$.

Beweis: Wir setzen die Bezeichnungen von Definition 2.6.7 voraus. Aus der Bemerkung vor dieser Definition folgt, dass die Operationen des Quotientenverbands unabhängig von den Repräsentanten der Äquivalenzklassen sind, also wohldefinierte Abbildungen auf den Äquivalenzklassen darstellen. Die zu zeigenden Gleichungen bekommt man dann direkt aus denen von V. Beispielsweise zeigt

$$
\begin{aligned}
[a] \sqcup [b] &= [a \sqcup_V b] \\
&= [b \sqcup_V a] \qquad\qquad\qquad\qquad\qquad\qquad\quad V \text{ Verband} \\
&= [b] \sqcup [a]
\end{aligned}
$$

für alle $a, b \in V$ das erste Kommutativgesetz. Die restlichen Verbandsaxiome kann man in ähnlicher Art und Weise nachrechnen.

Die Homomorphieeigenschaft von ψ für $\sqcup$ zeigt man für alle $a, b \in V$ wie folgt:

$$
\begin{aligned}
\psi(a \sqcup_V b) &= [a \sqcup_V b] \\
&= [a] \sqcup [b] \qquad\qquad\qquad\quad \text{Definition Quotientenverband} \\
&= \psi(a) \sqcup \psi(b)
\end{aligned}
$$

Analog beweist man $\psi(a \sqcap_V b) = \psi(a) \sqcap \psi(b)$ für alle $a, b \in V$.

Die Surjektivität der Abbildung ψ ist klar, da jedes Bildelement (hier: jede Äquivalenzklasse) $[a] \in V/ \equiv$ ein Urbild (hier: einen Repräsentanten) $a \in V$ besitzt. $\qquad\square$

Es sollte an dieser Stelle noch bemerkt werden, dass bei Quotientenverbänden die Ordnung auf den Klassen durch die Ordnung der jeweiligen Repräsentanten vorgegeben ist. Auch sollte noch erwähnt werden, dass der klassische Homomorphiesatz der Gruppen in übertragener Weise auch für Verbände gilt. Es wird der Leserin oder dem Leser zur Übung empfohlen, diesen zu formulieren und zu beweisen.

Man kann leicht zeigen, dass im Fall einer Kongruenz $\equiv$ auf einem endlichen Verband V die Äquivalenzklassen $[a]$ immer ein größtes Element $\top \in [a]$ und ein kleinstes Element $\bot \in [a]$ besitzen und für alle Elemente $b \in V$ mit $\bot \sqsubseteq b \sqsubseteq \top$ gilt $\bot \equiv b \equiv \top$, also $b \in [a]$. Aus dem Hasse-Diagramm der Ordnung von V bekommt man zeichnerisch das Hasse-Diagramm der Ordnung von $V/\equiv$, indem man die jeweiligen Äuivalenzklassen zu einzelnen Knoten „zusammenschrumpft" und dadurch entstehende Mehrfachlinien entfernt. Auch dies mache sich die Leserin oder der Leser an kleinen Beispielen klar.

Alle bisherigen Konstruktionen stellen Spezialfälle von Konstruktionen der sogenannten universellen Algebra für den Bereich Verbandstheorie dar. Was noch bleiben würde, sind die Konstruktion von Summenverbänden (mit disjunkten Vereinigungen als Trägermengen) und von inversen Limites von Verbänden. Eine natürliche Vorgehensweise bei Summenverbänden ist eigentlich nur im Fall von vollständigen Verbänden möglich (einer Verbandsklasse, die wir später behandeln werden). Wir verzichten aber auf ihre Behandlung. Auch auf die inversen Limites gehen wir nicht ein, da diese doch zu weit vom eigentlichen Thema wegführen würden.

Hingegen werden wir die folgende spezielle Konstruktion vereinzelt verwenden. Sie liefert offensichtlich wieder einen Verband. Die Namensgebung stammt aus der Informatik, wo die Konstruktion bei der denotationellen Semantik von Bedeutung ist.

2.6.9 Definition Fügt man an einen Verband $(V, \sqcup_V, \sqcap_V)$ ein nicht in V enthaltenes Element $\bot$ als neues kleinstes Element bezüglich der Verbandsordnung hinzu, so heißt der entstehende Verband $(V \cup \{\bot\}, \sqcup, \sqcap)$ das *Lifting* von V. $\qquad\square$

Das Lifting von V wird oft auch mit $V^{\bot}$ bezeichnet. Für die beiden Operationen $\sqcup$ und $\sqcap$ des Liftings gelten offensichtlich die folgenden Eigenschaften: Sind beide Argumente a und b ungleich $\bot$, so gelten $a \sqcup b = a \sqcup_V b$ und $a \sqcap b = a \sqcap_V b$. Ist eines der Argumente gleich $\bot$, etwa a, so hat man hingegen $\bot \sqcup b = b$ und $\bot \sqcap b = \bot$.

Mittels Lifting kann man natürlich auch das Hinzufügen eines neuen größten Elements realisieren. Man dualisiert zuerst den Verband, liftet dann den dualen Verband und dualisiert schließlich das Resultat des Liftings. Fügt man an einen Verband ein neues größtes Element hinzu, so nimmt man oft $\top$ als Zeichen für dieses.

Das Lifting ist auch für (ungeordnete[1]) Mengen M gebräuchlich, um durch Hinzunahme eines neuen Elements $\bot$ eine Ordnung $(M \cup \{\bot\}, \sqsubseteq)$ zu erhalten. Die Ordnungsrelation $\sqsubseteq$ auf dem Lifting $M \cup \{\bot\}$ von M ist dabei durch die Eigenschaft

$$a \sqsubseteq b \iff a = \bot \lor a = b$$

für alle Elemente $a, b \in M \cup \{\bot\}$ festgelegt. Man bezeichnet sie als *flache Ordnung*. Dieser Name wird einem klar, wenn man sich etwa das Lifting einer endlichen Menge $\{a_1, \ldots, a_n\}$ als Hasse-Diagramm aufzeichnet. Es ist nämlich $\bot$ das kleinste Element und alle anderen Elemente sind paarweise unvergleichbar. Zeichnerisch heißt dies, dass die einzigen Linien im Diagramm die zwischen $\bot$ und den $a_i, 1 \leq i \leq n$, sind.

---

[1] Genaugenommen ist jede Menge geordnet, da die Gleichheitsrelation eine Ordnungsrelation ist. Statt von ungeordneten Mengen spricht man deshalb auch von trivial geordneten Mengen.

Kapitel 3

Einige wichtige Verbandsklassen

In diesem Kapitel stellen wir einige wichtige Klassen von Verbänden vor, wie sie oft in der Mathematik und Informatik auftreten. Wir schreiten dabei in den ersten drei Abschnitten zu immer größerer Spezialisierung fort und lernen nacheinander modulare, distributive und Boolesche Verbände kennen. Im letzten Abschnitt betrachten wir schließlich noch vollständige Verbände. Es gibt noch weitere wichtige Verbandsklassen, etwa Heyting-Algebren, Brouwersche Verbände, bezüglich derer wir jedoch auf weiterführende Literatur verweisen müssen.

3.1   Modulare Verbände

Wie wir in Beispiel 2.4.2.2 als eine Anwendung des Dualitätsprinzips gezeigt haben, gilt in allen Verbänden die modulare Ungleichung

$$a \sqsubseteq c \implies a \sqcup (b \sqcap c) \sqsubseteq (a \sqcup b) \sqcap c$$

für alle Elemente $a, b, c \in V$. Fordert man rechts des Implikationspfeiles sogar Gleichheit, so definiert diese Verstärkung der modularen Ungleichung eine bedeutende Klasse von Verbänden, mit der wir uns nun beschäftigen.

3.1.1 Definition Ein Verband $(V, \sqcup, \sqcap)$ heißt *modular*, falls für alle $a, b, c \in V$ das *modulare Gesetz* (auch *Modulgesetz* oder *modulare Gleichung*)

$$a \sqsubseteq c \implies a \sqcup (b \sqcap c) = (a \sqcup b) \sqcap c$$

gilt, wobei $\sqsubseteq$ die Verbandsordnung ist. □

Die Bezeichnung „Modulgesetz" wurde im Jahr 1897 vom Mathematiker R. Dedekind eingeführt, auf den auch die Definition der natürlichen Zahlen mittels der nun Peano-Axiome genannten Eigenschaften zurückgeht, sowie die Definition der reellen Zahlen mittels Schnitten. Man spricht deshalb in der Literatur manchmal auch von *Dedekindschen Verbänden*.

Weil, wie man leicht zeigt, die duale Form des Modulgesetzes (analog zur modularen Ungleichung) äquivalent zum Modulgesetz ist, erhalten wir sofort die folgende erste wichtige Eigenschaft modularer Verbände.

3.1.2 Satz Das Dualitätsprinzip gilt auch für die Klasse der modularen Verbände. ☐

Man kann das Modulgesetz auch als Gleichung ausdrücken, wie es im nachstehenden Satz geschieht.

3.1.3 Satz Es sei $(V, \sqcup, \sqcap)$ ein beliebiger Verband. Dann gilt die Implikation

$$a \sqsubseteq c \implies a \sqcup (b \sqcap c) = (a \sqcup b) \sqcap c$$

(also das Modulgesetz) für alle $a, b, c \in V$ genau dann, wenn die Gleichung

$$a \sqcap ((a \sqcap b) \sqcup c) = (a \sqcap b) \sqcup (a \sqcap c).$$

für alle $a, b, c \in V$ gilt.

Beweis: „$\implies$": Es seien drei beliebige Elemente $a, b, c \in V$ gegeben. Dann haben wir die Beziehung $a \sqcap b \sqsubseteq a$ und wir können mit Hilfe des Modulgesetzes die gewünschte Gleichung wie folgt beweisen:

$$
\begin{aligned}
a \sqcap ((a \sqcap b) \sqcup c) &= ((a \sqcap b) \sqcup c) \sqcap a && \text{Kommutativität} \\
&= (a \sqcap b) \sqcup (c \sqcap a) && \text{Modulgesetz (von rechts)} \\
&= (a \sqcap b) \sqcup (a \sqcap c) && \text{Kommutativität}
\end{aligned}
$$

„$\impliedby$": Nun seien beliebige $a, b, c \in V$ mit $a \sqsubseteq c$ vorausgesetzt. Dann beweist man die rechte Seite des Modulgesetzes wie folgt:

$$
\begin{aligned}
(a \sqcup b) \sqcap c &= ((a \sqcap c) \sqcup b) \sqcap c && a \sqsubseteq c \\
&= c \sqcap ((c \sqcap a) \sqcup b) && \text{Kommutativität} \\
&= (c \sqcap a) \sqcup (c \sqcap b) && \text{Voraussetzung} \\
&= a \sqcup (c \sqcap b) && a \sqsubseteq c \\
&= a \sqcup (b \sqcap c) && \text{Kommutativität}
\end{aligned}
$$

Damit sind beide Richtungen der Äquivalenz gezeigt. ☐

Modulare Verbände sind aufgrund dieses Satzes also algebraische Strukturen, die durch eine Menge von (allquantifizierten) Gleichungen definiert werden können. Solche speziellen algebraischen Strukturen heißen in der Literatur des mathematischen Teilgebiets „Universelle Algebra" (einer Erweiterung der klassischen Algebra) auch *Varietäten* oder gleichungsdefiniert. Insbesondere sind Verbände aufgrund ihrer Axiome Varietäten. Auch Gruppen und Ringe sind Varietäten, Körper hingegen nicht (wie unmittelbar aus der folgenden Bemerkung folgt, wenn man sie auf direkte Produkte von Körpern anwendet). Aus der Universellen Algebra ist als ein sehr wichtiges Resultat bekannt, dass bei den Varietäten die definierenden Gleichungen auch für die Unterstrukturen, die direkten Produkte und die homomorphen Bilder gelten. Dies ist ein Teil eines bekannten Satzes von G. Birkhoff: Die Klasse der Varietäten ist abgeschlossen bzgl. der Bildung von Unterstrukturen, direkten Produkten und homomorphen Bildern. Einen Beweis findet man etwa im Anhang des in der Einleitung zitierten Buchs von H. Hermes. Er basiert unter anderem darauf, dass für einen Ausdruck $t(x_1, \ldots, x_n)$ über $x_1, \ldots, x_n$ das Bild unter einem Homomorphismus gegeben ist durch $t(f(x_1), \ldots, f(x_n))$.

Als eine unmittelbare Konsequenz des Satzes von G. Birkhoff erhalten wir somit das folgende wichtige Resultat.

3.1.4 Satz Jeder Unterverband, jeder Produktverband und jedes homomorphe Bild eines modularen Verbands (also jeder Verband V, zu dem es einen surjektiven Verbandshomomorphismus $f : W \to V$ mit einen modularen Verband W gibt) ist modular. $\square$

Bevor wir noch etwas genauer auf die Theorie der modularen Verbände eingehen, insbesondere eine exakte Charakterisierung beweisen, wollen wir erst einige Beispiele für modulare Verbände behandeln und auch einen Verband angeben, der nicht modular ist.

3.1.5 Beispiele (für modulare/nicht-modulare Verbände) Nachfolgend sind einige Beispiele für modulare Verbände angeben, sowie ein Beispiel für einen Verband, der nicht modular ist.

1. Ist $(G, \cdot)$ eine Gruppe, so heißt eine Untergruppe N von G ein *Normalteiler*, falls $g^{-1} \cdot N \cdot g \subseteq N$ für alle $g \in G$ gilt. Dabei ist $g^{-1} \cdot N \cdot g$ eine Kurzschreibweise der Menge $\{g^{-1} \cdot x \cdot g \mid x \in N\}$. Definiert man auf der Menge $\mathcal{N}(G)$ der Normalteiler von G zwei Operationen $\sqcup$ und $\sqcap$ durch

$$\begin{aligned} N \sqcup M &= \{x \cdot y \mid x \in N, y \in M\} & \textit{Komplexprodukt} \\ N \sqcap M &= N \cap M & \textit{Durchschnitt}, \end{aligned}$$

   so ist $(\mathcal{N}(G), \sqcup, \sqcap)$ ein modularer Verband mit der Inklusion als Verbandsordnung. Dies ist durch elementare Gruppentheorie relativ einfach nachzuweisen. Die Menge der Untergruppen kann auch zu einem Verband gemacht werden. Dieser ist in der Regel jedoch nicht modular.

2. Weitere Beispiele für modulare Verbände, die aus der klassischen Algebra kommen, sind etwa die Untervektorräume eines Vektorraumes (mit $W + Z$ als der Supremumsbildung und $W \cap Z$ als der Infimumsbildung), die Ideale eines Ringes und die Teilmodule eines Moduls.

3. Als ein Beispiel für einen *nichtmodularen Verband* betrachten wir den Verband $(V_{\neg M}, \sqcup, \sqcap)$, wobei das Hasse-Diagramm der Ordnung auf $V_{\neg M}$ wie in der Abbildung 3.1 zeichnerisch angegeben aussieht. Die drei Elemente der Trägermenge des Verbands, die das Modulgesetz (man vergleiche nochmals mit Definition 3.1.1) nicht erfüllen, sind a, b und c. Aus der Abschätzung $a \sqsubseteq c$ folgt nämlich sofort aufgrund der Zeichnung die Ungleichung

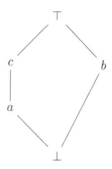

Abbildung 3.1: Beispiel für einen nicht-modularen Verband

$$
\begin{aligned}
a \sqcup (b \sqcap c) &= a \sqcup \bot && \text{siehe Bild} \\
&= a && \bot \text{ kleinstes Element} \\
&\neq c && \text{siehe Bild} \\
&= \top \sqcap c && \top \text{ größtes Element} \\
&= (a \sqcup b) \sqcap c && \text{siehe Bild.} \qquad \square
\end{aligned}
$$

In der Literatur wird der in der Abbildung 3.1 gezeichnete Verband $V_{\neg M}$ oftmals auch als Pentagon-Verband N_5 bezeichnet. Durch das Beispiel $V_{\neg M}$ ist nicht nur ein zufälliger Verband angegeben, der nicht modular ist, sondern genau die Nichtmodularität von Verbänden getroffen. Dies ist der Inhalt des folgenden wichtigen Charakterisierungssatzes für modulare Verbände. Eine erste Formulierung mit Beweis findet man in der in der Einleitung zitierten grundlegenden Arbeit von R. Dedekind aus dem Jahr 1900; siehe das dortige Theorem IX auf Seite 389.

3.1.6 Satz (Charakterisierung modularer Verbände) Ein Verband $(V, \sqcup, \sqcap)$ ist genau dann nicht modular, wenn er einen Unterverband besitzt, der verbandsisomorph zum in Abbildung 3.1 angegebenen 5-elementigen Verband $V_{\neg M}$ ist.

Beweis: „$\Longleftarrow$": Diese Richtung wurde schon im Beispiel 3.1.5.3 mit der Angabe von $V_{\neg M}$ und der entsprechenden Rechnung begründet.

„$\Longrightarrow$": Es sei V ein nichtmodularer Verband. Also gibt es Elemente $a, b, c \in V$ mit den beiden folgenden Eigenschaften:

$$
\begin{aligned}
a &\sqsubseteq c && (*) \\
a \sqcup (b \sqcap c) &\sqsubset (a \sqcup b) \sqcap c && (**)
\end{aligned}
$$

Man beachte, dass in Eigenschaft $(**)$ die Beziehung „$\sqsubseteq$" immer gültig ist, da die modulare Ungleichung[1] stets gilt.

1. Es gilt die Ungleichheit $a \neq c$. Wäre nämlich $a = c$, so bekommt man einen Widerspruch zur Nichtmodularität wie folgt:

---

[1] Man vergleiche dazu mit dem Beispiel 2.4.2.2.

$$
\begin{aligned}
a \sqcup (b \sqcap c) &= a \sqcup (b \sqcap a) && \text{Annahme } a = c \\
&= a && \text{Absorption} \\
&= c && \text{Annahme } a = c \\
&= (c \sqcup b) \sqcap c && \text{Absorption} \\
&= (a \sqcup b) \sqcap c && \text{Annahme } a = c
\end{aligned}
$$

2. Die zwei Elemente a und b sind unvergleichbar, insbesondere gilt also auch $a \neq b$. Wäre nämlich $a \sqsubseteq b$, so impliziert dies

$$(a \sqcup b) \sqcap c = b \sqcap c \sqsubseteq a \sqcup (b \sqcap c)$$

und mit Hilfe der modularen Ungleichung folgt daraus die Gleichung

$$a \sqcup (b \sqcap c) = (a \sqcup b) \sqcap c,$$

was ein Widerspruch zur Eigenschaft $(**)$ ist. Analog zeigt man $b \not\sqsubseteq a$, d.h. führt man $b \sqsubseteq a$ zu einem Widerspruch.

3. Die Elemente b und c sind ebenfalls unvergleichbar. Hier folgt der Beweis analog zum Beweis von (2).

Nun betrachtet man die folgende Teilmenge von V:

$$\mathcal{N}_5 := \{b \sqcap c, b, a \sqcup (b \sqcap c), (a \sqcup b) \sqcap c, a \sqcup b\}$$

In dieser Teilmenge haben wir zwei Ketten, nämlich die Kette

$$
\begin{array}{lll}
b \sqcap c & \sqsubseteq & b \\
& \sqsubseteq & a \sqcup b
\end{array}
\qquad
\begin{array}{l}
b \sqcap c = b \text{ wäre Widerspruch zu (3)} \\
b = a \sqcup b \text{ wäre Widerspruch zu (2)}
\end{array}
$$

mit drei Elementen und die Kette

$$
\begin{array}{lll}
b \sqcap c & \sqsubseteq & a \sqcup (b \sqcap c) \\
& \sqsubseteq & (a \sqcup b) \sqcap c \\
& \sqsubseteq & a \sqcup b
\end{array}
\qquad
\begin{array}{l}
b \sqcap c = a \sqcup (b \sqcap c) \text{ impliziert } a \sqsubseteq b, \text{ Wsp. zu (2)} \\
\text{wegen } (**) \\
(a \sqcup b) \sqcap c = a \sqcup b \text{ impliziert } b \sqsubseteq c, \text{ Wsp. zu (3)}
\end{array}
$$

mit vier Elementen. Weiterhin ist das Element b sowohl mit $a \sqcup (b \sqcap c)$ als auch mit $(a \sqcup b) \sqcap c$ unvergleichbar. Dazu sind nochmals vier Fälle zu überprüfen. Wir führen nur die zwei ersten Fälle als Beispiele durch: Es gilt

$$
\begin{aligned}
b \sqsubseteq a \sqcup (b \sqcap c) &\implies b \sqsubseteq (a \sqcup b) \sqcap c && \text{Modulare Ungleichung} \\
&\implies b \sqsubseteq c,
\end{aligned}
$$

also haben wir beim Vorliegen von $b \sqsubseteq a \sqcup (b \sqcap c)$ einen Widerspruch zu (3). Ferner gilt

$$a \sqcup (b \sqcap c) \sqsubseteq b \implies a \sqsubseteq b,$$

und dadurch bekommen wir aus $a \sqcup (b \sqcap c) \sqsubseteq b$ somit einen Widerspruch zu (2). Die Behandlung der zwei verbleibenden Fälle $b \sqsubseteq (a \sqcup b) \sqcap c$ und $(a \sqcup b) \sqcap c \sqsubseteq b$ erfolgt in vollkommen analoger Art und Weise.

Als eine unmittelbare Folgerung der bisherigen Überlegungen bekommen wir für die Menge $\mathcal{N}_5$ das folgende zeichnerisch dargestellte Hasse-Diagramm (welches zu einer Raute entarten würde, wenn a gleich c wäre):

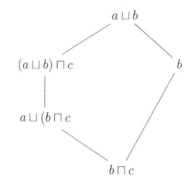

Damit ist es klar, wie der Verbandsisomorphismus f von $\mathcal{N}_5$ nach $V_{\neg M}$ aussieht. Es bleibt nur noch zu verifizieren, dass die Menge $\mathcal{N}_5$ ein Unterverband ist (d.h. abgeschlossen gegenüber $\sqcup$ und $\sqcap$) und die Abbildung f, da die Bijektivität offensichtlich ist, die zwei Verbandshomomorphie-Gleichungen erfüllt.

Bei der Verifikation der Abgeschlossenheit müssen nur die Paare des obigen Diagramms betrachtet werden, die unvergleichbar sind; für die restlichen Paare ist offensichtlich das größere Element das Supremum und das kleinere Element das Infimum. Die Ergebnisse der Supremums- und Infimumsbildungen sind aus dem Diagramm ebenfalls ersichtlich. Hier kommen nun die entsprechenden formalen Beweise: Die Herleitungen

$$
\begin{aligned}
((a \sqcup b) \sqcap c) \sqcap b \;&=\; b \sqcap c && \text{Absorption}
\end{aligned}
$$

$$
\begin{aligned}
((a \sqcup b) \sqcap c) \sqcup b \;&\sqsubseteq\; a \sqcup b \sqcup b && \\
&=\; a \sqcup (b \sqcap c) \sqcup b \sqcup b && \text{Absorption} \\
&\sqsubseteq\; ((a \sqcup b) \sqcap c) \sqcup b && \text{Voraussetzung}
\end{aligned}
$$

zeigen, dass das Supremum $a \sqcup b$ und das Infimum $b \sqcap c$ von $(a \sqcup b) \sqcap c$ und b in der Menge $\mathcal{N}_5$ liegen und die Herleitungen

$$
\begin{aligned}
(a \sqcup (b \sqcap c)) \sqcup b \;&=\; a \sqcup b && \text{Absorption}
\end{aligned}
$$

$$
\begin{aligned}
(a \sqcup (b \sqcap c)) \sqcap b \;&\sqsubseteq\; (a \sqcup b) \sqcap c \sqcap b && \text{Voraussetzung} \\
&=\; b \sqcap c \sqcap b && \text{Absorption} \\
&\sqsubseteq\; (a \sqcup (b \sqcap c)) \sqcap b &&
\end{aligned}
$$

zeigen, dass das Supremum $a \sqcup b$ und das Infimum $b \sqcap c$ von $a \sqcup (b \sqcap c)$ und b ebenfalls in der gleichen Menge liegen.

Das konkrete Hinschreiben der bijektiven Abbildung f und das Nachrechnen der zwei Verbandshomomorphie-Gleichungen ist trivial und wird deshalb unterdrückt.   □

In einem modularen Verband kann man zwei vergleichbare Elemente stets mittels eines beliebigen dritten Elements und $\sqcup, \sqcap$ auf Gleichheit testen. Auch dies ist sogar charakteristisch für modulare Verbände, wie der nachfolgende Satz zeigt.

3.1.7 Satz Es sei $(V, \sqcup, \sqcap)$ ein Verband. V ist genau dann modular, wenn für alle Elemente $a, b, c \in V$ die folgende Implikation gilt:

$$a \sqcap c = b \sqcap c, \ a \sqcup c = b \sqcup c, \ a \sqsubseteq b \ \implies \ a = b$$

Beweis: „$\implies$"; Es seien beliebige Elemente $a, b, c \in V$ mit $a \sqcap c = b \sqcap c, \ a \sqcup c = b \sqcup c$ und $a \sqsubseteq b$ gegeben. Die Annahme $a \sqsubseteq b$ macht das Modulgesetz anwendbar und bringt

$$
\begin{aligned}
a \ &= \ a \sqcup (c \sqcap a) && \text{Absorption} \\
&= \ a \sqcup (c \sqcap b) && a \sqcap c = b \sqcap c \\
&= \ (a \sqcup c) \sqcap b && \text{Modulgesetz} \\
&= \ (b \sqcup c) \sqcap b && a \sqcup c = b \sqcup c \\
&= \ b && \text{Absorption.}
\end{aligned}
$$

„$\impliedby$"; Diese Richtung kann man mit Hilfe von Satz 3.1.6 durch Widerspruch zeigen. Wäre, bei Gültigkeit der Implikation

$$a \sqcap c = b \sqcap c, \ a \sqcup c = b \sqcup c, \ a \sqsubseteq b \ \implies \ a = b$$

für alle $a, b, c \in V$, der Verband V nämlich nicht modular, so gibt es einen Unterverband, der verbandsisomorph zu $V_{\neg M}$ ist, und damit existieren Elemente $a, b, c \in V$ mit $a \sqcap c = b \sqcap c$, $a \sqcup c = b \sqcup c$, $a \sqsubseteq b$, aber auch $a \neq b$. Das ist ein Widerspruch zur vorausgesetzten Implikation!   □

Die Richtung „$\impliedby$" dieses Satzes ohne den Charakterisierungssatz 3.1.6 zu beweisen ist ebenfalls möglich, aber technisch wesentlich aufwendiger. Solch einen Beweis findet man beispielsweise in dem Lehrbuch L. Skornjakow, Elemente der Verbandstheorie, WTB Band 139, Akademie Verlag, 1973 auf den Seiten 114 und 115.

Als vorletzten Satz dieses Abschnitts beweisen wir nun noch das sogenannte Transpositionsprinzip, das ebenfalls auf R. Dedekind zurückgeführt werden kann (Theorem XVI seiner berühmten Arbeit in Band 53 der Mathematischen Annalen, Seite 393). Zu seiner Formulierung benötigen wir den Begriff des (abgeschlossenen) Intervalls, der die von den reellen Zahlen her bekannte Schreibweise $[a, b]$ auf beliebige Ordnungen verallgemeinert.

3.1.8 Definition Ist $(M, \sqsubseteq)$ eine Ordnung, so definiert man zu zwei Elementen $a, b \in M$ das *Intervall* von a nach b durch $[a, b] := \{x \in M \mid a \sqsubseteq x \sqsubseteq b\}$.   □

Insbesondere ist das Intervall leer, falls a echt größer als b ist. Man nennt a und b auch die unteren und oberen Intervallgrenzen. Bei Verbänden bilden nichtleere Intervalle offensichtlich Unterverbände. Nach dieser Festlegung können wir nun den folgenden wichtigen Satz beweisen. Er hat viele Anwendungen in der Mathematik, insbesondere bei Kettenbedingungen.

3.1.9 Satz (Transpositionsprinzip von R. Dedekind) Ist $(V, \sqcup, \sqcap)$ ein modularer Verband, so gilt für alle $a, b \in V$, dass die Abbildung

$$f_a : [b, a \sqcup b] \to [a \sqcap b, a] \qquad f_a(x) = x \sqcap a$$

und die Abbildung

$$g_b : [a \sqcap b, a] \to [b, a \sqcup b] \qquad g_b(y) = y \sqcup b$$

gegenseitig invers zueinander sind und die Verbandsstruktur der durch die (nichtleeren) Intervalle induzierten Unterverbände erhalten. Sie sind also Verbandsisomorphismen zwischen diesen beiden Unterverbänden.

Beweis: Der Beweis des Satzes besteht aus den beiden folgenden Teilbeweisen:

1. Wir zeigen zuerst die Tatsache, dass die beiden Abbildungen f_a und g_b gegenseitig zueinander invers (d.h. also bijektiv) sind. Diese Tatsache findet dann später bei den beiden Homomorphie-Beweisen Verwendung.

   Die Abbildungen f_a und g_b sind gegenseitig zueinander invers. Dazu nimmt man ein beliebiges $x \in [b, a \sqcup b]$ und ein beliebiges $y \in [a \sqcap b, a]$ und zeigt die erforderlichen Gleichungen wie folgt (man beachte bei der Anwendung des dualen Modulgesetzes, dass $x \sqsupseteq b$ wegen $x \in [b, a \sqcup b]$ zutrifft):

$$
\begin{aligned}
g_b(f_a(x)) &= g_b(x \sqcap a) && \text{Definition } f_a \\
&= (x \sqcap a) \sqcup b && \text{Definition } g_b \\
&= x \sqcap (a \sqcup b) && \text{Modulgesetz, duale Form} \\
&= x && x \in [b, a \sqcup b]
\end{aligned}
$$

$$
\begin{aligned}
f_a(g_b(y)) &= f_a(y \sqcup b) && \text{Definition } g_b \\
&= (y \sqcup b) \sqcap a && \text{Definition } f_a \\
&= y \sqcup (b \sqcap a) && \text{Modulgesetz, } y \sqsubseteq a \\
&= y && y \in [a \sqcap b, a]
\end{aligned}
$$

2. Nun folgt der Beweis der zwei Homomorphie-Gleichungen. Im Fall der Operation $\sqcap$ bekommen wir für die Abbildung f_a die Gleichung

$$
\begin{aligned}
f_a(x \sqcap y) &= x \sqcap y \sqcap a && \text{Definition } f_a \\
&= (x \sqcap a) \sqcap (y \sqcap a) && \text{Idempotenz} \\
&= f_a(x) \sqcap f_a(y) && \text{Definition } f_a
\end{aligned}
$$

für alle $x, y \in [b, a \sqcup b]$ und analog zeigt man für die Abbildung g_b die geforderte Gleichung für die duale Operation durch

$$
\begin{array}{rll}
g_b(x \sqcup y) & = & x \sqcup y \sqcup b \qquad\qquad\qquad\qquad \text{Definition } g_b \\
& = & (x \sqcup b) \sqcup (y \sqcup b) \qquad\qquad\qquad \text{Idempotenz} \\
& = & g_b(x) \sqcup g_b(y) \qquad\qquad\qquad \text{Definition } g_b
\end{array}
$$

für alle $x, y \in [a \sqcap b, a]$. Die restlichen beiden Fälle folgen durch die Anwendung dieser Gleichungen mit (1), d.h. in Verbindung mit der Bijektivität: Wir haben für f_a, dass

$$
\begin{array}{rll}
f_a(x \sqcup y) & = & f_a(g_b(u) \sqcup g_b(v)) \qquad\qquad \text{mit } x = g_b(u), y = g_b(v) \\
& = & f_a(g_b(u \sqcup v)) \qquad\qquad\qquad\qquad \text{siehe oben} \\
& = & u \sqcup v \qquad\qquad\qquad \text{nach (1) (Bijektivität)} \\
& = & f_a(x) \sqcup f_a(y) \qquad\qquad \text{mit } u = f_a(x), v = f_a(y),
\end{array}
$$

für alle $x, y \in [b, a \sqcup b]$ gilt, und für g_b, dass

$$
\begin{array}{rll}
g_b(x \sqcap y) & = & g_b(f_a(u) \sqcap f_a(v)) \qquad\qquad \text{mit } x = f_a(u), y = f_a(v) \\
& = & g_b(f_a(u \sqcap v)) \qquad\qquad\qquad\qquad \text{siehe oben} \\
& = & u \sqcap v \qquad\qquad\qquad \text{nach (1) (Bijektivität)} \\
& = & g_b(x) \sqcap g_b(y) \qquad\qquad \text{mit } u = g_b(x), v = g_b(y),
\end{array}
$$

für alle $x, y \in [a \sqcap b, a]$ gilt. $\qquad\qquad\qquad\qquad\qquad\qquad\qquad\qquad\qquad$ $\square$

Aus diesem Satz folgt sofort das folgernde Resultat.

3.1.10 Satz (Nachbarschaftssatz) Für alle Elemente a, b eines modularen Verbands $(V, \sqcup, \sqcap)$ ist $a \sqcup b$ ein oberer Nachbar von b genau dann, wenn $a \sqcap b$ ein unterer Nachbar von a ist.

Beweis: „$\Longrightarrow$": Ist $a \sqcup b$ ein oberer Nachbar von b, so ist $[b, a \sqcup b]$ eine zweielementige Kette. Nach dem Transpositionsprinzip ist auch $[a \sqcap b, a]$ eine zweielementige Kette und folglich $a \sqcap b$ ein unterer Nachbar von a.

„$\Longleftarrow$": Diese Richtung zeigt man in analoger Weise. $\qquad\qquad\qquad\qquad\qquad\qquad$ $\square$

3.2 Distributive Verbände

Das Modulgesetz ist eine spezielle Eigenschaft, die für die „gängigen" Operationen auf Zahlen usw. nicht zutrifft. Ein viel bekannteres Gesetz ist beispielsweise das Distributivgesetz, wie es beispielsweise in Ringen $(R, +, \cdot, 0, 1)$ vorkommt. Dort distribuiert die Multiplikation über die Addition, es gilt also

$$
a \cdot (b + c) = a \cdot b + a \cdot c
$$

für alle $a, b, c \in R$. Dieses Gesetz zeichnet die Multiplikation gegenüber der Addition aus. Bei Verbänden entfällt so eine Auszeichnung einer der beiden Operationen. Dass dies so sein muss, ergibt sich aus dem Dualitätsprinzip. Eine Distributivität in Form von Ungleichungen gilt in Verbänden immer, wie der folgende Satz zeigt.

3.2.1 Satz In einem Verband $(V, \sqcup, \sqcap)$ gelten für alle Elemente $a, b, c \in V$ die folgenden distributiven Ungleichungen:

1. $a \sqcup (b \sqcap c) \sqsubseteq (a \sqcup b) \sqcap (a \sqcup c)$

2. $a \sqcap (b \sqcup c) \sqsupseteq (a \sqcap b) \sqcup (a \sqcap c)$.

Beweis: Man beachte, dass die Gültigkeit von Gleichung (2) für alle $a, b, c \in V$ aus der Gültigkeit von Gleichung (1) für alle $a, b, c \in V$ und dem Dualitätsprinzip folgt. Wir zeigen deshalb nur die Eigenschaft (1). Es seien dazu Elemente $a, b, c \in V$ beliebig vorausgesetzt. Dann gelten die folgenden Beziehungen:

$$a \sqcup (b \sqcap c) \sqsubseteq a \sqcup b \qquad\qquad a \sqcup (b \sqcap c) \sqsubseteq a \sqcup c$$

Daraus folgt, dass das Element $a \sqcup (b \sqcap c)$ eine untere Schranke der Menge $\{a \sqcup b, a \sqcup c\}$ ist. Nun bekommen wir die gewünschte Eigenschaft wie folgt:

$$a \sqcup (b \sqcap c) \sqsubseteq \textstyle\bigsqcap \{a \sqcup b, a \sqcup c\} = (a \sqcup b) \sqcap (a \sqcup c) \qquad\qquad \square$$

Wird eine der beiden Ungleichungen (1) und (2) von Satz 3.2.1 zu einer Gleichung, so gilt dies auch für die andere Ungleichung. Dies wird nachfolgend gezeigt.

3.2.2 Satz Es sei $(V, \sqcup, \sqcap)$ ein Verband. Dann sind die folgenden allquantifizierten Distributivgesetze äquivalent:

1. Für alle $a, b, c \in V$ gilt $a \sqcup (b \sqcap c) = (a \sqcup b) \sqcap (a \sqcup c)$.

2. Für alle $a, b, c \in V$ gilt $a \sqcap (b \sqcup c) = (a \sqcap b) \sqcup (a \sqcap c)$.

Beweis: Die Richtung „(1) $\Longrightarrow$ (2)" folgt aus der Rechnung

$$
\begin{aligned}
a \sqcap (b \sqcup c) &= (a \sqcap (a \sqcup c)) \sqcap (b \sqcup c) && \text{Absorption}\\
&= a \sqcap (c \sqcup a) \sqcap (c \sqcup b) && \text{Kommutativität}\\
&= a \sqcap (c \sqcup (a \sqcap b)) && \text{Gleichung (1)}\\
&= ((a \sqcap b) \sqcup a) \sqcap (c \sqcup (a \sqcap b)) && \text{Absorption}\\
&= ((a \sqcap b) \sqcup a) \sqcap ((a \sqcap b) \sqcup c) && \text{Kommutativität}\\
&= (a \sqcap b) \sqcup (a \sqcap c) && \text{Gleichung (1)}
\end{aligned}
$$

für alle $a, b, c \in V$ und die noch ausstehende Richtung „(2) $\Longrightarrow$ (1)" folgt unmittelbar aus dem Dualitätsprinzip. $\square$

Man beachte, dass im Beweis dieses Satzes die explizite Allquantifizierung der beiden Distributivgesetze aus logischen Gründen wichtig ist. Dies gilt sowohl für die gezeigte Rechnung, wo für die Elemente a, b und c von (1) Ausdrücke eingesetzt wurden, als auch für die Anwendung des Dualitätsprinzips. Verschärft man die distributiven Ungleichungen zu den Distributivgesetzen in Gleichungsform, so führt dies auch zu einer wichtigen Klasse von Verbänden, die wir nun einführen.

3.2.3 Definition Ein Verband heißt *distributiv*, falls eines der Distributivgesetze aus Satz 3.2.2 gilt (und somit beide gelten). □

Die Distributivgesetze sind (allquantifizierte) Gleichungen und gehen offensichtlich durch Dualisierung ineinander über. Unmittelbare Folgerungen hiervon sind in dem folgenden Satz formuliert.

3.2.4 Satz 1. Jeder Unterverband, jeder Produktverband und jedes homomorphe Bild eines distributiven Verbands ist distributiv.

2. Das Dualitätsprinzip gilt auch für die distributiven Verbände.

Beweis: Wir argumentieren genau wie bei den modularen Verbänden: Distributive Verbände sind gleichungsdefiniert (Satz von G. Birkhoff) und das Dualitätsprinzip gilt nach Satz 3.2.2, da das duale Axiom äquivalent zum Originalaxiom ist. □

Dies sind die Entsprechungen der Sätze 3.1.4 und 3.1.2 für modulare Verbände. Bei dieser Verbandsklasse hatten wir in Abschnitt 3.1 erst Beispiele und ein Gegenbeispiel angegeben, bevor wir genauer auf die Theorie eingingen. Hier wollen wir es genauso halten.

3.2.5 Beispiele (für distributive/nicht-distributive Verbände) Nachstehend geben wir einige Beispiele für distributive Verbände an und auch ein Beispiel für einen nicht-distributiven Verband.

1. Alle in den Beispielen 2.1.2 angegebenen drei Verbände $(\mathbb{B}, \vee, \wedge)$, $(2^X, \cup, \cap)$ und $(\mathbb{N}, \mathrm{kgV}, \mathrm{ggT})$ sind distributiv. Beim Teilbarkeitsverband $(\mathbb{N}, \mathrm{kgV}, \mathrm{ggT})$ ist der Nachweis der Distributivgesetze jedoch sehr mühselig.

2. Es sei $(M, \sqsubseteq)$ eine Totalordnung und $(M, \sqcup, \sqcap)$ sei der induzierte Verband, welchen es offensichtlich gibt. Dann ist der Verband $(M, \sqcup, \sqcap)$ distributiv und wir haben die Eigenschaften

$$a \sqcup b \;=\; \max(a, b) \;:=\; \begin{cases} a & \text{falls } b \sqsubseteq a \\ b & \text{sonst} \end{cases} \qquad \text{„das größere der Elemente"}$$

$$a \sqcap b \;=\; \min(a, b) \;:=\; \begin{cases} a & \text{falls } a \sqsubseteq b \\ b & \text{sonst} \end{cases} \qquad \text{„das kleinere der Elemente"}$$

für alle $a, b \in M$. Insbesondere induzieren also die Ordnungen auf den Zahlenbereichen $\mathbb{N}$, $\mathbb{Z}$, $\mathbb{Q}$ und $\mathbb{R}$ distributive Verbände.

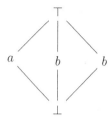

Abbildung 3.2: Beispiel für einen nicht-distributiven Verband

3. Ein Beispiel für einen nicht-distributiven Verband ist $(V_{\neg D}, \sqcup, \sqcap)$, wobei das gezeichnete Hasse-Diagramm für $V_{\neg D}$ wie in Abbildung 3.2 aussieht. Die drei Elemente, die das Distributivgesetz (1) nicht erfüllen, sind $a, b, c \in V_{\neg D}$, wie die folgende einfache Rechnung zeigt:

$$
\begin{aligned}
a \sqcup (b \sqcap c) &= a \sqcup \bot && \text{siehe Bild} \\
&= a && \bot \text{ kleinstes Element} \\
&\neq \top && \text{siehe Bild} \\
&= \top \sqcap \top && \text{Idempotenz} \\
&= (a \sqcup b) \sqcap (a \sqcup c) && \text{siehe Bild}
\end{aligned}
$$

Damit gilt in diesem Verband auch das andere Distributivgesetz (2) nicht. □

Die distributiven Verbände bilden eine (wie wir sogar zeigen werden echte) Teilklasse der Klasse der modularen Verbände, d.h. aus den Distributivgesetzen folgt das Modulgesetz. Wie dies zu beweisen ist, wird nachfolgend gezeigt.

3.2.6 Satz Ist ein Verband distributiv, so ist er auch modular.

Beweis: Es sei $(V, \sqcup, \sqcap)$ ein distributiver Verband. Wir haben das Modulgesetz zu zeigen. Dazu seien also beliebige $a, b, c \in V$ mit $a \sqsubseteq c$ vorausgesetzt. Dann gilt:

$$
\begin{aligned}
a \sqcup (b \sqcap c) &= (a \sqcup b) \sqcap (a \sqcup c) && \text{Distributivgesetz} \\
&= (a \sqcup b) \sqcap c && \text{da } a \sqsubseteq c,
\end{aligned}
$$

was den Beweis des Satzes beendet. □

Die Umkehrung von Satz 3.2.6 gilt nicht. Somit sind die distributiven Verbände, wie schon vor Satz 3.2.6 angegeben wurde, eine echte Teilklasse der Klasse der modularen Verbände. Zum Beweis dieser Eigenschaft betrachten wir die sogenannte *Kleinsche Vierergruppe* V_4 mit der Trägermenge $V_4 = \{e, a, b, c\}$ und den folgenden Gruppentafeln für die Gruppenoperation und die Inversenbildung[2]:

---

[2]Ein(e) in klassischer Algebra geübte(r) Leserin oder Leser wird sicherlich erkennen, dass die Kleinsche Vierergruppe isomorph zur Gruppe $\mathbb{Z}_2 \times \mathbb{Z}_2$ ist. Sie ist, neben der Gruppe $\mathbb{Z}_4$, bis auf Isomorphie die einzige Gruppe mit vier Elementen.

·	e	a	b	c
e	e	a	b	c
a	a	e	c	b
b	b	c	e	a
c	c	b	a	e

-1	
e	e
a	a
b	b
c	c

Nach Beispiel 3.1.5.1 bildet die Menge $\mathcal{N}(V_4)$ der Normalteiler der Gruppe V_4 einen modularen Verband, mit der Durchschnittsbildung als Infimumsoperation und somit der Mengeninklusion als Ordnung. Die Normalteilermenge der Gruppe V_4 besteht, wie man leicht sieht, aus genau fünf Mengen:

$$\mathcal{N}(V_4) \;=\; \{\{e\}, \{e, a\}, \{e, b\}, \{e, c\}, V_4\}$$

Für die Ordnungsrelation auf der Menge $\mathcal{N}(V_4)$, welche ja die Mengeninklusion ist, bekommen wir also sofort das nachfolgend angegebene zeichnerische Hasse-Diagramm.

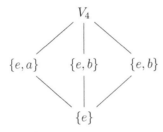

Dies ist genau (formal: bis auf Ordnungsisomorphie) das Hasse-Diagramm der vom Verband $V_{\neg D}$ aus dem Beispiel 3.2.5.3 induzierten Ordnung. Somit haben wir die Verbandsisomorphie-Beziehung $V_{\neg D} \cong \mathcal{N}(V_4)$, und damit ist der modulare Normalteilerverband der Kleinschen Vierergruppe nicht distributiv. Man kann natürlich, durch Überprüfung aller möglichen Fälle, auch direkt zeigen, dass der Verband $V_{\neg D}$ modular ist.

Wie im Fall der modularen Verbände durch $V_{\neg M}$ ist im Fall der distributiven Verbände durch $V_{\neg D}$ genau die Nicht-Distributivität charakterisiert, wenn man Modularität als zusätzliche Voraussetzung annimmt. Wir formulieren diesen Sachverhalt nachfolgend als Satz. Auf einen Beweis des Satzes verzichten wir jedoch, da er sehr ähnlich zum Beweis von Satz 3.1.6 ist und wir dort schon im Detail demonstriert haben, wie man solche Charakterisierungssätze beweist.

3.2.7 Satz (Charakterisierung distributiver Verbände) Ein modularer Verband ist genau dann nicht distributiv, wenn er einen zum in Abbildung 3.2 angegebenen 5-elementigen Verband $V_{\neg D}$ verbandsisomorphen Unterverband enthält. □

In der Literatur wird der spezielle Verband $V_{\neg D}$ auch als Diamant-Verband M_3 bezeichnet. Dabei spricht man allgemein von einem Diamant-Verband M_k, wenn eine Menge aus k Elementen dadurch zu einem Verband wird, dass man zwei Elemente $\top$ und $\bot$ so hinzufügt, dass $\top$ das größte Element ist, $\bot$ das kleinste Element ist, und alle restlichen Elemente paarweise unvergleichbar sind.

Bei den modularen Verbänden hatten wir in Satz 3.1.7 ein Kriterium formuliert, um eine Gleichheit $a = b$ testen zu können. Im distributiven Fall kann man auf die dritte Bedingung $a \sqsubseteq b$ von Satz 3.1.7 verzichten. Es gilt also:

3.2.8 Satz Ein Verband $(V, \sqcup, \sqcap)$ ist genau dann distributiv, wenn für alle $a, b, c \in V$ die nachfolgende Implikation gilt:

$$a \sqcap c = b \sqcap c, a \sqcup c = b \sqcup c \implies a = b$$

Beweis: „$\implies$": Es seien irgendwelche Elemente $a, b, c \in V$ mit $a \sqcap c = b \sqcap c$ und $a \sqcup c = b \sqcup c$ vorgegeben. Dann zeigen wir $a = b$ wie folgt:

$$
\begin{aligned}
a &= a \sqcup (a \sqcap c) && \text{Absorption} \\
&= a \sqcup (b \sqcap c) && \text{Voraussetzung} \\
&= (a \sqcup b) \sqcap (a \sqcup c) && \text{Distributivgesetz} \\
&= (a \sqcup b) \sqcap (b \sqcup c) && \text{Voraussetzung} \\
&= (b \sqcup a) \sqcap (b \sqcup c) && \\
&= b \sqcup (a \sqcap c) && \text{Distributivgesetz} \\
&= b \sqcup (b \sqcap c) && \text{Voraussetzung} \\
&= b && \text{Absorption}
\end{aligned}
$$

„$\impliedby$": Angenommen, V sei nicht-distributiv. Ist V modular, so ist, wie man einfach verifiziert, der nach Satz 3.2.7 existierende Unterverband ein Widerspruch zur vorausgesetzten Implikation. Andernfalls führt der nach Satz 3.1.6 existierende Unterverband zu einem Widerspruch. $\square$

Zum Schluss dieses Abschnitts formulieren wir noch eine Aussage über Atome in distributiven Verbänden, die wir im nächsten Abschnitt benötigen.

3.2.9 Satz Es seien $(V, \sqcup, \sqcap)$ ein distributiver Verband mit kleinstem Element O und $a \in \mathsf{At}(V)$ ein Atom. Dann gilt für alle $b_1, \ldots, b_n \in V$:

$$a \sqsubseteq \bigsqcup_{i=1}^{n} b_i \implies \exists j \in \{1, \ldots, n\} : a \sqsubseteq b_j$$

Beweis: Wir führen einen Widerspruchsbeweis, wobei wir am Anfang den Indexbereich von j unterdrücken. Zuerst haben wir die nachstehende Implikation:

$$
\begin{aligned}
\forall j : a \not\sqsubseteq b_j &\iff \forall j : a \sqcap b_j \neq a && \text{Definition von } \sqsubseteq \\
&\implies \forall j : a \sqcap b_j = \mathsf{O} && a \in \mathsf{At}(V), a \sqcap b_j \sqsubseteq a
\end{aligned}
$$

Aus der letzten Formel folgt mit Hilfe der endlichen Distributivgesetze (welche durch vollständige Induktion trivial beweisbar sind), dass

$$
\begin{aligned}
a \sqcap \bigsqcup_{i=1}^{n} b_i &= \bigsqcup_{i=1}^{n}(a \sqcap b_i) && \text{Distributivgesetz} \\
&= \bigsqcup_{i=1}^{n} \mathsf{O} && \text{siehe oben} \\
&= \mathsf{O}.
\end{aligned}
$$

Wir haben aber auch die Beziehung

$$
a \sqcap \bigsqcup_{i=1}^{n} b_i = a \qquad\qquad \text{wegen der Voraussetzung,}
$$

also insgesamt die Gleichung $a = \mathsf{O}$. Diese Gleichung ist aber ein Widerspruch zur Eigenschaft $a \in \mathsf{At}(V)$. $\qquad\square$

3.3 Komplemente und Boolesche Verbände

Die Booleschen Verbände, die in der Literatur auch *Boolesche Algebren* genannt werden, sind nach den modularen und distributiven Verbänden die dritte bedeutende Klasse von Verbänden, welche wir betrachten. Sie sind spezielle distributive Verbände, für die man die Existenz einer zusätzlichen Operation postuliert. Ihr Studium führt uns zurück zu den logischen Ausgangspunkten der Verbandstheorie im 19. Jahrhundert, wie wir sie schon in der Einleitung erwähnten. Um die Verbindung von den Verbänden zur Aussagenlogik herzustellen, wird genau die oben erwähnte zusätzliche Operation benötigt. Diese entspricht der *Negation* und wird auch so, oder *Komplement*, genannt.

3.3.1 Definition Es sei $(V, \sqcup, \sqcap)$ ein Verband mit dem kleinsten Element $\mathsf{O} \in V$ und dem größten Element $\mathsf{L} \in V$.

1. Zu $a \in V$ heißt $b \in V$ ein *Komplement*, falls $a \sqcup b = \mathsf{L}$ und $a \sqcap b = \mathsf{O}$.

2. Besitzt in V jedes Element ein Komplement, so heißt V *komplementär*. $\qquad\square$

Komplemente von Elementen müssen in beliebigen Verbänden mit den beiden extremen Elementen O und L nicht immer existieren. Ein Verband, bei dem ein Komplement nicht existiert, ist beispielsweise der durch die natürliche Ordnung auf der Menge $\{0, 1, 2\}$ der ersten drei natürlichen Zahlen induzierte distributive Verband

$$
(\{0.1.2\}, \max, \min).
$$

Hier ist 0 das kleinste Element und 2 das größte Element. Es ist 0 das Komplement von 2 und 2 das Komplement von 0. Das restliche Element 1 hat hingegen kein Komplement. Wäre 0 das Komplement von 1, so gilt $\max(1, 0) = 2$, was $\max(1, 0) = 1$ widerspricht, wäre 1 sein Komplement, so gilt $\max(1, 1) = 2$, was $\max(1, 1) = 1$ widerspricht, und wäre 2 sein Komplement, so gilt $\min(1, 2) = 0$ was $\min(1, 2) = 1$ widerspricht.

Hingegen besitzen in den durch die Ketten $0 < 1$ und $0 < 1 < 2 < 3$ induzierten distributiven Verbänden alle Elemente genau ein Komplement. Aus späteren Sätzen wird folgen, dass eine endliche Kette $a_0 < a_1 < \ldots < a_n$ von $n > 0$ Elementen einen distributiven Verband induziert, in dem alle Elemente höchstens ein Komplement haben, und im Fall, dass $n - 1$ eine Zweierpotenz ist, alle Elemente sogar genau ein Komplement haben.

In der Regel sind Komplemente aber nicht eindeutig, auch wenn sie existieren. Ein Beispiel für nicht-eindeutige Komplemente ist der nicht-modulare Verband $V_{\neg M}$ von Beispiel 3.1.5.3. Man beachte dazu die nachfolgend angegebene Tabelle:

Elemente	Komplemente
$\top$	$\bot$
a	b
b	a, c
c	b
$\bot$	$\top$

Für distributive Verbände wird die Komplementbildung eindeutig, d.h. zu einer partiellen Abbildung. Dies wird im folgenden Satz gezeigt und ist die Antwort zum ersten Teil der obigen Behauptung über die Komplemente in von endlichen Ketten induzierten distributiven Verbänden. In diesem Satz bezeichnet wiederum $\mathsf{O} \in V$ das *kleinste Element* von V und $\mathsf{L} \in V$ das *größte Element* von V. Diese Bezeichnungen werden *im restlichen Text immer* verwendet, sofern keine speziellen Symbole (wie etwa $\bot$ und $\top$ im Fall von $V_{\neg M}$ oder $V_{\neg D}$) explizit eingeführt werden.

3.3.2 Satz Es seien $(V, \sqcup, \sqcap)$ ein distributiver Verband und $a, b_1, b_2 \in V$, so dass b_1 und auch b_2 Komplemente von a sind. Dann gilt $b_1 = b_2$.

Beweis: Wir starten mit den folgenden zwei Gleichungen:

$$b_1 \sqcup a \;=\; \mathsf{L} \;=\; b_2 \sqcup a \qquad\qquad b_1, b_2 \text{ Komplemente}$$
$$b_1 \sqcap a \;=\; \mathsf{O} \;=\; b_2 \sqcap a \qquad\qquad b_1, b_2 \text{ Komplemente}$$

Also gelten die beiden Gleichungen $b_1 \sqcup a = b_2 \sqcup a$ und $b_1 \sqcap a = b_2 \sqcap a$. Satz 3.2.8 liefert uns dann sofort die gewünschte Eigenschaft $b_1 = b_2$. $\square$

Hat man also einen komplementären und distributiven Verband, so ist die Komplementbildung eindeutig und total, also eine Abbildung. Diese spezielle Situation definiert eine neue Verbandsklasse, die wir nun formal einführen.

3.3.3 Definition Ein *Boolescher Verband* (auch: eine *Boolesche Algebra*) ist ein komplementärer, distributiver Verband mit $\mathsf{O} \neq \mathsf{L}$. Dabei bezeichnet $\overline{a}$ das (eindeutig existierende) Komplement (oder die *Negation*) von a. $\square$

Ein Boolescher Verband stellt also genaugenommen eine spezielle algebraische Struktur der Form $(V, \sqcup, \sqcap, \overline{}, \mathsf{L}, \mathsf{O})$ dar, mit zwei zweistelligen Operationen $\sqcup$ und $\sqcap$, einer einstelligen Operation $\overline{}$, und zwei Konstanten L und O, so dass $(V, \sqcup, \sqcap)$ ein Verband ist, für alle $a \in V$

die Gleichungen $a \sqcup \overline{a} = \mathsf{L}$, $a \sqcap \overline{a} = \mathsf{O}$, $\mathsf{O} \sqcap a = \mathsf{O}$, $a \sqcap \mathsf{L} = a$ gelten und $\mathsf{O} \neq \mathsf{L}$ zutrifft. Wegen der letzten Forderung liegt keine Varietät vor und damit ist der Satz von G. Birkhoff nicht anwendbar. Es sollte an dieser Stelle erwähnt werden, dass es Autoren gibt, die auf die Forderung $\mathsf{O} \neq \mathsf{L}$ verzichten. Dann induziert jede einelementige Menge offensichtlich einen Booleschen Verband, in dem die identische Abbildung die Komplementoperation ist. Normalerweise wird die Forderung $\mathsf{O} \neq \mathsf{L}$ aber dazu genommen, um den trivialen Fall eines einelementigen Booleschen Verbands auszuschließen.

3.3.4 Beispiele (für Boolesche Verbände) Nachfolgend sind zwei Beispiele für Boolesche Verbände angegeben.

1. Die Verbände von Beispiel 2.1.2.1 und 2.1.2.2 sind Boolesche Verbände, mit

$$\overline{tt} \;=\; \mathit{ff} \qquad\qquad \overline{\mathit{ff}} \;=\; tt$$

   im Falle der Wahrheitswerte $(\mathbb{B}, \vee, \wedge)$ und

$$\overline{Y} \;=\; X \setminus Y \;=\; \complement_X Y$$

   im Falle des Potenzmengenverbands $(2^X, \cup, \cap)$, wobei nun X nicht leer sein muss Wegen $\mathsf{O} \neq \mathsf{L}$ ist der Boolesche Verband der Wahrheitswerte bis auf Isomorphie (was dies im Kontext der jetzigen Verbandsklasse heißt, ist noch genau zu klären) der kleinste Boolesche Verband.

2. Sind V und W Boolesche Verbände, so ist auch der Abbildungsverband W^V ein Boolescher Verband, wenn man das Komplement einer Abbildung wie folgt definiert:

$$\overline{f} : V \to W \qquad\qquad \overline{f}(a) = \overline{f(a)}$$

   Kleinstes Element im Booleschen Abbildungsverband ist die Abbildung, die alles nach O abbildet, und größtes Element im Booleschen Abbildungsverband ist die Abbildung, die alles nach L abbildet.

   Ist der Argumentbereich ein n-stelliger Produktverband des Verbands der Wahrheitswerte und der Resultatbereich der Wahrheitswerte-Verband, so nennt man eine solche Abbildung auch eine n-stellige Schaltabbildung. Diese sind beispielsweise in der Rechnerarchitektur von besonderer Bedeutung. Wir gehen in Abschnitt 7.1 etwas genauer darauf ein. □

Weil Boolesche Verbände einen reicheren Vorrat an Operationen und Konstanten haben, betrachtet man, neben den bisherigen Unterverbänden, noch solche Unterstrukturen, die auch bezüglich der zusätzlichen Operation abgeschlossen sind. Die Konstanten braucht man nicht zu betrachten, wie wir später noch zeigen werden.

3.3.5 Definition Ist ein Unterverband U eines Booleschen Verbands V auch abgeschlossen bezüglich der Operation $\overline{}$ von V, so heißt er ein *Boolescher Unterverband* oder eine *Boolesche Unteralgebra* von V. □

Man beachte, dass die Elemente O und L eines Booleschen Verbands V in jedem Booleschen Unterverband U von V enthalten sind, da mit $a \in U$ auch $\overline{a} \in U$ zutrifft und somit auch $\mathsf{O} = a \sqcap \overline{a} \in U$ und $\mathsf{L} = a \sqcup \overline{a} \in U$.

Im Fall von Booleschen Verbänden muss man also zwischen einem Unterverband im ursprünglichem Sinne (der nicht auf das Komplement Bezug nimmt) und einem Booleschen Unterverband genau unterscheiden. Ein Boolescher Unterverband eines Booleschen Verbands ist natürlich auch ein Unterverband im ursprünglichen Sinn. Die Umkehrung gilt hingegen nicht. Beispielsweise ist in einem Potenzmengenverband jede einelementige Teilmenge ein Unterverband, der jedoch kein Boolescher Unterverband ist.

Auch Homomorphismen (und, analog dazu, Isomorphismen) werden im Fall von Booleschen Verbänden auf die Komplementoperation erweitert. Wir haben oben schon angedeutet, dass sich auch hier im Vergleich zu den bisherigen Verbänden etwas ändert.

3.3.6 Definition Ein Verbandshomomorphismus $f : V \to W$ heißt im Fall von Booleschen Verbänden V und W ein *Boolescher Verbandshomomorphismus* oder *Boolescher Algebrenhomomorphismus*, falls $f(\overline{a}) = \overline{f(a)}$ für alle $a \in V$ gilt. Bijektive Boolesche Verbandshomomorphismen heißen *Boolesche Verbandsisomorphismen* oder *Boolesche Algebrenisomorphismen*.   □

Wiederum ist natürlich ein jeder Boolescher Verbandshomomorphismus $f : V \to W$ zwischen Booleschen Verbänden V und W ein Verbandshomomorhismus im ursprünglichen Sinne und die Umkehrung gilt wiederum nicht. Hier sind konstantwertige Abbildungen Gegenbeispiele. Sie sind offensichtlich Verbandshomomorphismen aber im Allgemeinen keine Booleschen Verbandshomomorphismen, wie wir gleich zeigen werden.

Boolesche Verbandshomomorphismus $f : V \to W$ bilden kleinste auf kleinste und größte auf größte Elemente ab; man braucht diese Eigenschaft also nicht zu postulieren, wie es eigentlich nach dem Vorgehen der Universellen Algebra erforderlich wäre. Hier ist der Beweis für den ersten Fall:

$$f(\mathsf{O}) = f(\mathsf{O} \sqcap \overline{\mathsf{O}}) = f(\mathsf{O}) \sqcap f(\overline{\mathsf{O}}) = f(\mathsf{O}) \sqcap \overline{f(\mathsf{O})} = \mathsf{O}$$

Analog zeigt man die Gleichung $f(\mathsf{L}) = \mathsf{L}$:

$$f(\mathsf{L}) = f(\mathsf{L} \sqcup \overline{\mathsf{L}}) = f(\mathsf{L}) \sqcup f(\overline{\mathsf{L}}) = f(\mathsf{L}) \sqcup \overline{f(\mathsf{L})} = \mathsf{L}$$

Der folgende Satz zeigt, dass die eben bewiesenen Gleichungen sogar charakteristisch für Boolesche Verbandshomomorphismen sind.

3.3.7 Satz Gegeben sei ein Verbandshomomorphismus $f : V \to W$ zwischen Booleschen Verbänden $(V, sqcup, \sqcap, \overline{})$ und $(W, sqcup, \sqcap, \overline{})$. Dann gilt:

$$f \text{ Boolescher Verbandshomomorphismus} \iff f(\mathsf{O}) = \mathsf{O} \text{ und } f(\mathsf{L}) = \mathsf{L}$$

Beweis: Wir haben nur die Richtung „$\Longleftarrow$" zu beweisen. Dazu sei $a \in V$ beliebig vorgegeben. Dann gilt die Gleichheit

$$\begin{aligned} f(a) \sqcup f(\overline{a}) &= f(a \sqcup \overline{a}) && f \text{ Verbandshomomorphismus} \\ &= f(\mathsf{L}) \\ &= \mathsf{L} && \text{Voraussetzung} \end{aligned}$$

und auch die Gleichheit

$$\begin{aligned} f(a) \sqcap f(\overline{a}) &= f(a \sqcap \overline{a}) && f \text{ Verbandshomomorphismus} \\ &= f(\mathsf{O}) \\ &= \mathsf{O} && \text{Voraussetzung.} \end{aligned}$$

Nach Definition heißt dies aber, dass $f(\overline{a})$ das Komplement von $f(a)$ ist. Als Gleichung ist dies genau das, was wir wollen: $\overline{f(a)} = f(\overline{a})$. Die beiden anderen Eigenschaften gelten, weil f als Verbandshomomorphismus vorausgesetzt ist.   □

Will man Quotienten von Booleschen Verbänden bilden, so ist schließlich noch der Begriff einer Verbandskongruenz zum Begriff einer *Booleschen Verbandskongruenz* zu erweitern und dann die Komplementbildung von Äquivalenzklassen entsprechend festzulegen. Dies sei der Leserin oder dem Leser als Übung überlassen.

Wir kommen nach diesen Bemerkungen zu Unterstrukturen, Homomorphismen und Kongruenzen nun zu einer der Hauptanwendungen für Boolesche Verbände. Durch die Booleschen Verbände stellt man nämlich die Verbindung zur Aussagenlogik her. Die Entsprechung ist in der nachfolgenden Tabelle angegeben:

Boolesche Verbände	Aussagenlogik
Trägermenge	Aussagenformen
$\sqcup$	$\vee$
$\sqcap$	$\wedge$
$\overline{}$	$\neg$
$\sqsubseteq$	$\Longrightarrow$
$=$	$\Longleftrightarrow$

Auch die Regeln der Aussagenlogik übertragen sich in die Verbandstheorie. Nachfolgend geben wir wichtige aussagenlogische Regeln als verbandstheoretische Gesetze an.

3.3.8 Satz In einem Booleschen Verband $(V, \sqcup, \sqcap, \overline{})$ gelten für alle Elemente $a, b, c \in V$ die folgenden Gesetze:

1. $\overline{\overline{a}} = a$ *Involution*

2. $\overline{a \sqcup b} = \overline{a} \sqcap \overline{b}$ und $\overline{a \sqcap b} = \overline{a} \sqcup \overline{b}$ *de Morgan*

3. $a \sqsubseteq b \iff \overline{a} \sqcup b = \mathsf{L} \iff a \sqcap \overline{b} = \mathsf{O}$

4. $a \sqsubseteq b \sqcup c \iff a \sqcap \overline{b} \sqsubseteq c \iff \overline{b} \sqsubseteq \overline{a} \sqcup c$

Beweis: Es sei also $(V, \sqcup, \sqcap)$ ein Boolescher Verband.

1. Es sei $a \in V$ beliebig gewählt. Dann gilt:

$$\overline{a} \text{ Komplement von } a \iff \overline{a} \sqcup a = \mathsf{L} \text{ und } \overline{a} \sqcap a = \mathsf{O} \qquad \text{Definition}$$
$$\iff a \text{ Komplement von } \overline{a} \qquad \text{Definition}$$
$$\iff \overline{\overline{a}} = a \qquad \text{Definition}$$

Da die erste Aussage dieser Kette nach Definition der Komplementoperation wahr ist, gilt dies auch für das letzte Glied. Dieses ist aber genau die gewünschte Gleichung.

2. Es seien $a, b \in V$ beliebig gewählt. Dann gelten die folgenden zwei Gleichungen:

$$
\begin{aligned}
(a \sqcup b) \sqcup (\overline{a} \sqcap \overline{b}) &= (a \sqcup b \sqcup \overline{a}) \sqcap (a \sqcup b \sqcup \overline{b}) & \text{Distributivgesetz}\\
&= \mathsf{L} \sqcap \mathsf{L}\\
&= \mathsf{L}
\end{aligned}
$$

$$
\begin{aligned}
(a \sqcup b) \sqcap (\overline{a} \sqcap \overline{b}) &= (\overline{a} \sqcap \overline{b}) \sqcap (a \sqcup b) & \text{Kommutativgesetz}\\
&= (\overline{a} \sqcap \overline{b} \sqcap a) \sqcup (\overline{a} \sqcap \overline{b} \sqcap b) & \text{Distributivgesetz}\\
&= \mathsf{O} \sqcup \mathsf{O}\\
&= \mathsf{O}
\end{aligned}
$$

Damit haben wir, dass $\overline{a} \sqcap \overline{b}$ das Komplement von $a \sqcup b$ ist, d.h. es gilt

$$\overline{a} \sqcap \overline{b} = \overline{a \sqcup b}.$$

Die zweite de Morgan'sche Gleichung erhalten wir aus den folgenden Gleichungen:

$$
\begin{aligned}
(a \sqcap b) \sqcup (\overline{a} \sqcup \overline{b}) &= (\overline{a} \sqcup \overline{b}) \sqcup (a \sqcap b) & \text{Kommutativgesetz}\\
&= (\overline{a} \sqcup \overline{b} \sqcup a) \sqcap (\overline{a} \sqcup \overline{b} \sqcup b) & \text{Distributivgesetz}\\
&= \mathsf{L} \sqcap \mathsf{L}\\
&= \mathsf{L}
\end{aligned}
$$

$$
\begin{aligned}
(a \sqcap b) \sqcap (\overline{a} \sqcup \overline{b}) &= (a \sqcap b \sqcap \overline{a}) \sqcup (a \sqcap b \sqcap \overline{b}) & \text{Distributivgesetz}\\
&= \mathsf{O} \sqcup \mathsf{O}\\
&= \mathsf{O}
\end{aligned}
$$

3. Wiederum seien beliebige $a, b \in V$ gegeben. Wir zeigen zuerst die linke Äquivalenz: Die Richtung „$\Longrightarrow$" folgt aus der Rechnung

$$
\begin{aligned}
a \sqsubseteq b &\implies \overline{a} \sqcup a \sqsubseteq \overline{a} \sqcup b & \text{Monotonie}\\
&\iff \mathsf{L} \sqsubseteq \overline{a} \sqcup b
\end{aligned}
$$

und die verbleibende Richtung „$\Longleftarrow$" beweist man durch

$$
\begin{aligned}
\overline{a} \sqcup b = \mathsf{L} &\implies a = a \sqcap \mathsf{L}\\
&= a \sqcap (\overline{a} \sqcup b)\\
&= (a \sqcap \overline{a}) \sqcup (a \sqcap b)\\
&= a \sqcap b\\
&\iff a \sqsubseteq b & \text{Definition Ordnung.}
\end{aligned}
$$

Ein Beweis der rechten Äquivalenz verläuft wie folgt:

$$\begin{aligned}
\overline{a} \sqcup b = \mathsf{L} \quad &\Longleftrightarrow \quad \overline{\overline{a} \sqcup b} = \overline{\mathsf{L}} \\
&\Longleftrightarrow \quad \overline{\overline{a}} \sqcap \overline{b} = \mathsf{O} \qquad\qquad\qquad \text{nach (2)}\\
&\Longleftrightarrow \quad a \sqcap \overline{b} = \mathsf{O} \qquad\qquad\qquad \text{nach (1)}
\end{aligned}$$

4. Dieser Beweis kann vollkommen analog zum Beweis von (3) erbracht werden. □

Für die von Booleschen Verbänden induzierten Ordnungen und alle $a, b \in V$ folgt aus der ersten und dritten Eigenschaft von Satz 3.3.8: Die Eigenschaft $a \sqsubseteq b$ impliziert $\overline{b} \sqsubseteq \overline{a}$. Die Komplementabbildung $^{-} : V \to V$ ist somit ein involutorischer Ordnungsisomorphismus von $(V, \sqsubseteq)$ nach $(V, \sqsupseteq)$, auch *dualer Ordnungsisomorphismus* genannt. Dabei ist $\sqsupseteq$ die zu $\sqsubseteq$ konverse Ordnung, d.h. $a \sqsupseteq b$ ist, wie schon verwendet, per Definition äquivalent zu $b \sqsubseteq a$.

Endliche Boolesche Verbände können nicht von beliebiger Kardinalität sein, sondern haben immer eine Zweierpotenz als Kardinalität. Dies beantwortet den zweiten Teil unserer anfänglichen Behauptung über Komplemente in von endlichen Ketten induzierten distributiven Verbänden und ist der Inhalt des nachfolgenden Hauptsatzes über endliche Boolesche Verbände. Der Hauptsatz zeigt aber noch mehr, nämlich, dass jeder endliche Boolesche Verband isomorph im Sinn von Booleschen Verbänden zu einem speziellen Potenzmengenverband ist.

3.3.9 Satz (Hauptsatz über endliche Boolesche Verbände) Es sei $(V, \sqcup, \sqcap, {}^{-})$ ein endlicher Boolescher Verband. Dann ist die Abbildung

$$f : V \to 2^{\mathsf{At}(V)} \qquad\qquad f(x) = \{a \in \mathsf{At}(V) \,|\, a \sqsubseteq x\}$$

ein Boolescher Verbandsisomorphismus von $(V, \sqcup, \sqcap, {}^{-})$ nach $(2^{\mathsf{At}(V)}, \cup, \cap, {}^{-})$. Insbesondere gilt also die Kardinalitätsaussage $|V| = 2^{|\,\mathsf{At}(V)|}$.

Beweis: Da $2 \leq |V| < \infty$ gilt, haben wir nach Satz 2.5.3, dass $f(x) \neq \emptyset$ für alle $x \in V$ mit $x \neq \mathsf{O}$ zutrifft. Wir zeigen nun der Reihe nach die behaupteten Eigenschaften.

1. Die Abbildung f ist *injektiv*, d.h. es gilt für alle $x, y \in V$ die Implikation

$$x \neq y \quad \Longrightarrow \quad f(x) \neq f(y).$$

Beweis: Es sei also $x \neq y$. Dann gilt $x \not\sqsubseteq y$ oder $y \not\sqsubseteq x$, denn $x \sqsubseteq y$ und $y \sqsubseteq x$ würde $x = y$ implizieren.

Es sei o.B.d.A. $x \not\sqsubseteq y$. Dann gilt $x \sqcap \overline{y} \neq \mathsf{O}$, da aus $x \sqcap \overline{y} = \mathsf{O}$ nach Satz 3.3.8.4 $x \sqsubseteq y$ folgen würde.

Nach Satz 2.5.3 ist V atomar. Folglich gibt es $a \in \mathsf{At}(V)$ mit $a \sqsubseteq x \sqcap \overline{y}$. Wir haben somit insbesondere $a \sqsubseteq x$, und dies impliziert $a \in f(x)$. Aus $a \sqsubseteq x \sqcap \overline{y}$ folgt aber auch $a \sqsubseteq \overline{y}$. Diese Ungleichung zeigt nun $a \not\sqsubseteq y$. Wäre nämlich $a \sqsubseteq y$, so würde dies $a \sqsubseteq \overline{y} \sqcap y = \mathsf{O}$ implizieren, und somit ein Widerspruch zu der Annahme, dass a ein Atom ist. Wegen $a \not\sqsubseteq y$ gilt nun $a \notin f(y)$. Konsequenterweise sind die beiden Mengen $f(x)$ und $f(y)$ verschieden.

2. Die Abbildung f ist *surjektiv*. Die Gleichung $f(\mathsf{O}) = \emptyset$ ist klar. Es sei also $A \in 2^{\mathsf{At}(V)}$ nichtleer, mit der expliziten Darstellung $A = \{a_1, \ldots, a_n\}$. Es gilt

$$f\left(\bigsqcup_{i=1}^{n} a_i\right) = \{a_1, \ldots, a_n\}.$$

Beweis der Inklusion „$\subseteq$": Es sei $b \in f(\bigsqcup_{i=1}^{n} a_i)$, also $b \in \mathsf{At}(V)$ und $b \sqsubseteq \bigsqcup_{i=1}^{n} a_i$. Nach Satz 3.2.9 gibt es ein $i_0, 1 \leq i_0 \leq n$, mit $b \sqsubseteq a_{i_0}$. Wegen $b \in \mathsf{At}(V)$ und $a_{i_0} \in \mathsf{At}(V)$ gilt nun $b = a_{i_0}$, also auch $b \in \{a_1, \ldots, a_n\}$.

Inklusion „$\supseteq$": Es sei $a_{i_0} \in \{a_1, \ldots, a_n\}$. Dann gilt $a_{i_0} \in \mathsf{At}(V)$. Es bleibt noch die Abschätzung $a_{i_0} \sqsubseteq \bigsqcup_{i=1}^{n} a_i$ zu verifizieren, welche aber offensichtlich gilt.

3. *Strukturerhaltung der Negation*, d.h. für alle $x \in V$ gilt

$$f(\overline{x}) = \overline{f(x)}.$$

Zum Beweis sei $b \in \mathsf{At}(V)$ beliebig angenommen. Dann gilt:

$$
\begin{array}{llr}
b \in f(\overline{x}) & \Longleftrightarrow\ b \sqsubseteq \overline{x} & \text{Definition von } f \\
& \Longleftrightarrow\ b \not\sqsubseteq x & (*) \\
& \Longleftrightarrow\ b \notin f(x) & \text{Definition von } f \\
& \Longleftrightarrow\ b \in \overline{f(x)} & \text{Mengentheorie}
\end{array}
$$

Es bleibt noch der Übergang $(*)$ zu verifizieren, d.h. die Äquivalenz von $b \sqsubseteq \overline{x}$ und $b \not\sqsubseteq x$. Wir spalten den Beweis in zwei Richtungen auf.

„$\Longrightarrow$": Wäre $b \sqsubseteq x$, so folgt daraus sofort die Abschätzung $b \sqsubseteq \overline{x} \sqcap x = \mathsf{O}$, was ein Widerspruch zur Eigenschaft $b \in \mathsf{At}(V)$ ist.

„$\Longleftarrow$": Es gilt offensichtlich $b \sqsubseteq \overline{x} \sqcup x$. Nach Satz 3.2.9 in Kombination mit der Annahme $b \not\sqsubseteq x$ folgt daraus $b \sqsubseteq \overline{x}$.

4. *Strukturerhaltung des Infimums*, d.h. für alle $x, y \in V$ gilt

$$f(x \sqcap y) = f(x) \cap f(y).$$

Zum Beweis sei wiederum $b \in \mathsf{At}(V)$ beliebig angenommen. Dann gilt:

$$
\begin{array}{llr}
b \in f(x \sqcap y) & \Longleftrightarrow\ b \sqsubseteq x \sqcap y & \text{Definition von } f \\
& \Longleftrightarrow\ b \sqsubseteq x \wedge b \sqsubseteq y & (*) \\
& \Longleftrightarrow\ b \in f(x) \wedge b \in f(y) & \text{Definition von } f \\
& \Longleftrightarrow\ b \in f(x) \cap f(y) & \text{Mengentheorie}
\end{array}
$$

Es verbleibt wiederum die Aufgabe, den Übergang $(*)$ zu verifizieren, d.h. zu zeigen, dass $b \sqsubseteq x \sqcap y$ und $b \sqsubseteq x \wedge b \sqsubseteq y$ äquivalent sind. Analog zu oben betrachten wir zwei Richtungen:

„$\Longrightarrow$": Es gelten die zwei Abschätzungen $b \sqsubseteq x \sqcap y \sqsubseteq x$ und $b \sqsubseteq x \sqcap y \sqsubseteq y$ im Fall von $b \sqsubseteq x \sqcap y$, was die Behauptung zeigt.

„$\Longleftarrow$": Diese Richtung verifiziert man wie folgt:

$$b \sqsubseteq x \wedge b \sqsubseteq y \quad \Longleftrightarrow \quad b \in \mathsf{Mi}\big(\{x, y\}\big) \qquad \text{Definition Minorante}$$
$$\Longrightarrow \quad b \sqsubseteq \textstyle\prod\{x, y\} = x \sqcap y \qquad \text{Infimumseigenschaft}$$

5. *Strukturerhaltung des Supremums*, d.h. für alle $x, y \in V$ gilt

$$f(x \sqcup y) \;=\; f(x) \cup f(y).$$

Der Beweis folgt aus der nachstehenden Gleichheit:

$$
\begin{aligned}
f(x \sqcup y) &= f(\overline{\overline{x} \sqcap \overline{y}}) & \text{de Morgan, Involution} \\
&= \overline{f(\overline{x} \sqcap \overline{y})} & \text{nach (3)} \\
&= \overline{f(\overline{x}) \cap f(\overline{y})} & \text{nach (4)} \\
&= \overline{f(\overline{x})} \cup \overline{f(\overline{y})} & \text{Mengentheorie} \\
&= f(x) \cup f(y) & \text{nach (3) und Involution}
\end{aligned}
$$

Durch diese Reihe von Beweisen ist schließlich der gesamte Beweis des Hauptsatzes für endliche Boolesche Verbände erbracht. □

Statt die Strukturerhaltung der Negation kann man in dem eben erbrachten Beweis auch die des Supremums analog zu der des Infimums „direkt" beweisen. Aus der so gezeigten Verbandsisomorphie und den offensichtlichen Gleichungen $f(\mathsf{O}) = \emptyset$ und $f(\mathsf{L}) = \mathsf{At}(V)$ folgt dann die Strukturerhaltung der Negation mit Hilfe von Satz 3.3.7.

Die Struktur eines endlichen Booleschen Verbands ist also nach diesem Hauptsatz immer im Prinzip eine Potenzmengenstruktur mit Vereinigung, Durchschnitt und Komplement als Operationen, der vollen und der leeren Menge als extremen Elementen, der Inklusion als Ordnung und einer Zweierpotenz als Mächtigkeit. Eine abgeschwächte Aussage gilt (natürlich ohne die Kardinalitätsgleichung) auch für beliebige atomare Boolesche Verbände, denn eine sorgfältige Analyse des Beweises des Hauptsatzes zeigt, dass eigentlich nur die Atomizität verwendet wurde: Jeder atomare Boolesche Verband ist isomorph (im Boolschen Sinn) zu einem Unterverband von $(2^{\mathsf{At}(V)}, \cup, \cap)$. Die Abgeschlossenheit von $\{f(x) \mid x \in V\}$ bezüglich Durchschnitt ist trivial, die bezüglich Vereinigung folgt aus Satz 3.2.9.

Aufgrund des Hauptsatzes kann man viele Eigenschaften endlicher Boolescher Verbände dadurch beweisen, dass man sie für Potenzmengenverbände verifiziert. Hier ist ein Beispiel für eine einfache Anwendung:

3.3.10 Satz In einem endlichen Booleschen Verband $(V, \sqcup, \sqcap, \overline{})$ mit 2^n Elementen gilt

$$n + 1 = \max\{|K| \mid K \subseteq V \text{ ist Kette}\}$$

und es gibt in V genau $n!$ Ketten der Kardinalität $n + 1$.

Beweis: Wir haben den Satz nur für den Potenzmengenverband $(2^A, \cup, \cap, \overline{})$ mit der Menge $A = \{1, \ldots, n\}$ von n natürlichen Zahlen zu zeigen. Offensichtlich ist durch

$$\emptyset \subset \{1\} \subset \{1, 2\} \subset \ldots \subset \{1, 2, \ldots, n-1\} \subset \{1, 2, \ldots, n\}$$

eine Kette $K \subset 2^A$ mit $|K| = n + 1$ gegeben. Größere Ketten kann es nicht geben und für jede Permutation der Menge A bekommt man eine Kette der Kardinalität $n + 1$. Also gibt es mindestens $n!$ Ketten der Kardinalität $n + 1$.

Jede Kette $K = \{M_0, \ldots, M_n\}$ in $(2^A, \cup, \cap, {}^-)$ mit $n + 1$ Elementen kann man in der speziellen Form $M_0 \subset M_2 \subset \ldots \subset M_n$ schreiben. Damit muss die Menge M_{i+1} aus der Menge M_i durch die Hinzunahme genau eines neuen Elements entstehen. Somit gibt es genau $n!$ Ketten der Kardinalität $n + 1$. □

Das nächste Beispiel ist von einer ähnlichen Schwierigkeit. Bei endlichen algebraischen Strukturen ist man oft daran interessiert, wie groß Unterstrukturen sind und für welche Größen sie existieren. Im Fall von Gruppen weiß man etwa, dass Größen $|U|$ von Untergruppen U von G immer die Kardinalität von G teilen (Satz von J.-L. Lagrange) und für jede größte Primzahlpotenz p^k, die $|G|$ teilt, Untergruppen der Kardinalitäten $p^i, 1 \leq i \leq k$ existieren (erster Satz von P.L. Sylow). Bei Booleschen Verbänden sind solche Fragen genau zu entscheiden. Es gilt nämlich das folgende Resultat.

3.3.11 Satz In einem endlichen Booleschen Verband $(V, \sqcup, \sqcap, {}^-)$ mit 2^n Elementen hat jeder Boolesche Unterverband die Größe 2^k, wobei $1 \leq k \leq n$, und für jedes k mit $1 \leq k \leq n$, existiert ein Boolescher Unterverband von V mit 2^k Elementen.

Beweis: Wir haben den Satz wiederum nur für den speziellen Potenzmengenverband $(2^A, \cup, \cap, {}^-)$ mit $A = \{1, \ldots, n\}$ zu zeigen. Es sei k mit $1 \leq k \leq n$ vorgegeben. Wir betrachten die folgende Partition von A in k Teilmengen:

$$\mathcal{M} := \{\{1\}, \ldots, \{k-1\}, \{k, k+1, \ldots, n\}\}$$

Wenn man $\mathcal{M}$ iterativ unter Vereinigungen abschließt und in diesen Abschluss – er sei mit $\mathcal{N}$ bezeichnet – noch $\emptyset$ einfügt, so bekommt man einen distributiven Unterverband $(\mathcal{N} \cup \{\emptyset\}, \cup, \cap)$ mit den k Atomen $\{1\}, \ldots, \{k-1\}, \{k, k+1, \ldots, n\}$. Man zeigt leicht, dass

$$N \in \mathcal{N} \implies A \setminus N \in \mathcal{N}$$

zutrifft. Folglich ist $(\mathcal{N} \cup \{\emptyset\}, \cup, \cap, {}^-)$ sogar ein Boolescher Unterverband von $(2^A, \cup, \cap, {}^-)$. Der erste Teil des Satzes gilt nach dem Hauptsatz. □

Die Komplementabgeschlossenheit eines Unterverbands schränkt die Anzahl der Unterverbände drastisch ein. Von den 731 Unterverbänden von $2^{\{1,2,3,4\}}$ sind nur 15 Boolesche Unterverbände. Bei $2^{\{1,2,3,4,5\}}$ verändert sich die Anzahl sogar von 12084 auf 52.

Und hier ist schließlich noch ein komplizierteres Beispiel, der bekannte Satz von E. Sperner aus dem Jahr 1928 (Band 27 der Mathematischen Zeitschrift). In ihm verwenden wir Binomialkoeffizienten $\binom{n}{k}$, welche durch $\frac{n!}{k!(n-k)!}$ definiert sind und angeben, wie viele Teilmengen der Kardinalität k es in einer Menge der Kardinalität n gibt. Weiterhin verwenden wir $\lfloor n \rfloor$ als Bezeichnung für die größte natürliche Zahl k mit $k \leq n$. Dann gilt:

3.3.12 Satz (E. Sperner) In einem Booleschen Verband $(V, \sqcup, \sqcap, {}^-)$ mit 2^n Elementen ist die Kardinalität jeder Antikette beschränkt durch $\binom{n}{\lfloor n/2 \rfloor}$.

Beweis: Nach dem Hauptsatz dürfen wir den Verband als Potenzmengenverband der Zahlen $\{1, \ldots, n\}$ annehmen und müssen zeigen, dass jede Teilmenge von $2^{\{1,\ldots,n\}}$, bei der keine verschiedenen Elemente in einer Inklusionsbeziehung stehen, maximal aus $\binom{n}{\lfloor n/2 \rfloor}$ Mengen besteht.

Im ersten Teil beweisen wir die folgende Zerlegungseigenschaft durch Induktion nach n: Es gibt eine Partition von $2^{\{1,\ldots,n\}}$ in (disjunkte) Ketten $K_1, \ldots, K_m$, wobei die folgenden Eigenschaften gelten:

a) Jede der Ketten K_i der Form $A_1 \subset \ldots \subset A_r$ mit $r \geq 2$ Gliedern erfüllt $|A_i| + 1 = |A_{i+1}|$ für alle $i, 1 \leq i \leq r-1$, und auch $|A_1| + |A_r| = n$.

b) Jede der Ketten K_i der Form A_1 mit einem Glied erfüllt $|A_1| = \frac{n}{2}$. (Dies besagt, dass einelementige Ketten nur in der Partition vorkommen, wenn n eine gerade Zahl ist.)

Induktionsbeginn $n = 1$: Eine Kettenpartition von $2^{\{1\}} = \{\emptyset, \{1\}\}$ ist gegeben durch $\emptyset \subset \{1\}$ und es gilt für diese Kette offensichtlich auch die Eigenschaft a).

Induktionsschluss (von $n-1$ nach n): Es sei $K_1, \ldots, K_m$ eine Partition von $2^{\{1,\ldots,n-1\}}$ in m Ketten, wobei die beiden Eigenschaften a) und b) gelten. Man konstruiert eine Kettenpartition $\mathcal{K}$ von $2^{\{1,\ldots,n\}}$ wie folgt:

1. Für jede Kette K_i die Form $A_1 \subset \ldots \subset A_r$ mit mindestens $r \geq 2$ Gliedern nimmt man die folgenden beiden Ketten in die Kettenpartition $\mathcal{K}$ von $2^{\{1,\ldots,n\}}$ auf:

$$A_1 \subset \ldots \subset A_r \subset A_r \cup \{n\} \qquad A_1 \cup \{n\} \subset \ldots \subset A_{r-1} \cup \{n\}$$

2. Für jede einelementige Kette K_i die Form A_1 nimmt man die folgende zweielementige Kette in die Kettenpartition $\mathcal{K}$ von $2^{\{1,\ldots,n\}}$ auf:

$$A_1 \subset A_1 \cup \{n\}$$

Unter Verwendung der Induktionsvoraussetzung bekommt man dadurch offensichtlich eine Menge $\mathcal{K}$ von Ketten, die $2^{\{1,\ldots,n\}}$ partitionieren. Auch der erste Teil der Eigenschaft a) gilt, denn (Induktionshypothese!) alle Glieder einer Kette von $\mathcal{K}$ wachsen wiederum um genau ein Element an. Den zweiten Teil der Eigenschaft a) der Ketten von $\mathcal{K}$ zeigt man für die drei vorkommenden Kettenformen (mit $r > 2$ bei der zweiten Form) wie folgt:

$$
\begin{aligned}
|A_1| + |A_r \cup \{n\}| &= |A_1| + |A_r| + 1 \\
&= n - 1 + 1 \qquad \text{Induktionsvoraussetzung}
\end{aligned}
$$

$$
\begin{aligned}
|A_1 \cup \{n\}| + |A_{r-1} \cup \{n\}| &= |A_1| + |A_{r-1}| + 2 \\
&= |A_1| + |A_r| - 1 + 2 \qquad \text{Induktionsvoraussetzung} \\
&= |A_1| + |A_r| + 1 \\
&= n - 1 + 1 \qquad \text{Induktionsvoraussetzung}
\end{aligned}
$$

$$
\begin{aligned}
|A_1| + |A_1 \cup \{n\}| &= |A_1| + |A_1| + 1 \\
&= \frac{n-1}{2} + \frac{n-1}{2} + 1 \qquad \text{Induktionsvoraussetzung} \\
&= n
\end{aligned}
$$

Trifft bei der zweiten Form $r = 2$ zu, d.h. $A_1 \cup \{n\}$ als neue Kette, so haben wir hier nach der Induktionshypothese $|A_1| + |A_2| = n - 1$, also $|A_1| + |A_1| + 1 = n - 1$, was $|A_1| = \frac{n-2}{2}$ bringt. Hieraus folgt $|A_1 \cup \{n\}| = |A_1| + 1 = \frac{n}{2}$, also genau die Eigenschaft b). Dies beendet den Beweis des ersten Teils.

Es sei nun $\mathcal{K} = \{K_1, \ldots, K_m\}$ eine Kettenpartition von $2^{\{1,\ldots,n\}}$, die a) und b) erfüllt. Im zweiten Beweisteil zeigen wir: Jede Kette von $\mathcal{K}$ enthält genau eine Menge der Kardinalität $\lfloor \frac{n}{2} \rfloor$. Der Fall mit einem Glied A_1 ist, wegen $|A_1| = \frac{n}{2}$ (Eigenschaft b)) und dem daraus folgenden Geradesein von n, klar. Hat die Kette die Form $A_1 \subset \ldots \subset A_r$ mit $r \geq 2$, so haben wir (Eigenschaft a)) $|A_1| \leq \frac{n}{2} \leq |A_r|$, also auch $|A_1| \leq \lfloor \frac{n}{2} \rfloor \leq |A_r|$. Weil die Kardinalitäten der Kettenglieder von $|A_1|$ bis $|A_r|$ in Einerschritten zunehmen, kommt also genau eine Menge der Kardinalität $\lfloor \frac{n}{2} \rfloor$ vor.

Jetzt beenden wir den Gesamtbeweis wie folgt: Es gibt genau $\binom{n}{\lfloor n/2 \rfloor}$ Teilmengen von $\{1, \ldots, n\}$ der Kardinalität $\lfloor \frac{n}{2} \rfloor$ und somit höchstens $\binom{n}{\lfloor n/2 \rfloor}$ Ketten in der Kettenpartition $\mathcal{K}$ des zweiten Beweisteils. Jede Kette von $\mathcal{K}$ kann aber höchstens eine Menge einer Antikette $\mathcal{A}$ von $2^{\{1,\ldots,n\}}$ enthalten und damit kann die Antikette $\mathcal{A}$ maximal aus $\binom{n}{\lfloor n/2 \rfloor}$ Mengen bestehen. $\square$

Natürlich gibt es im Potenzmengenverband $2^{\{1,\ldots,n\}}$ auch Antiketten der Größe $\lfloor \frac{n}{2} \rfloor$, nämlich genau die Teilmengen dieser Kardinalität. In der zeichnerischen Darstellung des Hasse-Diagramms befinden sich diese auf einer oder zwei Ebenen genau in der Mitte, je nachdem, ob n gerade oder ungerade ist.

3.3.13 Beispiel (zum Satz von E. Sperner) Wir wollen nachfolgend die schrittweise Konstruktion einer Kettenpartition im Beweis des letzten Satzes verdeutlichen. Im Grunde genommen stellt sie einen Algorithmus dar und kann in einer modernen Programmiersprache mit vorimplementierten Listen oder Mengen trivial implementiert werden.

Im Beweis von Satz 3.3.12 haben wir bereits die spezielle Kettenpartition

$$\emptyset \subset \{1\}$$

von $2^{\{1\}} = \{\emptyset, \{1\}\}$ mit einer Kette angegeben. Daraus erhalten wir die Kettenpartition

$$\emptyset \subset \{1\} \subset \{1, 2\} \qquad \{2\}$$

von $2^{\{1,2\}} = \{\emptyset, \{1\}, \{2\}, \{1, 2\}\}$ mit zwei Ketten. Wenden wir das Verfahren des Beweises auf diese beiden Ketten an, so erhalten wir

$$\emptyset \subset \{1\} \subset \{1, 2\} \subset \{1, 2, 3\} \qquad \{3\} \subset \{1, 3\} \qquad \{2\} \subset \{2, 3\}$$

als Partition von $2^{\{1,2,3\}} = \{\emptyset, \{1\}, \{2\}, \{3\}, \{1, 2\}, \{1, 3\}, \{2, 3\}, \{1, 2, 3\}\}$ mit Hilfe von drei Ketten. Der Leser mache sich die Lage der Ketten durch das Zeichnen der jeweiligen Hasse-Diagramme und entsprechende Markierungen klar. $\square$

Der Satz von E. Sperner war der Ausgangspunkt bei der Untersuchung von Kettenpartitionen. Eines der bekanntesten Resultate in dieser Richtung ist ein Satz von R. Dilworth aus dem Jahr 1950. Er besagt, dass man jede Ordnung in n Ketten partitionieren kann, wobei n die Mächtigkeit der größten Antiketten ist.

Kehren wir nach diesen Anwendungen wieder zum Thema des Hauptsatzes zurück. Bei Nichtatomizität ergibt sich ein zum Hauptsatz bzw. der erwähnten Variante sehr ähnliches Resultat. Dies ist der bekannte Satz von M.H. Stone, den wir aber mit den bisher bereitgestellten Mitteln noch nicht beweisen können. Wir geben deshalb nachfolgend nur das Resultat ohne Beweis an. Dazu brauchen wir noch einen Begriff.

3.3.14 Definition Eine Menge von Teilmengen eines Universums U heißt ein *Mengenkörper*, wenn sie abgeschlossen ist unter der Bildung von *binären* Vereinigungen $A \cup B$, *binären* Durchschnitten $A \cap B$ und *unären* Komplementen $\overline{A} := U \setminus A$. $\square$

Ein Mengenkörper[3] ist also mit den entsprechenden Mengenoperationen ein Boolescher Unterverband in einem Booleschen Potenzmengenverband $(2^U, \cup, \cap, \overline{}, U, \emptyset)$. Im Gegensatz zur obigen Definition werden Unterverbände von $(2^U, \cup, \cap, \overline{}, U, \emptyset)$ im ursprünglichem Sinn (also ohne Komplement) *Mengenringe* genannt. Während Mengenkörper entscheidend bei der Darstellung von Booleschen Verbänden sind, ist der Anwendungsbereich der allgemeineren Mengenringe in Darstellungsfragen bei den allgemeineren distributiven Verbänden.

Nach diesen Vorbemerkungen kommen wir nun zum angekündigten Resultat von M.H. Stone. Im Jahre 1936 zeigte er das folgende weitreichende Resultat über die Darstellung beliebiger Boolescher Verbände:

3.3.15 Satz (Darstellungssatz von M.H. Stone) Jeder Boolesche Verband $(V, \sqcup, \sqcap, \overline{})$ ist verbandsisomorph zu einem Mengenkörper $\mathcal{K}$ und für den entsprechenden Verbandsisomorphismus $f : V \to \mathcal{K}$ gilt ebenfalls die Zusatzeigenschaft $f(\overline{a}) = \overline{f(a)}$ für alle $a \in V$, d.h. er ist ein Boolescher Verbandsisomorphismus. $\square$

Zum Abschluss dieses Abschnitts erwähnen wir noch ein Resultat, mit dem der Anschluss der Booleschen Algebra an die klassische Algebra geknüpft wird. Diese Resultat geht ebenfalls auf M.H. Stone zurück.

3.3.16 Satz   1. Es sei $(R, +, \cdot)$ ein Ring mit Nullelement 0, Einselement 1 und $r \cdot r = r$ für alle $r \in R$. Definiert man Operationen $\sqcup, \sqcap : R \times R \to R$ und $\overline{} : R \to R$ durch

$$r \sqcup s = r + s - r \cdot s \qquad r \sqcap s = r \cdot s \qquad \overline{r} = 1 - r,$$

so ist die algebraische Struktur $(R, \sqcup, \sqcap, \overline{})$ ein Boolescher Verband mit größtem Element 1 und kleinstem Element 0.

2. Es sei $(V, \sqcup, \sqcap, \overline{})$ ein Boolescher Verband mit größtem Element L und kleinstem Element O. Definiert man Operationen $+, \cdot : V \times V \to V$ durch

$$a + b = (a \sqcap \overline{b}) \sqcup (\overline{a} \sqcap b) \qquad a \cdot b = a \sqcap b,$$

---

[3]Wegen der Gleichung $B \setminus A = B \cap \overline{A}$ kann man in der Definition von Mengenkörpern auch binäre statt unäre Komplemente verwenden. Diese Festlegung findet sich manchmal ebenfalls in der Literatur.

so ist die algebraische Struktur $(V, +, \cdot)$ ein Ring mit Nullelement O, Einselement L, in dem zusätzlich $a \cdot a = a$ für alle $a \in V$ gilt.

Beweis: Der Beweis ergibt sich durch relativ einfaches Nachrechnen der behaupteten Eigenschaften. Beim ersten Teil hat man als einzige schwierigere Vorbereitung zu zeigen, dass der Ring kommutativ ist. Man startet dazu mit der Rechnung

$$
\begin{aligned}
r + s &= (r + s) \cdot (r + s) & \text{Voraussetzung an Ring} \\
&= r \cdot r + r \cdot s + s \cdot r + s \cdot s & \text{Ringeigenschaft} \\
&= r + r \cdot s + s \cdot r + s & \text{Voraussetzung an Ring}
\end{aligned}
$$

für alle $r, s \in R$. Diese Eigenschaft bringt einerseits

$$0 = r \cdot s + s \cdot r \tag{1}$$

für alle $r, s \in R$. Mit r als Wahl für s folgt nun aus (1), dass $0 = r \cdot r + r \cdot r = r + r$ für alle $r \in R$ gilt, woraus man andererseits auch

$$0 = r \cdot s + r \cdot s \tag{2}$$

für alle $r, s \in R$ bekommt. Insgesamt zeigen (1) und (2), dass $r \cdot s + s \cdot r = r \cdot s + r \cdot s$ für alle $r, s \in R$ gilt. Dies impliziert nun $s \cdot r = r \cdot s$ für alle $r, s \in R$, d.h. die Kommutativität des Rings. $\qquad\square$

Die in diesem Satze betrachteten Ringe R mit $r \cdot r = r$ für alle $r \in R$ werden in der Literatur auch Boolesche Ringe genannt. Sie sind, in der etwas abgeschwächten Form der Booleschen Semiringe, etwa bei einer Verallgemeinerung von graphentheoretischen Wegealgorithmen bedeutend. Von M.H. Stone stammt schließlich auch noch eine topologische Charakterisierung Boolescher Verbände, auf die wir aber nicht eingehen können. Einzelheiten findet man in dem in der Einleitung zitiertem Buch von H. Hermes.

Boolesche Verbände stellen eine Algebraisierung der Aussagenlogik durch Mittel der Verbandstheorie dar. Genaugenommen handelt es sich um die Algebraisierung der klassischen Aussagenlogik, in der das sogenannte Gesetz vom „ausgeschlossenen Dritten" gilt. Die intuitionistische Aussagenlogik, in der dieses Gesetz nicht gilt, kann ebenfalls verbandstheoretisch algebraisiert werden. Man braucht dazu (relative und absolute) Pseudokomplemente, welche zu Heyting-Algebren, Brouwerschen Verbänden und ähnlichen Strukturen führen. Die interessierte Leserin oder der interessierte Leser sei etwa auf das Buch von H. Hermes verwiesen.

3.4   Vollständige Verbände

Ist $(V, \sqcup, \sqcap)$ ein Verband, so existiert das Supremum $\bigsqcup N$ und das Infimum $\bigsqcap N$ für alle *endlichen* Teilmengen[4] N von V. Es gibt nun viele Beispiele, wo man auf die Endlichkeit

---

[4]Für eine unendliche Menge N brauchen weder $\bigsqcup N$ noch $\bigsqcap N$ zu existieren.

verzichten kann, d.h. das Supremum $\bigsqcup N$ und das Infimum $\bigsqcap N$ für alle Teilmengen $N \subseteq V$ existieren. Dies führt zur wichtigen Klasse der vollständigen Verbände. Wir beginnen diesen Abschnitt mit einer Abschwächung, den sogenannten Halbverbänden. Davon gibt es zwei Arten, die man wie folgt einführt.

3.4.1 Definition Ein Verband $(V, \sqcup, \sqcap)$ heißt *vollständiger oberer Halbverband*, falls $\bigsqcup N$ für alle $N \subseteq V$ mit $N \neq \emptyset$ existiert. Existiert dagegen $\bigsqcap N$ für alle $N \subseteq V$ mit $N \neq \emptyset$, so heißt $(V, \sqcup, \sqcap)$ *vollständiger unterer Halbverband*. □

Offensichtlich gelten in einem Verband $(V, \sqcup, \sqcap)$, in dem die speziellen Suprema und Infima $\bigsqcup V, \bigsqcap V, \bigsqcup \emptyset$ und $\bigsqcap \emptyset$ existieren, die nachstehenden zwei Gleichheiten:

$$\bigsqcup V = \bigsqcap \emptyset = \mathsf{L} \qquad \bigsqcap V = \bigsqcup \emptyset = \mathsf{O}$$

Dies folgt aus der Tatsache, dass eine Allquantifizierung mit der leeren Menge als Bereich des Quantors immer wahr ist. Damit hat ein oberer vollständiger Halbverband V immer ein größtes Element $\bigsqcup V$ und ein unterer vollständiger Halbverband V immer ein kleinstes Element $\bigsqcap V$. Dass die Einschränkung $N \neq \emptyset$ in Definition 3.4.1 notwendig zur beabsichtigten Unterscheidung ist, wird durch nachfolgenden Satz demonstriert, der zwei sehr bekannte (und duale) Sätze der Verbandstheorie zusammenfasst. Er scheint erstmals von E.F. Moore publiziert worden zu sein.

3.4.2 Satz (von der oberen bzw. unteren Grenze)

1. Satz von der oberen Grenze: Es sei $(V, \sqcup, \sqcap)$ ein vollständiger unterer Halbverband. Existiert zu einer gegebenen Teilmenge $N \subseteq V$ eine obere Schranke, d.h. ist $\mathsf{Ma}(N) \neq \emptyset$, so gilt $\bigsqcup N = \bigsqcap \mathsf{Ma}(N)$.

2. Satz von der unteren Grenze: Es sei $(V, \sqcup, \sqcap)$ ein vollständiger oberer Halbverband. Existiert zu einer gegebenen Teilmenge $N \subseteq V$ eine untere Schranke, d.h. ist $\mathsf{Mi}(N) \neq \emptyset$, so gilt $\bigsqcap N = \bigsqcup \mathsf{Mi}(N)$.

Beweis: Wir beweisen nur den Satz von der oberen Grenze, also die erste Aussage, da der Satz der unteren Grenze unmittelbar durch Dualisierung dieses Beweises gezeigt wird. Es sei $a \in V$ beliebig angenommen. Dann gilt:

$$a = \bigsqcap \mathsf{Ma}(N) \iff \underbrace{a \in \mathsf{Mi}(\mathsf{Ma}(N))}_{a \text{ untere Schranke von } \mathsf{Ma}(N)} \wedge \underbrace{a \in \mathsf{Ma}(\mathsf{Mi}(\mathsf{Ma}(N)))}_{\substack{a \text{ größer oder gleich allen anderen un-} \\ \text{teren Schranken von } \mathsf{Ma}(N)}}$$

Nach Satz 2.2.11 bekommen wir daraus die folgende Äquivalenz:

$$a = \bigsqcap \mathsf{Ma}(N) \iff \underbrace{a \in \mathsf{Ma}(N)}_{a \text{ obere Schranke von } N} \wedge \underbrace{a \in \mathsf{Mi}(\mathsf{Ma}(N))}_{\substack{a \text{ kleiner oder gleich allen an-} \\ \text{deren oberen Schranken von } N}}$$

Dies zeigt, dass $\sqcap \mathsf{Ma}(N)$ das Supremum von N ist, also $\sqcup N = \sqcap \mathsf{Ma}(N)$ gilt, und dies beendet den Beweis. $\square$

Existiert in einem vollständigen oberen (bzw. vollständigen unteren) Halbverband ein größtes Element $\sqcap \emptyset$ (bzw. ein kleinstes Element $\sqcup \emptyset$), so existieren $\sqcup N$ und $\sqcap N$ *für alle Teilmengen* N von V, auch die leere Teilmenge. Solche Verbände zeichnet man durch eine spezielle Namensgebung aus.

3.4.3 Definition Ein Verband $(V, \sqcup, \sqcap)$ heißt *vollständig*, falls für jede Teilmenge $N \subseteq V$ sowohl $\sqcup N$ als auch $\sqcap N$ existieren. $\square$

Vollständige Verbände haben zahlreiche Anwendungen in der Praxis und kommen auch zahlreich vor. Offensichtlich gilt etwa die folgende Eigenschaft, welche für das praktische Rechnen mit dem Computer sehr wichtig ist (da dieser im Regelfall eine endliche Beschreibung der Daten voraussetzt):

3.4.4 Satz Jeder endliche Verband $(V, \sqcup, \sqcap)$ ist vollständig.

Beweis: Für eine endliche und nichtleere Teilmenge N des Verbands V der Form $N = \{a_1, \ldots, a_n\}$ gilt $\sqcup N = a_1 \sqcup \ldots \sqcup a_n$ und $\sqcap N = a_1 \sqcap \ldots \sqcap a_n$. Die Existenz des Supremums und des Infimums von N folgt nun aus der Totalität der binären Abbildungen $\sqcup$ und $\sqcap$.

Der Fall $N = \emptyset$ wird durch das kleinste Element $\sqcap V$ und das größte Element $\sqcup V$ abgedeckt. $\square$

Weiterhin haben wir: Ordnungen $(M, \sqsubseteq)$, in denen für alle Teilmengen $N \subseteq M$ sowohl $\sqcup N$ als auch $\sqcap N$ existieren, induzieren mit der Konstruktion von Satz 2.3.2 einen vollständigen Verband.

3.4.5 Beispiele (für vollständige/nicht–vollständige Verbände) Wir geben nachfolgend zwei Beispiele für vollständige Verbände an, aber auch zwei Beispiele für nicht-vollständige Verbände.

1. Der Wahrheitswerteverband $(\mathbb{B}, \vee, \wedge)$ ist vollständig, da endlich, und der Potenzmengenverband $(2^X, \cup, \cap)$ ist vollständig, auch, falls X unendlich ist. im letzten Fall ist die beliebige Vereinigung $\bigcup \mathcal{M}$ das Supremum der Teilmenge $\mathcal{M}$ von 2^X und der beliebige Durchschnitt $\bigcap \mathcal{M}$ ihr Infimum.

2. Die relationale Struktur $(\mathbb{R}, \leq)$ ist eine totale Ordnung und induziert einen Verband $(\mathbb{R}, \min, \max)$. Dieser Verband ist nicht vollständig. Es gibt nämlich weder kleinste noch größte Elemente.

    Man beachte, dass das bekannte Vollständigkeitsaxiom der Analysis für die reellen Zahlen nicht ihre Vollständigkeit als Verband fordert. Es fordert nur, dass jede nach oben beschränkte nichtleere Menge von reellen Zahlen ein Supremum besitzt oder, gleichwertig dazu, dass jede nach unten beschränkte nichtleere Menge von reellen

Zahlen ein Infimum besitzt.

3. Die Ordnung $(\mathbb{N}, \leq)$ bildet eine Kette mit kleinstem Element 0, aber keinem größten Element. $(\mathbb{N}, \leq)$ induziert einen vollständigen unteren Halbverband aber keinen vollständigen oberen Halbverband. □

Wie im Fall der Booleschen Verbände kommen auch bei den vollständigen Verbänden zwei zusätzliche Operationen $\bigsqcup, \bigsqcap : 2^V \to V$ zur Bestimmung allgemeiner Suprema und Infima in das Spiel, die man bei den Unterstrukturen und den strukturerhaltenden Abbildungen manchmal zu berücksichtigen hat. Wir definieren nachfolgend nur den entsprechenden neuen Unterstrukturbegriff, da die analoge Einschränkung der bisher betrachteten Homomorphismen und Isomorphismen von den allgemeinen auf die vollständigen Verbände im Rest des Buchs nicht gebraucht werden.

3.4.6 Definition Es sei $(V, \bigsqcup, \bigsqcap)$ ein vollständiger Verband. Ein Unterverband U von V heißt ein *vollständiger Unterverband* von V, falls für alle Teilmengen $N \subseteq U$ die Eigenschaften $\bigsqcup N \in U$ und $\bigsqcap N \in U$ gelten. □

Ein vollständiger Unterverband U ist also ein Unterverband eines vollständigen Verbands V, der, für sich selbst betrachtet, einen vollständigen Verband bildet und bei dem zusätzlich alle Suprema und Infima von Teilmengen bezüglich der durch U induzierten Teilordnung $(U, \sqsubseteq_{|U})$ mit denen bezüglich der Originalordnung $(V, \sqsubseteq)$ übereinstimmen. So eine Übereinstimmung muss, wie man sich leicht klar macht, in der Allgemeinheit nicht immer vorliegen. Hier ist so ein Gegenbeispiel für einen Unterverband der ein vollständiger Verband ist, aber keinen vollständigen Unterverband darstellt.

3.4.7 Beispiel (für einen nicht vollständigen Unterverband) Wir betrachten die natürlichen Zahlen und erweitern sie zweimal um jeweils ein größtes Element, erst um $\top_1$, dann noch um $\top_2$. Dies führt somit zur folgenden Kette:

$$0 < 1 < 2 < \ldots < \top_1 < \top_2$$

Der durch diese Ordnung induzierte Verband ist auch vollständig. Man macht sich dies beispielsweise durch die Überprüfung aller unendlichen Teilmengen der Menge $\mathbb{N} \cup \{\top_1, \top_2\}$ mittels einer Fallunterscheidung klar.

Nun betrachten wir die Teilmenge $\mathbb{N} \cup \{\top_2\}$. Auch sie induziert einen vollständigen Verband. Dieser ist ein Unterverband von $\mathbb{N} \cup \{\top_1, \top_2\}$. Er ist jedoch kein vollständiger Unterverband. Für die Teilmenge $\mathbb{N}$ ist das Supremum in $\mathbb{N} \cup \{\top_2\}$ nämlich das Element $\top_2$, während $\mathbb{N}$ in $\mathbb{N} \cup \{\top 1, \top_2\}$ offensichtlich $\top_1$ als Supremum besitzt. □

Man hat also in der Wortwahl genau zu unterscheiden zwischen einem Unterverband, der vollständig ist (und dessen Suprema und Infima ggf. mit denen des Originals wenig oder nichts zu tun haben), und einem vollständigen Unterverband. Die Kurzform „vollständiger Unterverband" für die erste Klasse von Unterverbänden kommt leider in der Literatur vor, ist aber ungenau und irreführend.

Wenn man die Vollständigkeit eines Verbands V zu zeigen hat, verwendet man in der Regel Satz 3.4.2. Statt die Existenz von $\bigsqcup N$ und $\bigsqcap N$ für alle $N \subseteq V$ zu beweisen, genügt es beispielsweise nur $\bigsqcap N$ für alle $N \subseteq V$ zu verifizieren. Damit ist nämlich N ein vollständiger unterer Halbverband mit größtem Element $\mathsf{L} := \bigsqcap \emptyset$. Der Satz von der oberen Grenze zeigt nun die Existenz von $\bigsqcup N := \bigsqcap \mathsf{Ma}(N)$ für alle $N \subseteq V$, denn L ist trivialerweise eine obere Schranke für jede dieser Teilmengen.

Durch vollständige Induktion zeigt man leicht, dass die Distributivgesetze bzw. die Gesetze von de Morgan auf endliche Suprema bzw. Infima erweitert werden können. Wir haben das schon beim Beweis von Satz 3.2.9 verwendet. Als Verallgemeinerung gelten nun die in dem folgenden Satz angegebenen vier Gleichungen.

3.4.8 Satz In einem vollständigen und Booleschen Verband $(V, \sqcup, \sqcap, \overline{})$ gelten für alle $a \in V$ und $N \subseteq V$ die beiden verallgemeinerten Distributivgesetze

1. $a \sqcap \bigsqcup N = \bigsqcup \{a \sqcap b \mid b \in N\}$

2. $a \sqcup \bigsqcap N = \bigsqcap \{a \sqcup b \mid b \in N\}$

und, analog dazu, für alle $N \subseteq V$ die beiden verallgemeinerten Gesetze von de Morgan

3. $\overline{\bigsqcup N} = \bigsqcap \{\overline{a} \mid a \in N\}$

4. $\overline{\bigsqcap N} = \bigsqcup \{\overline{a} \mid a \in N\}$.

Beweis: Es seien ein Element $a \in V$ und eine Teilmenge N von V beliebig vorgegeben.

a) Wir behandeln vom ersten Teil nur die Gleichung (1), denn die zweite Gleichung folgt dual dazu. Wir unterscheiden zwei Fälle.

Der erste Fall $N = \emptyset$ ist klar. Hier ist die zu zeigende Gleichung (1) äquivalent zur Gleichung $a \sqcap \mathsf{O} = \mathsf{O}$, welche gilt. Es sei nun $N \neq \emptyset$. Wir beweisen die Gleichheit durch zwei Abschätzungen:

Beweis der Abschätzung „$\sqsubseteq$“: Es sei $u := \bigsqcup \{a \sqcap b \mid b \in N\}$. Dann gilt $u \sqcup \overline{a} \in \mathsf{Ma}(N)$, da für alle $b \in N$ die Beziehung

$$
\begin{aligned}
b &\sqsubseteq & b \sqcup \overline{a} & \\
&= & \mathsf{L} \sqcap (b \sqcup \overline{a}) & \\
&= & (a \sqcup \overline{a}) \sqcap (b \sqcup \overline{a}) & \\
&= & (a \sqcap b) \sqcup \overline{a} & \text{Distributivgesetz} \\
&\sqsubseteq & u \sqcup \overline{a} & \text{da } a \sqcap b \sqsubseteq u
\end{aligned}
$$

zutrifft. Aus $u \sqcup \overline{a} \in \mathsf{Ma}(N)$ folgt die Abschätzung $\bigsqcup N \sqsubseteq u \sqcup \overline{a}$ und Satz 3.3.8.4 bringt schließlich $a \sqcap \bigsqcup N \sqsubseteq u = \bigsqcup \{a \sqcap b \mid b \in N\}$.

Beweis der Abschätzung „$\sqsupseteq$“: Für alle $b \in N$ gilt $b \sqsubseteq \bigsqcup N$, also auch $a \sqcap b \sqsubseteq a \sqcap \bigsqcup N$. Diese Ungleichung zeigt $a \sqcap \bigsqcup N \in \mathsf{Ma}(\{a \sqcap b \mid b \in N\})$, und der Rest ist die Definition des Supremums.

b) Von den beiden Gleichungen des zweiten Teils beweisen wir nur (3) und orientieren uns dabei direkt am Beweis des früheren Satzes 3.3.8.2. Es gilt

$$
\begin{aligned}
& (\textstyle\bigsqcup N) \sqcup \textstyle\bigsqcap\{\overline{a} \mid a \in N\} \\
={} & \textstyle\bigsqcap\{(\textstyle\bigsqcup N) \sqcup b \mid b \in \{\overline{a} \mid a \in N\}\} && \text{nach (2)} \\
={} & \textstyle\bigsqcap\{(\textstyle\bigsqcup N) \sqcup \overline{b} \mid b \in N\} \\
={} & \textstyle\bigsqcap\{\textstyle\bigsqcup\{a \sqcup \overline{b} \mid a \in N\} \mid b \in N\} && \text{Eigenschaft Supremum} \\
={} & \textstyle\bigsqcap\{\mathsf{L} \mid b \in N\} && \text{weil } a = b \text{ vorkommt} \\
={} & \mathsf{L}
\end{aligned}
$$

und auch

$$
\begin{aligned}
& (\textstyle\bigsqcup N) \sqcap \textstyle\bigsqcap\{\overline{a} \mid a \in N\} \\
={} & \textstyle\bigsqcap\{\overline{a} \mid a \in N\} \sqcap (\textstyle\bigsqcup N) && \text{Kommutativität} \\
={} & \textstyle\bigsqcup\{\textstyle\bigsqcap\{\overline{a} \mid a \in N\} \sqcap b \mid b \in N\} && \text{nach (1)} \\
={} & \textstyle\bigsqcup\{\textstyle\bigsqcap\{\overline{a} \sqcap b \mid a \in N\} \mid b \in N\} && \text{Eigenschaft Infimum} \\
={} & \textstyle\bigsqcup\{\mathsf{O} \mid b \in N\} && \text{weil } a = b \text{ vorkommt} \\
={} & \mathsf{O}.
\end{aligned}
$$

Aus diesen beiden Gleichungen folgt $\overline{\textstyle\bigsqcup N} = \textstyle\bigsqcap\{\overline{a} \mid a \in N\}$ nach der Definition des Komplements. $\qquad\square$

Ein Verband, in dem die Gleichungen (1) und (2) von Satz 3.4.8 gelten, heißt *volldistributiv*. Vollständige Boolesche Verbände sind somit volldistributiv. Auf die Voraussetzungen „Boolesch", also die Komplementbildung, kann dabei nicht verzichtet werden. Es gibt vollständige nicht-komplementäre Verbände, in denen die endlichen, aber nicht die verallgemeinerten Distributivgesetze gelten. Das folgende Beispiel wird in dem Buche „Theorie der Verbände" von H. Gericke gegeben, das 1967 als BI Hochschultaschenbuch 38/38a erschienen ist.

3.4.9 Beispiel (für einen nicht volldistributiven Verband) Die natürlichen Zahlen bilden mit der üblichen Ordnung einen distributiven Verband. Der Verband der Wahrheitswerte ist ebenfalls distributiv. Somit ist der Produktverband $V := \mathbb{N} \times \mathbb{B}$ ein distributiver Verband.

Der eben angegebene Verband V bleibt distributiv, wenn man zu ihm ein neues Element $\top$ als größtes Element hinzunimmt. Dazu hat man beim Beweis eines Distributivgesetzes (die Verbandseigenschaft ist offensichtlich; man vergleiche mit den Bemerkungen zum Lifting in Abschnitt 2.6), etwa der Gleichung

$$a \sqcup (b \sqcap c) = (a \sqcup b) \sqcap (a \sqcup c)$$

für alle $a, b, c \in V \cup \{\top\}$, nur einige Fälle zu unterscheiden: Der Fall, dass keines der Elemente a, b, c gleich dem Element $\top$ ist, ist klar. Falls $a = \top$ gilt, dann haben wir

$$\top \sqcup (b \sqcap c) = \top = \top \sqcap \top = (\top \sqcup b) \sqcap (\top \sqcup c).$$

Analog behandelt man auch die restlichen Fälle $a \neq \top$, $b = \top$ und $a \neq \top$, $b \neq \top$ und $c = \top$.

Der erweiterte Verband $V \cup \{\top\}$ ist, wie man sich durch einige offensichtliche Fallunterscheidungen klar macht, auch vollständig. Am besten ist es, sich dazu das Hasse-Diagramm zu veranschaulichen. Es besteht (vergl. mit dem Bild von Abbildung 3.3) aus zwei „fast" parallelen Ketten

$$\langle 0, f\!f \rangle \sqsubset \langle 1, f\!f \rangle \sqsubset \ldots \sqsubset \top \qquad \langle 0, tt \rangle \sqsubset \langle 1, tt \rangle \sqsubset \ldots \sqsubset \top$$

und allen Verbindungen zwischen ihnen der Form $\langle n, f\!f \rangle \sqsubset \langle n, tt \rangle$ für alle $n \in \mathbb{N}$.

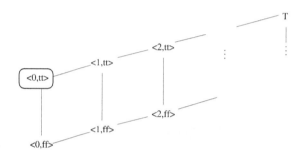

Abbildung 3.3: Hasse-Diagramm eines nicht volldistributiven Verbands

Am Ende dieses Abschnitts werden wir noch einen allgemeinen Satz angeben, aus dem ebenfalls die Vollständigkeit des erweiterten Verbands $V \cup \{\top\}$ folgt.

Der erweiterte Verband $V \cup \{\top\}$ ist jedoch nicht volldistributiv. Dazu betrachtet man die Menge N, definiert durch die Paare $\langle n, f\!f \rangle$ mit $n \in \mathbb{N}$, also die Elemente der „unteren" Kette $\langle 0, f\!f \rangle \sqsubset \langle 1, f\!f \rangle \sqsubset \ldots$, und das Element a, definiert als Paar $\langle 0, tt \rangle$, also als kleinstes Element der „oberen" Kette $\langle 0, tt \rangle \sqsubset \langle 1, tt \rangle \sqsubset \ldots \sqsubset \top$. In der Zeichnung des Hasse-Diagramms ist dieses Element umrandet.

Es ist offensichtlich das Element $\top$ das Supremum der unteren Kette und somit gilt die Gleichheit

$$a \sqcap \bigsqcup N \ = \ a \sqcap \top \ = \ a.$$

Auf der anderen Seite gilt aber auch die Gleichung

$$\bigsqcup \{a \sqcap b \mid b \in N\} \ = \ \langle 0, f\!f \rangle,$$

weil die Eigenschaft $a \sqcap b = \langle 0, f\!f \rangle$ für alle $b \in N$ zutrifft. Also haben wir ein Gegenbeispiel für die bei Volldistributivität geltende Eigenschaft. □

Im Hinblick auf die Vollständigkeit beschäftigten sich Verbandstheoretiker schon früh mit Fragen der Einbettbarkeit. Kann etwa jeder Verband W als Teilverband in einen vollständigen Verband V eingebettet werden, d.h. gibt es einen Unterverband V' von V, der verbandsisomorph zu W ist, und geht das eventuell sogar schon für geordnete Mengen, die keine Verbände sind? Die Antwort ist positiv und wird beispielsweise gegeben durch die Schnittvervollständigung, welche die Konstruktion der reellen Zahlen aus den rationalen Zahlen mittels Dedekind-Schnitte verallgemeinert. Zu Vervollständigungen von Ordnungen und Verbänden kommen wir später.

Wir wissen bisher, dass alle endlichen Verbände vollständig sind. Es gibt aber auch vollständige Verbände, die nicht endlich sind. Eben haben wir mit $V \cup \{\top\}$ ein Beispiel hierfür angegeben. Die Vollständigkeit von Verbänden steht in einer sehr engen Beziehung zu Noetherschen Ordnungen (benannt nach E. Noether), welche außergewöhnlich wichtig in Mathematik und Informatik sind. Wir beginnen die Diskussion mit der formalen Festlegung, was es heißt, eine Noethersche Ordnung zu sein.

3.4.10 Definition Eine Ordnung $(M, \sqsubseteq)$ heißt *Noethersch geordnet* oder *Noethersche Ordnung*, falls jede Teilmenge $N \neq \emptyset$ von M ein minimales Element besitzt. $\qquad\square$

Auch eine Beschreibung von Noetherschen Ordnungen durch die sogenannte *absteigende Kettenbedingung* (im Englischen zu DCC abgekürzt) wird sehr oft in der Literatur verwendet, da sie für viele Menschen anschaulicher ist. Wir formulieren den Zusammenhang in dem nachfolgenden Satz. Dabei verwenden wir für abzählbar-unendliche Ketten die früher eingeführte einfach zugänglichere Notation.

3.4.11 Satz Eine Ordnung $(M, \sqsubseteq)$ ist genau dann Noethersch geordnet, wenn für jede Kette der Form $\ldots \sqsubseteq a_2 \sqsubseteq a_1 \sqsubseteq a_0$ gilt: Es gibt ein $n \in \mathbb{N}$ mit $a_{n+k} = a_n$ für alle $k \in \mathbb{N}$.

Beweis: „$\Longrightarrow$": Gäbe es in M eine Kette der Form

$$\ldots \sqsubset a_2 \sqsubset a_1 \sqsubset a_0,$$

bei der also $a_{n+1} \sqsubset a_n$ für alle $n \in \mathbb{N}$ zutrifft, so besitzt offensichtlich die Teilmenge $N := \{a_n \mid n \in \mathbb{N}\}$ kein minimales Element. Das ist ein Widerspruch zur Voraussetzung.

„$\Longleftarrow$": Auch diese Richtung beweist man durch Widerspruch. Es sei N eine nichtleere Teilmenge von M ohne minimale Elemente. Man wählt $a_0 \in N$. Da a_0 nicht minimal ist, gibt es ein $a_1 \in N$ mit $a_1 \sqsubset a_0$. Auch a_1 ist nicht minimal. Also gibt es ein $a_2 \in N$ mit $a_2 \sqsubset a_1$, was $a_2 \sqsubset a_1 \sqsubset a_0$ impliziert. Auf diese Weise gelangt man, formal natürlich durch vollständige Induktion, zu einer Kette $\ldots \sqsubset a_2 \sqsubset a_1 \sqsubset a_0$, bei der $a_{n+1} \sqsubset a_n$ für alle $n \in \mathbb{N}$ zutrifft. Das ist ein Widerspruch. $\qquad\square$

Man nennt die in diesem Satz auftretenden Ketten $\ldots \sqsubseteq a_2 \sqsubseteq a_1 \sqsubseteq a_0$ abzählbar-absteigend und die Ketten $\ldots \sqsubset a_2 \sqsubset a_1 \sqsubset a_0$ echt abzählbar-absteigend. Die Bedingung, dass es ein $n \in \mathbb{N}$ gibt mit $a_{n+k} = a_n$ für alle $k \in \mathbb{N}$, heißt „die Kette wird stationär". Diesem Sprachgebrauch folgend ist eine Ordnung also genau dann Noethersch, wenn alle abzählbar-absteigenden Ketten stationär werden oder alle echt abzählbar-absteigenden Ketten endlich sind. Ist die duale Ordnung $(M, \sqsupseteq)$ von $(M, \sqsubseteq)$ Noethersch, so nennt man die Originalordnung $(M, \sqsubseteq)$ manchmal auch *Artinsch* (nach dem österreichischen Mathematiker E. Artin). Wesentlich gebräuchlicher ist hier aber der Ausdruck „M erfüllt die *aufsteigende Kettenbedingung*" (im Englischen ACC). Sie besagt, dass es für jede Kette der Form

$a_0 \sqsubseteq a_1 \sqsubseteq a_2 \ldots$ ein $n \in \mathbb{N}$ gibt mit $a_{n+k} = a_n$ für alle $k \in \mathbb{N}$. In einer Kurzversion liest sich dies wie folgt: Eine Ordnung ist genau dann Artinsch, wenn alle abzählbar-aufsteigenden Ketten stationär werden oder alle echt abzählbar-aufsteigenden Ketten endlich sind.

Man beachte, dass wir in „Folgendarstellungen" $a_0 \sqsubseteq a_1 \sqsubseteq \ldots$ bzw. $\ldots \sqsubseteq a_2 \sqsubseteq a_1 \sqsubseteq a_0$ von Ketten auch Wiederholungen zulassen, es sich eigentlich um einen etwas anderen Kettenbegriff als den ursprünglich eingeführten mengentheoretischen Kettenbegriff handelt. Wir sprechen deshalb in diesem Zusammenhang immer von abzählbar-aufsteigenden oder abzählbar-absteigenden Ketten.

Es sollte an dieser Stelle noch bemerkt werden, dass es eigentlich sinnvoller wäre, Ordnungen als Artinsch zu bezeichnen, wenn sie die absteigende Kettenbedingung erfüllen, und als Noethersch, wenn sie die aufsteigende Kettenbedingung erfüllen. Der Ursprung beider Begriffe liegt nämlich in der klassischen Ringtheorie und da sind die Artinschen Ringe (benannt nach E. Artin) genau die, bei denen jede absteigende Kette von Idealen stationär wird, und die Noetherschen Ringe (benannt nach E. Noether) sind genau die, bei denen jede aufsteigende Kette von Idealen stationär wird.

Obwohl die beiden Begriffe Noethersch und Artinsch bisher nur mit der Nichtexistenz von gewissen abzählbaren Ketten im Sinn von Folgen in Verbindung gebracht wurden, kann man durch sie auch die Nichtexistenz von allgemeinen Ketten im ursprünglichen mengentheoretischen Sinn behandeln. Dies geschieht im nachfolgenden Satz. Der Beweis dieses Satzes zeigt auch, wie vorteilhaft es ist, beide Beschreibungsmöglichkeiten (also die Definition und Satz 3.4.11) zur Verfügung zu haben.

3.4.12 Satz Gegeben sei eine Ordnung $(M, \sqsubseteq)$. Es ist $(M, \sqsubseteq)$ genau dann Noethersch und Artinsch, wenn jede Kette $K \subseteq M$ endlich ist.

Beweis: „$\Longrightarrow$": Wir führen einen Widerspruchsbeweis und nehmen an, dass K eine unendliche Kette in M sei.

Zuerst zeigen wir, dass jede nichtleere Teilmenge N von K ein kleinstes Element besitzt. Die Existenz eines minimalen Elements $a \in N$ folgt aus der Eigenschaft der Ordnung $(M, \sqsubseteq)$, Noethersch zu sein. Ist nun $b \in N$ ein beliebiges Element, so gilt $b \sqsubseteq a$ oder $a \sqsubseteq b$ wegen $N \subseteq K$ und der Ketteneigenschaft von K. Die Minimalität von a in N zeigt $a = b$ falls $b \sqsubseteq a$ zutrifft. Somit gilt für alle $b \in N$ entweder $a = b$ oder $a \sqsubseteq b$ und hierdurch ist a als kleinstes Element von N nachgewiesen.

Aufgrund dieser Eigenschaft können wir nun eine abzählbar-aufsteigende Kette $a_0 \sqsubseteq a_1 \sqsubseteq a_2 \sqsubseteq \ldots$ konstruieren, die nicht stationär wird. Man nimmt $a_0 \in K$ als kleinstes Kettenelement, a_1 als kleinstes Element der Teilkette $K \setminus \{a_0\}$, dann a_2 als kleinstes Element der Teilkette $K \setminus \{a_0, a_1\}$ und so weiter. Damit gilt offensichtlich:

$$a_0 \sqsubset a_1 \sqsubset a_2 \sqsubset \ldots$$

Möglich ist dieser Prozess, weil die Kette K als unendlich angenommen wurde. Somit haben wir nach der Version von Satz 3.4.11 für Artinsch geordnete Mengen den gewünschten Widerspruch zur Voraussetzung „$(M, \sqsubseteq)$ ist Artinsch".

„⟸": Ist jede Kette in $(M, \sqsubseteq)$ endlich, so muss jede abzählbar-absteigende Kette stationär werden. Gleiches gilt auch für jede abzählbar-aufsteigende Kette. Satz 3.4.11 bzw. seine Version für Artinsch geordnete Mengen bringt somit die Behauptung.   □

Analog zu der im Beweis gezeigten Hilfseigenschaft gilt natürlich auch: Jede nichtleere Teilmenge einer Kette $K \subseteq M$ einer Artinschen Ordnung $(M, \sqsubseteq)$ (und damit insbesondere die Kette K selbst) besitzt ein größtes Element. In Satz 3.4.12 sind beide Eigenschaften notwendig. Gilt nur eine, so kann es durchaus unendliche Ketten geben. Ein Beispiel hierzu sind die natürlichen Zahlen mit der kanonischen Ordnung.

Bei Noetherschen Ordnungen gilt ein wichtiges Induktionsprinzip. Es wird in dem nachfolgenden Satz formuliert. In der Praxis wird es häufig auch bei Noetherschen Quasiordnungen eingesetzt, bei denen alles bisher Gesagte mit Ausnahme der Antisymmetrie gilt. Ein Beispiel für eine Noethersche Induktion mit einer Quasiordnung ist die Induktion nach der Länge von Sequenzen. Bezeichnet man mit M^* die Sequenzen mit Elementen aus M und mit $|s|$ die Länge von $s \in M^*$, so wird durch $s_1 \preceq s_2$ falls $|s_1| \leq |s_2|$ nämlich nur eine Noethersche Quasiordnung $(M^*, \preceq)$ festgelegt und keine Noethersche Ordnung.

3.4.13 Satz (Noethersche Induktion) Es sei P ein Prädikat auf einer Noetherschen Ordnung $(M, \sqsubseteq)$. Gilt $P(a)$ für alle minimalen Elemente a von M und folgt für alle nicht-minimalen Elemente a von M aus $P(b)$ für alle $b \in M$ mit $b \sqsubset a$ auch $P(a)$, so gilt $P(a)$ für alle Elemente a von M.

Beweis: Angenommen, es gäbe ein Element, für das die Eigenschaft P nicht gilt. Wir definieren eine nichtleere Menge $S \subseteq M$ durch

$$S \quad := \quad \{x \in M \,|\, P(x) \text{ gilt nicht}\}.$$

Dann hat S ein minimales Element a. Ist a minimal in M, so gilt nach der ersten Voraussetzung $P(a)$, was $a \in S$ widerspricht. Ist a nicht minimal in M, so gilt $b \notin S$ für alle $b \in M$ mit $b \sqsubset a$, d.h. $P(b)$ für alle $b \in M$ mit $b \sqsubset a$. Die zweite Voraussetzung zeigt nun $P(a)$, was ebenfalls $a \in S$ widerspricht.   □

Man nennt in Satz 3.4.13 die erste Voraussetzung den Induktionsbeginn und die zweite Voraussetzung den Induktionsschluss. Nach diesen fundamentalen Eigenschaften sind hier nun einige Beispiele für die eben eingeführten Begriffe.

3.4.14 Beispiele (zu Noethersch und Artinsch) Nachfolgend findet man Beispiele für Noethersche und Artinsche Ordnungen und auch entsprechende Gegenbeispiele.

1. Jede endliche Ordnung ist offensichtlich sowohl Noethersch als auch Artinsch geordnet.

2. Die natürlichen Zahlen sind bezüglich ihrer kanonischen Ordnung $0 < 1 < \ldots$ Noethersch aber nicht Artinsch geordnet.

3. Die reellen Zahlen sind bezüglich ihrer kanonischen Ordnung weder Noethersch noch Artinsch geordnet. Auch die ganzen Zahlen sind bezüglich ihrer kanonischen Ordnung

$$\ldots - 2 < -1 < 0 < 1 < 2 < \ldots$$

weder Noethersch noch Artinsch geordnet. Sie können aber z.B. Noethersch geordnet werden, indem man Sie durch

$$0, 1, -1, 2, -2, 3, -3, \ldots$$

aufzählt und die Ordnung durch diese Aufzählung festlegt.   □

Bei einer nicht streng formalen mathematischen Vorgehensweise wird eine Menge M oft als endlich bezeichnet, wenn sie entweder leer oder eine Zusammenfassung von endlich vielen Objekten $a_1, \ldots, a_n$ ist. Im letzten Fall gilt $M = \{a_1, \ldots, a_n\}$. Ohne die Verwendung von expliziten Darstellungen kann man die Endlichkeit von M, wie im ersten Kapitel erwähnt, dadurch charakterisieren, dass es keine bijektive Abbildung von M in eine echte Teilmenge von M gibt. Mit den oben eingeführten Begriffen kann man die Endlichkeit von M ebenfalls ohne die Verwendung von expliziten Darstellungen beschreiben. Es ist M nämlich genau dann endlich, wenn die Ordnung $(2^M, \subseteq)$ Noethersch ist.

Wir beenden nun die allgemeinen Betrachtungen zu Noetherschen Ordnungen und wenden uns nun wieder den Verbänden zu. Wichtig ist die folgende Aussage. Sie zeigt, dass aufgrund der Kettenbedingungen beliebige Suprema und Infima auf endliche Suprema und Infima zurückgeführt werden können.

3.4.15 Satz Es seien $(V, \sqcup, \sqcap)$ ein Verband und $N \subseteq V$ eine nichtleere Teilmenge.

1. Ist die Verbandsordnung $(V, \sqsubseteq)$ eine Noethersche Ordnung, so gibt es eine endliche Teilmenge F von N, so dass $\sqcap F$ das Infimum von N ist.

2. Ist die Verbandsordnung $(V, \sqsubseteq)$ eine Artinsche Ordnung, so gibt es eine endliche Teilmenge F von N, so dass $\sqcup F$ das Supremum von N ist.

Beweis: Nachfolgend verwenden wir die Eigenschaft, dass sich bei der Vergrößerung einer Menge das Infimum verkleinert.

1. In V ist offensichtlich für jede endliche und nichtleere Teilmenge das Infimum definiert. Somit ist auch die folgende Teilmenge von V definiert:

$$M \quad := \quad \{\sqcap X \mid X \subseteq N, X \text{ endlich und nichtleer}\}$$

Natürlich ist M nichtleer, denn die Menge enthält z.B. die Infima der einelementigen Teilmengen von N.

Wegen der Voraussetzung „die Ordnung auf V ist Noethersch" gibt es also ein minimales Element $a \in M$ und dieses sei das Infimum von F, wobei $F \subseteq N$ endlich und nichtleer ist. Dieses F erfüllt die Behauptung, wie wir nun zeigen.

Es sei $b \in N$ beliebig. Dann ist $F \cup \{b\}$ endlich und nichtleer, also $\sqcap(F \cup \{b\}) \in M$. Weiterhin haben wir

$$
\begin{aligned}
a \;&=\; \textstyle\bigsqcap F && \text{nach Annahme}\\
&\sqsupseteq\; \textstyle\bigsqcap(F \cup \{b\}) && \text{Eigenschaft Infimum}
\end{aligned}
$$

und dies impliziert $a = \bigsqcap(F \cup \{b\})$, denn es gilt $\bigsqcap(F \cup \{b\}) \in M$ und a ist minimal in M. Aus $a = \bigsqcap(F \cup \{b\})$ folgt nun $a \sqsubseteq b$. Weil dies für alle $b \in N$ zutrifft, ist damit a, also $\bigsqcap F$, eine untere Schranke von N.

Es ist $a = \bigsqcap F$ aber auch größer oder gleich jeder unteren Schranke von N. Zum Beweis sei $b \in V$ eine weitere untere Schranke von N. Dann haben wir:

$$
\begin{aligned}
a \;&=\; \textstyle\bigsqcap F && \text{nach Annahme}\\
&\sqsupseteq\; b && b \text{ auch untere Schranke von } F
\end{aligned}
$$

2. Diese Aussage folgt sofort aus der ersten Aussage, indem man zum dualen Verband übergeht. □

Aufgrund dieser Aussagen können wir nun hinreichende Bedingungen für die Vollständigkeit eines Verbands angeben, die sich nicht mehr auf Suprema und Infima von Teilmengen beziehen, sondern auf Kettenbedingungen. Letztere sind in der Regel einfacher zu überprüfen.

3.4.16 Satz Es sei $(V, \sqcup, \sqcap)$ ein Verband.

1. Ist die Verbandsordnung $(V, \sqsubseteq)$ eine Noethersche Ordnung und hat V ein größtes Element, so ist V vollständig.

2. Ist die Verbandsordnung $(V, \sqsubseteq)$ eine Artinsche Ordnung, und hat V ein kleinstes Element, so ist V vollständig.

Beweis: Wir gehen der Reihe nach vor.

1. Nach Satz 3.4.15 besitzen alle nichtleeren Teilmengen von V ein Infimum. Es liegt also ein unterer Halbverband vor. Die Vollständigkeit folgt nun aus der Existenz des größten Elements und dem Satz von der oberen Grenze.

2. Auch diese Aussage folgt, wie in Satz 3.4.15, unmittelbar aus der ersten Aussage, indem man zum dualen Verband übergeht. □

Der erste Teil dieses Satzes zeigt, dass der Verband $V \cup \{\top\}$ von Beispiel 3.4.9 vollständig ist. Er besitzt nämlich $\top$ als größtes Element und alle absteigenden Ketten werden offensichtlich stationär. Es gilt allgemein: Ist die Verbandsordnung $(V, \sqsubseteq)$ eine Noethersche und Artinsche Ordnung, so ist $(V, \sqcup, \sqcap)$ ein vollständiger Verband. Dies folgt aus der Existenz von $\bigsqcap V = \mathsf{O}$ im ersten Fall bzw. aus der Existenz von $\bigsqcup V = \mathsf{L}$ im zweiten Fall.

Kapitel 4

Fixpunkttheorie mit Anwendungen

Fixpunkte spielen in vielen Teilen der Mathematik und Informatik eine herausragende Rolle. Beispielsweise lassen sich viele Algorithmen als Berechnungen von speziellen Fixpunkten auffassen. Auch bei der formalen Definition der Semantik von Programmiersprachen spielen Fixpunkte eine zentrale Rolle, da beispielsweise die Semantik einer Schleife mittels einer speziellen Fixpunktbildung erklärt werden kann. Die Fragestellungen dieses Kapitels betreffen Fixpunkte von monotonen und stetigen Abbildungen auf vollständigen Verbänden mit einigen Eigenschaften und Anwendungen.

4.1 Einige Fixpunktsätze der Verbandstheorie

Ist $f : M \to M$ eine Abbildung, so heißt $a \in M$ ein *Fixpunkt* von f, falls $f(a) = a$ gilt. Falls M zusätzlich mit einer Ordnung $\sqsubseteq$ versehen ist und $(\mathsf{Fix}(f), \sqsubseteq)$ die angeordnete Menge der Fixpunkte darstellt, so stellt sich nicht nur die Frage, ob $\mathsf{Fix}(f) \neq \emptyset$ gilt, sondern zusätzlich noch, ob $\mathsf{Fix}(f)$ eine spezielle Struktur hat bzw. extreme Elemente besitzt. Das berühmteste Resultat über Fixpunkte in der Verbandstheorie ist der Satz von A. Tarski aus dem Jahr 1955, der aber schon auf gemeinsame Resultate mit B. Knaster aus den 20er Jahren des letzten Jahrhunderts zurückgeht. Wir formulieren den Fixpunktsatz von B. Knaster und A. Tarski in zwei Teilen. Der folgende erste Teil ist der einfachere.

4.1.1 Satz (Fixpunktsatz von B. Knaster und A. Tarski, Teil 1) Gegeben seien ein vollständiger Verband $(V, \sqcup, \sqcap)$ und eine monotone Abbildung $f : V \to V$. Dann gelten die folgenden zwei Aussagen:

1. Die Abbildung f besitzt einen kleinsten Fixpunkt $\mu_f \in V$, der gegeben ist als

$$\mu_f = \bigsqcap\{a \in V \mid f(a) \sqsubseteq a\}.$$

2. Die Abbildung f besitzt einen größten Fixpunkt $\nu_f \in V$, der gegeben ist als

$$\nu_f = \bigsqcup\{a \in V \mid a \sqsubseteq f(a)\}.$$

Beweis: Es sind zwei Aussagen zu zeigen. Wir beginnen mit der ersten.

1. Wir bezeichnen mit $K_f = \{a \in V \mid f(a) \sqsubseteq a\}$ die Menge der von f kontrahierten Elemente. Wegen $\mathsf{L} \in K_f$ ist die Menge K_f nichtleer. Es sei nun $a \in K_f$ beliebig gewählt. Dann haben wir die folgende Implikation:

$$
\begin{aligned}
a \in K_f \;&\implies\; \bigsqcap K_f \sqsubseteq a && \text{Eigenschaft Infimum} \\
&\implies\; f(\bigsqcap K_f) \sqsubseteq f(a) \sqsubseteq a && f \text{ monoton}
\end{aligned}
$$

Also ist das Bildelement $f(\bigsqcap K_f)$ eine untere Schranke von K_f, was die Beziehung $f(\bigsqcap K_f) \sqsubseteq \bigsqcap K_f$ beweist. Aus $f(\bigsqcap K_f) \sqsubseteq \bigsqcap K_f$ folgt $f(f(\bigsqcap K_f)) \sqsubseteq f(\bigsqcap K_f)$ wegen der Monotonie von f. Diese Eigenschaft zeigt $f(\bigsqcap K_f) \in K_f$ und somit erhalten wir $\bigsqcap K_f \sqsubseteq f(\bigsqcap K_f)$, d.h. die noch fehlende Abschätzung von $\bigsqcap K_f = f(\bigsqcap K_f)$.

Die Eigenschaft $\bigsqcap K_f \sqsubseteq x$ für jeden Fixpunkt x von f folgt aus $x \in K_f$.

2. Die Existenz und Darstellung des größten Fixpunkts ergibt sich aus (1), indem man von $(V, \sqcup, \sqcap, \sqsubseteq)$ zum dualen Verband $(V, \sqcap, \sqcup, \sqsupseteq)$ übergeht. $\qquad\square$

Aus diesem Satz ergeben sich sofort die folgenden Implikationen, welche auch als *Induktionsregeln* bezeichnet werden (im Büchern und Arbeiten zur denotationellen Semantik von Programmiersprachen nennt man die erste Eigenschaft auch Lemma von D. Park):

1. $f(a) \sqsubseteq a \;\implies\; \mu_f \sqsubseteq a$

2. $a \sqsubseteq f(a) \;\implies\; a \sqsubseteq \nu_f$

Wir kommen nun zum zweiten und schwierigeren Teil des Satzes von B. Knaster und A. Tarski, der eine Aussage über die Menge aller Fixpunkte macht. In ihm benötigen wir den in Definition 2.2.4 eingeführten Begriff der von N induzierten Teilordnung $\sqsubseteq_{|N}$. Weiterhin haben wir zwischen Supremum und Infimum in der gesamten Ordnung und in der Teilordnung gewissenhaft zu unterscheiden. Wir schreiben deshalb wie bisher die Symbole $\bigsqcup M$ und $\bigsqcap M$, wenn wir die gesamte Ordnung betrachten, sowie $\bigsqcup_N M$ und $\bigsqcap_N M$ für Supremums- und Infimumsbildung bezüglich der von N induzierten Teilordnung. Der nachfolgende Satz 4.1.2 wurde von A. Tarski im Jahr 1955 mit – bis auf notationelle Abweichungen – dem gleichen Beweis publiziert (A. Tarski, A lattice-theoretical fixpoint theorem and its applications, Pacific J. Math. 5, 285-309, 1955).

4.1.2 Satz (Fixpunktsatz von B. Knaster und A. Tarski, Teil 2) Es seien V und f wie in Satz 4.1.1 vorausgesetzt. Definiert man die Menge

$$\mathsf{Fix}(f) := \{a \in V \mid f(a) = a\},$$

so besitzt in der Ordnung $(\mathsf{Fix}(f), \sqsubseteq_{|\mathsf{Fix}(f)})$ jede Teilmenge von $\mathsf{Fix}(f)$ ein Supremum und ein Infimum, d.h. diese Ordnung induziert einen vollständigen Verband.

Beweis: Es sei $F \subseteq \mathsf{Fix}(f)$ eine Menge von Fixpunkten.

1. Wir haben zu zeigen, dass $\bigsqcup_{\mathsf{Fix}(f)} F$ existiert (und damit auch ein Fixpunkt ist). Dazu betrachten wir das Intervall von $\bigsqcup F$ bis zum größten Verbandselement, d.h. also

$$I := [\bigsqcup F, \mathsf{L}] = \{a \in V \mid \bigsqcup F \sqsubseteq a \sqsubseteq \mathsf{L}\}.$$

Da der Verband V vollständig ist, existiert das Supremum $\bigsqcup F$ in V immer, das Intervall ist also wohldefiniert. Nun beweisen wir der Reihe nach drei Aussagen, aus denen die Existenz des Supremums von F bezüglich der von $\mathsf{Fix}(F)$ induzierten Teilordnung folgt.

(a) Die Ordnung $(I, \sqsubseteq_{|I})$ induziert einen vollständigen Verband.

Beweis: Wir haben $\mathsf{L} \in I$. Nach Satz 3.4.2.1, dem Satz von der oberen Grenze, haben wir deshalb nur noch zu zeigen, dass jede nichtleere Teilmenge $Z \subseteq I$ ein Infimum $\bigsqcap_I Z$ besitzt. Wegen $\bigsqcap_I \emptyset = \mathsf{L}$ führt dies zu einem vollständigen Verband (vgl. mit der Bemerkung nach Satz 3.4.2). Wir beginnen wie folgt:

$$
\begin{aligned}
\emptyset \neq Z \subseteq I \implies & \forall z \in Z : \bigsqcup F \sqsubseteq z && \text{Definition } I \\
\implies & \bigsqcup F \sqsubseteq \bigsqcap Z \sqsubseteq \mathsf{L} && \text{da } \bigsqcup F \in \mathsf{Mi}(Z) \\
\implies & \bigsqcap Z \in I && \text{Definition } I
\end{aligned}
$$

Wegen der letzten Eigenschaft bekommen wir $\bigsqcap Z$ sofort als Infimum von Z in der Ordnung $(I, \sqsubseteq_{|I})$, da hier $a \sqsubseteq_{|I} b$ gleichwertig zu $a \sqsubseteq b$ ist.

(b) Die Menge I ist abgeschlossen unter Anwendung der Abbildung f (und damit ist offensichtlich die Restriktion $f_{|I} : I \to I$ von f auf das Intervall I nach der eben gezeigten ersten Eigenschaft eine monotone Abbildung auf einem vollständigen Verband).

Beweis: Für alle $a \in F$ haben wir

$$
\begin{aligned}
a &= f(a) && a \text{ Fixpunkt} \\
&\sqsubseteq f(\bigsqcup F) && a \sqsubseteq \bigsqcup F, f \text{ monoton}.
\end{aligned}
$$

Dies zeigt $f(\bigsqcup F) \in \mathsf{Ma}(F)$, also $\bigsqcup F \sqsubseteq f(\bigsqcup F)$. Aus dieser Abschätzung folgt nun für alle $a \in V$ die gewünschte Implikation:

$$
\begin{aligned}
a \in I \implies & \bigsqcup F \sqsubseteq a && \text{Definition } I \\
\implies & f(\bigsqcup F) \sqsubseteq f(a) \sqsubseteq \mathsf{L} && f \text{ ist monoton} \\
\implies & \bigsqcup F \sqsubseteq f(a) \sqsubseteq \mathsf{L} && \text{da } \bigsqcup F \sqsubseteq f(\bigsqcup F) \\
\iff & f(a) \in I && \text{Definition } I
\end{aligned}
$$

(c) Aufgrund von Satz 4.1.1 ist die Existenz von $\mu_{f_{|I}} \in I$ gesichert. Dieses Element ist auch ein Fixpunkt von f:

$$
\begin{aligned}
f(\mu_{f_{|I}}) &= f_{|I}(\mu_{f_{|I}}) && \text{da } \mu_{f_{|I}} \in I \\
&= \mu_{f_{|I}} && \text{Fixpunkteigenschaft}
\end{aligned}
$$

Wir zeigen nun die Existenz des gesuchten Supremums mittels der Gleichung $\mu_{f_{|I}} = \bigsqcup_{\mathsf{Fix}(f)} F$.

Beweis: Es sind zwei Punkte zu verifizieren. Es sei $a \in F$ beliebig. Dann gilt die Abschätzung

$$a \sqsubseteq \bigsqcup F \qquad\qquad\qquad \text{Definition Supremum}$$
$$\sqsubseteq \mu_{f_{|I}} \qquad\qquad\qquad \mu_{f_{|I}} \in I, \text{ Definition } I,$$

und da beide Elemente Fixpunkte sind, also in $\mathsf{Fix}(f)$ liegen, ist dies gleichwertig zu $a \sqsubseteq_{|\,\mathsf{Fix}(f)} \mu_{f_{|I}}$. Somit ist $\mu_{f_{|I}}$ eine $\sqsubseteq_{|\,\mathsf{Fix}(f)}$-obere Schranke von F.

Nun sei $b \in \mathsf{Fix}(f)$ mit $a \sqsubseteq_{|\,\mathsf{Fix}(f)} b$ für alle $a \in F$, also eine weitere $\sqsubseteq_{|\,\mathsf{Fix}(f)}$-obere Schranke von F. Dann gilt $a \sqsubseteq b$ für alle $a \in F$, denn alles sind Fixpunkte, also $\bigsqcup F \sqsubseteq b$, was $b \in I$ impliziert. Aus $b \in I$ und $b \in \mathsf{Fix}(f)$ folgt aber $b \in \mathsf{Fix}(f_{|I})$, also $\mu_{f_{|I}} \sqsubseteq b$. Wiederum sind beides Fixpunkte, so dass $\mu_{f_{|I}} \sqsubseteq b$ zu $\mu_{f_{|I}} \sqsubseteq_{|\,\mathsf{Fix}(f)} b$ gleichwertig ist. Damit ist $\mu_{f_{|I}}$ als $\sqsubseteq_{|\,\mathsf{Fix}(f)}$-kleinste obere Schranke von F nachgewiesen.

2. Durch eine Dualisierung des eben erbrachten Beweises zeigt man, dass der größte Fixpunkt $\nu_{f_{|J}}$ der Restriktion der Abbildung f auf das Intervall $J := [\mathsf{O}, \bigsqcap F]$ das Infimum von F in $\left(\mathsf{Fix}(f), \sqsubseteq_{|\,\mathsf{Fix}(f)}\right)$ ist. $\qquad\qquad$ □

Ist V ein vollständiger Verband und die Abbildung $f : V \to V$ monoton, so erhalten wir also wieder einen vollständigen Verband $\mathsf{Fix}(f)$. Dieser Fixpunktverband ist im Allgemeinen aber kein vollständiger Unterverband von V im Sinne von Definition 3.4.6. Etwa gilt (man vergleiche mit Abschnitt 3.4) für die Verbandsordnung $(V, \sqsubseteq)$ die Gleichung $\bigsqcup \emptyset = \mathsf{O}$, aber im Fixpunktverband mit der Ordnung $\left(\mathsf{Fix}(f), \sqsubseteq_{|\,\mathsf{Fix}(f)}\right)$ gilt für jedes beliebige Element a die Äquivalenz

$$\begin{aligned}
\textstyle\bigsqcup_{\mathsf{Fix}(f)} \emptyset = a \iff\ & \forall\, x \in \emptyset : x \sqsubseteq_{|\,\mathsf{Fix}(f)} a\ \wedge \\
& \forall\, y \in \mathsf{Fix}(f) : (\forall\, x \in \emptyset : x \sqsubseteq_{|\,\mathsf{Fix}(f)} y) \Rightarrow a \sqsubseteq_{|\,\mathsf{Fix}(f)} y \\
\iff\ & \forall\, y \in \mathsf{Fix}(f) : \text{true} \Rightarrow a \sqsubseteq_{|\,\mathsf{Fix}(f)} y \\
\iff\ & \forall\, y \in \mathsf{Fix}(f) : a \sqsubseteq_{|\,\mathsf{Fix}(f)} y \\
\iff\ & a = \mu_f,
\end{aligned}$$

welche offensichtlich die Gleichung $\bigsqcup_{\mathsf{Fix}(f)} \emptyset = \mu_f$ impliziert, Stimmen nun der kleinste Fixpunkt μ_f und das kleinste Verbandselement nicht überein, so gilt $\bigsqcup \emptyset \neq \bigsqcup_{\mathsf{Fix}(f)} \emptyset$, und es liegt kein vollständiger Unterverband vor.

Die Beschreibungen von μ_f und ν_f in Satz 4.1.1 sind nicht konstruktiv. Wie man diese Fixpunkte konstruktiv beschreiben und darauf aufbauend bei endlichen Verbänden iterativ berechnen kann, wird nachfolgend gezeigt. Wir beginnen mit einer Eingrenzung der extremen Fixpunkte durch ein spezielles Supremum von unten und ein spezielles Infimum von oben.

4.1.3 Satz Ist $f : V \to V$ eine monotone Abbildung auf einem vollständigen Verband $(V, \sqcup, \sqcap)$, so gilt die Abschätzung

$$\bigsqcup_{i \geq 0} f^i(\mathsf{O}) \sqsubseteq \mu_f \sqsubseteq \nu_f \sqsubseteq \bigsqcap_{i \geq 0} f^i(\mathsf{L}),$$

wobei die i-ten Potenzen einer Abbildung wie üblich induktiv definiert sind.

Beweis: Durch eine vollständige Induktion zeigt man $f^i(\mathsf{O}) \sqsubseteq \mu_f$ für alle $i \in \mathbb{N}$, was dann sofort die linkeste Abschätzung $\bigsqcup_{i \geq 0} f^i(\mathsf{O}) \sqsubseteq \mu_f$ impliziert:

Induktionsbeginn $i = 0$:

$$
\begin{aligned}
f^0(\mathsf{O}) \;&=\; \mathsf{O} & &\text{Definition } f^0 \\
&\sqsubseteq\; \mu_f & &\mathsf{O} \text{ kleinstes Element}
\end{aligned}
$$

Induktionsschluss $i \mapsto i + 1$:

$$
\begin{aligned}
f^i(\mathsf{O}) \sqsubseteq \mu_f \;&\Longrightarrow\; f\,(f^i(\mathsf{O})) \sqsubseteq f(\mu_f) & &f \text{ ist monoton} \\
&\Longleftrightarrow\; f^{i+1}(\mathsf{O}) \sqsubseteq \mu_f & &\text{Def. } f^{i+1}, \mu_f \in \mathsf{Fix}(f)
\end{aligned}
$$

Ebenso zeigt man $\nu_f \sqsubseteq f^i(\mathsf{L})$ für alle $i \in \mathbb{N}$ durch vollständige Induktion, was die rechteste Abschätzung $\nu_f \sqsubseteq \bigsqcap_{i \geq 0} f^i(\mathsf{L})$ beweist.

Die mittlere Abschätzung $\mu_f \sqsubseteq \nu_f$ folgt schließlich direkt aus der Definition von μ_f und ν_f als kleinstem bzw. größtem Element von $\mathsf{Fix}(f)$. $\qquad\qquad\square$

Um von den drei Abschätzungen dieses Satzes die linke und die rechte als Gleichungen, also als im Prinzip konstruktive Beschreibungen für die extremen Fixpunkte zu bekommen, braucht man zusätzliche Eigenschaften. Die folgenden Ergebnisse wurden von A. Tarski in der schon erwähnten Arbeit aus dem Jahr 1955 ohne Beweis zitiert. Heutzutage tritt in diesem Zusammenhang, insbesondere in der Informatik, oft der Name S. Kleene auf, der die Konstruktion des kleinsten Fixpunkts mittels eines Supremums von Abbildungsiterationen ebenfalls 1955 in seinem bekannten Buch „Introduction to Metamathematics" publizierte. In der folgenden Definition werden die oben erwähnten Eigenschaften eingeführt.

4.1.4 Definition Es seien $(V, \sqcup, \sqcap)$ ein vollständiger Verband und $f : V \to V$ eine Abbildung. Dann heißt f ...

1. ... $\sqcup$-*stetig* (oder *aufwärts stetig*), falls f monoton ist und für jede Kette $K \subseteq V$ gilt
$$
f(\textstyle\bigsqcup K) \;=\; \bigsqcup\{f(a) \,|\, a \in K\},
$$

2. ... $\sqcap$-*stetig* (oder *abwärts stetig*), falls f monoton ist und für jede Kette $K \subseteq V$ gilt
$$
f(\textstyle\bigsqcap K) \;=\; \bigsqcap\{f(a) \,|\, a \in K\}. \qquad\qquad\square
$$

In dieser Definition ist die Monotonie von f eigentlich nicht notwendig. Wir haben sie aber hinzugenommen, um erstens die Existenz von Fixpunkten gesichert zu haben und zweitens mit den in der Informatik geläufigen Definitionen konform zu sein. Dort werden schwächere Ordnungen verwendet, sogenannte CPOs, bei denen, neben der Existenz eines kleinsten Elements, die Existenz von Suprema für Ketten gefordert wird. Eine Stetigkeitsdefinition für Abbildungen auf CPOs muss nun die Monotonie sinnvollerweise beinhalten, damit das Bild einer Kette K wiederum eine Kette bildet, also in der ersten Gleichung obiger Definition neben $\bigsqcup K$ auch $\bigsqcup\{f(a) \,|\, a \in K\}$ existiert. Nach diesen Vorbemerkungen können wir nun den folgenden Satz beweisen.

4.1.5 Satz (Fixpunktsatz von B. Knaster, A. Tarski und S. Kleene) Es sei f : $V \to V$ eine Abbildung auf einem vollständigen Verband $(V, \sqcup, \sqcap)$. Dann gilt

1. $\mu_f = \bigsqcup_{i \geq 0} f^i(\mathsf{O})$,

falls die Abbildung f $\sqcup$-stetig ist, und

2. $\nu_f = \bigsqcap_{i \geq 0} f^i(\mathsf{L})$,

falls die Abbildung f $\sqcap$-stetig ist.

Beweis: Wir beginnen den Beweis mit der Gleichung für den kleinsten Fixpunkt.

1. Wegen Satz 4.1.3 genügt es zu zeigen, dass $\bigsqcup_{i \geq 0} f^i(\mathsf{O})$ ein Fixpunkt von f ist. Aus $\bigsqcup_{i \geq 0} f^i(\mathsf{O}) \in \mathsf{Fix}(f)$ und $\bigsqcup_{i \geq 0} f^i(\mathsf{O}) \sqsubseteq \mu_f$ folgt dann nämlich $\bigsqcup_{i \geq 0} f^i(\mathsf{O}) = \mu_f$. Die gewünschte Fixpunkteigenschaft beweist man wie folgt:

$$
\begin{array}{lll}
f(\bigsqcup_{i \geq 0} f^i(\mathsf{O})) & = \bigsqcup_{i \geq 0} f\left(f^i(\mathsf{O})\right) & \{f^i(\mathsf{O}) \,|\, i \geq 0\} \text{ Kette, } f \text{ } \sqcup\text{-stetig} \\
& = \bigsqcup_{i \geq 0} f^{i+1}(\mathsf{O}) & \text{Definition } f^{i+1} \\
& = \bigsqcup_{i \geq 1} f^i(\mathsf{O}) & \text{Indextransformation} \\
& = \bigsqcup\{\mathsf{O}, \bigsqcup_{i \geq 1} f^i(\mathsf{O})\} & \mathsf{O} \text{ kleinstes Element} \\
& = \bigsqcup_{i \geq 0} f^i(\mathsf{O}) & f^0(\mathsf{O}) = \mathsf{O}
\end{array}
$$

2. Diese Gleichung beweist man analog zu (1), indem man zeigt, dass $\bigsqcap_{i \geq 0} f^i(\mathsf{L})$ ein Fixpunkt ist und anschließend wiederum den Satz 4.1.3 verwendet. $\square$

Aus Satz 4.1.5 ergeben sich sofort Algorithmen zur Berechnung von extremen Fixpunkten. Diese werden nachfolgend als `while`-Programme angegeben. Die Korrektheitsbeweise werden dann mittels des Zusicherungskalküls und der Invariantentechnik geführt. Wir setzen deshalb voraus, dass der Leserin oder dem Leser diese fundamentalen Begriffe der Programmverifikation vertraut sind. Im Folgenden werden aber nur sehr einfache `while`-Programme auftreten, nämlich solche, die nur aus einer Initialisierung der Variablen gefolgt von einer `while`-Schleife und dem Abliefern des Ergebnisses bestehen. Hier ist auch die Verifikationstechnik einfach: Es ist zu zeigen, dass die Initialisierung die Invariante etabliert, falls die Vorbedingung gilt, die Abarbeitung des Schleifenrumpfs die Gültigkeit der Invariante aufrechterhält und aus der Negation der Schleifenbedingung (d.h. nach dem Ende der Schleife) und der Invariante die Nachbedingung folgt.

4.1.6 Anwendung (Berechnung von Fixpunkten) Es sei $f : V \to V$ eine monotone Abbildung auf einem vollständigen Verband $(V, \sqcup, \sqcap)$. Wir betrachten das in Abbildung 4.1 gegebene `while`-Programm mit zwei Variablen x, y für Elemente aus V. Dann ist dieses Programm *partiell korrekt* bezüglich der Vorbedingung true (die keine Einschränkungen beschreibt) und der Nachbedingung $x = \mu_f$. Diese Aussage heißt nun konkret: Terminiert das Programm $\underline{\mathsf{COMP}}_\mu$, so besitzt die Variable x nach seiner Abarbeitung den Wert μ_f.

$$x := \mathsf{O};\ y := f(\mathsf{O});$$
$$\underline{\texttt{while}}\ x \neq y\ \underline{\texttt{do}}$$
$$x := y;\ y := f(y)\ \underline{\texttt{od}};$$
$$\underline{\texttt{return}}\ x$$

Abbildung 4.1: Programm $\underline{\texttt{COMP}}_\mu$

Wir betrachten zum (einfacheren) Beweis dieser Aussage eine Modifikation von $\underline{\texttt{COMP}}_\mu$ mit kollateralen statt sequentiellen Zuweisungen[1] und verwenden die Invariante

$$Inv(x,y) \quad :\Longleftrightarrow \quad x \sqsubseteq \mu_f \wedge y = f(x),$$

um dieses zu verifizieren. Offensichtlich gilt $Inv(\mathsf{O}, f(\mathsf{O}))$, also $Inv(x,y)$ nach der Initialisierung von x und y durch $x, y := \mathsf{O}, f(\mathsf{O})$. Der Schleifenrumpf $x, y := y, f(y)$ verändert die Gültigkeit von $Inv(x,y)$ nicht. Dies zeigt man durch

$$
\begin{aligned}
Inv(x,y) \quad &\Longleftrightarrow \quad x \sqsubseteq \mu_f \wedge y = f(x) && \text{Definition } Inv\\
&\Longrightarrow \quad y = f(x) \sqsubseteq f(\mu_f) = \mu_f \wedge f(y) = f(y) && f \text{ ist monoton}\\
&\Longleftarrow \quad Inv(y, f(y)) && \text{Definition } Inv,
\end{aligned}
$$

wobei die übliche Voraussetzung, dass die Schleifenbedingung (hier: $x \neq y$) gilt, hier gar nicht benötigt wird. Aus der Gültigkeit von $Inv(x,y)$ und der Negation $x = y$ der Schleifenbedingung folgt nun aber sofort $x = \mu_f$, also die Nachbedingung.

Auf die gleiche Weise zeigt man, dass das Programm der Abbildung 4.2 *partiell korrekt* ist bezüglich der Vorbedingung true und der Nachbedingung $x = \nu_f$. Terminiert dieses Programm, so besitzt am Ende die Variable x Wert ν_f. Ist der Verband endlich, so ter-

$$x := \mathsf{L};\ y := f(\mathsf{L});$$
$$\underline{\texttt{while}}\ x \neq y\ \underline{\texttt{do}}$$
$$x := y;\ y := f(y)\ \underline{\texttt{od}};$$
$$\underline{\texttt{return}}\ x$$

Abbildung 4.2: Programm $\underline{\texttt{COMP}}_\nu$

minieren beide Programme, da die abzählbar-aufsteigende Kette $\mathsf{O} \sqsubseteq f(\mathsf{O}) \sqsubseteq \ldots$ und die abzählbar-absteigende Kette $\mathsf{L} \sqsupseteq f(\mathsf{L}) \sqsupseteq \ldots$ nach endlich vielen Gliedern stationär werden. Damit sind beide Programme sogar *total korrekt* bezüglich der angegebenen Vor- und Nachbedingungen.

Wenn wir somit eine gegebene Problemspezifikation als äquivalent zur Berechnung von μ_f oder ν_f beweisen können, haben wir in den entsprechenden Instantiierungen der Schemata $\underline{\texttt{COMP}}_\mu$ und $\underline{\texttt{COMP}}_\nu$ sofort Algorithmen zur Problemlösung vorliegend. Oftmals sind μ_f oder ν_f aber nur Hilfsmittel. In so einem Fall muss man die Schemata entsprechend modifizieren.

---

[1]Das Originalprogramm bekommt man dann durch eine Sequentialisierung der kollateralen Zuweisungen des verifizierten Programms.

Wir demonstrieren nun so eine kleine Anwendung und setzen dazu einige Begriffe der Graphentheorie als bekannt voraus. Es sei $G = (V, P)$ ein endlicher gerichteter Graph mit Knotenmenge V und Pfeilmenge P und zu jedem Knoten $x \in V$ sei $\mathsf{pred}(x)$ die Menge seiner Vorgänger, d.h. der Knoten, von denen ein Pfeil zu x führt. Definiert man zu einer Menge X von Knoten $\bigcup_{x \in X} \mathsf{pred}(x)$ als die Menge der Vorgänger von X, so kann man leicht die folgende Eigenschaft zeigen:

$$G = (V, P) \text{ ist kreisfrei } \iff \neg\exists\, X \in 2^V : X \neq \emptyset \wedge X \subseteq \bigcup_{x \in X} \mathsf{pred}(x)$$

Daraus bekommt man wiederum durch einige einfache Überlegungen, dass

$$G = (V, P) \text{ ist kreisfrei } \iff \bigcup\{X \in 2^V \mid X \subseteq \bigcup_{x \in X} \mathsf{pred}(x)\} = \emptyset$$

gilt, und die Definition der monotonen Abbildung $f : 2^V \to 2^V$ durch $f(X) = \bigcup_{x \in X} \mathsf{pred}(x)$ in Zusammenhang mit dem zweiten Teil des Fixpunktsatzes 4.1.1 bringt

$$G = (V, P) \text{ ist kreisfrei } \iff \nu_f = \emptyset.$$

Nun ist klar, wie man das Programm `COMP`$_\nu$ von Abbildung 4.2 abzuändern hat, um feststellen zu können, ob der endliche gerichtete Graph $G = (V, P)$ kreisfrei ist. Wegen der Endlichkeit von V terminiert das entsprechende Programm

$$X := V;\, Y := \textstyle\bigcup_{x \in V} \mathsf{pred}(x);$$
$$\underline{\texttt{while }} X \neq Y \underline{\texttt{ do}}$$
$$\qquad X := Y;\, Y := \textstyle\bigcup_{x \in Y} \mathsf{pred}(x) \underline{\texttt{ od}}$$
$$\underline{\texttt{return }} X = \emptyset$$

sogar. Natürlich müssen auch noch die beiden Mengenvereinigungen $\bigcup_{x \in V} \mathsf{pred}(x)$ und $\bigcup_{x \in Y} \mathsf{pred}(x)$ realisiert werden, aber dies ist durch zwei einfache Schleifen möglich, wenn man pred als vordefinierte Operation voraussetzt. $\square$

Für Fixpunkte gibt es einige wichtige Rechenregeln neben den zwei Implikationen (1) und (2), die wir unmittelbar nach Satz 4.1.1 angegeben haben. Im Folgenden beschränken wir uns auf kleinste Fixpunkte; die entsprechenden Aussagen gelten dual auch für größte Fixpunkte. Als erste wichtige Eigenschaft haben wir etwa die im folgenden Satz formulierte, die sich mit der Abbildung (dem Transfer, deshalb der Name des Satzes) eines kleinsten Fixpunktes auf einen anderen kleinsten Fixpunkt befasst:

4.1.7 Satz (Transfer-Lemma) Es seien $(V, \sqcup, \sqcap)$ und $(W, \sqcup, \sqcap)$ vollständige Verbände. Weiterhin seien drei $\sqcup$-stetige Abbildungen $f : V \to V$, $g : W \to W$ und $h : V \to W$ gegeben. Dann gilt die folgende Implikation

$$h \circ f = g \circ h,\; h(\mathsf{O}) = \mathsf{O} \quad \implies \quad h(\mu_f) = \mu_g$$

(Beachte: Abbildungskomposition erfolgt von rechts nach links, d.h. $(h \circ f)(x) = h(f(x))$.)

Beweis: Wir zeigen zuerst durch Induktion $h(f^i(\mathsf{O})) = g^i(\mathsf{O})$ für alle $i \in \mathbb{N}$.

Induktionsbeginn $i = 0$:

$$
\begin{aligned}
h(f^0(\mathsf{O})) &= h(\mathsf{O}) && \text{Definition } f^0 \\
&= g^0(\mathsf{O}) && h(\mathsf{O}) = \mathsf{O}, \text{ Definition } g^0
\end{aligned}
$$

Induktionsschluss $i \mapsto i + 1$:

$$
\begin{aligned}
h(f^{i+1}(\mathsf{O})) &= h(f(f^i(\mathsf{O}))) && \text{Definition } f^{i+1} \\
&= g(h(f^i(\mathsf{O}))) && h \circ f = g \circ h \\
&= g(g^i(\mathsf{O})) && \text{Induktionsannahme} \\
&= g^{i+1}(\mathsf{O}) && \text{Definition } g^{i+1}
\end{aligned}
$$

Der Rest folgt nun aus der $\sqcup$-Stetigkeit von f, g und h:

$$
\begin{aligned}
h(\mu_f) &= h(\bigsqcup_{i \geq 0} f^i(\mathsf{O})) && \text{Fixpunktsatz 4.1.5} \\
&= \bigsqcup_{i \geq 0} h(f^i(\mathsf{O})) && h \text{ ist } \sqcup\text{-stetig} \\
&= \bigsqcup_{i \geq 0} g^i(\mathsf{O}) && \text{siehe oben} \\
&= \mu_g && \text{Fixpunktsatz 4.1.5}
\end{aligned}
$$

Damit ist der Beweis des Transfer-Lemmas beendet. $\qquad\square$

Eigentlich brauchen in diesem Satz die zwei Abbildungen f und g nur monoton zu sein. Der Beweis dieser Verallgemeinerung ist jedoch etwas komplizierter. Wir haben die obige Formulierung gewählt, weil bei den praktischen Anwendungen eigentlich immer zwei $\sqcup$-stetige Abbildungen f und g vorliegen. Auf die $\sqcup$-Stetigkeit der Transferabbildung h kann man hingegen nicht verzichten.

Als zweite wichtige Eigenschaft von kleinsten Fixpunkten beweisen wir noch die in dem folgenden Satz angegebene.

4.1.8 Satz (Roll-Regel) Es seien $(V, \sqcup, \sqcap)$ und $(W, \sqcup, \sqcap)$ vollständige Verbände. Dann gilt für alle monotonen Abbildungen $f : V \to W$ und $g : W \to V$ die Gleichung

$$
f(\mu_{g \circ f}) = \mu_{f \circ g}.
$$

Beweis: Wir beweisen zwei Abschätzungen.

„$\sqsupseteq$": Unter Verwendung der nach Satz 4.1.1 aufgeführten Implikation (1) bekommen wir die Abschätzung wie folgt:

$$
\begin{aligned}
f(\mu_{g \circ f}) \sqsubseteq f(\mu_{g \circ f}) &\implies f(g(f(\mu_{g \circ f}))) \sqsubseteq f(\mu_{g \circ f}) && \mu_{g \circ f} \in \mathsf{Fix}(g \circ f) \\
&\implies \mu_{f \circ g} \sqsubseteq f(\mu_{g \circ f}) && \text{Implikation (1)}
\end{aligned}
$$

„⊑": Da offensichtlich eine symmetrische Situation vorliegt, kann man (vollkommen wie im Beweis von „⊒") zeigen, dass die Beziehung $\mu_{g \circ f} \sqsubseteq g(\mu_{f \circ g})$ gilt, indem die beiden Abbildungen f und g vertauscht werden. Aus dieser Abschätzung folgt nun aber sofort die gewünschte Beziehung mittels der Rechnung

$$
\begin{aligned}
f(\mu_{g \circ f}) &\sqsubseteq\ f(g(\mu_{f \circ g})) &&\text{Monotonie von } f \\
&=\ \mu_{f \circ g} &&\mu_{f \circ g} \in \mathsf{Fix}(f \circ g). \qquad \square
\end{aligned}
$$

Die zu den Sätzen 4.1.7 und 4.1.8 dualen Aussagen für den größten Fixpunkt sind offensichtlich. Im ersten Fall benötigt man die ⊓-Stetigkeit.

Zum Schluss dieses Abschnitts wollen wir noch ein überraschendes Resultat angeben. Aus dem Fixpunktsatz 4.1.1 folgt sofort: Ist ein Verband V vollständig, so besitzt jede monotone Abbildung auf V einen Fixpunkt. A. Davis, die eine Schülerin von A. Tarski war, hat auch die Umkehrung bewiesen und in dem gleichen Zeitschriftenband wie A. Tarski unmittelbar nach seinem Artikel publiziert. („A characterization of complete lattices", Pacific J. Math 5, 311-319, 1955.) Somit haben wir durch Kombination der beiden Sätze die folgende überraschende Charakterisierung von vollständigen Verbänden mittels der Existenz von Fixpunkten monotoner Abbildungen.

4.1.9 Satz (A. Davis) Es sei $(V, \sqcup, \sqcap)$ ein Verband. Dann gilt: V ist genau dann vollständig, wenn jede monotone Abbildung $f : V \to V$ einen Fixpunkt besitzt. $\qquad \square$

Beweisen können wir den Satz von A. Davis an dieser Stelle noch nicht, denn der Beweis erfordert, wie der Darstellungssatz von M.H. Stone, Mittel aus der Mengenlehre und der Theorie der transfiniten Zahlen (wie Auswahlaxiom, Zornsches Lemma usw.), die wir noch nicht zu Verfügung haben.

4.2   Anwendung: Schröder-Bernstein-Theorem

In diesem Abschnitt geben wir eine sehr bekannte Anwendung des ersten Teils des Fixpunktsatzes von B. Knaster und A. Tarski in der Mengenlehre an. Wir beweisen das bekannte und wichtige Schröder-Bernstein-Theorem, welches auf E. Schröder und F. Bernstein zurückgeht. Dazu brauchen wir einige Vorbereitungen.

4.2.1 Definition Gegeben seien zwei Mengen A und B.

1. Die Mengen A, B heißen *gleichmächtig* (oder *mengenisomorph* bzw. nur isomorph), i. Z. $A \approx B$, falls es eine bijektive Abbildung $f : A \to B$ gibt.

2. Die Menge A heißt *schmächtiger* (oder *von geringerer Kardinalität*) als die Menge B, i. Z. $A \preceq B$, falls es eine injektive Abbildung $f : A \to B$ gibt. $\qquad \square$

Einfache Eigenschaften der zwei Relationen $\approx$ und $\preceq$ sind in dem nachfolgenden Satz zusammengestellt. Die Beweise sind trivial und deshalb nicht durchgeführt.

4.2.2 Satz   1. Die Relation $\approx$ der Gleichmächtigkeit ist eine Äquivalenzrelation auf einer Menge $\mathcal{M}$ von Mengen, d.h. es gelten für alle $A, B, C \in \mathcal{M}$ die folgenden Eigenschaften:

(a) $A \approx A$

(b) $A \approx B \implies B \approx A$

(c) $A \approx B$ und $B \approx C \implies A \approx C$

2. Die Relation $\preceq$ der Schmächtigkeit ist eine Quasiordnung auf einer Menge $\mathcal{M}$ von Mengen, d.h. es gelten für alle $A, B, C \in \mathcal{M}$ die folgenden Eigenschaften:

(d) $A \preceq A$

(e) $A \preceq B$ und $B \preceq C \implies A \preceq C$ $\square$

In Abschnitt 2.2 hatten wir ein Verfahren angegeben, wie man von einer Quasiordnung $\preceq$ zu einer Äquivalenzrelation $\equiv$ kommt. Für die in Definition 4.2.1.2 eingeführte Quasiordnung $\preceq$ auf Mengen stimmt diese Äquivalenzrelation $\equiv$ mit der in Definition 4.2.1.1 eingeführten Äquivalenzrelation $\approx$ überein, d.h. die Beziehung

$$A \preceq B \wedge B \preceq A \iff A \approx B.$$

gilt für alle Mengen A und B. Ein Beweis von „$\impliedby$" ist trivial. Die nichttriviale Richtung „$\implies$" ist auch als Schröder-Bernstein-Theorem bekannt. Seine Bedeutung liegt darin, dass es erlaubt, Kardinalzahlen und deren Ordnung mittels der Relationen $\approx$ und $\preceq$ zu definieren. Die Namensgebung rührt daher, dass ein erster Beweis unabhängig von E. Schröder und F. Bernstein gefunden wurde, obwohl G. Cantor 1883 der erste war, der die Aussage formulierte. F. Bernstein trug seinen Beweis im Jahr 1897 im Rahmen eines von G. Cantor geleiteten Seminars vor. Dies geschah alles, bevor der Fixpunktsatz von B. Knaster und A. Tarski publiziert wurde. Entsprechend kompliziert waren die Originalbeweise – verglichen mit dem nun folgenden.

4.2.3 Satz (Schröder-Bernstein) Es seien A und B Mengen. Gibt es eine injektive Abbildung $f : A \to B$ und eine injektive Abbildung $g : B \to A$, so sind A und B gleichmächtig.

Beweis: Wir haben zu zeigen, dass es eine bijektive Abbildung $h : A \to B$ gibt. Dazu betrachten wir den vollständigen Potenzmengenverband $(2^A, \cup, \cap)$ über A und definieren die folgende Abbildung:

$$\Phi : 2^A \to 2^A \qquad \Phi(X) = A \setminus g(B \setminus f(X))$$

Hierbei ist das Bild einer Menge unter einer Abbildung wie üblich festgelegt, also etwa $f(X) = \{f(a) \mid a \in X\}$ im Fall von f. Die Abbildung Φ ist monoton bezüglich der Mengeninklusion; man verifiziert diese Eigenschaft wie folgt. Seien $X, Y \in 2^A$ beliebig vorgegeben. Dann gilt:

$$
\begin{aligned}
X \subseteq Y \;\Longrightarrow\; & f(X) \subseteq f(Y) & \text{Bild einer Menge} \\
\Longrightarrow\; & B \setminus f(Y) \subseteq B \setminus f(X) & \text{Antitonie Komplement} \\
\Longrightarrow\; & g(B \setminus f(Y)) \subseteq g(B \setminus f(X)) & \text{Bild einer Menge} \\
\Longrightarrow\; & A \setminus g(B \setminus f(X)) \subseteq A \setminus g(B \setminus f(Y)) & \text{Antitonie Komplement} \\
\Longleftrightarrow\; & \Phi(X) \subseteq \Phi(Y) & \text{Definition } \Phi
\end{aligned}
$$

Also besitzt Φ nach dem Fixpunktsatz 4.1.1 einen Fixpunkt $X^* \in 2^A$. Für diesen Fixpunkt bekommen wir dann:

$$
\begin{aligned}
\Phi(X^*) = X^* \;\Longleftrightarrow\; & A \setminus g(B \setminus f(X^*)) = X^* & \text{Definition } \Phi \\
\Longrightarrow\; & g(B \setminus f(X^*)) = A \setminus X^* & \text{Involution Komplement} \\
\Longrightarrow\; & B \setminus f(X^*) = g^{-1}(A \setminus X^*) & \text{Definition Urbild, } g \text{ injektiv}
\end{aligned}
$$

Insgesamt liegt damit die folgende Situation vor:

1. Die Menge A ist die disjunkte Vereinigung von $A \setminus X^*$ und X^*.

2. Die Menge B ist die disjunkte Vereinigung von $B \setminus f(X^*)$ und $f(X^*)$.

3. Die beiden Mengen X^* und $f(X^*)$ stehen in einer eineindeutigen Beziehung zueinander durch die folgende bijektive Abbildung:

$$
h_1 : X^* \to f(X^*) \qquad h_1(x) = f(x)
$$

4. Die beiden Mengen $B \setminus f(X^*)$ und $A \setminus X^*$ stehen in einer eineindeutigen Beziehung zueinander durch die folgende bijektive Abbildung:

$$
h_2 : B \setminus f(X^*) \to A \setminus X^* \qquad h_2(y) = g(y)
$$

Mit Hilfe der Umkehrabbildung $h_2^{-1} : A \setminus X^* \to B \setminus f(X^*)$ von h_2 definieren wir nun die folgende Abbildung, welche genau diejenige ist, die wir suchen:

$$
h : A \to B \qquad h(x) = \begin{cases} f(x) & \text{falls } x \in X^* \\ h_2^{-1}(x) & \text{falls } x \notin X^*. \end{cases}
$$

Wir zeigen zuerst, dass die Abbildung h injektiv ist. Zum Beweis seien $x, y \in A$ beliebig vorgegeben. Wir unterscheiden vier Fälle: Zuerst gelte $x, y \in X^*$. Dann rechnen wir wie folgt unter der Verwendung der Definition von h und der Injektivität von f:

$$
h(x) = h(y) \;\Longleftrightarrow\; f(x) = f(y) \;\Longrightarrow\; x = y
$$

Nun gelte $x \notin X^*$ und $y \notin X^*$. Hier haben wir aufgrund der Definition von h und der Injektivität von h_2^{-1}, dass

$$
h(x) = h(y) \;\Longleftrightarrow\; h_2^{-1}(x) = h_2^{-1}(y) \;\Longrightarrow\; x = y.
$$

Im dritten Fall sei $x \in X^*$ und $y \notin X^*$. Wegen $h(x) \in f(X^*)$ und $h(y) = h_2^{-1}(y) \in A \backslash f(X^*)$ ist dann die Gleichung $h(x) = h(y)$ falsch. Also gilt die zu verifizierende Implikation

$$h(x) = h(y) \implies x = y.$$

Schließlich sei $x \notin X^*$ und $y \in X^*$. Hier geht man wie im letzten Fall vor.

Es ist die Abbildung h auch surjektiv, also insgesamt bijektiv. Zum Beweis der Surjektivität sei $y \in B$ beliebig vorgegeben. Wir unterscheiden zwei Fälle: Zuerst sei $y \in f(X^*)$. Dann gibt es $x \in X^*$ mit $f(x) = y$. Dies impliziert mittels der Definition von h die Gleichung

$$f(x) = f(x) = y.$$

Nun sei $y \in B \backslash f(X^*)$. Weil die Abbildung h_2^{-1} surjektiv ist, gibt es ein $x \in A \backslash X^*$ mit $h_2^{-1}(x) = y$, Dies bringt schließlich, wiederum mittels der Definition von h, dass

$$f(x) = h_2^{-1}(x) = y.$$

Damit ist h eine bijektive Abbildung und somit der gesamte Beweis beendet. $\qquad\square$

Der eben bewiesene Satz ist ein wichtiges Hilfsmittel beim Nachweis der Gleichmächtigkeit von Mengen. Wir skizzieren nachfolgend eine Anwendung und empfehlen der Leserin oder dem Leser zu Übungszwecken den Beweis im Detail auszuformulieren.

4.2.4 Beispiel Mit der Hilfe des Schröder-Bernstein-Theorems kann die folgende logische Implikation für alle Mengen M, N und P bewiesen werden:

$$M \subseteq N, N \subseteq P, M \approx P \implies M \approx N$$

Man muss dazu nur bedenken, dass eine Teilmengenbeziehung durch ein identisches Abbilden eine injektive Abbildung nach sich zieht. Also hat man zwei injektive Abbildungen $f : M \to N$ und $g : N \to P$. Nun wendet man $M \approx P$ an, um eine weitere Abbildung zu bekommen, die es erlaubt, eine injektive Abbildungen $h : N \to M$ zu konstruieren. Den Rest erledigt das Schröder-Bernstein-Theorem. $\qquad\square$

Das Schröder-Bernstein-Theorem ist eine rein mengentheoretische Aussage. Es sagt nichts darüber aus, ob im Falle von Operationen oder Relationen auf A und B gewisse Zusatzeigenschaften der injektiven Abbildungen $f : A \to B$ und $g : B \to A$, wie etwa Monotonie oder Stetigkeit, auf die bijektive Abbildung h übertragen werden. In der Informatik ist jedoch gerade die Übertragung von solchen Zusatzeigenschaften bei der Lösung sogenannter Bereichsgleichungen von fundamentaler Bedeutung. Auf Details kann an dieser Stelle aber nicht eingegangen werden.

4.3 Das Prinzip der Berechnungsinduktion

Dieser Abschnitt zeigt, wie man Eigenschaften von extremen Fixpunkten beweisen kann. Wir beschränken uns dabei auf den kleinsten Fixpunkt. Das angegebene Verfahren kann

auch auf den größten Fixpunkt angewendet werden, wenn man zum dualen Verband übergeht.

Legt man etwa, wie bei denotationeller Semantik üblich, die Semantik einer Rechenvorschrift fest als den kleinsten Fixpunkt der durch den Rumpf induzierten stetigen Abbildung,
so entsprechen Aussagen über die Rechenvorschrift Aussagen über den kleinsten Fixpunkt.
Eine Möglichkeit, eine Aussage über μ_f zu beweisen, ist, sich an der Iteration des Fixpunktsatzes für stetige Abbildungen „hochzuhangeln". Das geht aber nicht für alle Eigenschaften,
wie man leicht durch ein Beispiel zeigen kann. Von D. Scott und J.W. de Bakker wurde als
einfacher Ausweg zur Umgehung dieses Problems der folgende gewählt: Sie forderten diese
„Hochhangeleigenschaft" von Aussagen (leicht verallgemeinert) einfach als Voraussetzung,
zeigten, darauf aufbauend, ein einfaches Beweisverfahren zum Nachweis von $P(\mu_f)$, und
bewiesen schließlich, dass die Eigenschaft so allgemein ist, dass praktisch alle in der Praxis auftauchenden Fälle von Prädikaten P durch sie behandelbar sind. Und hier ist die
entsprechende Festlegung.

4.3.1 Definition Es seien $(V, \sqcup, \sqcap)$ ein vollständiger Verband und P ein Prädikat (eine
Eigenschaft) auf V. Dann heißt P *zulässig* (genauer: $\sqcup$-zulässig), falls für jede Kette K aus
V gilt: Aus $P(a)$ für alle $a \in K$ folgt $P(\bigsqcup K)$.

Bei zulässigen Prädikaten vererbt sich also die Eigenschaft von allen Kettengliedern auf
das Supremum der Kette. Diese Prädikate werden so genannt, weil sie zulässig für das
auf D. Scott und J.W. de Bakker zurückgehende Prinzip der Berechnungsinduktion sind.
Dieses Prinzip wird im folgenden Satz bewiesen.

4.3.2 Satz (Berechnungsinduktion) Es seien $(V, \sqcup, \sqcap)$ ein vollständiger Verband, $f :
V \to V$ eine $\sqcup$-stetige Abbildung und P ein zulässiges Prädikat auf V. Dann folgt aus der
Gültigkeit der beiden Formeln

$$(1) \quad P(\mathsf{O}) \hspace{9cm} \text{(Induktionsbeginn)}$$
$$(2) \quad \forall\, a \in V : P(a) \Rightarrow P(f(a)) \hspace{5.5cm} \text{(Induktionsschluss)}$$

die Eigenschaft $P(\mu_f)$.

Beweis: Aus (1) und (2) erhält man durch vollständige Induktion $P(f^i(\mathsf{O}))$ für alle
Glieder der abzählbar-unendlichen Kette $\mathsf{O} \sqsubseteq f(\mathsf{O}) \sqsubseteq \ldots$ des Fixpunktsatzes für stetige
Abbildungen.

Der Induktionsbeginn $i = 0$, d.h. $P(\mathsf{O})$, ist genau (1).

Zum Induktionsschluss $i \mapsto i + 1$ verwenden wir die Implikation (2) mit $f^i(\mathsf{O})$ als Element
a und erhalten aus $P(f^i(\mathsf{O}))$ nun $P(f(f^i(\mathsf{O})))$, also genau $P(f^{i+1}(\mathsf{O}))$.

Nun verwenden wir die Zulässigkeit von P und bekommen $P(\bigsqcup_{i \geq 0} f^i(\mathsf{O}))$. Schließlich zeigt
der Fixpunktsatz 4.1.5 die Behauptung. $\square$

In der obigen Definition haben wir eine Festlegung für zulässige Prädikate gegeben, die sich nicht so ohne weiteres nachprüfen lässt. Es wäre viel schöner, wenn man die Zulässigkeit von P am syntaktischen Aufbau von P erkennen könnte. Das wichtigste hinreichende syntaktische Kriterium für Zulässigkeit von Prädikaten wird in dem nachfolgenden Satz formuliert. In der Literatur wird – einschränkenderweise – dieses Kriterium auch manchmal bei der Definition der Zulässigkeit verwendet.

4.3.3 Satz (Syntaktisches Kriterium I) Ein Prädikat P auf einem vollständigen Verband $(V, \sqcup, \sqcap)$ ist zulässig, falls es einen vollständigen Verband W und zwei $\sqcup$-stetige Abbildungen $f, g : V \to W$ gibt, so dass für alle $a \in V$ die Eigenschaft $P(a)$ äquivalent zu $f(a) \sqsubseteq g(a)$ ist.

Beweis: Es sei K eine beliebige Kette in V. Dann bekommen wir

$$
\begin{array}{rll}
\forall\, a \in K : P(a) \;\; \Longleftrightarrow & \forall\, a \in K : f(a) \sqsubseteq g(a) & \text{Voraussetzung} \\
\Longrightarrow & \forall\, a \in K : f(a) \sqsubseteq \bigsqcup\{g(b) \mid b \in K\} & \\
\Longleftrightarrow & \forall\, a \in K : f(a) \sqsubseteq g(\bigsqcup K) & g \;\sqcup\text{-stetig} \\
\Longrightarrow & \bigsqcup\{f(a) \mid a \in K\} \sqsubseteq g(\bigsqcup K) & \\
\Longleftrightarrow & f(\bigsqcup K) \sqsubseteq g(\bigsqcup K) & f \;\sqcup\text{-stetig} \\
\Longleftrightarrow & P(\bigsqcup K) & \text{Voraussetzung,}
\end{array}
$$

was den Beweis der Zulässigkeit von P beendet. $\square$

Man kann den Beweis dieses Satzes leicht dahin abändern, dass von der Abbildung g nur die Eigenschaft der Monotonie benutzt wird, indem man die für monotone Abbildungen immer gültige Beziehung $\bigsqcup\{g(b) \mid b \in K\} \sqsubseteq g(\bigsqcup K)$ verwendet.

Als eine weitere sehr nützliche Eigenschaft zulässiger Prädikate haben wir, dass Zulässigkeit unter Konjunktion erhalten bleibt. Formal gilt also das folgende Resultat.

4.3.4 Satz (Syntaktisches Kriterium II) Sind P und Q zwei zulässige Prädikate auf einem vollständigen Verband $(V, \sqcup, \sqcap)$, so ist auch ihre Konjunktion $P \wedge Q$ zulässig, wobei $(P \wedge Q)(a)$ genau dann gilt, wenn $P(a)$ und $Q(a)$ gelten.

Beweis: Es sei K eine beliebige Kette in V. Dann gilt:

$$
\begin{array}{rll}
\forall\, a \in K : (P \wedge Q)(a) \;\; \Longleftrightarrow & \forall\, a \in K : P(a) \wedge Q(a) & \text{Konjunktion} \\
\Longrightarrow & (\forall\, a \in K : P(a)) \wedge (\forall\, a \in K : Q(a)) & \\
\Longrightarrow & P(\bigsqcup K) \wedge Q(\bigsqcup K) & P, Q \text{ zulässig} \\
\Longleftrightarrow & (P \wedge Q)(\bigsqcup K) & \text{Konjunktion}
\end{array}
$$

Nach der Definition ist dies also genau die Zulässigkeit der Konjunktion der zwei Prädikate P und Q. $\square$

Man beachte, dass wir im Satz und seinem Beweis die Konjunktionsoperation auf den Prädikaten und die Konjunktion von Wahrheitswerten mit dem gleichen Symbol „$\wedge$" bezeichnen haben. Offensichtlich überträgt sich der Beweis dieses Satzes auf beliebige Konjunktionen $\bigwedge_{j \in J} P_j$ einer Familie $(P_j)_{j \in J}$, von zulässigen Prädikaten.

Man kann relativ einfach zeigen, dass das direkte Produkt $V \times W$ von zwei vollständigen Verbänden wiederum vollständig ist. Ist $K \subseteq V \times W$ eine Kette von Paaren, so gilt dabei

$$\bigsqcup K \;=\; \langle \bigsqcup K_V, \bigsqcup K_W \rangle, \tag{$*$}$$

wobei die Mengen $K_V \subseteq V$ und $K_W \subseteq W$ definiert sind durch

$$K_V = \{a \in V \mid \exists\, b \in W : \langle a, b \rangle \in K\} \qquad K_W = \{b \in W \mid \exists\, a \in V : \langle a, b \rangle \in K\}.$$

In Worten besagt $(*)$, dass das Supremum einer Kette von Paaren das Paar der Suprema der ersten bzw. zweiten Komponenten der Paare ist. Diese Komponentenmengen K_V und K_W bilden wiederum Ketten, nun natürlich in V bzw. W. Eine unmittelbare Konsequenz von Gleichung $(*)$ ist die $\sqcup$-Stetigkeit der beiden Projektionen $p_1 : V \times W \to V$ und $p_2 : V \times W \to W$. Diese wiederum erlauben, den Gleichheitstest auf einem vollständigen Verband V (den man z.B. verwendet, um zwei kleinste Fixpunkte μ_f und μ_g als gleich zu verifizieren) als zulässig zu beweisen. Es gilt nämlich

$$a = b \iff p_1(a, b) \sqsubseteq p_2(a, b) \wedge p_2(a, b) \sqsubseteq p_1(a, b),$$

und man hat dadurch eine Beschreibung von $a = b$ als Konjunktion von zwei zulässigen Prädikaten auf $V \times V$.

Der Gleichheitstest hängt von zwei Argumenten ab. Dieses Paar als ein Element aus einem Produkt-Verband aufzufassen ist für das praktische Arbeiten jedoch umständlich. Im Folgenden betrachten wir deshalb noch kurz eine offensichtliche mehrstellige Variante des Prinzips der Berechnungsinduktion, die für viele der in der Praxis auftretenden Anwendungen oft einfacher anzuwenden ist.

4.3.5 Bemerkung (Simultane Berechnungsinduktion) Wir haben bisher die Berechnungsinduktion nur für einstellige Prädikate formuliert. Mehrstellige Prädikate stellen keine Erweiterung dar, da man durch die Interpretation von V als einen Produkt-Verband alles auf Einstelligkeit reduzieren kann. Insbesondere haben wir etwa im zweistelligen Fall für zwei vollständige Verbände V, W, zwei $\sqcup$-stetige Abbildungen $f : V \to V$, $g : W \to W$ und ein zulässiges Prädikat P auf $V \times W$, dass aus der Gültigkeit der Formeln

$$\begin{aligned}
&(1) \quad && P(\mathsf{0}, \mathsf{0}) && \text{(Induktionsbeginn)} \\
&(2) \quad && \forall\, a \in V, b \in W : P(a, b) \Rightarrow P(f(a), g(b)) && \text{(Induktionsschluss)}
\end{aligned}$$

die Eigenschaft $P(\mu_f, \mu_g)$ folgt. Diese Art von Berechnungsinduktion wird in der Literatur *simultane Berechnungsinduktion* genannt.

Zum Korrektheitsbeweis der simultanen Berechnungsinduktion definiert man das sogenannte *Abbildungsprodukt* $f \otimes g$ von f und g durch

$$f \otimes g : V \times W \to V \times W \qquad (f \otimes g)(a, b) = \langle f(a), g(b) \rangle$$

und bekommt dadurch eine $\sqcup$-stetige Abbildung $f \otimes g$ auf $V \times W$ und, dass der Induktionsschluss (2) von der simultanen Berechnungsinduktion genau dann gilt, falls

$$\forall \langle a, b \rangle \in V \times W : P(a, b) \Longrightarrow P((f \otimes g)(a, b))$$

zutrifft. Verwendet man nun die Originalform von Berechnungsinduktion, also Satz 4.3.2, mit dem Produkt-Verband $V \times W$, der obigen Eigenschaft $P(\mathsf{O}, \mathsf{O})$ als Induktionsbeginn und dem eben angegebenen „neuen Induktionsschluss", so folgt daraus $P(\mu_{f \otimes g})$. Nun zeigt die recht einfach zu beweisende Gleichung $\mu_{f \otimes g} = \langle \mu_f, \mu_g \rangle$ sofort das Gewünschte.

Den allgemeineren Fall $n > 2$ behandelt man entsprechend mit einem n-stelligen Abbildungsprodukt $f_1 \otimes \ldots \otimes f_n$ von Abbildungen. $\qquad \square$

Nachfolgend geben wir ein Beispiel für die Anwendung von simultaner Berechnungsinduktion an.

4.3.6 Beispiel (Abbildungskomposition) Es sei $f : V \to V$ eine $\sqcup$-stetige Abbildung auf einem vollständigen Verband $(V, \sqcup, \sqcap)$. Damit existieren die kleinsten Fixpunkte μ_f und $\mu_{f \circ f}$, denn mit f ist auch die Komposition $f \circ f$ monoton. Die Komposition $f \circ f$ ist, wie man leicht zeigt, sogar $\sqcup$-stetig. Wir wollen $\mu_f = \mu_{f \circ f}$ beweisen.

Wegen $f(f(\mu_f)) = \mu_f$ gilt die Abschätzung $\mu_{f \circ f} \sqsubseteq \mu_f$. Die verbleibende Eigenschaft $\mu_f \sqsubseteq \mu_{f \circ f}$ beweisen wir durch Berechnungsinduktion unter Verwendung von

$$a \sqsubseteq b \;\wedge\; a \sqsubseteq f(a)$$

als Prädikat $P(a, b)$. Eine Anwendung von Berechnungsinduktion besteht immer aus drei Schritten:

Zulässigkeitstest: Das Prädikat P ist zulässig, denn wir können unter Verwendung der Projektionen p_1 und p_2 den ersten Teil als $p_1(a, b) \sqsubseteq p_2(a, b)$ schreiben und den zweiten Teil als $p_1(a, b) \sqsubseteq (f \circ p_2)(a, b)$. Die Behauptung folgt somit aus den syntaktischen Kriterien.

Induktionsbeginn: Trivialerweise gelten $\mathsf{O} \sqsubseteq \mathsf{O}$ und $\mathsf{O} \sqsubseteq f(\mathsf{O})$.

Induktionsschluss: Es seien zwei beliebige Elemente $a, b \in V$ mit $P(a, b)$, also $a \sqsubseteq b$ und $a \sqsubseteq f(a)$, vorgegeben. Dann haben wir

$$
\begin{aligned}
a \sqsubseteq b \;&\Longrightarrow\; f(a) \sqsubseteq f(b) && f \text{ monoton} \\
&\Longrightarrow\; f(f(a)) \sqsubseteq f(f(b)) && f \text{ monoton} \\
&\Longrightarrow\; f(a) \sqsubseteq f(f(b)) && f \text{ monoton und } a \sqsubseteq f(a)
\end{aligned}
$$

und auch

$$a \sqsubseteq f(a) \;\Longrightarrow\; f(a) \sqsubseteq f(f(a)) \qquad\qquad f \text{ monoton.}$$

Diese beiden Rechnungen zeigen $P(f(a), (f \circ f)(b))$.

Aufgrund der Berechnungsinduktion haben wir somit $P(\mu_f, \mu_{f \circ f})$, insbesondere also die gewünschte Abschätzung $\mu_f \sqsubseteq \mu_{f \circ f}$. $\qquad \square$

Die Vorgehensweise dieses Beispiels ist typisch für viele Anwendungen von Berechnungsinduktion. Man hat die eigentlich interessante Eigenschaft, oben $a \sqsubseteq b$, um eine zusätzliche Eigenschaft zu verstärken, um die Invarianz der eigentlich interessanten Eigenschaft beweisen zu können. Die zusätzliche Eigenschaft entdeckt man dabei natürlich in der Regel erst während des Beweisversuchs. Man nimmt sie dann in das Prädikat auf und beginnt den Beweis von vorne. Es ist an dieser Stelle noch eine Bemerkung zur Stetigkeit angebracht. In Satz 4.3.2 wird die Abbildung f als $\sqcup$-stetig vorausgesetzt, da der Beweis den Fixpunktsatz für stetige Abbildungen verwendet. Es ist überraschend, dass Satz 4.3.2 aber auch schon gilt, wenn die Abbildung f nur monoton ist. Ein Beweis dieser Verallgemeinerung ist mit den bisherigen Hilfsmitteln aber noch nicht möglich.

4.4   Hüllenbildungen und Hüllensysteme

Hüllenbildungen spielen in vielen Bereichen der Mathematik und der Informatik eine ausgezeichnete Rolle. In den Mathematik-Grundvorlesungen lernt man oft zu einer Relation $R \subseteq M \times M$ ihre transitive Hülle $R^+ = \bigcup_{i \geq 1} R^i$ und ihre reflexiv-transitive Hülle $R^* := \bigcup_{i \geq 0} R^i$ kennen. Diese beiden Konstruktionen spielen in der Graphentheorie bei Erreichbarkeitsfragen eine große Rolle. Die transitive Hülle einer Relation erfüllt die Gleichung $R^+ = R \cup RR^+$ und man kann sogar zeigen, dass R^+ die kleinste Lösung X von $X = R \cup RX$ ist, die R enthält. Dieses Beispiel zeigt, dass Hüllenbildungen und Fixpunkte etwas miteinander zu tun haben. Was, das will dieser Abschnitt klären. Wir beginnen mit den Hüllenbildungen, deren Axiome auf K. Kuratowski zurückgeführt werden können:

4.4.1 Definition Eine Abbildung $h : V \to V$ auf einem vollständigen Verband $(V, \sqcup, \sqcap)$ mit Verbandsordnung $(V, \sqsubseteq)$ heißt *Hüllenbildung*, falls für alle $a, b \in V$ gilt:

1. $a \sqsubseteq b \implies h(a) \sqsubseteq h(b)$

2. $a \sqsubseteq h(a)$

3. $h(h(a)) = h(a)$

Zu $a \in V$ nennt man das Bildelement $h(a)$ die *Hülle* von a. Ist a ein Fixpunkt von h, so heißt a auch bezüglich h *abgeschlossen*.   □

Die Implikation von Definition 4.4.1 heißt *Expansionseigenschaft* und die zweite Gleichung *Idempotenz*. Statt Hüllenbildung sagt man auch Hüllenoperator. Jedes Bildelement einer Hüllenbildung h, also jede Hülle, ist also ein Fixpunkt von h. Statt Idempotenz hätte es auch genügt, $h(h(a)) \sqsubseteq h(a)$ zu fordern, da $h(a) \sqsubseteq h(h(a))$ aus der Expansionseigenschaft folgt. Der folgende Satz zeigt, dass man Hüllenbildungen auch durch eine Äquivalenz beschreiben kann.

4.4.2 Satz Die Abbildung $h : V \to V$ auf einem vollständigen Verband $(V, \sqcup, \sqcap)$ ist genau dann eine Hüllenbildung, falls für alle $a, b \in V$ gilt

$$a \sqsubseteq h(b) \iff h(a) \sqsubseteq h(b)$$

Beweis: „$\Longrightarrow$" Es seien $a, b \in V$ beliebig gewählte Elemente. Gilt $a \sqsubseteq h(b)$, so folgt daraus $h(a) \sqsubseteq h(h(b)) = h(b)$ nach der Monotonie und der Idempotenz.

Gilt hingegen die rechte Seite $h(a) \sqsubseteq h(b)$ der Äquivalenz, so bekommen wir ihre linke Seite $a \sqsubseteq h(b)$ wegen der Expansionseigenschaft.

„$\Longleftarrow$" Expansionseigenschaft: Es sei $a \in V$ beliebig gewählt. Wegen $h(a) \sqsubseteq h(a)$ zeigt die Voraussetzung (von rechts nach links) $a \sqsubseteq h(a)$.

Monotonie: Es seien beliebige Elemente $a, b \in V$ mit $a \sqsubseteq b$ vorgegeben. Dann zeigt die soeben bewiesene Expansionseigenschaft $a \sqsubseteq h(b)$ und die Voraussetzung (von links nach rechts) dann $h(a) \sqsubseteq h(b)$.

Idempotenz: Es sei $a \in V$ beliebig vorgegeben. Dann gilt $h(a) \sqsubseteq h(a)$ und die Voraussetzung (von links nach rechts) bringt $h(h(a)) \sqsubseteq h(a)$. Die andere Abschätzung brauchen wir ja nicht zu beweisen. □

Nach diesen Vorbereitungen zu Hüllenbildungen geben wir nun einige Beispiele für solche Abbildungen an.

4.4.3 Beispiele (für Hüllenbildungen) Wir stellen zuerst drei bekannte mathematische Beispiele für Hüllenbildungen vor; das vierte Beispiel kennen wir schon von früher.

1. Ist M eine Menge und $2^{M \times M}$ die Menge aller Relationen auf M, so bekommt man durch das Bilden der transitiven Hülle vermöge der Abbildung

$$h : 2^{M \times M} \to 2^{M \times M} \qquad h(R) = R^+$$

   eine Hüllenbildung im Potenzmengenverband $(2^{M \times M}, \cup, \cap)$. Auch das Bilden der reflexiv-transitiven Hüllen R^* der Relationen $R \subseteq M \times M$ ist eine Hüllenbildung im Potenzmengenverband $(2^{M \times M}, \cup, \cap)$.

2. Es sei $\mathbb{E} = \mathbb{R} \times \mathbb{R}$ die euklidische Ebene. Eine Menge $M \subseteq \mathbb{E}$ heißt konvex, falls zu allen Punkten $a, b \in M$ auch die Gerade $\overline{ab}$ zwischen ihnen in M enthalten ist. Offensichtlich ist auf dem Potenzmengenverband $(2^{\mathbb{E}}, \cup, \cap)$ die Abbildung

$$h : 2^{\mathbb{E}} \to 2^{\mathbb{E}} \qquad h(X) = \bigcap \{Y \in 2^{\mathbb{E}} \mid X \subseteq Y, Y \text{ konvex}\}$$

   eine Hüllenbildung. Das Bildelement $h(X)$ (eine Menge von Punkten) der Menge X heißt die *konvexe Hülle* von X. Sie ist die kleinste konvexe Menge, die X enthält.

3. Nun sei $(M, \mathcal{T})$ ein topologischer Raum, also $\mathcal{T}$ eine Menge von Teilmengen von M, welche den Axiomen einer *Topologie* genügt[2] und deren Elemente offen genannt

---

[2]Diese sind: Es gelten $\emptyset \in \mathcal{T}$ und $M \in \mathcal{T}$ und weiterhin gilt $\bigcup \mathcal{M} \in \mathcal{T}$ für jede Teilmenge $\mathcal{M}$ von 2^M und $\bigcap \mathcal{M} \in \mathcal{T}$ für jede endliche Teilmenge $\mathcal{M}$ von 2^M.

werden. Weiterhin sei mit X° der *offene Kern* von $X \in 2^M$ bezeichnet, das ist die
größte in X enthaltene offene Menge, oder formal $X^\circ := \bigcup\{Y \in \mathcal{T} \mid Y \subseteq X\}$. Dann
ist durch die Abbildung

$$h : 2^M \to 2^M \qquad\qquad h(X) = X^\circ$$

eine Hüllenbildung auf dem dualen Potenzmengenverband $(2^M, \cap, \cup)$ gegeben.

4. Die beiden Abbildungen $\mathsf{Mi} : 2^M \to 2^M$ und $\mathsf{Ma} : 2^M \to 2^M$ von Definition 2.2.10
   führen zu den beiden Hüllenbildungen

   $$\mathsf{Mi} \circ \mathsf{Ma} : 2^M \to 2^M \qquad\qquad \mathsf{Ma} \circ \mathsf{Mi} : 2^M \to 2^M$$

   auf dem Potenzmengenverband $(2^M, \cup, \cap)$. Hierbei folgt die Monotonie jeweils aus
   Satz 2.2.11.1 und die Idempotenz jeweils aus Satz 2.2.11.2. Dass $\mathsf{Mi} \circ \mathsf{Ma}$ expandierend
   ist, wurde im Beweis von Satz 2.2.11.2 gezeigt. Auf die gleiche Art und Weise beweist
   man diese Eigenschaft auch für $\mathsf{Ma} \circ \mathsf{Mi}$. $\square$

Die Beispiele (2) und (3) lassen annehmen, dass bei einer Hüllenbildung oft ein allgemeines
mathematisches Prinzip vorliegt. Das Bildelement $h(x)$ eines Elements x unter der Hüllenbildung h ergibt sich als das Infimum (bezüglich der Verbandsordnung $\sqsubseteq$) einer Menge,
deren definierende Eigenschaft durchschnittserblich ist. Dies führt zu folgender Festlegung,
welche auf E.H. Moore zurückgeführt werden kann:

4.4.4 Definition Es sei $(V, \sqcup, \sqcap)$ ein vollständiger Verband. Eine Teilmenge H von V
heißt ein *Hüllensystem*, falls für alle Teilmengen $M \subseteq H$ gilt $\sqcap M \in H$. $\square$

Wir betrachten die ersten drei Beispiele der Hüllenbildungen von den Beispielen 4.4.3 noch
einmal unter dem Blickwinkel dieses neuen Begriffs. Das vierte Beispiel, die Komposition
der beiden Abbildungen Ma und Mi, kann ebenso behandelt werden. Wir stellen dies aber
zurück, da wir dem dadurch beschriebenen Hüllensystem später im Rahmen von Vervollständigungen einen eigenen Abschnitt widmen werden.

4.4.5 Beispiele (für Hüllensysteme) Den drei ersten Beispielen 4.4.3 entsprechen die
folgenden Hüllensysteme.

1. Im Potenzmengenverband $(2^{M \times M}, \cup, \cap)$ ist die Menge der transitiven Relationen auf
   M ein Hüllensystem, da der Durchschnitt von beliebig vielen transitiven Relationen
   wieder transitiv ist. Auch die Menge der reflexiven und transitiven Relationen auf M
   ist ein Hüllensystem im gleichen Verband, da der Durchschnitt von beliebig vielen
   reflexiven und transitiven Relationen wiederum reflexiv und transitiv ist.

2. Der Durchschnitt von konvexen Teilmengen der Euklidschen Ebene $\mathbb{E}$ ist trivialerweise auch konvex. Somit bekommt man durch diese Teilmengen ein Hüllensystem
   im Potenzmengenverband $(2^{\mathbb{E}}, \cup, \cap)$.

3. Die Vereinigung von (topologisch) offenen Mengen ist nach der Definition des Begriffs „Topologie" offen. Somit bildet die Topologie $\mathcal{T}$ (die Menge der offenen Mengen) eines topologischen Raums $(M, \mathcal{T})$ ein Hüllensystem im dualen Potenzmengenverband $(2^M, \cap, \cup)$ über M. □

Aus den Beispielen 4.4.3 ist schon gut die Konstruktion ersichtlich, mit der man von den Hüllensystemen zu den Hüllenbildungen kommt. Im nächsten Satz wird dieser Übergang allgemein angegeben und als korrekt bewiesen. Es wird weiterhin gezeigt, dass auch der umgekehrte Übergang von den Hüllenbildungen zu den Hüllensystemen mittels Fixpunktmengen möglich ist, und dass beide Transformationen gegenseitig invers zueinander sind.

4.4.6 Satz (Hauptsatz über Hüllen) Gegeben sei ein vollständiger Verband $(V, \sqcup, \sqcap)$. Dann gelten die drei folgenden Aussagen.

1. Jedes Hüllensystem $H \subseteq V$ induziert eine Hüllenbildung h_H durch die Festlegung

$$\mathsf{h}_H : V \to V \qquad \mathsf{h}_H(a) = \bigsqcap\{y \in H \mid a \sqsubseteq y\}.$$

2. Jede Hüllenbildung $h : V \to V$ induziert ein Hüllensystem H_h durch die Festlegung

$$\mathsf{H}_h := \mathsf{Fix}(h) = \{a \in V \mid h(a) = a\}.$$

3. Die so definierten zwei (namenlosen) Abbildungen $H \mapsto \mathsf{h}_H$ und $h \mapsto \mathsf{H}_h$ zwischen den Hüllensystemen und den Hüllenbildungen über V sind gegenseitig invers zueinander, d.h. erfüllen die folgenden zwei Gleichungen:

$$\mathsf{h}_{(\mathsf{H}_h)} = h \qquad \mathsf{H}_{(\mathsf{h}_H)} = H$$

Weiterhin sind sie auch antiton bezüglich der Mengeninklusion auf den Hüllensystemen und der Abbildungsordnung auf den Hüllenbildungen, also insgesamt Ordnungsisomorphismen (wobei eine der Ordnungen dualisiert ist).

Beweis: Wir beweisen die drei Aussagen der Reihe nach.

1. Es sind die drei Eigenschaften einer Hüllenbildung zu zeigen. Dazu seien $a, b \in V$ beliebig vorgegeben.

   Monotonie: Eine größere Menge führt zu einem kleineren Infimum. Diese Eigenschaft erlaubt die zu zeigende Monotonie wie folgt zu verifizieren:

$$
\begin{aligned}
& a \sqsubseteq b \\
\Longrightarrow\ & \{y \in H \mid b \sqsubseteq y\} \subseteq \{y \in H \mid a \sqsubseteq y\} \\
\Longrightarrow\ & \bigsqcap\{y \in H \mid a \sqsubseteq y\} \sqsubseteq \bigsqcap\{y \in H \mid b \sqsubseteq y\} \qquad \text{obige Bem.} \\
\Longleftrightarrow\ & \mathsf{h}_H(a) \sqsubseteq \mathsf{h}_H(b) \qquad\qquad\qquad\qquad\qquad\ \text{Definition } \mathsf{h}_H
\end{aligned}
$$

   Expansion: Hier geht man wie folgt vor:

$$a \in \mathsf{Mi}(\{y \in H \mid a \sqsubseteq y\}) \qquad\qquad \text{wahre Aussage}$$
$$\Longrightarrow \quad a \sqsubseteq \bigsqcap\{y \in H \mid a \sqsubseteq y\} \qquad\qquad \text{Definition Infimum}$$
$$\Longleftrightarrow \quad a \sqsubseteq \mathsf{h}_H(a) \qquad\qquad\qquad \text{Definition von } \mathsf{h}_H$$

Idempotenz: Es genügt $\mathsf{h}_H(\mathsf{h}_H(a)) \sqsubseteq \mathsf{h}_H(a)$ zu beweisen; man vergleiche dazu mit der Bemerkung nach Definition 4.4.1. Wir haben offensichtlich $\{y \in H \mid a \sqsubseteq y\} \subseteq H$ und daraus folgt die Eigenschaft

$$\begin{aligned}
\mathsf{h}_H(a) \;\; &= \;\; \bigsqcap\{y \in H \mid a \sqsubseteq y\} &&\text{Definition von } \mathsf{h}_H \\
&\in \;\; H &&H \text{ ist Hüllensystem,}
\end{aligned}$$

was die nachfolgende Element-Beziehung impliziert:

$$\mathsf{h}_H(a) \;\; \in \;\; \{y \in H \mid \mathsf{h}_H(a) \sqsubseteq y\} \qquad\qquad \text{da } \mathsf{h}_H(a) \sqsubseteq \mathsf{h}_H(a)$$

Damit sind wir aber fertig, denn wir bekommen nun:

$$\begin{aligned}
\mathsf{h}_H(\mathsf{h}_H(a)) \;\; &= \;\; \bigsqcap\{y \in H \mid \mathsf{h}_H(a) \sqsubseteq y\} &&\text{Definition } \mathsf{h}_H(a) \\
&\sqsubseteq \;\; \mathsf{h}_H(a) &&\text{da } \mathsf{h}_H(a) \text{ in der Menge}
\end{aligned}$$

2. Die Abbildung h ist monoton, also ist H_h nach dem Fixpunktsatz 4.1.1 nichtleer. Es sei nun $M \subseteq \mathsf{H}_h$ beliebig gewählt. Zu zeigen ist $\bigsqcap M \in \mathsf{H}_h$, d.h. also $\bigsqcap M = h(\bigsqcap M)$ nach der Definition von H_h als Menge der Fixpunkte von h.

Abschätzung „$\sqsubseteq$": Die Ungleichung $\bigsqcap M \sqsubseteq h(\bigsqcap M)$ folgt aus der Expansionseigenschaft der Hüllenbildung h.

Abschätzung „$\sqsupseteq$": Zu deren Beweis schließt man wie folgt:

$$\begin{aligned}
& \forall a \in M : \bigsqcap M \sqsubseteq a &&\text{wahre Aussage} \\
\Longrightarrow \quad & \forall a \in M : h(\textstyle\bigsqcap M) \sqsubseteq h(a) = a &&h \text{ monoton, } M \subseteq \mathsf{Fix}(h) \\
\Longleftrightarrow \quad & h(\textstyle\bigsqcap M) \in \mathsf{Mi}(M) &&\text{Definition Mi} \\
\Longrightarrow \quad & h(\textstyle\bigsqcap M) \sqsubseteq \textstyle\bigsqcap M &&\text{Eigenschaft Infimum}
\end{aligned}$$

3. Die linke Gleichung: Es sei ein beliebiges $a \in V$ gegeben. Dann gilt:

$$\begin{aligned}
\mathsf{h}_{(\mathsf{H}_h)}(a) \;\; &= \;\; \bigsqcap\{y \in \mathsf{H}_h \mid a \sqsubseteq y\} &&\text{Definition } \mathsf{h}_{(\mathsf{H}_h)} \\
&= \;\; \bigsqcap\underbrace{\{y \in V \mid a \sqsubseteq y \wedge h(y) = y\}}_{:=M} &&\text{Definition } \mathsf{H}_h
\end{aligned}$$

Es bleibt zu zeigen, dass $\bigsqcap M = h(a)$ gilt, dann haben wir $\mathsf{h}_{(\mathsf{H}_h)}(a) = h(a)$ für alle $a \in V$, also die Gleichheit $\mathsf{h}_{(\mathsf{H}_h)} = h$.

Abschätzung „$\sqsubseteq$": Wegen der Eigenschaft $a \sqsubseteq h(a)$ und $h(h(a)) = h(a)$ haben wir $h(a) \in M$, da es die die Menge M definierenden Eigenschaften erfüllt. Aus $h(a) \in M$ folgt aber $\bigsqcap M \sqsubseteq h(a)$.

Abschätzung „$\sqsupseteq$": Ist $b \in M$ beliebig gewählt, so gilt $a \sqsubseteq b$ und $h(b) = b$, also $h(a) \sqsubseteq b$ wegen der Monotonie von h. Dies zeigt $h(a) \in \mathsf{Mi}(M)$ und somit $h(a) \sqsubseteq \bigsqcap M$.

Wir kommen nun zur rechten Gleichung von (3). Wir zeigen dazu erst für alle $a \in V$ die Äquivalenz[3].

$$a \in H \iff a = \bigsqcap\{y \in H \mid a \sqsubseteq y\} \tag{†}$$

Hier ist der Beweis für die Richtung „$\Longrightarrow$":

$$
\begin{aligned}
& a \in H \\
\Longrightarrow\quad & a \in \{y \in H \mid a \sqsubseteq y\} && \text{da } a \sqsubseteq a \\
\Longrightarrow\quad & a \text{ kleinstes Element dieser Menge} \\
\Longrightarrow\quad & a = \bigsqcap\{y \in H \mid a \sqsubseteq y\} && \text{Kl. El. ist Infimum}
\end{aligned}
$$

Zum Beweis der anderen Richtung „$\Longleftarrow$" schließt man wie folgt

$$
\begin{aligned}
a = \bigsqcap\{y \in H \mid a \sqsubseteq y\} \Longrightarrow\quad & a \text{ Inf. Teilmenge von } H \\
\Longrightarrow\quad & a \in H && H \text{ Hüllensys.}
\end{aligned}
$$

Mit Hilfe der obigen Äquivalenz (†) beenden wir nun den Beweis der rechten Gleichung von (3) sehr einfach wie folgt:

$$
\begin{aligned}
\mathsf{H}_{(\mathsf{h}_H)} &= \{a \in V \mid \mathsf{h}_H(a) = a\} && \text{Definition } \mathsf{H}_{(\mathsf{h}_H)} \\
&= \{a \in V \mid \bigsqcap\{y \in H \mid a \sqsubseteq y\} = a\} && \text{Definition } \mathsf{h}_H \\
&= \{a \in V \mid a \in H\} && \text{nach (†)} \\
&= H
\end{aligned}
$$

Dass $H_1 \subseteq H_2$ für beliebige Hüllensysteme H_1 und H_2 impliziert $\mathsf{h}_{H_2}(a) \sqsubseteq \mathsf{h}_{H_1}(a)$ für alle $a \in V$, also $\mathsf{h}_{H_2} \sqsubseteq \mathsf{h}_{H_1}$ gilt, folgt aus der Tatsache, dass die Vergrößerung einer Menge das Infimum verkleinert.

Gilt umgekehrt $h_2 \sqsubseteq h_1$ für beliebige Hüllenbildungen h_1 und h_2, so ist jeder Fixpunkt b von h_1 auch einer von h_2 aufgrund von $b \sqsubseteq h_2(b) \sqsubseteq h_1(b) = b$. Dies zeigt die Inklusion $\mathsf{H}_{h_1} = \mathsf{Fix}(h_1) \subseteq \mathsf{Fix}(h_2) = \mathsf{H}_{h_2}$. $\qquad\square$

Offensichtlich ist der Durchschnitt von zwei Hüllensystemen H_1 und H_2 eines vollständigen Verbands V wiederum ein Hüllensystem in V. Leider ist jedoch, wie Gegenbeispiele zeigen, die Komposition von zwei beliebigen Hüllenbildungen $h_1, h_2 : V \to V$ nicht immer eine Hüllenbildung bezüglich V. Sie wird offensichtlich eine, falls $h_1 \circ h_2 = h_2 \circ h_1$ zutrifft. Wird unter der Gültigkeit dieser Gleichung nun h_1 von H_1 und h_2 von H_2 im Sinne des Hauptsatzes induziert, so kann man unter Verwendung des Hauptsatzes die Darstellung $h_1 \circ h_2 = \mathsf{h}_{H_1 \cap H_2}$ für die vom Durchschnitt induzierte Hüllenbildung beweisen.

Um einem oft vorkommenden Fehler bei Hüllenbildungen und -systemen vorzubeugen, soll an dieser Stelle nun noch ein Beispiel für ein Mengensystem angegeben werden, das kein Hüllensystem ist, aber durch eine kleine Abänderung auf ein solches führt.

---

[3]D.h. $a \in H$ gilt genau dann, wenn $a = \mathsf{h}_H(a)$. Man beachte, dass der Beweis die Hüllensystemeigenschaften von H nicht verwendet.

4.4.7 Beispiel Es sei M eine unendliche Menge. Die Menge $\mathcal{E}$ der endlichen Teilmengen von M ist zwar abgeschlossen gegenüber *binären* Durchschnitten, bildet aber kein Hüllensystem im vollständigen Potenzmengenverband $(2^M, \cup, \cap)$. Für den Spezialfall $\emptyset \subseteq \mathcal{E}$, also *null-stelligen* Durchschnitten, gilt nämlich

$$\bigcap \emptyset \;=\; M \;\notin\; \mathcal{E}.$$

Die Abbildung $\mathsf{h}_{\mathcal{E}} : 2^M \to 2^M$ des Hauptsatzes 4.4.6, die einer Menge aus 2^M den Durchschnitt aller sie umfassenden endlichen Mengen aus 2^X zuordnet, bildet endliche Teilmengen von M auf sich selbst ab und unendliche Teilmengen von M auf M. Sie ist, wie man einfach verifiziert, eine Hüllenbildung, obwohl $\mathcal{E}$ kein Hüllensystem ist. Dies ist kein Widerspruch zum Hauptsatz, denn das von ihr induzierte Hüllensystem ist nicht $\mathcal{E}$, sondern die Erweiterung $\mathcal{E} \cup \{M\}$.

Von dem Hüllensystem $\mathcal{E} \cup \{M\}$ kommt man durch die Hauptsatz-Konstruktion wiederum exakt zur Hüllenbildung $\mathsf{h}_{\mathcal{E}}$ zurück. $\square$

Eine unmittelbare Folgerung des Hauptsatzes 4.4.6 ist die in dem folgenden Satz zuerst genannte Tatsache, dass Hüllensysteme vollständige Verbände sind. Wesentlich wichtiger für spätere Anwendungen ist aber der zweite Teil des Satzes, in dem angezeigt wird, wie in diesem vollständigen Verband Infima und Suprema gebildet werden.

4.4.8 Satz (Hüllensystemverband) Jedes Hüllensystem H eines vollständigen Verbands $(V, \sqcup, \sqcap)$ führt mit der durch H induzierten Teilordnung wieder zu einem vollständigen Verband $(H, \sqcup_H, \sqcap_H)$. In diesem Verband ist

1. das Infimum $\sqcap_H N$ von jeder Teilmenge $N \subseteq H$ gleich dem Infimum $\sqcap N$ von N im Originalverband V, also insbesondere gilt $a \sqcap_H b = a \sqcap b$ für alle $a, b \in H$, und

2. das Supremum $\sqcup_H N$ von jeder Teilmenge $N \subseteq H$ gleich der Hülle $\mathsf{h}_H(\sqcup N)$ im Originalverband V, also insbesondere gilt $a \sqcup_H b = \sqcap\{x \in H \mid a \sqcup b \sqsubseteq x\}$ für alle $a, b \in H$.

Beweis: Nach dem Hauptsatz ist H die Menge der Fixpunkte der Hüllenbildung (also monotonen Abbildung) $\mathsf{h}_H : V \to V$. Die Vollständigkeit von H folgt nun sofort aus dem zweiten Teil des Fixpunktsatzes von B. Knaster und A. Tarski.

Dass in diesem vollständigen Verband $(H, \sqcup_H, \sqcap_H)$ für alle $N \subseteq H$ das Infimum durch $\sqcap N$ gegeben ist, in Formelschreibweise also $\sqcap_H N = \sqcap N$ gilt, folgt aus der Infimumsabgeschlossenheit des Hüllensystems H. Hier ist der Beweis: Es sei ein beliebiges $a \in N$ gegeben. Dann gilt $\sqcap N \sqsubseteq a$, also $\sqcap N \sqsubseteq_{|H} a$ wegen $a \in N \subseteq H$ und $\sqcap N \in H$. Folglich ist $\sqcap N$ eine untere Schranke von N in $(H, \sqsubseteq_{|H})$. Das Element $\sqcap N$ ist sogar die größte untere Schranke von N in $(H, \sqsubseteq_{|H})$. Ist nämlich $b \in H$ eine weitere untere Schranke von N in $(H, \sqsubseteq_{|H})$, so gilt $b \sqsubseteq_{|H} a$ für alle $a \in N$, also $b \sqsubseteq a$ für alle $a \in N$ wegen $b \in H$. Dies bringt $b \sqsubseteq \sqcap N$ und $b \in H$ gemeinsam mit $\sqcap N \in H$ implizieren $b \sqsubseteq_{|H} \sqcap N$.

Das Supremum $\bigsqcup_H N$ von $N \subseteq H$ im Hüllensystemverband $(H, \sqcup_H, \sqcap_H)$ ist gleich dem Bildelement $\mathsf{h}_H(\bigsqcup N)$, wobei h_H die Hüllenbildung des Hauptsatzes 4.4.6 ist. Die folgende Rechnung verifiziert diese Tatsache:

$$
\begin{aligned}
\mathsf{h}_H(\textstyle\bigsqcup N) &= \textstyle\bigsqcap\{x \in H \mid \bigsqcup N \sqsubseteq x\} && \text{Definition } \mathsf{h}_H\\
&= \textstyle\bigsqcap\{x \in H \mid \forall\, y \in N : y \sqsubseteq x\}\\
&= \textstyle\bigsqcap_H\{x \in H \mid \forall\, y \in N : y \sqsubseteq x\} && \text{siehe oben}\\
&= \textstyle\bigsqcap_H\{x \in H \mid \forall\, y \in N : y \sqsubseteq_{|H} x\} && x, y \in H\\
&= \textstyle\bigsqcap_H \mathsf{Ma}_H(N) && \text{Definition obere Schranken}\\
&= \textstyle\bigsqcup_H N && \text{Satz von der oberen Grenze}
\end{aligned}
$$

Dabei zeigt der Index H beim Supremumssymbol und der Abbildung Ma an, dass man sich im Hüllensystemverband $(H, \sqcup_H, \sqcap_H)$ mit der durch H induzierten Ordnung befindet. □

Der Hüllensystemverband ist jedoch kein vollständiger Unterverband. Wir zeigen das anhand eines wichtigen Beispiels auf.

4.4.9 Beispiel (Untergruppenverband) Die Menge $\mathcal{U}(G)$ aller Untergruppen einer Gruppe $(G, \cdot)$ bildet ein Hüllensystem im Potenzmengenverband $(2^G, \cup, \cap)$, da der Durchschnitt von beliebig vielen Untergruppen von G wieder eine Gruppe ist. Im entsprechenden Verband $(\mathcal{U}(G), \sqcup, \sqcap)$, genannt *Untergruppenverband*, ist, nach dem obigen Satz, das Supremum von zwei Untergruppen U_1 und U_2 von G die kleinste Untergruppe, die $U_1 \cup U_2$ umfasst. Diese Gruppe wird die von $U_1 \cup U_2$ erzeugte Untergruppe genannt und normalerweise mit $\langle U_1 \cup U_2 \rangle$ bezeichnet.

Also haben wir im Untergruppenverband für die Bestimmung des Supremums und des Infimums von zwei Untergruppen U_1 und U_2 die folgenden zwei binären Operationen:

$$
U_1 \sqcup U_2 = \langle U_1 \cup U_2 \rangle \qquad U_1 \sqcap U_2 = U_1 \cap U_2
$$

Kleinstes Element ist die Menge $\{e\}$, wobei e das neutrale Element von G ist, größtes Element ist die Menge G und als Verbandsordnung ergibt sich die Inklusion.

Da die Vereinigung von Untergruppen einer Gruppe G im Allgemeinen keine Untergruppe von G ist, ist der Untergruppenverband $(\mathcal{U}(G), \sqcup, \sqcap)$ zwar vollständig aber *kein vollständiger Unterverband* vom Potenzmengenverband $(2^G, \cup, \cap)$.

Der Untergruppenverband ist ein sehr wichtiges Hilfsmittel bei der Untersuchung von Gruppen, da viele gruppentheoretische Eigenschaften verbandstheoretischen Eigenschaften entsprechen. Beispielsweise ist eine endliche Gruppe genau dann zyklisch (wird also von einem Element erzeugt), wenn der Untergruppenverband distributiv ist. Letzteres ist einfacher zu testen als die erste Eigenschaft. Aus der zeichnerischen Darstellung eines (nicht zu großen) Untergruppenverbands durch sein Hasse-Diagramm kann man oft viele interessante Untergruppen gewinnen, beispielsweise die maximalen Untergruppen und die wichtige *Frattini-Untergruppe* als deren Durchschnitt. Interessierte Leserinnen oder Leser seien auf die Monographie „Subgroup lattices of groups" von R. Schmidt verwiesen, die 1994 beim de Gruyter Verlag erschienen ist.

Normalteilerverbände sind spezielle Untergruppenverbände, denn jeder Normalteiler ist auch eine Untergruppe, und damit gilt auch hier die Gleichung $N_1 \sqcup N_2 = \langle N_1 \cup N_2 \rangle$ für alle Normalteiler N_1 und N_2. Wie in Beispiel 3.1.5.1 angegeben wurde, erlaubt die Normalteilereigenschaft jedoch eine wesentlich einfachere Beschreibung des Supremums in Form des Komplexprodukts.   □

Über das oben Gesagte hinausgehend kann man sogar jeden beliebigen vollständigen Verband V durch die Hüllen eines bestimmten Hüllensystems beschreiben, nämlich der Menge $\{[\mathsf{O}, a] \in 2^V \mid a \in V\}$ der Intervalle von V als Hüllensystem im Potenzmengenverband 2^V. Wir wollen dies aber weiter nicht vertiefen, sondern uns zum Schluss dieses Abschnitts einer praktischen Anwendung von Hüllen widmen.

Hat man in der Praxis ein Hüllensystem vorliegen, so kann man die zugehörige Hüllenbildung oft beschreiben als $\mathsf{h}_H(a) = \bigsqcap \{y \in H \mid a \sqsubseteq y\} = \mu_f$, wobei f eine $\sqcup$-stetige Abbildung (also auch monoton) ist. Damit gilt nach dem Fixpunktsatz 4.1.5, dass $\mathsf{h}_H(a) = \bigsqcup_{i \geq 0} f^i(\mathsf{O})$, und man kann, darauf aufbauend, den Wert $\mathsf{h}_H(a)$ mittels des Programms <u>COMP</u>$_\mu$ von Anwendung 4.1.6 iterativ berechnen. Wir zeigen dies an einem Beispiel.

4.4.10 Beispiel (Berechnung von transitiven Hüllen) Es sei M eine beliebige aber endliche Menge. Dann ist, wie wir schon wissen, die Menge $\mathcal{T}$ der transitiven Relationen auf M ein Hüllensystem im Potenzmengenverband $(2^{M \times M}, \cup, \cap)$ aller Relationen auf M.

Zu einer beliebigen Relation $R \subseteq M \times M$ ist somit die verbandstheoretische Beschreibung der transitiven Hülle R^+ von R durch die durch das Hüllensystem $\mathcal{T}$ induzierte Hüllenbildung gegeben. Dies sieht wie folgt aus:

$$R^+ = \bigcap \{S \in \mathcal{T} \mid R \subseteq S\}$$

Es ist relativ einfach zu verifizieren, dass $SS \subseteq S$ die relationale Beschreibung der Transitivität jeder Relation $S \subseteq M \times M$ ist. Hier ist der Beweis:

$$\begin{aligned} S \text{ transitiv} \quad &\Longleftrightarrow \quad \forall x, y, z \in M : x\,S\,y \wedge y\,S\,z \Rightarrow x\,S\,z && \text{Definition} \\ &\Longleftrightarrow \quad \forall x, z \in M : (\exists y \in M : x\,S\,y \wedge y\,S\,z) \Rightarrow x\,S\,z && \text{Logik} \\ &\Longleftrightarrow \quad \forall x, z \in M : x\,(SS)\,z \Rightarrow x\,S\,z && \text{Komposition} \\ &\Longleftrightarrow \quad SS \subseteq S \end{aligned}$$

Mit dieser relationalen Beschreibung der Transitivität von Relationen erhalten wir aus der obigen Festlegung, dass die Gleichung

$$\begin{aligned} R^+ &= \bigcap \{S \in \mathcal{T} \mid R \subseteq S\} && \text{nach oben} \\ &= \bigcap \{S \in 2^{M \times M} \mid S \in \mathcal{T}, R \subseteq S\} \\ &= \bigcap \{S \in 2^{M \times M} \mid SS \subseteq S, R \subseteq S\} \\ &= \bigcap \{S \in 2^{M \times M} \mid SS \cup R \subseteq S\} \end{aligned}$$

gilt. Wenn wir also die (mittels einiger fundamentaler Eigenschaften der relationalen Operationen) sehr einfach als monoton zu verifizierende Abbildung $f : 2^{M \times M} \to 2^{M \times M}$ festlegen durch $f(S) = SS \cup R$, so bringt die eben durchgeführte Rechnung schließlich die angestrebte Fixpunktbeschreibung von R^+ in folgender Form:

$$
\begin{aligned}
R^+ &= \bigcap\{S \in 2^{M \times M} \mid f(S) \subseteq S\} && \text{Definition von } f \\
&= \mu_f && f \text{ monoton, Fixpunktsatz 4.1.1.1}
\end{aligned}
$$

Diese Beschreibung erlaubt es nun unmittelbar, das Schema $\underline{\text{COMP}}_\mu$ in einer geeigneten Art und Weise zur Problemlösung zu instantiieren. Wir bekommen dann, mit $\emptyset$ als der leeren Relation auf M und nach einer Vereinfachung des Ausdrucks $\emptyset\emptyset \cup R$ zu R, das folgende Programm zur Berechnung der transitiven Hülle von R:

$$
\begin{aligned}
&X := \emptyset; Y := R; \\
&\underline{\text{while }} X \neq Y \underline{\text{ do}} \\
&\qquad X := Y; Y := YY \cup R \underline{\text{ od}}; \\
&\underline{\text{return }} X
\end{aligned}
$$

Da die Menge M als endlich vorausgesetzt ist, terminiert die Schleife. Insgesamt wird durch dieses Programm die transitive Hülle R^+ von R mittels logarithmisch vieler Anwendungen der relationalen Kompositions- und Vereinigungsoperation berechnet. Letzteres ist dadurch bedingt, dass durch die Schleifendurchläufe die Variable X nacheinander die Glieder der aufsteigenden Kette

$$
\emptyset \subseteq \bigcup_{i=1}^{1} R^i \subseteq \bigcup_{i=1}^{2} R^i \subseteq \bigcup_{i=1}^{4} R^i \subseteq \bigcup_{i=1}^{8} R^i \subseteq \bigcup_{i=1}^{16} R^i \subseteq \dots
$$

als Wert zugewiesen bekommt. Der Wert ändert sich somit nicht mehr, wenn die obere Grenze einer Vereinigung $|M| - 1$ erreicht oder übertrifft.

Die oben erwähnte Gleichung $\mathsf{h}_H(a) = \bigsqcup_{i \geq 0} f^i(\mathsf{O})$ tritt aber auch bei induktiven Definitionen auf, wie sie etwa in der Logik, bei Datenstrukturen, formalen Sprachen oder der Semantik von Programmiersprachen zur Einführung von bestimmten Mengen mittels einer sogenannten Basis und gewissen Konstruktorabbildungen oft verwendet werden. Nachfolgend geben wir dazu ein Beispiel aus der Logik an und betrachten die Formeln der Aussagenlogik

4.4.11 Beispiel (Aussageformen) Gegeben sei eine Menge V von Aussagenvariablen. Dann sind die Aussageformen $\mathfrak{A}(V)$ über den beiden Junktoren $\neg$ (Negation) und $\rightarrow$ (Implikation) normalerweise durch die folgenden Regeln definiert:

1. Für alle $x \in V$ gilt $x \in \mathfrak{A}(V)$.

2. Für alle $\varphi \in \mathfrak{A}(V)$ gilt $(\neg\varphi) \in \mathfrak{A}(V)$.

3. Für alle $\varphi, \psi \in \mathfrak{A}(V)$ gilt $(\varphi \rightarrow \psi) \in \mathfrak{A}(V)$.

4. Es gibt keine weiteren Aussageformen in $\mathfrak{A}(V)$

Dadurch wird die Menge V der Aussagevariablen als Basis erklärt und die beiden zu den Junktoren gehörenden Konstruktorabbildungen sind $c_\neg : \mathfrak{A}(V) \rightarrow \mathfrak{A}(V)$, mit $c_\neg(\varphi) = (\neg\varphi)$, bzw. $c_\to : \mathfrak{A}(V) \times \mathfrak{A}(V) \to \mathfrak{A}(V)$, mit $c_\to(\varphi, \psi) = (\varphi \to \psi)$. Oft lässt man Regel (4) auch weg und sagt dann, dass die Menge $\mathfrak{A}(V)$ mittels der Regeln (1), (2) und (3) *induktiv definiert* ist. Formal heißt dies, dass man die Regeln (1), (2) und (3) als Prädikat $P(\mathfrak{A}(V))$ auffasst und $\mathfrak{A}(V)$ durch

$$\mathfrak{A}(V) := \bigcap \{X \in 2^{3^*} \mid P(X)\}$$

festlegt. In dieser Gleichung ist 3 der Zeichenvorrat $V \cup \{(,), \neg, \to\}$ aus dem die Aussageformen gebildet werden und 3^* die Menge der (endlichen) Zeichenreihen (Worte, Sequenzen) über der Menge 3. Man kann die Menge $\mathfrak{A}(V)$ der Aussageformen auch noch anders beschreiben. Dazu betrachtet man die Abbildung $h : 2^{3^*} \to 2^{3^*}$ mit

$$h(X) = V \cup \{(\neg\varphi) \mid \varphi \in X\} \cup \{(\varphi \to \psi) \mid \varphi, \psi \in X\}.$$

Diese Abbildung ist leicht als monoton nachweisbar, und wir erhalten mit ihrer Hilfe die Menge $\mathfrak{A}(V)$ wie folgt:

$$\begin{aligned}
\mathfrak{A}(V) &= \bigcap\{X \in 2^{3^*} \mid V \subseteq X, \{\ldots\} \subseteq X, \{\ldots\} \subseteq X\} && \text{obige Regeln} \\
&= \bigcap\{X \in 2^{3^*} \mid V \cup \{\ldots\} \cup \{\ldots\} \subseteq X\} && \\
&= \bigcap\{X \in 2^{3^*} \mid h(X) \subseteq X\} && \text{Definition } h \\
&= \mu_h && \text{Knaster-Tarski}
\end{aligned}$$

Die Abbildung h ist, wie man ebenfalls leicht zeigt, sogar $\cup$-stetig und die Festlegung von $\mathfrak{A}(V)$ durch (1) bis (3) entspricht genau der Beschreibung $\mu_h = \bigcup_{i \geq 0} h^i(\emptyset)$. $\qquad\square$

In der Regel sind die grammatikalischen Bildungsgesetze bei solchen rekursiven Definitionen von Mengen so, dass die entsprechende Kleinste-Fixpunkt-Bildung zu einer Hüllenbildung führt und, neben Monotonie, sogar $\cup$-Stetigkeit vorliegt. Die Verwendung von Negationen (auf der Metaebene) führt zu Nichtmonotonie und damit zu sinnlosen rekursiven Definitionen. Deshalb tauchen Klauseln wie $\ldots x \notin M \ldots \Rightarrow \ldots$ bei induktiven bzw. rekursiven Definitionen von Mengen M niemals auf.

4.5 Galois-Verbindungen

Im letzten Abschnitt dieses Kapitels wollen wir nun noch einen Begriff studieren, der in einer engen Beziehung zu Hüllenbildungen und -systemen steht, und damit auch in einer engen Beziehung zu Fixpunkten. Es handelt sich um Galois-Verbindungen, die oft auch Galois-Korrespondenzen genannt werden. Wie Hüllen besitzen sie zahlreiche Anwendungen. Wir beginnen mit der Definition des Begriffs, die auf O. Ore zurückgeht.

4.5.1 Definition Es seien $(M, \sqsubseteq_1)$ und $(N, \sqsubseteq_2)$ zwei Ordnungen. Ein Paar von Abbildungen $f : M \to N$ und $g : N \to M$ heißt eine *Galois-Verbindung* zwischen M und N, falls für alle $a \in M$ und $b \in N$ die folgende Eigenschaft zutrifft:

$$a \sqsubseteq_1 g(b) \iff b \sqsubseteq_2 f(a)$$

Die beiden Abbildungen f und g nennt man dann zueinander *dual adjungiert*. $\qquad\square$

Statt der Äquivalenz von $a \sqsubseteq_1 g(b)$ und $b \sqsubseteq_2 f(a)$ unserer Festlegung von Galois-Verbindungen wird in der Literatur manchmal auch die Äquivalenz

$$g(b) \sqsubseteq_1 a \iff b \sqsubseteq_2 f(a)$$

für alle $a \in M$ und $b \in N$ gefordert. Offenbar kann man diese Variante auf die originale Festlegung reduzieren, indem man in Definition 4.5.1 die Ordnung $(M, \sqsubseteq_1)$ dualisiert. Damit übertragen sich alle Eigenschaften, die wir im Folgenden zeigen werden, entsprechend auf die Variante. Zur Unterscheidung wird die Variante manchmal auch *Paar von residuierten Abbildungen* genannt.

Wir erinnern an den schon früher bei den Abbildungen Mi und Ma benutzten Begriff der Antitonie von Abbildungen: $f : M \to N$ ist *antiton*, falls für alle $a, b \in M$ aus $a \sqsubseteq_1 b$ folgt $f(b) \sqsubseteq_2 f(a)$. Es gilt:

4.5.2 Satz Ein Paar von Abbildungen $f : M \to N$ und $g : N \to M$ auf Ordnungen $(M, \sqsubseteq_1)$ und $(N, \sqsubseteq_2)$ ist genau dann eine Galois-Verbindung zwischen M und N, falls f und g antiton sind und die Beziehungen

$$a \sqsubseteq_1 g(f(a)) \qquad\qquad b \sqsubseteq_2 f(g(b))$$

für alle $a \in M$ und $b \in N$ gelten (d.h. die beiden Abbildungskompositionen $g \circ f$ und $f \circ g$ expandierend sind).

Beweis: „$\Longrightarrow$": Expansionseigenschaften: Es sei $a \in M$ beliebig gewählt. Dann gilt $f(a) \sqsubseteq_2 f(a)$, also auch die Beziehung $a \sqsubseteq_1 g(f(a))$ nach der Äquivalenz von Definition 4.5.1. Analog beweist man auch $b \sqsubseteq_2 f(g(b))$ für alle $b \in N$.

Antitonie: Gegeben seien beliebige $a, b \in M$ mit $a \sqsubseteq_1 b$. Dann bringt die Expansionseigenschaft auf b angewendet, dass $a \sqsubseteq_1 g(f(b))$ gilt, und dies wiederum zeigt $f(b) \sqsubseteq_2 f(a)$ unter Anwendung von Definition 4.5.1. Analog behandelt man die zweite Abbildung.

„$\Longleftarrow$": Es seien $a \in M$ und $b \in N$ beliebig vorgegeben. Dann haben wir

$$
\begin{aligned}
b \sqsubseteq_2 f(a) \quad &\Longrightarrow \quad g(f(a)) \sqsubseteq_1 g(b) && \text{Antitonie} \\
&\Longrightarrow \quad a \sqsubseteq_1 g(b) && \text{Expansion.}
\end{aligned}
$$

und auf die gleiche Weise folgt $b \sqsubseteq_2 f(a)$ aus $a \sqsubseteq_1 g(b)$. Insgesamt erhalten wir somit die nach Definition 4.5.1 zu beweisende Äquivalenz. $\qquad\square$

Die Eigenschaften von Satz 4.5.2 haben wir schon bei den beiden Abbildungen Ma und Mi kennengelernt. Dass beide Abbildungen antiton sind, ist genau Satz 2.2.11.1, und dass etwa Mi $\circ$ Ma expandierend ist, wurde im Beweis von Satz 2.2.11.2 gezeigt. Folglich bilden diese Abbildungen im entsprechenden Potenzmengenverband eine Galois-Verbindung.

4.5.3 Beispiele (für Galois-Verbindungen) Ein Paar von identischen Abbildungen ist das einfachste Beispiel für eine Galois-Verbindung. Einige weitere Beispiele sind nachfolgend aufgeführt.

1. Es sei y eine beliebige positive reelle Zahl. Dann gilt für alle $a, b \in \mathbb{R}$ offensichtlich die nachfolgende Äquivalenz:

$$b * y \leq a \iff b \leq \frac{a}{y}$$

Diese führt zu einer Galois-Verbindung $f : \mathbb{R} \to \mathbb{R}$ und $g : \mathbb{R} \to \mathbb{R}$ zwischen der Ordnung $(\mathbb{R}, \geq)$ und der dualen Ordnung $(\mathbb{R}, \leq)$ mittels der beiden Abbildungen $f(x) = \frac{x}{y}$ und $g(x) = x * y$, da für alle $a, b \in \mathbb{R}$ gilt

$$a \geq g(b) \iff b * y \leq a \iff b \leq \frac{a}{y} \iff b \leq f(a).$$

2. Ist ein Boolescher Verband $(V, \sqcup, \sqcap, \overline{})$ vorliegend, so gilt, wie früher schon gezeigt, für alle Elemente $a, b, c \in V$ die nachstehende Eigenschaft:

$$a \sqsubseteq b \sqcup c \iff a \sqcap \overline{c} \sqsubseteq b$$

Dualisiert man eine der beiden Verbandsordnungen und nimmt man ein festes $c \in V$, so führt diese Äquivalenz offensichtlich, wie beim ersten Beispiel, wieder zu einer Galois-Verbindung, etwa zu $f, g : V \to V$ mit $f(x) = x \sqcap \overline{c}$ und $g(x) = x \sqcup c$ zwischen $(V, \sqsubseteq)$ und $(V, \sqsupseteq)$.

3. Das klassische Beispiel für eine Galois-Verbindung, welches auch zur Namensgebung führte, stammt aus einem Teilgebiet der Algebra, nämlich dem zu Ehren von E. Galois heutzutage Galois-Theorie genannten.

   Es sei K ein Unterkörper eines Körpers L und $G(L : K)$ die Galoisgruppe dieser Körpererweiterung, d.h. die Gruppe der Automorphismen[4] von L, die die Elemente von K als Fixpunkte besitzen, mit der Komposition als Verknüpfung. Man betrachtet die Mengen $\mathcal{G}(L : K)$ der Untergruppen der Galoisgruppe und $\mathcal{K}(L : K)$ der Zwischenkörper der Körpererweiterung, sowie die beiden Abbildungen

   $$f : \mathcal{G}(L : K) \to \mathcal{K}(L : K) \qquad f(U) = \{x \in L \,|\, \forall\, \sigma \in U : \sigma(x) = x\}$$

   von den Untergruppen in die Zwischenkörper und

   $$g : \mathcal{K}(L : K) \to \mathcal{G}(L : K) \qquad g(M) = G(L : M) = \{\sigma \in \mathrm{Aut}_L \,|\, \sigma_{|M} = id\}$$

   von den Zwischenkörpern in die Untergruppen. Dann bilden diese Abbildungen eine Galois-Verbindung zwischen $(\mathcal{G}(L : K), \subseteq)$ und $(\mathcal{K}(L : K), \subseteq)$. $\square$

Auch die nachfolgenden Eigenschaften kennen wir schon von den beiden Abbildungen Mi und Ma her. Ihre Verallgemeinerung auf beliebige Galois-Verbindungen ist eine unmittelbare Konsequenz des letzten Satzes. Wir verzichten deshalb auf einen Beweis.

---

[4]Zur Erinnerung: Ein Körperautomorphismus ist ein bijektiver Körperhomomorphismus, dessen Argument- und Resultatbereich gleich sind.

4.5.4 Satz Ist das Paar von Abbildungen $f : M \to N$ und $g : N \to M$ auf den Ordnungen $(M, \sqsubseteq_1)$ und $(N, \sqsubseteq_2)$ eine Galois-Verbindung zwischen M und N, so gelten die Gleichungen

$$f(g(f(a))) = f(a) \qquad g(f(g(b))) = g(b)$$

für alle $a \in M$ und $b \in N$.   □

Es gelten somit, in einer Notation mit Kompositionen und Gleichheit von Abbildungen, die Eigenschaften $f \circ g \circ f = f$ und $g \circ f \circ g = g$.

Durch den nachfolgenden Satz wird die Verbindung zwischen den Hüllen und den Galois-Verbindungen hergestellt. In ihm sind die Ordnungen natürlich die der Verbände. Wir versehen im weiteren nur die Ordnungen mit verschiedenen Indizes, um sie gemäß der Festlegung von Galois-Verbindungen in Definition 4.5.1 zu unterscheiden. Die Verbandsoperationen bleiben der Einfachheit halber ohne Indizes.

4.5.5 Satz Es seien $(V, \sqcup, \sqcap)$ und $(W, \sqcup, \sqcap)$ zwei vollständige Verbände. Ist das Paar $f : V \to W$ und $g : W \to V$ eine Galois-Verbindung zwischen den Ordnungen $(V, \sqsubseteq_1)$ und $(W, \sqsubseteq_2)$, so ist $g \circ f : V \to V$ eine Hüllenbildung auf V und $f \circ g : W \to W$ eine Hüllenbildung auf W.

Beweis: Wir betrachten nur den Fall der Abbildungskomposition $g \circ f$, da der verbleibende Fall $f \circ g$ auf die vollkommen gleiche Art und Weise behandelt werden kann.

Die Monotonie von $g \circ f$ folgt aus der Antitonie von f und von g, welche beide nach Satz 4.5.2 gelten.

Die Expansionseigenschaft von $g \circ f$ wurde direkt in Satz 4.5.2 bewiesen.

Nun sei ein Element $a \in V$ beliebig vorausgesetzt. Dann gilt $f(a) \sqsubseteq_2 f(g(f(a)))$ wegen der Expansionseigenschaft von $f \circ g$. Aufgrund der Antitonie der Abbildung g folgt nun daraus $g(f(g(f(a)))) \sqsubseteq_1 g(f(a))$, also die für die Idempotenz zu verifizierende Abschätzung $(g \circ f)((g \circ f)(a)) \sqsubseteq_1 (g \circ f)(a)$.   □

Dieser Satz zeigt noch einmal, dass die Kompositionen der beiden Abbildungen Ma und Mi im entsprechenden Potenzmengenverband Hüllenbildungen sind

Damit eine Abbildung zu einer Galois-Verbindung ergänzt werden kann, muss sie mindestens antiton sein. Man kann im Fall von vollständigen Verbänden aber sogar genau angeben, wann eine Ergänzung möglich ist und wie die dual-adjungierte Abbildung aussieht. Der folgende Satz gibt das Kriterium und die Konstruktion an. In seinem Beweis verwenden wir die folgende Äquivalenz, um zu zeigen, dass zwei Elemente $a, b \in M$ einer Ordnung $(M, \sqsubseteq)$ gleich sind:

$$a = b \iff \forall x \in M : x \sqsubseteq a \leftrightarrow x \sqsubseteq b$$

Die Richtung von links nach rechts ist offensichtlich. Zum Beweis der Umkehrung verwenden wir einmal die Äquivalenz für $x = a$ und erhalten daraus $a \sqsubseteq b$ und dann noch einmal für $x = b$ und erhalten daraus $b \sqsubseteq a$. Wegen der Antisymmetrie impliziert dies $a = b$. Und hier ist nun das angekündigte Resultat:

4.5.6 Satz Es seien $(V, \sqcup, \sqcap)$ und $(W, \sqcup, \sqcap)$ zwei vollständige Verbände und $f : V \to W$. Es gibt genau dann eine Abbildung $g : W \to V$, so dass f und g eine Galois-Verbindung zwischen V und W darstellen, wenn für alle $X \subseteq V$ gilt $f(\bigsqcup X) = \bigsqcap\{f(a) \mid a \in X\}$.

Beweis: „$\Longrightarrow$" Es sei $g : W \to V$ so, dass f und g eine Galois-Verbindung zwischen V und W darstellen. Weiterhin sei $X \subseteq V$ beliebig gewählt. Dann haben wir für alle $b \in W$ die folgende Äquivalenz:

$$
\begin{aligned}
b \sqsubseteq_2 \bigsqcap\{f(a) \mid a \in X\} &\iff \forall\, a \in X : b \sqsubseteq_2 f(a) & \\
&\iff \forall\, a \in X : a \sqsubseteq_1 g(b) & f, g \text{ Galois-Verbindung} \\
&\iff \bigsqcup X \sqsubseteq_1 g(b) & \\
&\iff b \sqsubseteq_2 f(\bigsqcup X) & f, g \text{ Galois-Verbindung}
\end{aligned}
$$

Aus der Bemerkung vor dem Satz folgt also $\bigsqcap\{f(a) \mid a \in X\} = f(\bigsqcup X)$.

„$\Longleftarrow$" Wir definieren die Abbildung g wie folgt:

$$
g : W \to V \qquad g(a) = \bigsqcup\{x \in V \mid a \sqsubseteq_2 f(x)\}
$$

Um zu zeigen, dass f und g eine Galois-Verbindung zwischen V und W bilden, verwenden wir die Kriterien von Satz 4.5.2. Es sind vier Eigenschaften zu verifizieren:

Antitonie von f: Es gelte $a \sqsubseteq_1 b$ für beliebige $a, b \in V$. Dann erhalten wir

$$
\begin{aligned}
f(b) \sqsubseteq_2 f(a) &\iff f(b) \sqcap f(a) = f(b) & \\
&\iff f(b \sqcup a) = f(b) & \text{Voraussetzung} \\
&\iff f(b) = f(b) & \text{da } a \sqsubseteq_1 b
\end{aligned}
$$

und somit die gewünschte Eigenschaft.

Antitonie von g: Es gelte nun $a \sqsubseteq_2 b$ für beliebige $a, b \in W$. Dann haben wir:

$$
\begin{aligned}
g(b) &= \bigsqcup\{x \in V \mid b \sqsubseteq_2 f(x)\} & \\
&\sqsubseteq \bigsqcup\{x \in V \mid a \sqsubseteq_2 f(x)\} & b \sqsubseteq_2 f(x) \text{ impliziert } a \sqsubseteq_2 f(x) \\
&= g(a) &
\end{aligned}
$$

Diese Herleitung verwendet, dass die Vergrößerung einer Menge auch das Supremum vergrößert.

Expansionseigenschaft von $g \circ f$: Es sei $a \in V$ beliebig vorgegeben. Dann gilt:

$$
\begin{aligned}
a \;\; &\sqsubseteq_1 \;\; \bigsqcup\{x \in V \mid f(a) \sqsubseteq_2 f(x)\} & \text{da } a \in \{x \in V \mid f(a) \sqsubseteq_2 f(x)\} \\
&= \;\; g(f(a)) &
\end{aligned}
$$

Expansionseigenschaft von $f \circ g$: Es sei nun $a \in W$ beliebig vorgegeben. In diesem Fall gehen wir wie folgt vor:

$$
\begin{aligned}
a \;\; &\sqsubseteq_2 \;\; \bigsqcap\{f(x) \,|\, x \in V \wedge a \sqsubseteq_2 f(x)\} && \text{siehe unten} \\
&= \;\; f(\bigsqcup\{x \in V \,|\, a \sqsubseteq_2 f(x)\}) && \text{Eigenschaft } f \\
&= \;\; f(g(a))
\end{aligned}
$$

Dabei folgt die erste Abschätzung aus der Tatsache, dass man das Infimum einer Menge betrachtet, deren Elemente sämtliche obere Schranken von a sind. Damit ist a nämlich eine untere Schranke der betrachteten Menge und folglich kleiner oder gleich der größten unteren Schranke dieser Menge. $\qquad\qquad\square$

Unter Verwendung der Schreibweise für das Bild einer Menge bekommen wir die folgende prägnantere Form: Es gibt zu f genau dann ein g, so dass f und g eine Galois-Verbindung zwischen V und W darstellen, wenn für alle $X \subseteq V$ gilt $f(\bigsqcup X) = \bigsqcap f(X)$. Aus der Äquivalenz vor dem letzten Satz folgt weiterhin unmittelbar: Sind f, g und f, h zwei Galois-Verbindungen zwischen den vollständigen Verbänden $(V, \sqcup, \sqcap)$ und $(W, \sqcup, \sqcap)$, so gilt die Gleichheit $g = h$. Der letzte Satz zeigt nun, wie die dadurch eindeutig zu f existierende Abbildung durch f bestimmt ist.

Liegen nur Ordnungen vor, so ist das Kriterium des letzten Satzes natürlich nicht anwendbar. Aber auch hier kann man genau sagen, wann eine Ergänzung von $f : M \to N$ durch $g : N \to M$ zu einer Galois-Verbindung zwischen $(M, \sqsubseteq_1)$ und $(N, \sqsubseteq_2)$ möglich ist und wie die eindeutig bestimmte dual-adjungierte Abbildung aussieht. Es gibt genau dann das gewünschte g, wenn f antiton ist und für alle $b \in N$ die Menge $\{a \in M \,|\, b \sqsubseteq_2 f(a)\}$ ein größtes Element besitzt. Der Beweis der Richtung „$\Longrightarrow$" ist einfach. Ist f, g eine Galois-Verbindung, so ist f nach Satz 4.5.2 antiton. Weiterhin ist für alle $b \in N$ das Bild $g(b)$ das größte Element von $\{a \in M \,|\, b \sqsubseteq_2 f(a)\}$. Wegen $b \sqsubseteq_2 f(g(b))$ liegt es in der Menge und für alle $a \in M$ mit $b \sqsubseteq_2 f(a)$ gilt $a \sqsubseteq_1 g(b)$ nach der definierenden Eigenschaft von Galois-Verbindungen. Der Beweis der anderen Richtung „$\Longleftarrow$" ist nicht einfach. Hier zeigt man zuerst, dass es zu jedem $b \in N$ genau ein $a \in M$ gibt, so dass $\{x \in M \,|\, f(x) \in \mathsf{Ma}(b)\}$ die Menge der unteren Schranken von a ist. Dann definiert man $g : N \to M$, indem man $b \in N$ dieses eindeutige Element $a \in N$ zuordnet. Für Einzelheiten verweisen wir auf die Literatur, etwas das Buch von M. Erné.

Kapitel 5

Vervollständigung und Darstellung mittels Vervollständigung

Bei einer beliebigen Ordnung und einem beliebigen Verband hat man keinerlei Aussagen über die Existenz von Suprema und Infima nichtendlicher Teilmengen. Deshalb erscheint es wünschenswert, diese Strukturen in umfassende vollständige Verbände einzubetten, da hier Suprema und Infima für alle Teilmengen existieren. In diesem Kapitel werden einige Methoden besprochen, die es erlauben, Ordnungen und Verbände in vollständige Verbände einzubetten. Man spricht in diesem Zusammenhang auch von einer Vervollständigung von Ordnungen bzw. Verbänden. Eng verbunden mit diesen Vervollständigungs- und Einbettungsfragen sind auch Darstellungsfragen, da sie in der Regel unter Zuhilfenahme von Potenzmengen, also speziellen vollständigen Verbänden, angegangen werden. Die Darstellung von endlichen Booleschen Verbänden als Potenzmengen haben wir im vorletzten Kapitel durch den entsprechenden Hauptsatz genau geklärt. Im vorletzten Abschnitt dieses Kapitels beweisen wir ein Darstellungsresultat für die allgemeinere Klasse der endlichen distributiven Verbände, welches auf G. Birkhoff zurückgeht.

5.1   Vervollständigung durch Ideale

Der Idealbegriff der Verbandstheorie ist dem der Ringtheorie der klassischen Algebra nachgebildet, wobei die Supremumsoperation der Addition und die Infimumsoperation der Multiplikation entspricht. Bei Ringen sind Ideale nichtleere Teilmengen, die abgeschlossen sind unter Addition und einseitiger Multiplikation (etwa von rechts). Übertragen auf Verbände führt dies zur folgenden Festlegung, welche auf G. Birkhoff und O. Frink zurückgeht.

5.1.1 Definition Es sei $(V, \sqcup, \sqcap)$ ein Verband. Eine nichtleere Teilmenge I von V heißt ein *Ideal* (genauer: *Verbandsideal*) von V, falls für alle $a, b \in V$ die folgenden zwei Eigenschaften gelten:

1. Aus $a \in I$ und $b \in I$ folgt $a \sqcup b \in I$.

2. Aus $a \in I$ und $b \in V$ folgt $a \sqcap b \in I$.   □

Ist I ein Ideal von V, so gilt insbesondere für alle $a \in I$ und $b \in V$, dass $b \sqsubseteq a$ impliziert $b \in I$. Es ist nämlich in diesem Fall $b = a \sqcap b \in I$ nach der ersten Forderung der obigen Definition. Weil wir diese Eigenschaft später noch mehrmals verwenden werden, wollen wir sie auch in Form eines Satzes herausstellen.

5.1.2 Satz Es seien I ein Ideal eines Verbands $(V, \sqcup, \sqcap)$ und $a, b \in V$ mit $b \sqsubseteq a$. Ist $a \in I$, so gilt auch $b \in I$.   □

Man sagt auch: Ideale sind nach unten (oder abwärts) abgeschlossene Teilmengen von Verbänden. Insbesondere enthalten sie das kleinste Verbandselement, falls ein solches existiert. Der nachfolgend angegebene Satz zeigt, wie man Ideale nur mittels der binären Supremumsoperation charakterisieren kann.

5.1.3 Satz Es seien $(V, \sqcup, \sqcap)$ ein Verband und I eine nichtleere Teilmenge von V. Es ist I genau dann ein Ideal von V, falls für alle $a, b \in V$ gilt

$$a, b \in I \iff a \sqcup b \in I.$$

Beweis: „$\Longrightarrow$": Es sei I ein Ideal von V. Weiterhin seien $a, b \in V$ beliebig gewählt. Dann zeigt Definition 5.1.1.1 sofort die Implikation

$$a, b \in I \implies a \sqcup b \in I.$$

Zum Beweis der umgekehrten Richtung sei nun $a \sqcup b \in I$ vorausgesetzt. Dann gelten die beiden zu zeigenden Beziehungen

$$a = (a \sqcup b) \sqcap a \in I \qquad b = (a \sqcup b) \sqcap b \in I$$

wegen der Absorption und Definition 5.1.1.2.

„$\Longleftarrow$": Wir zeigen zuerst die erste Forderung von Definition 5.1.1. Es seien $a, b \in I$ beliebig gewählt. Dann ist, nach Richtung „$\Longrightarrow$" der Voraussetzung, auch $a \sqcup b \in I$.

Zum Beweis der zweiten Forderung von Definition 5.1.1 seinen $a \in I$ und $b \in V$ beliebig vorgegeben. Dann gilt $a \sqcup (a \sqcap b) = a \in I$ nach dem Absorptionsgesetz und dies impliziert (neben $a \in I$, was schon gilt) auch die gewünschte Eigenschaft $a \sqcap b \in I$ nach der Richtung „$\Longleftarrow$" der Voraussetzung.   □

Insbesondere ist also die gesamte Trägermenge V eines jeden Verbands $(V, \sqcup, \sqcap)$ ein Ideal in ihm. Man spricht hier von einem trivialen Ideal. Auch $\{O\}$ ist ggf. ein triviales Ideal.

5.1.4 Beispiele (für Ideale) Nachfolgend geben wir einige weitere Beispiele für Ideale in Verbänden an.

1. Wir betrachten zuerst den Verband der Wahrheitswerte $\mathbb{B}$ mit der Ordnungsbeziehung $\mathit{ff} < \mathit{tt}$. Von den vier Teilmengen $\emptyset$, $\{\mathit{ff}\}$, $\{\mathit{tt}\}$ und $\mathbb{B}$ von $\mathbb{B}$ sind, wie man sofort nachprüft, nur $\{\mathit{ff}\}$ und $\mathbb{B}$ Ideale.

2. Nun sei V ein beliebiger Verband und es sei $(V, \sqsubseteq)$ die dazugehörende Verbandsordnung. Zu einem Element $a \in V$ definieren wir die Menge $(a) \subseteq V$ durch

$$(a) := \{b \in V \mid b \sqsubseteq a\}.$$

Dann ist (a) ein Ideal von V. Wegen der Reflexivität der Ordnung gilt nämlich $a \in (a)$ und somit ist die Menge (a) nichtleer. Weiterhin gilt für alle $b, c \in V$ außerdem, dass

$$
\begin{array}{rll}
b, c \in (a) & \Longleftrightarrow \quad b \sqsubseteq a \wedge c \sqsubseteq a & \text{Definition } (a) \\
& \Longrightarrow \quad b \sqcup c \sqsubseteq a & \\
& \Longleftrightarrow \quad b \sqcup c \in (a) & \text{Definition } (a)
\end{array}
$$

(also die erste Bedingung von Definition 5.1.1), und auch, dass

$$
\begin{array}{rll}
b \in (a) & \Longleftrightarrow \quad b \sqsubseteq a & \text{Def. Hauptideal} \\
& \Longrightarrow \quad b \sqcap c \sqsubseteq a & \text{da } b \sqcap c \sqsubseteq b \\
& \Longleftrightarrow \quad b \sqcap c \in (a) & \text{Def. Hauptideal}
\end{array}
$$

(also die zweite Bedingung von Definition 5.1.1). $\qquad\square$

Die speziellen Ideale (a) von Beispiel 5.1.4.2 hängen nur vom Element a ab. Sie spielen in der Verbandstheorie eine ausgezeichnete Rolle. Analog zur Sprechweise bei den Ringen legt man fest:

5.1.5 Definition Zu einem Verband $(V, \sqcup, \sqcap)$ und einem Element $a \in V$ heißt die Menge (a) das von a erzeugte *Hauptideal* von V. $\qquad\square$

Nachdem wir Ideale eingeführt haben, zeigen wir nun, wie man durch ihre Hilfe einen Verband in einen vollständigen Verband einbettet. Einbetten heißt hier, einen vollständigen Verband zu konstruieren, der einen Unterverband besitzt, welcher verbandsisomorph zum einzubettenden Verband ist. Leider kann man durch Ideale nicht jeden Verband V direkt in einen vollständigen Verband einbetten. Voraussetzung ist, dass V ein kleinstes Element besitzt. Dies ist jedoch keine schwerwiegende Einschränkung. Man kann sie umgehen, indem man in einem ersten Schritt ein Lifting von V bildet und dann in einem zweiten Schritt den gelifteten Verband einbettet. Wir konzentrieren uns im Folgenden nur auf den zweiten Schritt, setzen also immer ein kleinstes Element voraus.

Grundlegend für eine Vervollständigung mittels Idealen sind die in der folgenden Definition eingeführten Mengen.

5.1.6 Definition Es sei $(V, \sqcup, \sqcap)$ ein Verband. Dann bezeichnen wir mit

$$\mathcal{I}(V) := \{I \in 2^V \mid I \text{ ist Ideal von } V\}$$

die *Menge der Ideale* von V und mit

$$\mathcal{H}(V) := \{(a) \mid a \in V\}$$

die *Menge der Hauptideale* von V. $\qquad\square$

Zur Einbettung eines Verbands $(V, \sqcup, \sqcap)$ mit kleinstem Element in den Verband der Ideale von V sind die folgenden Schritte durchzuführen. Zuerst ist $\mathcal{I}(V)$ mit zwei Operationen zu versehen, so dass $(\mathcal{I}(V), \sqcup_i, \sqcap_i)$ einen vollständigen Verband bildet. Dann ist zu zeigen, dass $\mathcal{H}(V)$ einen Unterverband von $\mathcal{I}(V)$ darstellt. Und schließlich ist ein Verbandsisomorphismus vom gegebenen Verband $(V, \sqcup, \sqcap)$ in den Unterverband der Hauptideale von V anzugeben.

Wir beginnen in dem folgenden Satz mit dem ersten Schritt, der Angabe der Verbandsoperationen.

5.1.7 Satz Es sei $(V, \sqcup, \sqcap)$ ein Verband mit kleinstem Element O. Dann gelten für die Ordnung $(\mathcal{I}(V), \subseteq)$ die folgenden Eigenschaften:

1. Jede Teilmenge von $\mathcal{I}(V)$ der Form $\{I, J\}$ besitzt ein Supremum, nämlich die Menge

$$\{a \in V \mid \exists\, i \in I, j \in J : a \sqsubseteq i \sqcup j\}.$$

2. Jede nichtleere Teilmenge $\mathcal{M}$ von $\mathcal{I}(V)$ besitzt ein Infimum, nämlich den Durchschnitt

$$\bigcap\{I \mid I \in \mathcal{M}\}.$$

3. Ist der Verband V distributiv, so ist das Supremum einer Teilmenge von $\mathcal{I}(V)$ der Form $\{I, J\}$ gegeben durch

$$\{a \in V \mid \exists\, i \in I, j \in J : a = i \sqcup j\},$$

also durch die Menge $\{i \sqcup j \mid i \in I, j \in J\}$ von Suprema.

Beweis: Der Nachweis der Supremumseigenschaft ist der langwierigste Teil des gesamten Beweises. Im ersten der folgenden Punkte beginnen wir damit.

1. Wir setzen M als Abkürzung für die Menge, von der wir zeigen wollen, dass sie das Supremum von I und J ist:

$$M := \{a \in V \mid \exists\, i \in I, j \in J : a \sqsubseteq i \sqcup j\}$$

Nun gehen wir direkt Punkt für Punkt nach der Definition des Supremums vor.

Es gelten $I \subseteq M$ und $J \subseteq M$: Ist $i \in I$, so gibt es ein $j \in J$ mit $i \sqsubseteq i \sqcup j$, denn $i \sqsubseteq i \sqcup j$ gilt für alle $j \in J$. Also gilt $i \in M$. Dies zeigt $I \subseteq M$, und auf die gleiche Art und Weise zeigt man $J \subseteq M$.

M ist ein Ideal von V: Die Menge M ist nichtleer, weil z.B. $\emptyset \neq I \subseteq M$. Nun seien beliebige $a, b \in V$ gegeben. Dann gilt die erste Forderung der Idealdefinition wegen

$$
\begin{aligned}
a, b \in M \;&\Longrightarrow\; a \sqsubseteq i_1 \sqcup j_1 \wedge b \sqsubseteq i_2 \sqcup j_2 && \text{mit } i_1, i_2 \in I \text{ und } j_1, j_2 \in J \\
&\Longrightarrow\; a \sqcup b \sqsubseteq i_1 \sqcup i_2 \sqcup j_1 \sqcup j_2 \\
&\Longrightarrow\; a \sqcup b \in M && \text{weil } i_1 \sqcup i_2 \in I \text{ und } j_1 \sqcup j_2 \in J
\end{aligned}
$$

und die zweite Forderung der Idealdefinition wegen

$$
\begin{aligned}
a \in M \; \Longrightarrow \; & a \sqsubseteq i \sqcup j && \text{mit } i \in I \text{ und } j \in J \\
\Longrightarrow \; & a \sqcap b \sqsubseteq i \sqcup j && \text{da } a \sqcap b \sqsubseteq a \\
\Longrightarrow \; & a \sqcap b \in M.
\end{aligned}
$$

Unter Verwendung der oben gezeigten Inklusionen $I \subseteq M$ und $J \subseteq M$ ist damit insbesondere M auch eine obere Schranke von I und J in $(\mathcal{I}(V), \subseteq)$.

Es sei nun K eine weitere obere Schranke von I und J in $(\mathcal{I}(V), \subseteq)$, also K ein Ideal von V mit $I \subseteq K$ und $J \subseteq K$. Es sei $a \in M$ beliebig angenommen. Dann gibt es $i \in I \subseteq K$ und $j \in J \subseteq K$ mit $a \sqsubseteq i \sqcup j$. Es ist aber $i \sqcup j \in K$, denn K ist ein Ideal. Also gilt $a \in K$, denn Ideale sind nach unten abgeschlossen. Insgesamt haben wir also $M \subseteq K$ bewiesen und folglich ist M die kleinste obere Schranke.

2. Wir haben $\mathsf{O} \in I$ für alle $I \in \mathcal{M}$. Somit ist der Durchschnitt $\bigcap \{I \mid I \in \mathcal{M}\}$ nichtleer. Es seien nun $a, b \in V$ beliebige Elemente. Dann gilt die folgende Äquivalenz:

$$
\begin{aligned}
a, b \in \bigcap \{I \mid I \in \mathcal{M}\} \; & \Longleftrightarrow \; \forall I \in \mathcal{M} : a, b \in I \\
& \Longleftrightarrow \; \forall I \in \mathcal{M} : a \sqcup b \in I && \text{Satz 5.1.3} \\
& \Longleftrightarrow \; a \sqcup b \in \bigcap \{I \mid I \in \mathcal{M}\}
\end{aligned}
$$

Nach Satz 5.1.3 ist somit der Durchschnitt $\bigcap \{I \mid I \in \mathcal{M}\}$ ebenfalls ein Ideal von V. Weil die Ordnung die Inklusion ist, folgt aus dieser Durchschnittsabgeschlossenheit, dass der Durchschnitt aller Mengen von $\mathcal{M}$ das Infimum von $\mathcal{M}$ darstellt.

3. Offensichtlich gilt für alle $a \in V$ die Implikation

$$
\exists i \in I, j \in J : a = i \sqcup j \; \Longrightarrow \; \exists i \in I, j \in J : a \sqsubseteq i \sqcup j.
$$

Für distributive Verbände gilt auch die Umkehrung. Sind nämlich $i \in I$ und $j \in J$ mit $a \sqsubseteq i \sqcup j$ vorausgesetzt, so gilt

$$
\begin{aligned}
a \; & = \; a \sqcap (i \sqcup j) && \text{Voraussetzung, Ordnung} \\
& = \; (a \sqcap i) \sqcup (a \sqcap j) && \text{Distributivität}
\end{aligned}
$$

und, wegen $a \sqcap i \in I$ und $a \sqcap j \in J$, findet man die gesuchte Darstellung von a als Supremum zweier Elemente von I und J. Dies zeigt

$$
\{a \in V \mid \exists i \in I, j \in J : a \sqsubseteq i \sqcup j\} \; = \; \{a \in V \mid \exists i \in I, j \in J : a = i \sqcup j\}
$$

und mit dem ersten Teil des Satzes folgt die Behauptung. Die weiterhin angegebene Darstellung ist nur eine vereinfachte Schreibweise. $\square$

Unter Verwendung der bisherigen Notation für Infima in Potenzmengenverbänden gilt natürlich in diesem Satz die Gleichung $\bigcap \{I \mid I \in \mathcal{M}\} = \bigcap \mathcal{M}$. Wir haben die ausführliche Schreibweise $\bigcap \{I \mid I \in \mathcal{M}\}$ statt der Kurzform $\bigcap \mathcal{M}$ nur gewählt, um das Verstehen der

Infimums-Konstruktion zu erleichtern. Auch in der Zukunft werden wir, um das Verstehen zu erleichtern, in der Regel bei Potenzmengen im Fall von Infima und Suprema die ausführlicheren Schreibweisen verwenden.

Nach dem zweiten Teil dieses Satzes bilden die Ideale einen vollständigen unteren Halbverband. Dieser hat ein größtes Element, denn die Trägermenge des Verbands ist natürlich auch ein Ideal. Somit bilden die Ideale nach dem Satz von der oberen Grenze sogar einen vollständigen Verband. Damit haben wir den ersten Schritt beendet. Wir halten das Resultat noch einmal fest, und spezialisieren dabei auch die allgemeine Infimumsbildung auf den binären Fall.

5.1.8 Satz (Idealverband) Ist ein Verband $(V, \sqcup, \sqcap)$ mit kleinstem Element gegeben und definiert man auf $\mathcal{I}(V)$ zwei Abbildungen mittels

$$I \sqcup_i J := \{a \in V \mid \exists\, i \in I, j \in J : a \sqsubseteq i \sqcup j\} \qquad I \sqcap_i J := I \cap J,$$

so ist $(\mathcal{I}(V), \sqcup_i, \sqcap_i)$ ein vollständiger Verband, genannt *Idealverband* von V, mit der Mengeninklusion als Verbandsordnung. $\qquad\square$

Die Hauptarbeit des zweiten Schritts der Idealvervollständigung wird in dem folgenden Satz bewerkstelligt: Es wird gezeigt, wie die Operationen des Idealverbands auf den Hauptidealen mittels der originalen Verbandsoperationen beschrieben werden können.

5.1.9 Satz Es seien $(V, \sqcup, \sqcap)$ ein Verband mit kleinstem Element und $(\mathcal{I}(V), \sqcup_i, \sqcap_i)$ sein Idealverband. Dann gilt für alle $a, b \in V$:

$$(a) \sqcup_i (b) = (a \sqcup b) \qquad\quad (a) \sqcap_i (b) = (a \sqcap b)$$

Beweis: Wir verwenden zweimal den eben angegebenen Satz 5.1.8, in dem, aufbauend auf den entscheidenden Satz 5.1.7, die Operationen des Idealverbands für den zweistelligen Fall definiert werden.

Es sei ein beliebiges $x \in V$ gewählt. Dann gilt:

$$
\begin{array}{lll}
x \in (a) \sqcup_i (b) & \Longleftrightarrow \quad \exists\, i \in (a), j \in (b) : x \sqsubseteq i \sqcup j & \text{Satz 5.1.8} \\
& \Longleftrightarrow \quad \exists\, i, j \in V : i \sqsubseteq a \wedge j \sqsubseteq b \wedge x \sqsubseteq i \sqcup j & \\
& \Longleftrightarrow \quad x \sqsubseteq a \sqcup b & \\
& \Longleftrightarrow \quad x \in (a \sqcup b) & \text{Def. Hauptideal}
\end{array}
$$

Dies zeigt die linke Gleichung.

Es sei nun wiederum ein beliebiges $x \in V$ gewählt. Dann gilt:

$$
\begin{array}{lll}
x \in (a) \sqcap_i (b) & \Longleftrightarrow \quad x \in (a) \cap (b) & \text{Satz 5.1.8} \\
& \Longleftrightarrow \quad x \in (a) \wedge x \in (b) & \\
& \Longleftrightarrow \quad x \sqsubseteq a \wedge x \sqsubseteq b & \text{Definition Hauptideal} \\
& \Longleftrightarrow \quad x \sqsubseteq a \sqcap b & \\
& \Longleftrightarrow \quad x \in (a \sqcap b) & \text{Definition Hauptideal}
\end{array}
$$

Damit ist auch die rechte Gleichung bewiesen. □

Nach diesem Satz sind im Idealverband binäre Suprema und Infima von Hauptidealen wieder Hauptideale. Folglich ist die Menge der Hauptideale abgeschlossen unter den Operationen des Idealverbands. Es gilt also der nachstehende Satz, der den zweiten Schritt der Idealvervollständigung beendet.

5.1.10 Satz In einem Verband mit einem kleinstem Element bilden die Hauptideale einen Unterverband des Idealverbands. □

Der nachfolgende Satz gibt schließlich noch den Verbandsisomorphismus zwischen dem einzubettenden Verband und dem Hauptidealverband an. Er beendet damit den dritten Teil der Idealvervollständigung.

5.1.11 Satz (Idealvervollständigung) Gegeben seien ein Verband $(V, \sqcup, \sqcap)$ mit einem kleinsten Element und sein Idealverband $(\mathcal{I}(V), \sqcup_i, \sqcap_i)$. Dann ist die Abbildung

$$e_i : V \to \mathcal{H}(V) \qquad e_i(a) = (a)$$

ein Verbandsisomorphismus zwischen V und dem Unterverband $\mathcal{H}(V)$ der Hauptideale vom Idealverband $(\mathcal{I}(V), \sqcup_i, \sqcap_i)$ von V.

Beweis: Die Homomorphieeigenschaft folgt direkt aus Satz 5.1.9. Sind $a, b \in V$ beliebig vorgegeben, so gilt nämlich deswegen die Gleichung

$$e_i(a \sqcup b) \;=\; (a \sqcup b) \;=\; (a) \sqcup_i (b) \;=\; e_i(a) \sqcup_i e_i(b)$$

und analog zeigt man auch die zweite Gleichung $e_i(a \sqcap b) = e_i(a) \sqcap_i e_i(b)$.

Offensichtlich ist die Abbildung e_i surjektiv, denn jedes Hauptideal (a) besitzt $a \in V$ als Urbild.

Nun seien noch beliebige $a, b \in V$ mit $e_i(a) = e_i(b)$ vorgegeben, also mit $(a) = (b)$. Dann haben wir $a \in (a) = (b)$, also $a \sqsubseteq b$, und auch $b \in (b) = (a)$, also $b \sqsubseteq a$. Insgesamt gilt somit $a = b$ und dies zeigt die noch fehlende Injektivität von e_i. □

Man muss sich davor hüten, den eben bewiesenen Satz zu weit zu interpretieren. Wir haben nur gezeigt, wie man mittels Idealen einen Verband V mit einem kleinsten Element als Unterverband des vollständigen Verbands $(\mathcal{I}(V), \sqcup_i, \sqcap_i)$ seiner Ideale auffassen kann. Ist der Verband V schon vollständig, so muss der ihm zugeordnete vollständige Verband $\mathcal{H}(V)$ jedoch *kein vollständiger Unterverband* von $\mathcal{I}(V)$ im Sinne von Definition 3.4.6 sein. Wir kommen darauf später in Abschnitt 5.3 noch zurück.

Noch eine weitere Bemerkung ist angebracht: Alle Idealmengen eines Verbands V sind abgeschlossen bezüglich beliebiger Durchschnitte. Damit bilden sie ein Hüllensystem im Potenzmengenverband $(2^V, \cup, \cap)$ und folglich einen vollständigen Verband. Aus der Hüllensystemeigenschaft von $\mathcal{I}(V)$ bekommt man auch die Darstellung des Supremums beliebiger

Teilmengen. Dies war für das Vorgehen aber nicht wichtig. Wesentlich bei vielen Beweisen war hingegen die Beschreibung der binären Suprema von Idealen.

Eine ähnliche Situation liegt auch beim Ansatz zur Vervollständigung vor, den wir im nächsten Abschnitt besprechen werden. Wiederum werden wir es mit einem Hüllensystem zu tun haben. Neben den dadurch gegebenen allgemeinen Eigenschaften wird aber die Verwendung von speziellen Gegebenheiten auch zur Beweisführung benötigt werden.

5.2   Vervollständigung durch Schnitte

Neben der Idealvervollständigung ist die Schnittvervollständigung die zweite wichtige Vervollständigungsmethode. Sie geht auf R. Dedekind zurück, der sie verwendete, um die reellen Zahlen (genaugenommen deren Abschluss durch Hinzunahme von $+\infty$ und $-\infty$) aus den rationalen Zahlen zu konstruieren. Dedekind verwendete damals zwei Mengensysteme, genannt Unter- und Oberklassen. Später wurde die Konstruktion von H. MacNeille vereinfacht, so dass ein Mengensystem ausreichte, und sie dabei gleichzeitig auch auf beliebige Ordnungen bzw. Verbände verallgemeinert. Man spricht deshalb heutzutage auch oft von der Dedekind-MacNeille-Vervollständigung.

Im Gegensatz zur Idealvervollständigung ist die Schnittvervollständigung / Dedekind-Mac-Neille-Vervollständigung schon für beliebige Ordnungen anwendbar. Sie baut auf Schnitten auf, die wie folgt definiert sind.

5.2.1 Definition Es sei $(M, \sqsubseteq)$ eine Ordnung. Eine Teilmenge S von M heißt ein *Schnitt* von M, falls $S = \mathsf{Mi}(\mathsf{Ma}(S))$ gilt.   □

Für jede Teilmenge X einer Ordnung gilt $\mathsf{Mi}(X) = \mathsf{Mi}(\mathsf{Ma}(\mathsf{Mi}(X)))$; siehe Satz 2.2.11.2. Somit existieren Schnitte[1]. Der Spezialfall $X = \emptyset$ zeigt sogar, dass die gesamte Trägermenge M einer Ordnung ein Schnitt ist. Für alle $a \in M$ gilt nämlich die Äquivalenz

$$a \in \mathsf{Mi}(\emptyset) \iff \forall b \in \emptyset : a \sqsubseteq b.$$

Deren rechte Seite ist offensichtlich wahr. Somit ist für alle $a \in M$ auch $a \in \mathsf{Mi}(\emptyset)$ wahr, was $M \subseteq \mathsf{Mi}(\emptyset)$ liefert. Die andere Inklusion $\mathsf{Mi}(\emptyset) \subseteq M$ ist trivial.

5.2.2 Definition Es sei $(M, \sqsubseteq)$ eine Ordnung Dann bezeichnen wir mit

$$\mathcal{S}(M) := \{S \in 2^M \mid S \text{ ist Schnitt von } M\}$$

die *Menge der Schnitte* von M.   □

Der folgende wichtige Satz zeigt, dass im Fall von Verbänden die Hauptideale Schnitte sind. Auch wird eine Darstellung dieser Hauptideale mittels der Abbildunskomposition $\mathsf{Mi} \circ \mathsf{Ma}$ angegeben.

---

[1] Man kann an dieser Stelle natürlich auch mittels der Monotonie von $\mathsf{Mi} \circ \mathsf{Ma}$ und dem Fixpunktsatz von B. Knaster und A. Tarski argumentieren.

5.2.3 Satz Es sei $(M, \sqsubseteq)$ eine Ordnung. Dann gilt für alle $a \in M$ die Gleichung

$$\mathsf{Mi}(\mathsf{Ma}(a)) = \{b \in M \mid b \sqsubseteq a\} = \mathsf{Mi}(a).$$

Insbesondere ist die Menge $\{b \in M \mid b \sqsubseteq a\}$ auch ein Schnitt.

Beweis: Es sei $b \in M$ beliebig gewählt. Dann gilt:

$$
\begin{aligned}
b \in \mathsf{Mi}(\mathsf{Ma}(a)) &\iff \forall\, x \in \mathsf{Ma}(a) : b \sqsubseteq x && \text{Definition Minorante} \\
&\iff b \sqsubseteq a && a \in \mathsf{Ma}(a) \text{ zeigt „}\Longrightarrow\text{“}
\end{aligned}
$$

Diese Äquivalenz zeigt die Gleichung $\mathsf{Mi}(\mathsf{Ma}(a)) = \{b \in M \mid b \sqsubseteq a\} = \mathsf{Mi}(a)$.

Die für die zweite Behauptung zu zeigende Gleichung

$$\mathsf{Mi}(\mathsf{Ma}(a)) = \mathsf{Mi}(\mathsf{Ma}(\mathsf{Mi}(\mathsf{Ma}(a))))$$

folgt nun, indem man in der für alle $X \subseteq M$ geltenden Gleichung $\mathsf{Mi}(X) = \mathsf{Mi}(\mathsf{Ma}(\mathsf{Mi}(X)))$ speziell X als $\mathsf{Ma}(a)$ wählt. $\qquad\square$

Im Falle eines Verbands $(V, \sqcup, \sqcap)$ stimmen also die Hauptideale (a) von V mit den Schnitten $\mathsf{Mi}(\mathsf{Ma}(a)) = \{b \in V \mid b \sqsubseteq a\}$ bezüglich der Verbandsordnung $(V, \sqsubseteq)$ überein. Man bezeichnet in diesem Zusammenhang diese speziellen Schnitte (a) auch als die von a erzeugten *Hauptschnitte*. Wir werden im Folgenden die bisherigen Bezeichnungen auch für Ordnungen $(M, \sqsubseteq)$ verwenden, d.h. (a) für die Menge $\{b \in M \mid b \sqsubseteq a\}$ und $\mathcal{H}(M)$ für die Menge $\{(a) \mid a \in M\}$.

Die Mengen der Schnitte und Ideale stehen (unter einer kleinen Vorbedingung) in einer (oftmals echten) Inklusionsbeziehung. Es gilt nämlich die nachfolgende Eigenschaft.

5.2.4 Satz Ist $(V, \sqcup, \sqcap)$ ein Verband mit kleinstem Element O, so ist jeder Schnitt der Verbandsordnung $(V, \sqsubseteq)$ ein Ideal von V.

Beweis: Es sei $S \subseteq V$ ein beliebiger Schnitt. Wegen $\mathsf{Mi}(\mathsf{Ma}(\emptyset)) = \mathsf{Mi}(M) = \{\mathsf{O}\}$ gilt $\emptyset \notin \mathcal{S}(V)$ und folglich $S \neq \emptyset$. Weiterhin gilt für alle $a, b \in V$ die Implikation

$$
\begin{aligned}
a, b \in S &\implies \forall\, x \in \mathsf{Ma}(\{a, b\}) : a \sqcup b \sqsubseteq x \\
&\implies a \sqcup b \in \mathsf{Mi}(\mathsf{Ma}(\{a, b\})) && \text{Definition Minoranten} \\
&\implies a \sqcup b \in \mathsf{Mi}(\mathsf{Ma}(S)) && \{a, b\} \subseteq S \text{ und Satz 2.2.11.1} \\
&\implies a \sqcup b \in S && S \text{ ist Schnitt,}
\end{aligned}
$$

was die erste Bedingung für Ideale zeigt, und auch die Implikation

$$
\begin{aligned}
a \in S &\implies \forall\, x \in \mathsf{Ma}(a) : a \sqcap b \sqsubseteq x \\
&\implies a \sqcap b \in \mathsf{Mi}(\mathsf{Ma}(a)) && \text{Definition Minoranten} \\
&\implies a \sqcap b \in \mathsf{Mi}(\mathsf{Ma}(S)) && \{a\} \subseteq S \text{ und Satz 2.2.11.1} \\
&\implies a \sqcap b \in S && S \text{ ist Schnitt,}
\end{aligned}
$$

was die zweite Bedingung für Ideale zeigt.   □

Der letzte Teil des Beweises zeigt auch: *Alle Schnitte von beliebigen Verbänden sind nach unten abgeschlossen.* Wie schon erwähnt, ist die Inklusion oftmals echt, die Umkehrung dieses Satzes gilt also nicht. Das folgende Beispiel wird dies belegen.

5.2.5 Beispiel (Ideal, das kein Schnitt ist) Wir betrachten die Menge

$$M := \{\frac{k}{k+1} \mid k \geq 0\} \cup \{1\} = \{0, \frac{1}{2}, \frac{2}{3}, \ldots, 1\}$$

von nichtnegativen rationalen Zahlen und erweitern diese dann noch um ein zusätzliches Symbol a. Als Ordnung definieren wir auf M die übliche Ordnung, betrachten M also als Kette $0 < \frac{1}{2} < \frac{2}{3} < \ldots < 1$. Dann erweitern wir diese Ordnung auf die Menge $M \cup \{a\}$, indem wir zusätzlich $0 < a < 1$ festlegen. Alle anderen Elemente von M bleiben mit a unvergleichbar. Bildlich sieht dies wie in Abbildung 5.1 angegeben aus.

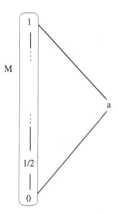

Abbildung 5.1: Beispiel eines Ideals, das kein Schnitt ist

Wie das skizzierte Hasse-Diagramm von Abbildung 5.1 zeigt ist die Menge $I := M \setminus \{1\}$ eine Kette im Verband $M \cup \{a\}$. Auch ist I offensichtlich ein Ideal in diesem Verband. Hingegen gilt, weil 1 das größte Element der Kette $I \cup \{1\}$ ist, die Gleichung $\mathsf{Mi}(\mathsf{Ma}(I)) = \mathsf{Mi}(1) = M \cup \{a\}$. Folglich ist das Ideal I kein Schnitt in $M \cup \{a\}$.   □

Nach diesen Vorbereitungen gehen wir nun die Vervollständigung einer Ordnung bzw. eines Verbands mit Hilfe von Schnitten an. Es sind im Prinzip die gleichen drei Schritte wie bei der Idealvervollständigung durchzuführen. Hier ist der erste davon. Der folgende Satz ist die Entsprechung von Satz 5.1.7.

5.2.6 Satz Es sei $(M, \sqsubseteq)$ eine Ordnung. Dann gelten für die Ordnung $(\mathcal{S}(M), \subseteq)$ die folgenden Eigenschaften:

1. Jede Teilmenge von $\mathcal{S}(M)$ der Form $\{S, T\}$ besitzt ein Supremum, nämlich den Durchschnitt

$$\bigcap\{U \in \mathcal{S}(M) \mid S \cup T \subseteq U\}.$$

2. Jede (auch die leere) Teilmenge $\mathcal{M}$ von $\mathcal{S}(M)$ besitzt ein Infimum, nämlich den Durchschnitt

$$\bigcap\{S \mid S \in \mathcal{M}\}.$$

Beweis: Der Beweis des ersten Teils stützt sich auf den zweiten Teil. Wir gehen aber der Reihe nach vor und nehmen für den ersten Teil den zweiten Teil des Satzes als schon bewiesen an. Ein Zirkelschluss wird dabei vermieden, da im zweiten Beweisteil die Aussage des ersten Teils keine Verwendung finden wird.

1. Nach dem zweiten Teil ist der Durchschnitt $W := \bigcap\{U \in \mathcal{S}(M) \mid S \cup T \subseteq U\}$ ein Schnitt, da $\{U \in \mathcal{S}(M) \mid S \cup T \subseteq U\}$ eine Menge von Schnitten ist,

   Offensichtlich gelten auch $S \subseteq W$ und $T \subseteq W$. Damit ist W eine obere Schranke von S und T in $(\mathcal{S}(M), \subseteq)$.

   Nun sei $X \in \mathcal{S}(M)$ eine weitere obere Schranke von S und T. Aus $S \subseteq X$ und $T \subseteq X$ folgt $S \cup T \subseteq X$. Folglich gilt $X \in \{U \in \mathcal{S}(M) \mid S \cup T \subseteq U\}$ und damit $W \subseteq X$.

2. Die Komposition $\mathsf{Mi} \circ \mathsf{Ma} : 2^M \to 2^M$ ist eine Hüllenbildung im Potenzmengenverband $(2^M, \cup, \cap)$. Nach Definition eines Schnitts gilt weiterhin

   $$\mathcal{S}(M) = \mathsf{Fix}(\mathsf{Mi} \circ \mathsf{Ma})$$

   Aufgrund des Hauptsatzes über Hüllen ist somit $\mathcal{S}(M)$ das von $\mathsf{Mi} \circ \mathsf{Ma}$ induzierte Hüllensystem $\mathsf{H}_{\mathsf{Mi} \circ \mathsf{Ma}}$ und folglich liegt mit $\mathcal{M} \subseteq \mathcal{S}(M)$ auch $\bigcap\{S \mid S \in \mathcal{M}\}$ als Infimum von $\mathcal{M}$ in $\mathcal{S}(M)$. $\quad\square$

Wie die Ideale, so bilden also auch die Schnitte nach dem zweiten Teil dieses Satzes einen vollständigen Verband. Mit dem folgenden Satz, der dies eigentlich nur mehr anders formuliert, ist somit der erste Schritt der Schnittvervollständigung beendet.

5.2.7 Satz (Schnittverband) Ist eine Ordnung $(M, \sqsubseteq)$ gegeben und definiert man auf $\mathcal{S}(M)$ zwei Abbildungen mittels

$$S \sqcup_s T := \bigcap\{U \in \mathcal{S}(M) \mid S \cup T \subseteq U\} \qquad S \sqcap_s T := S \cap T,$$

so ist $(\mathcal{S}(M), \sqcup_s, \sqcap_s)$ ein vollständiger Verband, genannt Schnittverband von M, mit der Mengeninklusion als Verbandsordnung. $\quad\square$

Die binäre Supremumsbildung $S \sqcup_s T = \bigcap\{U \in \mathcal{S}(M) \mid S \cup T \subseteq U\}$ von Satz 5.2.7 entspricht genau der Anwendung der induzierten Hüllenbildung $\mathsf{h}_{\mathcal{S}(M)}$ des Hüllensystems $\mathcal{S}(M)$ auf $S \cup T$. Man vergleiche mit dem Hauptsatz über Hüllen. Diese induzierte Hüllenbildung stimmt aber mit der Abbildungskomposition $\mathsf{Mi} \circ \mathsf{Ma}$ überein. Aus $\mathcal{S}(M) = \mathsf{H}_{\mathsf{Mi} \circ \mathsf{Ma}}$ folgt nämlich durch die Anwendung von h auf beide Seiten zusammen mit der dritten Aussage des Hauptsatzes über Hüllen die Gleichheit $h_{\mathcal{S}(M)} = \mathsf{Mi} \circ \mathsf{Ma}$. Insbesondere gilt

$$S \sqcup_s T \;=\; \mathsf{Mi}(\mathsf{Ma}(S \cup T))$$

nach der Beschreibung des Supremums im Hüllensystemverband (siehe Beweis von Satz 4.4.8). Weil wir die Verallgemeinerung auf beliebige Mengen, welche genau im Beweis von Satz 4.4.8 bewiesen wird, später an entscheidender Stelle brauchen, halten wir sie an dieser Stelle in Form eines Satzes fest.

5.2.8 Satz Im Schnittverband $(\mathcal{S}(M), \sqcup_s, \sqcap_s)$ einer Ordnung $(M, \sqsubseteq)$ gilt die Gleichung

$$\bigsqcup_s \{S \mid S \in \mathcal{M}\} \;=\; \mathsf{Mi}(\mathsf{Ma}(\textstyle\bigcup \{S \mid S \in \mathcal{M}\}))$$

für alle Teilmengen $\mathcal{M} \subseteq \mathcal{S}(M)$.   □

In diesem Satz zeigt der Index die allgemeine Supremumsbildung im Schnittverband an. Die gleiche Indexnotation werden wir später auch für die allgemeine Infimumsbildung im Schnittverband verwenden.

Wenn wir die Schnittvervollständigung für Ordnungen betrachten, so ist der zweite Schritt schon durch Satz 5.2.3 erledigt worden, denn alle Mengen der Form (a) sind nach ihm Schnitte. Wir können also direkt zum dritten Schritt übergehen, welcher durch den nachfolgenden Satz bewerkstelligt wird.

5.2.9 Satz (Schnittvervollständigung, Ordnung) Es seien eine Ordnung $(M, \sqsubseteq)$ und ihr Schnittverband $(\mathcal{S}(M), \sqcup_s, \sqcap_s)$ gegeben. Dann ist die Abbildung

$$e_s : M \to \mathcal{H}(M) \qquad e_s(a) = (a) = \mathsf{Mi}(\mathsf{Ma}(a))$$

ein Ordnungsisomorphismus zwischen M und der Ordnung $(\mathcal{H}(M), \subseteq)$ der Hauptschnitte von M.

Beweis: Beim Beweis der Injektivität von e_s könnten wir, mit $e_s(a) = \mathsf{Mi}(a)$, genau wie beim Beweis von e_i vorgehen. Der folgende alternative Beweis der Injektivität verwendet die Darstellung $e_s(a) = \mathsf{Mi}(\mathsf{Ma}(a))$ und die Hüllen-Eigenschaft von $\mathsf{Mi} \circ \mathsf{Ma}$. Es seien also $a, b \in M$ mit $e_s(a) = e_s(b)$ beliebig vorgegeben. Dann gelten die zwei Implikationen

$$
\begin{aligned}
e_s(a) \subseteq e_s(b) \;&\Longleftrightarrow\; \mathsf{Mi}(\mathsf{Ma}(a)) \subseteq \mathsf{Mi}(\mathsf{Ma}(b)) && \\
&\Longrightarrow\; \{a\} \subseteq \mathsf{Mi}(\mathsf{Ma}(b)) && \text{da } \{a\} \subseteq \mathsf{Mi}(\mathsf{Ma}(a)) \\
&\Longrightarrow\; \forall\, x \in \mathsf{Ma}(b) : a \sqsubseteq x && \text{Definition Minorante} \\
&\Longrightarrow\; a \sqsubseteq b && \text{da } b \in \mathsf{Ma}(b)
\end{aligned}
$$

$$
\begin{aligned}
e_s(b) \subseteq e_s(a) \;&\Longleftrightarrow\; \mathsf{Mi}(\mathsf{Ma}(b)) \subseteq \mathsf{Mi}(\mathsf{Ma}(a)) && \\
&\Longrightarrow\; \{b\} \subseteq \mathsf{Mi}(\mathsf{Ma}(a)) && \text{da } \{b\} \subseteq \mathsf{Mi}(\mathsf{Ma}(b)) \\
&\Longrightarrow\; \forall\, x \in \mathsf{Ma}(a) : b \sqsubseteq x && \text{Definition Minorante} \\
&\Longrightarrow\; b \sqsubseteq a && \text{da } a \in \mathsf{Ma}(a),
\end{aligned}
$$

welche zusammen mit der Antisymmetrie die Gleichung $a = b$ zeigen.

Die Surjektivität der Abbildung e_s ist klar.

Zum Beweis der Monotonie der Abbildung e_s und ihrer Umkehrabbildung zeigen wir zuerst für alle $a, b \in M$ die nachstehende Äquivalenz:

$$a \sqsubseteq b \iff \forall x \in M : x \sqsubseteq a \Rightarrow x \sqsubseteq b \qquad (*)$$

Dier Richtung „$\Rightarrow$" ist trivial und die Richtung „$\Leftarrow$" folgt aus der Tatsache, dass für die Spezialisierung $x := a$ die Eigenschaft $x \sqsubseteq a$ wahr wird, also auch $x \sqsubseteq b$.

Der Rest des Beweises ist nun trivial. Sind beliebige $a, b \in M$ gegeben, so gilt

$$\begin{aligned}
a \sqsubseteq b &\iff \forall x \in M : x \sqsubseteq a \Rightarrow x \sqsubseteq b &&\text{nach } (*) \\
&\iff \{x \in M \mid x \sqsubseteq a\} \subseteq \{x \in M \mid x \sqsubseteq b\} \\
&\iff \mathsf{Mi}(\mathsf{Ma}(a)) \subseteq \mathsf{Mi}(\mathsf{Ma}(b)) &&\text{Satz 5.2.3} \\
&\iff e_s(a) \subseteq e_s(b) &&\text{Definition } e_s(a), e_s(b),
\end{aligned}$$

was sowohl die Monotonie von e_s als auch, wegen $a = e_s^{-1}(e_s(a))$ und $b = e_s^{-1}(e_s(b))$, die der Umkehrabbildung e_s^{-1} bringt. $\qquad\square$

Damit ist der Fall der Ordnungen beendet. Liegt hingegen ein Verband vor, so hat man zwei Dinge zusätzlich zu zeigen, nämlich, dass die Hauptschnitte einen Unterverband der Schnitte bilden und dass die Abbildung e_s von Satz 5.2.9 sogar ein Verbandsisomorphismus ist. Wie dies geht, wird in dem nachfolgenden Satz gezeigt, mit dem wir die Konstruktion der Schnittvervollständigung schließlich beenden.

5.2.10 Satz (Schnittvervollständigung, Verband) Ist ein Verband $(V, \sqcup, \sqcap)$ mit Verbandsordnung $(V, \sqsubseteq)$ vorliegend, so ist $\mathcal{H}(V)$ ein Unterverband von $(\mathcal{S}(V), \sqcup_s, \sqcap_s)$ und die Abbildung e_s von Satz 5.2.9 sogar ein Verbandsisomorphismus zwischen V und $\mathcal{H}(V)$.

Beweis: Es gelten für alle $a, b \in V$ die beiden folgenden Gleichungen:

$$(a \sqcup b) = (a) \sqcup_s (b) \qquad (a \sqcap b) = (a) \sqcap_s (b)$$

Bei den Beweisen beginnen wir mit der linken Gleichung: Dazu sei $x \in V$ beliebig gegeben. Dann gilt die Eigenschaft

$$\begin{aligned}
x \in (a) &\iff x \sqsubseteq a &&\text{Definition Hauptschnitt} \\
&\Longrightarrow x \sqsubseteq a \sqcup b \\
&\iff x \in (a \sqcup b) &&\text{Definition Hauptschnitt.}
\end{aligned}$$

Dies impliziert $(a) \subseteq (a \sqcup b)$. Analog zeigt man $(b) \subseteq (a \sqcup b)$. Folglich ist $(a \sqcup b)$ eine obere Schranke von (a) und (b) in $(\mathcal{S}(V), \subseteq)$.

Nun sei $S \in \mathcal{S}(V)$ eine weitere obere Schranke von (a) und (b). Wir zeigen zuerst die Inklusion $\mathsf{Ma}(S) \subseteq \mathsf{Ma}(a \sqcup b)$. Dazu sei $x \in V$ wiederum beliebig gewählt. Dann gilt:

$$x \in \mathsf{Ma}(S) \implies \forall\, y \in S : y \sqsubseteq x$$
$$\implies \forall\, y \in (a) : y \sqsubseteq x \qquad\qquad \text{da } (a) \subseteq S$$
$$\implies a \sqsubseteq x \qquad\qquad \text{da } a \in (a)$$

Weiterhin haben wir

$$x \in \mathsf{Ma}(S) \implies b \sqsubseteq x \qquad\qquad \text{analog mit Hilfe von } (b) \subseteq S.$$

Beide Eigenschaften zusammengenommen implizieren nun für alle Elemente $x \in \mathsf{Ma}(S)$ auch $a \sqcup b \sqsubseteq x$, was $x \in \mathsf{Ma}(a \sqcup b)$ liefert. Folglich ist $\mathsf{Ma}(S) \subseteq \mathsf{Ma}(a \sqcup b)$ bewiesen.

Nun gehen wir wie folgt vor: Aus der Inklusion

$$\{a \sqcup b\} \;\subseteq\; \mathsf{Mi}(\mathsf{Ma}(a \sqcup b)) \qquad\qquad\qquad X \subseteq \mathsf{Mi}(\mathsf{Ma}(X))$$
$$\subseteq\; \mathsf{Mi}(\mathsf{Ma}(S)) \qquad\qquad \mathsf{Ma}(S) \subseteq \mathsf{Ma}(a \sqcup b), \text{ Satz } 2.2.11.1$$
$$=\; S \qquad\qquad\qquad\qquad\qquad S \text{ ist Schnitt}$$

folgt $a \sqcup b \in S$, also für alle $x \in V$ auch

$$x \in (a \sqcup b) \;\overset{\cdot}{\implies}\; x \sqsubseteq a \sqcup b \qquad\qquad \text{Definition Hauptschnitt}$$
$$\implies x \in S \qquad\qquad a \sqcup b \in S,\, S \text{ nach unten abgeschlossen,}$$

was die Inklusion $(a \sqcup b) \subseteq S$ beweist.

Insgesamt haben wir also $(a \sqcup b)$ als kleinste obere Schranke von den beiden Hauptschnitten (a) und (b) in der Ordnung $(\mathcal{S}(V), \subseteq)$ nachgewiesen, was sich unter Verwendung der binären Operation als die zu zeigende Gleichung $(a \sqcup b) = (a) \sqcup_s (b)$ schreibt.

Die rechte Gleichung $(a \sqcap b) = (a) \sqcap_s (b)$ wurde schon im Beweis von Satz 5.1.9 bei den Hauptidealen gezeigt. Man beachte, dass die Infima von Mengen bei den Idealen und den Schnitten übereinstimmen, weil alle Durchschnitte sind.

Aus den eben gezeigten Gleichungen folgt, dass die Hauptschnitte abgeschlossen sind bezüglich der binären Supremums- und Infimumsbildung. Damit sind sie ein Unterverband des Schnittverbands.

Wir kommen nun zum zweiten Teil. Dies geht aber sehr rasch. Die Bijektivität von e_s wurde nämlich schon im Beweis von Satz 5.2.9 gezeigt und die beiden Gleichungen

$$e_s(a \sqcup b) = e_s(a) \sqcup_s e_s(b) \qquad\qquad e_s(a \sqcap b) = e_s(a) \sqcap_s e_s(b)$$

sind eine unmittelbare Folgerung der obigen Gleichungen. $\square$

5.3   Vergleich der Ideal- und Schnittvervollständigung

In den letzten beiden Abschnitten verwendeten wir Ideale und Schnitte, um einen Verband (bei Idealen mit kleinstem Element vorausgesetzt) oder (bei Schnitten) sogar eine

Ordnung jeweils in einen vollständigen Verband einzubetten. Beide Verfahren benutzen den gleichen Unterverband, nämlich den der Hauptideale, welcher gleich dem der Hauptschnitte ist. Die Oberverbände sind jedoch im Allgemeinen verschieden. Weil die Menge der Schnitte (wiederum unter der Annahme eines kleinsten Elements, welches den leeren Schnitt verhindert) in der Menge der Ideale enthalten ist, wird die Schnittvervollständigung nie echt größer als die Idealvervollständigung. Diese Minimalität ist zweifelsohne ein Vorteil der Schnittvervollständigung. Aber auch die Idealvervollständigung hat gegenüber der Schnittvervollständigung gewisse Vorteile. In diesem Abschnitt wollen wir einige Vor- und Nachteile beider Vervollständigungsmethoden angeben und die entsprechenden Sätze beweisen.

Ein großer Vorteil der Idealvervollständigung ist, dass sie bei der Einbettung zwei sehr wichtige verbandstheoretische Eigenschaften erhält. Dies wird in den beiden folgenden Sätzen gezeigt. Wir beginnen mit der Modularität.

5.3.1 Satz (Modularität) Ist $(V, \sqcup, \sqcap)$ ein modularer Verband mit einem kleinsten Element, so ist auch der Idealverband $(\mathcal{I}(V), \sqcup_i, \sqcap_i)$ modular.

Beweis: Gegeben seien drei beliebige Ideale I, J und K mit $I \subseteq K$. Es ist die Inklusion

$$(I \sqcup_i J) \sqcap_i K \subseteq I \sqcup_i (J \sqcap_i K)$$

nachzuweisen, denn die andere Inklusion „$\supseteq$"ist die modulare Ungleichung, und diese gilt bekanntlich immer.

Es sei also ein beliebiges $a \in (I \sqcup_i J) \sqcap_i K = (I \sqcup_i J) \cap K$. Dann gilt $a \in K$ und, nach Definition des Supremums im Idealverband, auch $a \sqsubseteq i \sqcup j$ für zwei Elemente $i \in I$ und $j \in J$. Nun schätzen wir wie folgt ab:

$$
\begin{aligned}
a \ & \sqsubseteq \ (i \sqcup a) \sqcap (i \sqcup j) && a \sqsubseteq i \sqcup a \text{ und } a \sqsubseteq i \sqcup j \\
& = \ i \sqcup ((i \sqcup a) \sqcap j) && V \text{ modular, duale Form Satz 3.1.3}
\end{aligned}
$$

Um die Eigenschaft $a \in I \sqcup_i (J \sqcap_i K) = I \sqcup_i (J \cap K)$ zu zeigen, genügt es nach der Definition des Supremums im Idealverband also die folgenden zwei Beziehungen nachzuweisen:

$$i \in I \qquad (i \sqcup a) \sqcap j \in J \cap K$$

Die Eigenschaft $i \in I$ gilt nach der Annahme an i.

Um $(i \sqcup a) \sqcap j \in J \cap K$ zu zeigen, verwenden wir, dass alle Ideale abgeschlossen gegenüber binären Suprema und auch nach unten sind (vergl. Satz 5.1.2). Dann gilt: Aus $j \in J$ und $(i \sqcup a) \sqcap j \sqsubseteq j$ folgt $(i \sqcup a) \sqcap j \in J$ und aus $i \in I \subseteq K$ und $a \in K$ folgt $i \sqcup a \in K$, was mit $(i \sqcup a) \sqcap j \sqsubseteq i \sqcup a$ die Beziehung $(i \sqcup a) \sqcap j \in K$ beweist. $\square$

Neben der Modularität vererbt sich auch die Distributivität eines Verbands bei der Idealvervollständigung. Es gilt also:

5.3.2 Satz (Distributivität) Ist der Verband $(V, \sqcup, \sqcap)$ distributiv und hat er ein kleinstes Element, so ist auch der Idealverband $(\mathcal{I}(V), \sqcup_i, \sqcap_i)$ distributiv.

Beweis: Wiederum seien drei beliebige Ideale I, J und K vorausgesetzt. Wegen der distributiven Ungleichungen genügt es, beispielsweise

$$I \sqcap_i (J \sqcup_i K) \subseteq (I \sqcap_i J) \sqcup_i (I \sqcap_i K)$$

als eine der zwei äquivalenten Abschätzungen zu verifizieren.

Es sei also $a \in I \sqcap_i (J \sqcup_i K) = I \cap (J \sqcup_i K)$ beliebig gewählt. Dann gilt $a \in I$ und es gibt, wegen $a \in J \sqcup_i K$ und Satz 5.1.7.3, zwei Elemente $j \in J$ und $k \in K$ mit $a = j \sqcup k$. Daraus folgt nun:

$$
\begin{aligned}
a &= a \sqcap a \\
&= a \sqcap (j \sqcup k) && \text{siehe oben} \\
&= (a \sqcap j) \sqcup (a \sqcap k) && V \text{ ist distributiv}
\end{aligned}
$$

Um $a \in (I \sqcap_i J) \sqcup_i (I \sqcap_i K) = (I \cap J) \sqcup_i (I \cap K)$ nachzuweisen, genügt es also, wiederum wegen Satz 5.1.7.3, die folgenden vier Eigenschaften zu zeigen:

$$a \sqcap j \in I \qquad a \sqcap j \in J \qquad a \sqcap k \in I \qquad a \sqcap k \in K$$

Auch hier spielt die Abgeschlossenheit von Idealen nach unten die entscheidende Rolle: Aus $a \sqcap j \sqsubseteq a, a \sqcap k \sqsubseteq a$ und $a \in I$ folgen $a \sqcap j \in I$ und $a \sqcap k \in I$. Nach $a \sqcap j \sqsubseteq j$ und $j \in J$ bekommen wir $a \sqcap j \in J$. Und $a \sqcap k \sqsubseteq k$ und $k \in K$ zeigt schließlich die letzte Bedingung $a \sqcap k \in K$. $\qquad\qquad\square$

Hingegen muss der Schnittverband eines modularen Verbands normalerweise nicht modular und der Schnittverband eines distributiven Verbands normalerweise nicht distributiv sein. Die Beispiele hierzu sind jedoch zu umfangreich, um an dieser Stelle präsentiert zu werden. Sie wurden erstmals in den Jahren 1944 (von Y. Funayama, Proc. Imp. Acad. Tokyo, Band 20) und 1952 (von R.P. Dilworth und J.E. McLaughlin, Duke Math. Journal, Band 19) publiziert. Die interessierte Leserin oder der interessierte Leser sei auf diese beiden Arbeiten verwiesen.

Wir haben schon früher erwähnt, dass im Falle eines vollständigen Verbands der ihm zugeordnete vollständige Verband $\mathcal{H}(V)$ im Allgemeinen kein vollständiger Unterverband der Idealvervollständigung ist. Man sagt auch, dass die Idealvervollständigung keine vollständige Einbettung darstellt. Hier ist das entsprechende Gegenbeispiel.

5.3.3 Beispiel (Nichtvollständige Einbettung) Wir erweitern die übliche Ordnung der rationalen Zahlen $(\mathbb{Q}, \leq)$ um ein kleinstes Element $-\infty$ und erhalten so einen gelifteten Verband $V := \mathbb{Q} \cup \{-\infty\}$ mit einem kleinsten Element, der als Kette auch distributiv ist. Nun betrachten wir die Menge

$$W := \{-\frac{1}{n} \mid n > 0\} = \{-1, -\frac{1}{2}, -\frac{1}{3}, \ldots\}$$

und die durch sie gegebene Menge (wir benutzen zur Vereinfachung der Darstellung die Intervall-Schreibweise der Analysis)

$$\mathcal{M} := \{(a) \mid a \in W\} = \{[-\infty, -1], [-\infty, -\frac{1}{2}], [-\infty, -\frac{1}{3}], \ldots\}$$

von Hauptidealen. Für diese Menge existiert das allgemeine Supremum im Idealverband $\mathcal{I}(V)$ und man kann beweisen, dass

$$\bigsqcup_i \mathcal{M} \;=\; \bigsqcup_i \{(a)\,|\,a \in W\} \;=\; \{a \in V\,|\,a < 0\}$$

gilt. Damit ist das Supremum einer Menge von Hauptidealen aber kein Hauptideal, was zeigt, dass kein vollständiger Unterverband des Idealverbands vorliegt. □

Die letzte Gleichung in diesem Beispiel basiert auf der Tatsache, dass das Supremum einer Kette von Idealen bezüglich der Mengeninklusion durch die Vereinigung der Ideale der Kette gegeben ist.

Hingegen ist die Schnittvervollständigung eine vollständige Einbettung. Dies wird auf eine erste Weise im Prinzip durch den nächsten Satz 5.3.4 gezeigt. Er verallgemeinert die Gleichungen von Satz 5.2.10 vom binären auf den beliebigen Fall – vorausgesetzt, dass die entsprechenden Suprema und Infima existieren.. Diese verallgemeinerten Gleichungen implizieren insbesondere, dass bei einem vollständigen Verband die Menge der Hauptschnitte einen vollständigen Unterverband im vollständigen Schnittverband bildet. Wenn wir gleich anschließend die Minimalität der Schnittvervollständigung zeigen, werden wir diese Eigenschaft auf einem anderen Weg noch einmal erhalten.

5.3.4 Satz (Vollständige Einbettung) Gegeben seien eine Ordnung $(M, \sqsubseteq)$ und eine Teilmenge $N \subseteq M$. Dann gelten im Schnittverband $(\mathcal{S}(V), \sqcup_s, \sqcap_s)$ die Gleichungen

$$\bigsqcup_s \{(a)\,|\,a \in N\} = (\bigsqcup N) \qquad \bigsqcap_s \{(a)\,|\,a \in N\} = (\bigsqcap N),$$

falls $\bigsqcup N$ bzw. falls $\bigsqcap N$ in der Ordnung $(M, \sqsubseteq)$ existieren.

Beweis: Wir beginnen mit einer Hilfsaussage (bei der weder die Existenz eines Supremums noch eines Infimums vorausgesetzt wird):

$$\mathsf{Ma}(\bigcup\{(a)\,|\,a \in N\}) \;\;=\;\; \mathsf{Ma}(N) \qquad\qquad\qquad (*)$$

Die Inklusion „$\subseteq$" von $(*)$ folgt aus $N \subseteq \bigcup\{(a)\,|\,a \in N\}$ und der Antitonie der Abbildung Ma. Zum Beweis von „$\supseteq$" sei $x \in \mathsf{Ma}(N)$ beliebig vorgegeben. Dann gilt für alle $y \in M$:

$$\begin{aligned}
y \in \bigcup\{(a)\,|\,a \in N\} &\iff \exists\, a \in N : y \in (a) && \\
&\iff \exists\, a \in N : y \sqsubseteq a && \text{Definition Hauptschnitt} \\
&\implies y \sqsubseteq x && a \sqsubseteq x \text{ für alle } a \in N
\end{aligned}$$

Dies zeigt $x \in \mathsf{Ma}(\bigcup\{(a)\,|\,a \in N\})$. Damit ist die Hilfsaussage verifiziert.

Vor dem Beweis der behaupteten linken Gleichung erwähnen wir noch einmal, dass $\mathsf{Mi} \circ \mathsf{Ma}$ die Hüllenbildung darstellt, welche die Menge der Schnitte als induziertes Hüllensystem besitzt. Eine Konsequenz war Satz 5.2.8, der besagt, dass das Supremum einer Menge $\mathcal{M}$ von Schnitten im Schnittverband $(\mathcal{S}(V), \sqcup_s, \sqcap_s)$ die Darstellung $\bigsqcup_s \mathcal{M} = \mathsf{Mi}(\mathsf{Ma}(\bigcup \mathcal{M}))$ hat. Nun beweisen wir die linke Gleichung mittels folgender Rechnung:

$$\bigsqcup_s\{(a)\,|\,a \in N\} \;=\; \mathsf{Mi}(\mathsf{Ma}(\bigcup\{(a)\,|\,a \in N\}))$$

right: Satz 5.2.8

$$=\; \mathsf{Mi}(\mathsf{Ma}(N))$$

right: wegen (∗)

$$=\; \mathsf{Mi}(\bigsqcup N)$$

$$=\; (\bigsqcup N)$$

right: da $(a) = \mathsf{Mi}(a)$

Der Beweis der behaupteten rechten Gleichung folgt aus

$$x \in \bigsqcap_s\{(a)\,|\,a \in N\} \;\Longleftrightarrow\; x \in \bigcap\{(a)\,|\,a \in N\}$$

right: Satz 5.2.6.2

$$\Longleftrightarrow\; \forall\, a \in N : x \in (a)$$

$$\Longleftrightarrow\; \forall\, a \in N : x \sqsubseteq a$$

right: Definition Hauptschnitt

$$\Longleftrightarrow\; x \sqsubseteq \bigsqcap N$$

$$\Longleftrightarrow\; x \in (\bigsqcap N)$$

right: Definition Hauptschnitt

für alle $x \in V$ und ist eine offensichtliche Verallgemeinerung der entsprechenden Gleichung von Satz 5.1.9. □

Jeder nichtleere Schnitt ist ein Ideal und damit sind Schnittvervollständigungen immer in den Idealvervollständigungen enthalten. In anderen Worten stehen also eine Schnitt- und eine Idealvervollständigung eines Verbands V immer in der Relation „kleiner-gleich", wenn man diese durch die Inklusionsordnung interpretiert. Der Verband V (genauer: ein verbandsisomorphes Bild) kann natürlich noch Teil anderer vollständiger Verbände sein. Der folgende Satz zeigt nun, dass die Schnittvervollständigung (natürlich bis auf Verbandsisomorphie) in einem gewissen Sinne der kleinste vollständige Verband ist, der V enthält.

5.3.5 Satz (Minimalität) Gegeben seien ein Verband $(V, \sqcup_1, \sqcap_1)$ und ein vollständiger Verband $(W, \sqcup_2, \sqcap_2)$. Ist $f : V \to W$ ein injektiver Verbandshomomorphismus von V nach W, so ist die Abbildung

$$g : \mathcal{S}(V) \to W \qquad g(S) = \bigsqcup_2\{f(x)\,|\,x \in S\}$$

injektiv, also die Schnittvervollständigung $\mathcal{S}(V)$ schmächtiger (im Sinne von Definition 4.2.1.2) als die Vervollständigung W.

Beweis: Es seien beliebige $S, T \in \mathcal{S}(V)$ mit $g(S) = g(T)$ gegeben.

„$S \subseteq T$": Es sei $a \in S$ beliebig gewählt. Dann gilt für alle $b \in \mathsf{Ma}(T)$, dass

$$f(a) \;\sqsubseteq_2\; \bigsqcup_2\{f(x)\,|\,x \in S\}$$

right: Definition g

$$=\; g(S)$$

right: Definition g

$$=\; g(T)$$

right: nach Annahme

$$=\; \bigsqcup_2\{f(x)\,|\,x \in T\}$$

right: Definition g

$$\sqsubseteq_2\; f(b)$$

right: f monoton, also $f(x) \sqsubseteq_2 f(b)$ für $x \in T$.

Da f ein injektiver Verbandshomomorphismus ist, existiert auf dem f-Bild von V die monotone Umkehrabbildung und deren Anwendung zeigt:

$$a \quad \sqsubseteq_1 \quad b \qquad\qquad\qquad\qquad (*)$$

Aus der Gültigkeit von $(*)$ für alle $b \in \mathsf{Ma}(T)$ bekommen wir also, dass $a \in \mathsf{Mi}(\mathsf{Ma}(T))$ zutrifft. Dies impliziert nun $a \in T$, weil T ein Schnitt ist.

„$T \subseteq S$": Dies zeigt man auf genau die gleiche Art und Weise. $\qquad\qquad\qquad$ □

Die Abbildung g des letzten Satzes ist monoton, da für alle $S, T \in \mathcal{S}(V)$ (die Ordnung auf den Schnitten ist die Inklusion)

$$
\begin{aligned}
S \subseteq T \quad &\Longrightarrow \quad \{f(x) \,|\, x \in S\} \subseteq \{f(x) \,|\, x \in T\} \\
&\Longrightarrow \quad \textstyle\bigsqcup_2 \{f(x) \,|\, x \in S\} \sqsubseteq_2 \bigsqcup_2 \{f(x) \,|\, x \in T\} \\
&\Longleftrightarrow \quad g(S) \sqsubseteq_2 g(T) \qquad\qquad\qquad\qquad \text{Definition } g
\end{aligned}
$$

zutrifft. Man kann weiterhin zeigen, dass aus $g(S) \sqsubseteq_2 g(T)$ folgt $S \subseteq T$, also insgesamt die Äquivalenz von $S \subseteq T$ und $g(S) \sqsubseteq_2 g(T)$. Dazu geht man fast wie im Beweis von Satz 5.3.5 vor: Für alle $a \in S$ und alle $b \in \mathsf{Ma}(T)$ gilt

$$
\begin{aligned}
f(a) \quad &\sqsubseteq_2 \quad \textstyle\bigsqcup_2 \{f(x) \,|\, x \in S\} \\
&= \quad g(S) \qquad\qquad\qquad\qquad\qquad \text{Definition } g \\
&\sqsubseteq_2 \quad g(T) \qquad\qquad\qquad\qquad\qquad \text{nach Annahme} \\
&= \quad \textstyle\bigsqcup_2 \{f(x) \,|\, x \in T\} \qquad\qquad\qquad \text{Definition } g \\
&\sqsubseteq_2 \quad f(b) \qquad\quad f \text{ monoton, also } f(x) \sqsubseteq_2 f(b) \text{ für } x \in T.
\end{aligned}
$$

Dies bringt, genau wie bei der obigen Argumentation, letztendlich die zu zeigende Beziehung $a \in T$, weil T ein Schnitt ist.

Folglich ist g bei einer Beschränkung seines Resultatbereichs auf W_1 ein Ordnungsisomorphismus zwischen $(\mathcal{S}(V), \subseteq)$ und $(W_1, \sqsubseteq_2)$, wobei W_1 das Bild $\{g(S) \,|\, S \in \mathcal{S}(V)\}$ von $\mathcal{S}(V)$ unter g in W ist. Es ist W_1 sogar ein Verband und als solcher verbandsisomorph zum Schnittverband $(\mathcal{S}(V), \sqcup_s, \sqcap_s)$. Weiterhin haben wir für alle $a \in V$:

$$
\begin{aligned}
g(e_s(a)) \quad &= \quad \textstyle\bigsqcup_2 \{f(x) \,|\, x \in (a)\} \qquad\qquad \text{Definitionen } g, e_s \\
&= \quad \textstyle\bigsqcup_2 \{f(x) \,|\, x \sqsubseteq_1 a\} \\
&\sqsubseteq_2 \quad f(a) \qquad\qquad\qquad\qquad\qquad\qquad f \text{ monoton} \\
&\sqsubseteq_2 \quad \textstyle\bigsqcup_2 \{f(x) \,|\, x \in (a)\} \qquad\qquad\qquad\qquad a \in (a) \\
&= \quad g(e_s(a)) \qquad\qquad\qquad\qquad\qquad \text{Definitionen } g, e_s
\end{aligned}
$$

Man kann die gegebene Abbildung $f : V \to W$ also zerlegen in $f(a) = g(e_s(a))$, d.h. in die Berechnung der Einbettung von $a \in V$ in $\mathcal{S}(V)$ mittels $a \mapsto (a)$ gefolgt von der Einbettung von $(a) \in \mathcal{S}(V)$ in W mittels einer Anwendung von g.

Der letzte Satz 5.3.5 gilt auch schon, wenn statt dem Verband $(V, \sqcup_1, \sqcap_1)$ nur eine Ordnung $(M, \sqsubseteq_1)$ vorliegt und die Abbildung $f : M \to W$ nur eine Ordnungseinbettung im Sinne der nun folgenden Definition ist (welche die obigen Betrachtungen für Schnitte verallgemeinert).

5.3.6 Definition Eine Abbildung $f : M \to N$ zwischen Ordnungen $(M, \sqsubseteq_1)$ und $(N, \sqsubseteq_2)$ heißt eine *Ordnungseinbettung* von M in N, falls die Äquivalenz

$$a \sqsubseteq_1 b \iff f(a) \sqsubseteq_2 f(b)$$

für alle Elemente $a, b \in M$ zutrifft. $\qquad\qquad\qquad\qquad\qquad\qquad\qquad\qquad\qquad\qquad\square$

Ordnungseinbettungen sind trivialerweise injektiv und die Urbildordnung $(M, \sqsubseteq_1)$ ist ordnungsisomorph zum Bild $\{f(a) \mid a \in M\}$ von M unter der Abbildung f, natürlich mit der Restriktion der Ordnung von $(N, \sqsubseteq_2)$ auf die Teilmenge $\{f(a) \mid a \in M\}$. Ist die Urbildordnung sogar ein Verband $(M, \sqcup_1, \sqcap_1)$, so ist offensichtlich auch das Bild $\{f(a) \mid a \in M\}$ ein Verband. Für alle $f(a), f(b)$ im Bild ist nämlich $f(a \sqcup_1 b)$ das Supremum und $f(a \sqcap_1 b)$ das Infimum. Beide Verbände $(M, \sqcup_1, \sqcap_1)$ und $(\{f(a) \mid a \in M\}, \sqcup_2, \sqcap_2)$ sind dann verbandsisomorph, denn Verbands- und Ordnungsisomorphismen fallen nach Satz 2.3.6 zusammen. In diesem Sinne verallgemeinert sich Satz 5.3.5 aufgrund der ihm nachfolgenden Berechnungen wie folgt:

5.3.7 Satz Ist $f : M \to W$ eine Ordnungseinbettung von $(M, \sqsubseteq_1)$ in den vollständigen Verband $(W, \sqcup_2, \sqcap_2)$, so ist auch

$$g : \mathcal{S}(M) \to W \qquad g(S) = \bigsqcup_2 \{f(x) \mid x \in S\}$$

eine Ordnungseinbettung, also der Verband $(\mathcal{S}(M), \sqcup_s, \sqcap_s)$ verbandsisomorph zu seinem Bild in W, und es gilt weiterhin $f(a) = g(e_s(a))$ für alle $a \in V$. $\qquad\qquad\square$

Nun betrachten wir einen Spezialfall und nehmen an, dass die Ordnung dieses Satzes schon ein vollständiger Verband V ist und der vollständige Verband W mit V übereinstimmt, mit der Ordnungseinbettung f des Satzes als der Identität auf V. Dann folgt aus $a = f(a) = g(e_s(a))$ für alle $a \in V$ die Surjektivität der Abbildung g des Satzes, da sie $a \mapsto (a)$ als Rechtsinverse besitzt. Zusammenfassend haben wir somit:

5.3.8 Satz Jeder vollständige Verband $(V, \sqcup, \sqcap)$ ist verbandsisomorph zu seiner Schnittvervollständigung $(\mathcal{S}(V), \sqcup_s, \sqcap_s)$ mittels der Abbildung von $a \in V$ in $(a) \in \mathcal{H}(V)$. In diesem Fall fallen Schnitte und Hauptschnitte zusammen. $\qquad\qquad\qquad\qquad\qquad\qquad\square$

Die Schnittvervollständigung einer Ordnung ist schmächtiger als jede andere Vervollständigung. Es kann aber durchaus die Situation vorkommen, dass sie gleichmächtig zu einer anderen Vervollständigung ist (in der dann, laut der obigen Resultate, auch ein isomorphes Bild von ihr vorhanden ist), beide Verbände aber nicht isomorph sind.

5.3.9 Beispiel (Nichtisomorphe minimale Vervollständigungen) Wir betrachten als Ordnung $(M, \sqsubseteq_1)$ die natürlichen Zahlen mit der üblichen Ordnung:

$$0 < 1 < 2 < \dots$$

Die Schnittvervollständigung ist dann gegeben durch die Menge aller Hauptschnitte (a), wobei $a \in \mathbb{N}$, vereinigt mit der Menge $\mathbb{N}$. Da die Ordnung die Inklusion ist, haben wir also die folgende Situation vorliegen:

$$\{0\} \subset \{0,1\} \subset \{0,1,2\} \subset \ldots \subset \mathbb{N}$$

Nun betrachten wir als vollständigen Verband $(W, \sqcup_2, \sqcap_2)$ denjenigen, der $\mathbb{N} \cup \{\infty, a\}$ als Trägermenge besitzt und von der folgenden Ordnung induziert wird: Die erweiterten natürlichen Zahlen sind wie üblich mittels $0 < 1 < 2 < \ldots < \infty$ angeordnet. Weiterhin gilt $0 < a < \infty$. Und schließlich sind alle anderen natürlichen Zahlen $1, 2, \ldots$ mit a unvergleichbar. Es ist offensichtlich W eine Vervollständigung von M, der Schnittverband von M ist verbandsisomorph zu einem Unterverband von W und die zwei Verbände $\mathcal{S}(M)$ und W sind gleichmächtig. Sie sind jedoch nicht verbandsisomorph. □

Wir beenden diesen Abschnitt mit einem konkreten Beispiel, welches zu einem Verband die Idealvervollständigung und die Schnittvervollständigung angibt, und einigen interessanten Folgerungen, welche durch das Beispiel aufzeigt werden.

5.3.10 Beispiel (Ideal- und Schnittvervollständigung) Wir betrachten den in Beispiel 3.1.5.3 eingeführten nichtmodularen Verband $V_{\neg M}$ mit der folgenden Trägermenge:

$$V_{\neg M} \;=\; \{\bot, a, b, c, \top\}$$

Die Potenzmenge von $V_{\neg M}$ besteht aus $2^5 = 32$ Teilmengen von $V_{\neg M}$. Aus dem im Beispiel angegebenen Hasse-Diagramm erhalten wir

$$\mathcal{S}(V_{\neg M}) \;=\; \{\{\bot\}, \{\bot, a\}, \{\bot, b\}, \{\bot, a, c\}, V_{\neg M}\}$$

für die Menge der Schnitte in $V_{\neg M}$. Weiterhin erhalten wir

$$\mathcal{M} \;=\; \{\{\bot\}, \{\bot, a\}, \{\bot, b\}, \{\bot, a, b\}, \{\bot, a, c\}, \{\bot, a, b, c\}, V_{\neg M}\}$$

als die Menge der nichtleeren und nach unten abgeschlossenen Teilmengen von $V_{\neg M}$. Von diesen Teilmengen sind aber $\{\bot, a, b\}$ und $\{\bot, a, b, c\}$ keine Ideale, weil sie bezüglich der Supremumsbildung nicht abgeschlossen sind. Folglich haben wir $\mathcal{S}(V_{\neg M}) = \mathcal{I}(V_{\neg M})$.

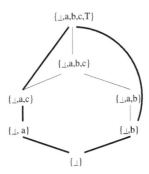

Abbildung 5.2: Schnitt- und Idealvervollständigung von $V_{\neg M}$

In Abbildung 5.2 ist die eben beschriebene Situation graphisch dargestellt, wobei die fett gezeichneten Linien das Hasse-Diagramm des zum Verband $V_{\neg M}$ isomorphen Teilverband angeben und die restlichen Linien das Hasse-Diagramm der inklusionsgeordneten Menge $\mathcal{M}$ andeuten. Wir werden auf diese Abbildung später noch einmal zurückkommen   □

Die Gleichheit von $\mathcal{S}(V_{\neg M})$ und $\mathcal{I}(V_{\neg M})$ in dem letzten Beispiel ist durch die Endlichkeit der Menge V bedingt – genauer durch das Artinschsein der Ordnung. Ist $(V, \sqcup, \sqcap)$ nämlich ein Verband mit Artinscher Verbandsordnung, so ist jedes Ideal $I \in \mathcal{I}(V)$ auch ein Schnitt in $(V, \sqsubseteq)$. Die Inklusion $I \subseteq \mathsf{Mi}(\mathsf{Ma}(I))$ kennen wir bereits. Weil $(V, \sqsubseteq)$ Artinsch ist und $I \neq \emptyset$, existiert nach Satz 3.4.15.2 eine endliche Teilmenge $F = \{a_1, \ldots, a_n\} \subseteq I$, so dass $\bigsqcup F$ das Supremum von I ist. Aus $a_1 \sqcup \ldots \sqcup a_n \in I$ folgt $\bigsqcup I \in I$. Nun sei $a \in \mathsf{Mi}(\mathsf{Ma}(I))$ beliebig. Dann gilt $a \sqsubseteq b$ für alle $b \in \mathsf{Ma}(I)$, also insbesondere $a \sqsubseteq \bigsqcup I$. Aus $\bigsqcup I \in I$ und $a \sqsubseteq \bigsqcup I$ folgt $a \in I$. Dies beweist die noch fehlende Inklusion $\mathsf{Mi}(\mathsf{Ma}(I)) \subseteq I$. Wir halten dieses wichtige Resultat in Form eines Satzes fest.

5.3.11 Satz In Verbänden $(V, \sqcup, \sqcap)$ mit einem kleinsten Element und einer Artinschen Verbandsordnung $(V, \sqsubseteq)$ gilt $\mathcal{S}(V) = \mathcal{I}(V)$, d.h. Schnitte und Ideale sind identisch   □

Man kann diese Aussage noch verschärfen. Weil für jedes Ideal I eines Verbands $(V, \sqcup, \sqcap)$ mit Artinscher Verbandsordnung $(V, \sqsubseteq)$ gilt $\bigsqcup I \in I$, ist I offensichtlich gleich dem Hauptideal $(\bigsqcup I)$. Damit gilt in so einem Fall sogar $\mathcal{S}(V) = \mathcal{I}(V) = \mathcal{H}(V)$. Für Schnitte kann man folgendes Resultat herleiten: Ist S ein Schnitt der Ordnung $(M, \sqsubseteq)$ und existiert $\bigsqcup S$, so ist S, wegen $S = \mathsf{Mi}(\mathsf{Ma}(S)) = \mathsf{Mi}(\mathsf{Ma}(\bigsqcup S)) = \mathsf{Mi}(\bigsqcup S) = (\bigsqcup S)$, ein Hauptschnitt.

5.4   Darstellung durch Schnittvervollständigung

Bei Darstellungsfragen ist man daran interessiert, abstrakt definierte algebraische Strukturen, also solche, die normalerweise durch gewisse Eigenschaften (Axiome) definiert sind, durch konkrete (oder konkretere) Strukturen darzustellen. Da man konkrete Strukturen in der Regel besser kennt als abstrakte, hofft man auf diese Weise neue Einsichten in die dargestellten abstrakten Strukturen zu gewinnen. Ein Beispiel für diese Vorgehensweise haben wir schon bei den endlichen Booleschen Verbänden kennengelernt. Hier haben wir im Hauptsatz die Darstellung eines endlichen Booleschen Verbands als Potenzmengenverband seiner Atome bewiesen. Dies erlaubte anschließend, einige weitere Sätze zu formulieren und zu beweisen, deren Formulierungen ohne die Darstellung nicht so ohne weiteres einsichtig sind (wie kommt man etwa auf das Lemma von E. Sperner ohne das Hasse-Diagramm einer Potenzmenge zu betrachten?) und deren Beweise ohne die Darstellung wahrscheinlich wesentlich komplizierter sind als die von uns angegebenen.

Im Folgenden zeigen wir, wie man jeden *endlichen* Verband $(V, \sqcup, \sqcap)$ durch eine Schnittvervollständigung darstellen kann. Konkret heißt dies: Wir geben eine geeignete Teilmenge M der Trägermenge V an, ordnen diese durch die induzierte Verbandsordnung und zeigen, dass die Schnittvervollständigung $(\mathcal{S}(M), \sqcup_s, \sqcap_s)$ dieser Ordnung $(M, \sqsubseteq)$ verbandsisomorph zum Ausgangsverband ist[2]. Die Schnittvervollständigung ist vollständig, also muss auch der Ausgangsverband vollständig sein. Dies ist aber wegen seiner Endlichkeit erfüllt. Es wird sich zum Ende dieses Abschnitts noch zeigen, dass das Vorgehen sogar für gewisse unendliche vollständige Verbände möglich ist. Für Anwendungen der Darstellung von Verbänden durch Schnittvervollständigung sind die endlichen Verbände aber der wichtigste Spezialfall.

Die Wahl der oben erwähnten Teilmenge M von V stützt sich entscheidend auf die folgenden beiden dualen Begriffe:

5.4.1 Definition Gegeben sei ein Verband $(V, \sqcup, \sqcap)$. Dann heißt $a \in V$ ...

- ... ein $\sqcup$-*irreduzibles Element* von V, falls für alle $b, c \in V$ gilt

$$a = b \sqcup c \implies a = b \vee a = c,$$

- ... ein $\sqcap$-*irreduzibles Element* von V, falls für alle $b, c \in V$ gilt

$$a = b \sqcap c \implies a = b \vee a = c.$$

Besitzt V ein kleinstes Element O und/oder ein größtes Element L, so wird im ersten Fall noch $a \neq \mathsf{O}$ und im zweiten Fall noch $a \neq \mathsf{L}$ gefordert. Mit $\mathsf{Sirr}(V)$ bzw. $\mathsf{Iirr}(V)$ bezeichnen wir die Menge der $\sqcup$-irreduziblen bzw. $\sqcap$-irreduziblen Elemente von V. $\square$

Die ersten Buchstaben S bzw. I der Bezeichnungen $\mathsf{Sirr}(V)$ bzw. $\mathsf{Iirr}(V)$ sollen an „Supremum" bzw. „Infimum" erinnern. In der englischsprachigen Literatur werden oft auch $\mathsf{J}(V)$ und $\mathsf{M}(V)$ statt $\mathsf{Sirr}(V)$ und $\mathsf{Iirr}(V)$ verwendet, da hier in der Regel „Join" das Supremum und „Meet" das Infimum bezeichnet.

Im Fall von endlichen Verbänden kann man irreduzible Elemente sehr einfach mittels des Hasse-Diagramms identifizieren. Ein Element ist genau dann $\sqcup$-irreduzibel, wenn es genau einen Vorgänger besitzt (im Sinne von Definition 2.5.1 also genau ein Element überdeckt), und genau dann $\sqcap$-irreduzibel, wenn es genau einen Nachfolger besitzt (also genau von einem Element überdeckt wird). Beispielsweise sind also im Verband $V_{\neg M}$ genau die Elemente a, b, c $\sqcup$-irreduzibel und auch die Menge der $\sqcap$-irreduziblen Elemente ist $\{a, b, c\}$. Als ein weiteres Beispiel sind in endlichen Booleschen Verbänden genau die Atome die $\sqcup$-irreduziblen Elemente.

Im folgenden Satz geben wir eine anschaulichere Beschreibung der Hauptbedingung für die $\sqcup$-irreduziblen Elemente eines Verbands an. Der nicht sehr schwierige Beweis sei der Leserin oder dem Leser als Übungsaufgabe überlassen. Die duale Variante des Satzes trifft natürlich für die $\sqcap$-irreduziblen Elemente zu.

5.4.2 Satz Es sei ein Verband $(V, \sqcup, \sqcap)$ gegeben. Dann sind für alle $a, b, c \in V$ die folgenden beiden Implikationen äquivalent:

---

[2]Wegen Satz 5.3.8 könnte man M etwa als gesamte Trägermenge V wählen. Diese Wahl ist aber nicht sehr gut, denn man möchte M natürlich möglichst klein haben.

1. Aus $a = b \sqcup c$ folgt $a = b$ oder $a = c$.

2. Aus $b \sqsubseteq a$ und $c \sqsubseteq a$ folgt $b \sqcup c \sqsubseteq a$.   □

Es wird sich später zeigen, dass man exakt die $\sqcup$-irreduziblen oder $\sqcap$-irreduziblen Elemente eines endlichen Verbands als die oben erwähnte Menge M nehmen kann, um den Verband dann durch die Schnittvervollständigung im Prinzip wieder aus $(M, \sqsubseteq)$ zurück zu erhalten. Dies ist, wie am Anfang des Abschnitts erwähnt, sogar für gewisse unendliche vollständige Verbände möglich. Wesentlich ist nur, dass bezüglich der entsprechenden Verbandsordnungen keine echten unendlichen auf- und absteigenden Ketten existieren, diese also Noethersch und Artinsch sind.

Die entscheidenden Eigenschaften der $\sqcup$-irreduziblen oder $\sqcap$-irreduziblen Elemente zur Rückgewinnung sind die nachfolgenden.

5.4.3 Definition Gegeben seien ein vollständiger Verband $(V, \sqcup, \sqcap)$ und eine Teilmenge $M \subseteq V$. Dann heißt die Teilmenge M ...

- ... $\sqcup$-*dicht*, falls für alle $a \in V$ gilt $a = \bigsqcup \{x \in M \mid x \sqsubseteq a\}$,

- ... $\sqcap$-*dicht*, falls für alle $a \in V$ gilt $a = \bigsqcap \{x \in M \mid a \sqsubseteq x\}$.   □

Beispielsweise sind im Einheitsintervall $[0, 1]$ der reellen Zahlen mit der üblichen Ordnung die rationalen Zahlen sowohl $\sqcup$-dicht als auch $\sqcap$-dicht. In einem Potenzmengenverband 2^M sind die einelementigen Mengen $\{a\}, a \in M$, $\sqcup$-dicht, da man jede Menge $N \in 2^M$ als Vereinigung $\bigcup \{\{a\} \mid \{a\} \subseteq N\}$ darstellen kann. Man beachte dabei, dass für N als die leere Menge die Gleichheit $N = \bigcup \{\{a\} \mid \{a\} \subseteq N\}$ wegen $\bigcup \{\{a\} \mid \{a\} \subseteq \emptyset\} = \bigcup \emptyset = \emptyset$ gilt.

Die beiden oben eingeführten Konzepte „Irreduziblität" und „Dichtheit" werden nun im folgenden Satz für den Fall des Supremums verbunden. Voraussetzung hierzu ist die erste der beiden oben erwähnten Kettenbedingungen.

5.4.4 Satz Es sei ein vollständiger Verband $(V, \sqcup, \sqcap)$ gegeben, dessen Ordnung Noethersch ist. Dann gelten für alle $a, b \in V$ die folgenden Aussagen:

1. Ist $a \not\sqsubseteq b$, so gibt es ein $x \in \mathsf{Sirr}(V)$ mit $x \sqsubseteq a$ und $x \not\sqsubseteq b$.

2. Es ist $a = \bigsqcup \{x \in \mathsf{Sirr}(V) \mid x \sqsubseteq a\}$.

Beweis: Es seien also $a, b \in V$ vorgegeben.

1. Wir betrachten, unter der Voraussetzung $a \not\sqsubseteq b$, die folgende Menge, die a enthält:

$$N := \{x \in V \mid x \sqsubseteq a \wedge x \not\sqsubseteq b\}$$

Da die Ordnung $(V, \sqsubseteq)$ nach Voraussetzung Noethersch ist, gibt es in der Menge N ein minimales Element $x \in N$.

Es ist x $\sqcup$-irreduzibel: Wir verwenden die Charakterisierung von Satz 5.4.2.2. Es seien $y, z \in V$ mit $y \sqsubset x$ und $z \sqsubset x$ gegeben. Dann folgt daraus $y \sqcup z \sqsubseteq x$. Angenommen, es gelte $y \sqcup z = x$. Weil x in N minimal ist, haben wir $y, z \notin N$. Weiterhin gelten $y \sqsubset x \sqsubseteq a$ und $z \sqsubset x \sqsubseteq a$, also müssen $y \sqsubseteq b$ und $z \sqsubseteq b$ zutreffen (sonst wären beide Elemente y und z in N enthalten). Dies bringt aber $x = y \sqcup z \sqsubseteq b$, was ein Widerspruch zu $x \in N$ ist.

Wegen der Beziehung $x \not\sqsubseteq b$ (vergleiche mit der Definition von N) kann x auch nicht das kleinste Verbandselement sein.

Es gelten $x \sqsubseteq a$ und $x \not\sqsubseteq b$: Diese Eigenschaften treffen zu, weil x nach seiner Wahl ein Element der Menge N ist.

2. Auch zu diesem Beweis definieren wir eine Hilfsmenge:

$$N := \{x \in \mathsf{Sirr}(V) \mid x \sqsubseteq a\}$$

Wir haben $a = \bigsqcup N$ zu verifizieren. Die Schrankeneigenschaft $a \in \mathsf{Ma}(N)$ folgt direkt aus der Definition von N.

Es sei nun $c \in \mathsf{Ma}(N)$ eine weitere obere Schranke von N. Angenommen, es gelte $a \not\sqsubseteq c$. Dann folgt daraus $a \not\sqsubseteq a \sqcap c$, denn $a \sqsubseteq a \sqcap c$ würde $a \sqcap a \sqcap c = a$ implizieren, also $a \sqsubseteq c$. Nun wenden wir den ersten Teil an und erhalten ein Element $x \in \mathsf{Sirr}(V)$ mit $x \sqsubseteq a$ und $x \not\sqsubseteq a \sqcap c$. Nach Definition liegt somit x in N und folglich gilt $x \sqsubseteq c$ wegen $c \in \mathsf{Ma}(N)$. Insgesamt haben wir also $x \in \mathsf{Mi}(\{a, c\})$, was den Widerspruch $x \sqsubseteq a \sqcap c$ bringt. $\qquad\qquad\square$

Nach dem zweiten Punkt dieses Satzes ist die Menge $\mathsf{Sirr}(V)$ der $\sqcup$-irreduziblen Elemente in einem Verband mit Noetherscher Ordnung $\sqcup$-dicht. Durch Dualisierung erhalten wir: In einem Verband mit Artinscher Ordnung ist die Menge $\mathsf{Iirr}(V)$ der $\sqcap$-irreduziblen Elemente $\sqcap$-dicht. Nun fassen wir diese beiden Resultate zusammen und bekommen die folgende wichtige Aussage über die Dichtheit der $\sqcup$-irreduziblen oder $\sqcap$-irreduziblen Elemente:

5.4.5 Satz Ist $(V, \sqcup, \sqcap)$ ein Verband, dessen Ordnung Noethersch und Artinsch ist, so ist $\mathsf{Sirr}(V) \cup \mathsf{Iirr}(V)$ eine $\sqcup$-dichte und $\sqcap$-dichte Teilmenge von V.

Beweis: Offensichtlich ist V vollständig. Es sei nun $a \in V$. Dann gilt

$$
\begin{aligned}
a &= \bigsqcup\{x \in \mathsf{Sirr}(V) \mid x \sqsubseteq a\} && \text{Satz 5.4.4.2} \\
&\sqsubseteq \bigsqcup\{x \in \mathsf{Sirr}(V) \cup \mathsf{Iirr}(V) \mid x \sqsubseteq a\} \\
&\sqsubseteq a,
\end{aligned}
$$

also $a = \bigsqcup\{x \in \mathsf{Sirr}(V) \cup \mathsf{Iirr}(V) \mid x \sqsubseteq a\}$. Die Dualisierung von Satz 5.4.4.2 zeigt die noch fehlende Gleichung $a = \bigsqcap\{x \in \mathsf{Sirr}(V) \cup \mathsf{Iirr}(V) \mid a \sqsubseteq x\}$. $\qquad\square$

An dieser Stelle kommt nun die Schnittvervollständigung ins Spiel. Der nachfolgende Satz 5.4.8 zeigt, wie dies vor sich geht. Zuvor brauchen wir aber noch Hilfseigenschaften, um den Beweis zu vereinfachen. In den folgenden Sätzen verwenden wir die Beschränkungen von Majoranten- und Minorantenmengen auf eine Teilmenge M eines Verbands V. Wir definieren diese zwei Beschränkungen allgemein für Ordnungen wie folgt:

5.4.6 Definition Gegeben sei eine Teilmenge $N \subseteq M$ einer Ordnung $(M, \sqsubseteq)$. Dann sind die *relativen Majoranten- und Minoranten-Abbildungen* $\mathsf{Ma}_N, \mathsf{Mi}_N : 2^M \to 2^N$ festgelegt durch $\mathsf{Ma}_N(X) = \mathsf{Ma}(X) \cap N$ und $\mathsf{Mi}_N(X) = \mathsf{Mi}(X) \cap N$. □

Und hier sind nun die zum Beweis von Satz 5.4.8 benötigten Hilfseigenschaften. Sie betreffen die relativen Majoranten- und Minoranten-Abbildungen. (Für die absoluten Majoranten- und Minoranten-Abbildungen sind die Eigenschaften offensichtlich wahr.)

5.4.7 Satz Es seien $(V, \sqcup, \sqcap)$ ein vollständiger Verband und $M \subseteq V$. Dann sind die folgenden drei Eigenschaften gültig.

1. Ist M $\sqcup$-dicht, so gilt $\mathsf{Ma}_M(\mathsf{Mi}_M(a)) = \mathsf{Ma}_M(a)$ für alle $a \in V$.

2. Ist M $\sqcap$-dicht, so gilt $\mathsf{Mi}_M(\mathsf{Ma}_M(a)) = \mathsf{Mi}_M(a)$ für alle $a \in V$.

3. Ist M $\sqcap$-dicht, so gilt $\mathsf{Mi}_M(\mathsf{Ma}_M(N)) = \mathsf{Mi}_M(\bigsqcup N)$ für alle $N \subseteq M$.

Beweis: Wir zeigen nur die erste und dritte Eigenschaft, die zweite Eigenschaft folgt vollkommen analog zur ersten Eigenschaft durch Verwendung der $\sqcap$-Dichtheit.

1. Es sei also ein beliebiges Element $b \in V$ gegeben. Dann gilt:

$$
\begin{aligned}
& b \in \mathsf{Ma}_M(\mathsf{Mi}_M(a)) && \\
\Longleftrightarrow\ & b \in M \wedge \forall x \in \mathsf{Mi}_M(a) : x \sqsubseteq b && \text{Def. } \mathsf{Ma}_M \\
\Longleftrightarrow\ & b \in M \wedge \forall x \in M : x \sqsubseteq a \Rightarrow x \sqsubseteq b && \text{Def. } \mathsf{Mi}_M \\
\Longleftrightarrow\ & b \in M \wedge \{x \in M \mid x \sqsubseteq a\} \subseteq \{x \in M \mid x \sqsubseteq b\} && \\
\Longleftrightarrow\ & b \in M \wedge \bigsqcup\{x \in M \mid x \sqsubseteq a\} \sqsubseteq \bigsqcup\{x \in M \mid x \sqsubseteq b\} && \\
\Longleftrightarrow\ & b \in M \wedge a \sqsubseteq b && M\ \sqcup\text{-dicht} \\
\Longleftrightarrow\ & b \in \mathsf{Ma}_M(a) && \text{Def. } \mathsf{Ma}_M,
\end{aligned}
$$

   was $\mathsf{Ma}_M(\mathsf{Mi}_M(a)) = \mathsf{Ma}_M(a)$ zeigt. Man beachte, dass die Äquivalenz dadurch gegeben ist, dass $b \in M \wedge a \sqsubseteq b$ wieder die dritte Formel der Rechnung impliziert.

3. Hier teilen wir den Beweis in zwei Inklusionsbeweise auf und starten mit „$\subseteq$": Wegen der $\sqcap$-Dichtheit von M haben wir für das Supremum von N in V die folgende Darstellung, wobei D definiert ist als Menge $\{x \in M \mid \bigsqcup N \sqsubseteq x\}$:

$$
\bigsqcup N \ = \ \bigsqcap\{x \in M \mid \bigsqcup N \sqsubseteq x\} \ = \ \bigsqcap D
$$

   Es gilt $D \subseteq \mathsf{Ma}_M(N)$, weil für alle $x \in D$ sowohl $x \in M$ als auch $y \sqsubseteq \bigsqcup N \sqsubseteq x$ für alle $y \in N$ zutrifft. Daraus folgt für alle $a \in \mathsf{Mi}_M(\mathsf{Ma}_M(N))$:

$$
\begin{aligned}
a \ &\sqsubseteq\ \bigsqcap \mathsf{Ma}_M(N) && \text{da } a \in \mathsf{Mi}_M(\mathsf{Ma}_M(N)) \\
&\sqsubseteq\ \bigsqcap D && \text{weil } D \subseteq \mathsf{Ma}_M(N) \\
&=\ \bigsqcup N && \text{Definition } D
\end{aligned}
$$

Wegen $a \in M$ haben wir somit insgesamt $a \in \mathsf{Mi}_M(\bigsqcup N)$.

Inklusion „$\supseteq$": Wiederum sei $a \in V$ beliebig vorgegeben. Hier gilt

$$
\begin{aligned}
& a \in \mathsf{Mi}_M(\textstyle\bigsqcup N) && \\
\Longrightarrow\ & a \in M \wedge a \sqsubseteq \textstyle\bigsqcup N && \text{Definition } \mathsf{Mi}_M \\
\Longrightarrow\ & a \in M \wedge \forall\, b \in \mathsf{Ma}(N) : a \sqsubseteq b && \\
\Longrightarrow\ & a \in M \wedge \forall\, b \in \mathsf{Ma}_M(N) : a \sqsubseteq b && \mathsf{Ma}_M(N) \subseteq \mathsf{Ma}(N) \\
\Longrightarrow\ & a \in \mathsf{Mi}_M(\mathsf{Ma}_M(N)) && \text{Definition } \mathsf{Mi}_M,
\end{aligned}
$$

was den gesamten Beweis der Hilfseigenschaften beendet. $\qquad\square$

Natürlich gilt auch die zu Satz 5.4.7.2 duale Aussage

$$
\mathsf{Ma}_M(\mathsf{Mi}_M(N)) \;=\; \mathsf{Ma}_M(\textstyle\bigsqcap N)
$$

für alle $N \subseteq M$, falls die Menge M $\sqcup$-dicht ist. Diese Tatsache wird im folgenden Satz 5.4.8 aber nicht benötigt.

Nach diesen Vorbereitungen können wir nun endlich den angekündigten Satz über die Darstellung von gewissen vollständigen (z.B. endlichen) Verbänden durch Schnittvervollständigung angeben und auch beweisen (siehe Satz 5.4.9). Sein eigentlicher Hintergrund ist das folgende wichtige Resultat (der schon erwähnte Satz 5.4.8) über die Ordnungseinbettung eines Verbands in die Schnittvervollständigung einer sowohl $\sqcup$-dichten als auch $\sqcap$-dichten Teilmenge, denn dieses impliziert unmittelbar den gewünschten Darstellungssatz. Man kann die Aussage von Satz 5.4.8 auch als eine weitere Charakterisierung der Schnittvervollständigung ansehen. Ist der Verband sogar vollständig, wie in Satz 5.4.8 vorausgesetzt, so erhalten wir durch die dadurch zu beweisende Surjektivität der Ordnungseinbettung sogar eine Verbandsisomorphie.

5.4.8 Satz Es sei $(V, \sqcup, \sqcap)$ ein vollständiger Verband. Weiterhin sei $\emptyset \neq M \subseteq V$ eine $\sqcup$-dichte und $\sqcap$-dichte Teilmenge von V. Dann ist die Schnittvervollständigung $(\mathcal{S}(M), \sqcup_s, \sqcap_s)$ von $(M, \sqsubseteq)$ verbandsisomorph zu $(V, \sqcup, \sqcap)$.

Beweis: Wir betrachten die folgende Abbildung:

$$
f : V \to \mathcal{S}(M) \qquad f(a) = \mathsf{Mi}_M(a) = \{x \in M \mid x \sqsubseteq a\}
$$

Durch eine Reihe von Teilbeweisen verifizieren wir nachfolgend, dass mit f ein Verbandsisomorphismus vorliegt. Wir erinnern daran, dass die Ordnung auf den Schnitten die Mengeninklusion ist.

1. Alle Bildelemente von f sind Schnitte in der Ordnung $(M, \sqsubseteq)$, d.h. f ist wohldefiniert. Zum Beweis sei ein beliebiges Element $a \in V$ gegeben. Wir haben die Gleichung $\mathsf{Mi}_M(\mathsf{Ma}_M(f(a))) = f(a)$ zu verifizieren, was nachfolgend geschieht[3]:

---

[3]Man beachte, dass $f(a)$ eine Teilmenge von M ist und die Abbildungen $\mathsf{Ma}_M, \mathsf{Mi}_M$, bei den Argumenten auf die Menge 2^M beschränkt, mit der Majoranten- bzw. Minorantenabbildung bezüglich $(M, \sqsubseteq)$ übereinstimmen. Hieraus ergibt sich die zu verifizierende Schnitte-Gleichung $\mathsf{Mi}_M(\mathsf{Ma}_M(f(a))) = f(a)$.

$$
\begin{aligned}
\mathsf{Mi}_M(\mathsf{Ma}_M(f(a))) &= \mathsf{Mi}_M(\mathsf{Ma}_M(\mathsf{Mi}_M(a))) && \text{Definition } f \\
&= \mathsf{Mi}_M(\mathsf{Ma}_M(a)) && \text{Satz 5.4.7.1} \\
&= \mathsf{Mi}_M(a) && \text{Satz 5.4.7.2} \\
&= f(a) && \text{Definition } f
\end{aligned}
$$

Es ist nicht erlaubt, die Gleichung $\mathsf{Mi}_M(\mathsf{Ma}_M(\mathsf{Mi}_M(a))) = \mathsf{Mi}_M(a)$ aus Satz 2.2.11.2 zu schließen. Diese Gleichung gilt nämlich nur, wenn man die beiden Abbildungen auch urbildsmäßig auf 2^M beschränkt, was im vorliegenden Fall, wegen $\{a\} \in 2^V$, nicht möglich ist.

2. Es ist f eine Ordnungseinbettung: Zum Beweis seien $a, b \in V$ beliebig gegeben. Eine triviale Konsequenz der zweiten Darstellung von f ist, dass $a \sqsubseteq b$ impliziert $f(a) \subseteq f(b)$. Die umgekehrte Richtung zeigt man wie folgt:

$$
\begin{aligned}
f(a) \subseteq f(b) &\iff \{x \in M \mid x \sqsubseteq a\} \subseteq \{x \in M \mid x \sqsubseteq b\} && \text{Def. } f \\
&\implies \bigsqcup\{x \in M \mid x \sqsubseteq a\} \sqsubseteq \bigsqcup\{x \in M \mid x \sqsubseteq b\} \\
&\iff a \sqsubseteq b && M \ \sqcup\text{-dicht}
\end{aligned}
$$

3. Die Abbildung f ist surjektiv: Es sei $S \in \mathcal{S}(M)$ ein beliebiger Schnitt. Dann ist, nach der folgenden Rechnung, das existierende Supremum $\bigsqcup S \in V$ sein Urbild bezüglich der Abbildung f.

$$
\begin{aligned}
f(\textstyle\bigsqcup S) &= \mathsf{Mi}_M(\textstyle\bigsqcup S) && \text{Definition } f \\
&= \mathsf{Mi}_M(\mathsf{Ma}_M(S)) && S \subseteq M \text{ und Satz 5.4.7.3} \\
&= S && \text{Schnitteigenschaft}
\end{aligned}
$$

Als Ordnungseinbettung ist f monoton und injektiv, also, aufgrund der Surjektivität, insgesamt eine monotone bijektive Abbildung. Die Umkehrabbildung $f^{-1} : \mathcal{S}(M) \to M$ von f ist, wiederum wegen der Ordnungseinbettungseigenschaft von f, ebenfalls monoton und bijektiv. Per Definition ist die Abbildung f somit ein Ordnungsisomorphismus. Da Ordnungs- und Verbandsisomorphismen nach Satz 2.3.6 zusammenfallen, haben wir damit das behauptete Resultat gezeigt.   □

Eine unmittelbare Folgerung dieser Eigenschaft ist der nachfolgende Satz, der das Hauptresultat dieses Abschnitts darstellt.

5.4.9 Satz (Darstellung durch Schnitte) Es sei ein Verband $(V, \sqcup, \sqcap)$ vorliegend, der mindestens ein $\sqcup$- oder $\sqcap$-irreduzibles Element besitzt und dessen Ordnung sowohl Noethersch als auch Artinsch ist. Weiterhin sei definiert $M := \mathsf{Sirr}(V) \cup \mathsf{Iirr}(V)$. Dann ist V verbandsisomorph zur Schnittvervollständigung $(\mathcal{S}(M), \sqcup_s, \sqcap_s)$ von $(M, \sqsubseteq)$.

Beweis: Offensichtlich ist V vollständig. Nach Satz 5.4.5 ist $M := \mathsf{Sirr}(V) \cup \mathsf{Iirr}(V)$ eine Teilmenge von V, die $\sqcup$-dicht und $\sqcap$-dicht ist, und nach Satz 5.4.8 ist somit die Schnittvervollständigung $(\mathcal{S}(M), \sqcup_s, \sqcap_s)$ von $(M, \sqsubseteq)$ verbandsisomorph zu $(V, \sqcup, \sqcap)$.   □

Insbesondere gilt Satz 5.4.9 für endliche Verbände, da diese sowohl vollständig sind als auch eine Noethersche und Artinsche Ordnung besitzen. Damit haben wir unser anfänglich angegebenes Ziel erreicht.

An dieser Stelle ist noch eine Bemerkung zu den beiden Einschränkungen $M \neq \emptyset$ in Satz 5.4.8 und $\mathsf{Sirr}(V) \cup \mathsf{Iirr}(V) \neq \emptyset$ in Satz 5.4.9 angebracht. Sie sind rein formaler Natur und verhindern nur, dass die Trägermenge der Ordnung $(M, \sqsubseteq)$ leer wird. Per Definition haben Ordnungen nämlich nichtleere Trägermengen. Ist z.B. die Trägermenge V eines Verbands eine einelementige Menge, so gibt es keine $\sqcup$-irreduziblen und auch keine $\sqcap$-irreduziblen Elemente, weil diese nicht das kleinste bzw. nicht das größte Element sein dürfen.

Auf die Voraussetzungen „Noethersch" und „Artinsch" in Satz 5.4.9 kann nicht verzichtet werden. Man kann sich dies durch geeignete Gegenbeispiele verdeutlichen.

5.5   Vervollständigung durch Abwärtsmengen

Nachdem wir bisher, aufgrund des letzten Abschnitts, insbesondere alle endlichen Verbände $(V, \sqcup, \sqcap)$ aus der Menge $\mathsf{Sirr}(V) \cup \mathsf{Iirr}(V)$ der $\sqcup$-irreduziblen oder $\sqcap$-irreduziblen Elemente durch Schnittvervollständigung (natürlich nur bis auf Isomorphie) wiedergewinnen können, betrachten wir nun die Teilklasse der endlichen distributiven Verbände. Um so einen Verband V durch eine Vervollständigung wiederzugewinnen, benötigt man nicht die gesamte Menge $\mathsf{Sirr}(V) \cup \mathsf{Iirr}(V)$. Es reichen die $\sqcup$-irreduziblen Elemente aus. Dafür bedarf es aber einer anderen Art von Vervollständigung, nämlich der durch sogenannte Abwärtsmengen. Das gesamte Resultat geht auf G. Birkhoff zurück und hat mittlerweile zahlreiche Anwendungen in der Mathematik und der Informatik gefunden. Wir werden eine Informatikanwendung später bei der Analyse von verteilten Systemen kennenlernen.

Wir beginnen unsere Darstellung der Birkhoffschen Vorgehensweise mit der Definition der Abwärtsmengen.

5.5.1 Definition Es sei $(M, \sqsubseteq)$ eine Ordnung. Eine Teilmenge A von M heißt eine *Abwärtsmenge* von M, falls für alle $a, b \in M$ aus $a \in A$ und $b \sqsubseteq a$ folgt $b \in A$. Mit $\mathcal{A}(M)$ bezeichnen wir die Menge der Abwärtsmengen von M. $\square$

Statt $\mathcal{A}(M)$ wird in der Literatur oft auch $\mathcal{O}(M)$ als Bezeichnung für die Menge der Abwärtsmengen von M verwendet. Dies rührt daher, dass man Abwärtsmengen manchmal auch *Ordnungsideale* nennt. Wir haben Abwärtsmengen als Übersetzung des englischen Worts „Downset" gewählt, um Verwechslungen mit dem früher eingeführten Idealbegriff zu verhindern[4]. Jetzt wird auch im Nachhinein klar, warum wir in Definition 5.1.1 noch die genauere Namensgebung *Verbandsideal* erwähnt haben.

Abwärtsmengen sind im Fall von Verbänden noch etwas allgemeiner als Ideale. Im fol-

---

[4]Leider ist die Bezeichnungsweise nicht eindeutig. Statt „Downset" wird im Englischen auch „Lower set" verwendet.

genden Satz fassen wir die Beziehungen zwischen Schnitten, Idealen und Abwärtsmengen für Verbände und Ordnungen noch einmal zusammen, wobei wir den größten Teil der Ergebnisse schon aus den letzten Abschnitten kennen. Die Existenz des kleinsten Elements braucht man genaugenommen nur bei der linken Inklusion der ersten Aussage.

5.5.2 Satz   1. Für alle Verbände $(V, \sqcup, \sqcap)$ mit einem kleinstem Element gilt die Inklusion $\mathcal{S}(V) \subseteq \mathcal{I}(V) \subseteq \mathcal{A}(V)$ und für alle Ordnungen $(M, \sqsubseteq)$ gilt die Inklusion $\mathcal{S}(M) \subseteq \mathcal{A}(M)$.

   2. Die eben genannten Beziehungen sind nicht umkehrbar, d.h. es gibt Verbände bzw. Ordnungen, wo die Inklusionen echt sind.

Beweis: Wir gehen der Reihe nach vor.

1. Schnitte in Verbänden mit kleinstem Element $O \in V$ sind Ideale (man vergleiche mit Satz 5.2.4) und Ideale sind nach unten abgeschlossen (wie Satz 5.1.2 zeigt). Dies liefert $\mathcal{S}(V) \subseteq \mathcal{I}(V) \subseteq \mathcal{A}(V)$ für alle solchen Verbände V.

   Nun sei $(M, \sqsubseteq)$ eine Ordnung. Weiterhin seien $a, b \in M$ beliebig und $S \in \mathcal{S}(M)$ ein beliebiger Schnitt mit $a \in S$. Dann kann man zeigen, dass

$$
\begin{aligned}
b \sqsubseteq a &\implies \forall\, x \in \mathsf{Ma}(a) : b \sqsubseteq x \\
&\Longleftrightarrow b \in \mathsf{Mi}(\mathsf{Ma}(a)) \\
&\implies b \in \mathsf{Mi}(\mathsf{Ma}(S)) && \{a\} \subseteq S,\ \mathsf{Mi} \circ \mathsf{Ma}\ \text{monoton} \\
&\Longleftrightarrow b \in S && S\ \text{Schnitt}.
\end{aligned}
$$

   Folglich gilt auch $\mathcal{S}(M) \subseteq \mathcal{A}(M)$.

2. Die echte Inklusion $\mathcal{S}(V) \subset \mathcal{I}(V)$ gilt beispielsweise für den Verband von Beispiel 5.2.5. Man vergleiche hierzu nochmals mit Abbildung 5.1.

   Als Beispiel für die echte Inklusion $\mathcal{I}(V) \subset \mathcal{A}(V)$ betrachten wir den Verband $V_{\neg M}$ bzw. die dadurch induzierte Ordnung. In Beispiel 5.3.10 haben wir bereits

$$
\mathcal{S}(V_{\neg M}) = \{\{\bot\}, \{\bot, a\}, \{\bot, b\}, \{\bot, a, c\}, V_{\neg M}\}
$$

   als Menge $\mathcal{S}(V_{\neg M})$ der Schnitte angegeben und auch, dass diese Menge identisch mit der Menge $\mathcal{I}(V_{\neg M})$ der Ideale ist. Als Menge $\mathcal{A}(V_{\neg M})$ der Abwärtsmengen bekommen wir, ebenfalls aufgrund von Beispiel 5.3.10, die folgende:

$$
\mathcal{A}(V_{\neg M}) = \{\emptyset, \{\bot\}, \{\bot, a\}, \{\bot, b\}, \{\bot, a, b\}, \{\bot, a, c\}, \{\bot, a, b, c\}, V_{\neg M}\}
$$

   Damit ist insgesamt gezeigt, dass es jeweils einen Verband bzw. eine Ordnung gibt, wo die Inklusionen echt sind. $\qquad\qquad\qquad\qquad\qquad\qquad\qquad\qquad\qquad\qquad\qquad$ $\Box$

Aufgrund von $\emptyset \in \mathcal{A}(V)$ und $\emptyset \notin \mathcal{I}(V)$ gilt sogar allgemein $\mathcal{I}(V) \subset \mathcal{A}(V)$ für alle Verbände V. Abwärtsmengen erlauben, neben den Schnitten, allgemeine Ordnungen zu vervollständigen. Dies wird nachfolgend gezeigt. Der erste Schritt der gesamten Prozedur wird durch den folgenden Satz bewerkstelligt; man vergleiche diesen mit dem entsprechenden Satz 5.2.7 für die Schnittvervollständigung.

5.5.3 Satz (Abwärtsmengenverband) Es sei $(M, \sqsubseteq)$ eine Ordnung. Dann ist das Tripel $(\mathcal{A}(M), \cup, \cap)$ ein vollständiger und distributiver Verband, genannt Abwärtsmengenverband von M, mit der Mengeninklusion als Verbandsordnung.

Beweis: Wir zeigen am Anfang, dass $\mathcal{A}(M)$ ein Hüllensystem im Potenzmengenverband $(2^M, \cup, \cap)$ bildet.

Für $\emptyset \subseteq \mathcal{A}(M)$ bekommen wir $\bigcap \emptyset = M$. Die gesamte Trägermenge der Ordnung ist natürlich eine Abwärtsmenge. Es sei also nun noch $\mathcal{M} \subseteq \mathcal{A}(M)$ eine nichtleere Menge von Abwärtsmengen von M und $A := \bigcap \{X \mid X \in \mathcal{M}\}$. Weiterhin seien $a, b \in M$ beliebig mit $a \in A$ gewählt. Dann gilt

$$
\begin{aligned}
b \sqsubseteq a &\implies \forall X \in \mathcal{M} : b \in X && \text{a in allen Abwärtsmengen X} \\
&\implies b \in \bigcap \{X \mid X \in \mathcal{M}\} \\
&\iff b \in A && \text{Definition A,}
\end{aligned}
$$

was zeigt, dass auch A eine Abwärtsmenge ist.

Nach Satz 4.4.8 ist somit das Tripel $(\mathcal{A}(M), \sqcup_a, \cap)$ ein vollständiger Verband, bei dem die binäre Supremumsoperation für alle $A, B \in \mathcal{A}(M)$ gegeben ist durch

$$
A \sqcup_a B \;=\; \mathsf{h}_{\mathcal{A}(M)}(A \cup B),
$$

mit $\mathsf{h}_{\mathcal{A}(M)} : 2^M \to 2^M$ als die durch das Hüllensystem $\mathcal{A}(M)$ induzierte Hüllenbildung

$$
\mathsf{h}_{\mathcal{A}(M)}(X) \;=\; \bigcap \{U \in \mathcal{A}(M) \mid X \subseteq U\}.
$$

Weil $\mathsf{h}_{\mathcal{A}(M)}$ expandierend ist, trifft die Inklusion $A \cup B \subseteq A \sqcup_a B$ für alle $A, B \in \mathcal{A}(M)$ zu. Nun verifizieren wir noch, dass $\mathcal{A}(M)$ abgeschlossen ist gegenüber binären Vereinigungen. Es seien dazu beliebige Mengen $A, B \in \mathcal{A}(M)$ und Elemente $a, b \in M$ mit $a \in A \cup B$ vorgegeben. Dann haben wir

$$
\begin{aligned}
b \sqsubseteq a &\implies b \in A \vee b \in B && \text{da $A, B \in \mathcal{A}(M)$} \\
&\iff b \in A \cup B.
\end{aligned}
$$

Aus der $\cup$-Abgeschlossenheit von $\mathcal{A}(M)$ folgt sofort $A \cup B \in \{U \in \mathcal{A}(M) \mid A \cup B \subseteq U\}$, also $\mathsf{h}_{\mathcal{A}(M)}(A \cup B) \subseteq A \cup B$, was die noch fehlende Inklusion $A \sqcup_a B \subseteq A \cup B$ impliziert.

Das Zusammenfallen von $\sqcup_a$ mit der Vereinigung zieht unmittelbar die Distributivität des Verbands $(\mathcal{A}(M), \cup, \cap)$ nach sich. $\qquad\qquad\square$

Nach dem früheren Satz 5.5.2.1 sind in einer Ordnung $(M, \sqsubseteq)$ für alle Elemente $a \in M$ die Hauptschnitte (a) auch Abwärtsmengen. Damit bekommen wir durch die Abbildung $a \mapsto (a) = \mathsf{Mi}(\mathsf{Ma}(a))$ der Schnittvervollständigung (siehe Satz 5.2.9) sofort die Einbettung der Ordnung M in die durch den vollständigen Abwärtsmengenverband $(\mathcal{A}(M), \cup, \cap)$ gegebene Ordnung $(\mathcal{A}(M), \subseteq)$. Dies beendet die Prozedur der Vervollständigung von Ordnungen durch Abwärtsmengen. Wir halten das Resultat noch einmal fest.

5.5.4 Satz (Abwärtsmengenvervollständigung) Es seien eine Ordnung $(M, \sqsubseteq)$ und ihr Abwärtsmengenverband $(\mathcal{A}(M), \cup, \cap)$ gegeben. Dann ist die Abbildung

$$e_s : M \to \mathcal{H}(M) \qquad e_s(a) = (a) = \mathsf{Mi}(\mathsf{Ma}(a))$$

ein Ordnungsisomorphismus zwischen M und der Ordnung $(\mathcal{H}(M), \subseteq)$ der Hauptschnitte von M. $\qquad\qquad\square$

Man hätte die Aussage dieses Satzes auch folgendermaßen formulieren können: Die Abbildung $e_s : M \to \mathcal{A}(M)$, definiert durch $e_s(a) = (a) = \mathsf{Mi}(\mathsf{Ma}(a))$, ist eine Ordnungseinbettung von $(M, \sqsubseteq)$ in $(\mathcal{A}(M), \subseteq)$.

Der folgende Satz gibt noch eine einfache Eigenschaft von $\sqcup$-irreduziblen Elementen in distributiven Verbänden an. Eine entsprechende Aussage für Atome haben wir schon als Satz 3.2.9 bewiesen.

5.5.5 Satz Es seien $(V, \sqcup, \sqcap)$ ein distributiver Verband und $a \in V$ $\sqcup$-irreduzibel. Dann gilt für alle $b_1, \ldots, b_n \in V$:

$$a \sqsubseteq \bigsqcup_{i=1}^{n} b_i \implies \exists i \in \{1, \ldots, n\} : a \sqsubseteq b_i$$

Beweis: Wir rechnen für $a \in V$ und die Elemente $b_1, \ldots, b_n \in V$ wie folgt:

$$
\begin{aligned}
a \sqsubseteq \bigsqcup_{i=1}^{n} b_i
&\iff a \sqcap (\bigsqcup_{i=1}^{n} b_i) = a \\
&\iff \bigsqcup_{i=1}^{n} (a \sqcap b_i) = a && \text{Distributivität} \\
&\implies \exists i \in \{1, \ldots, n\} : a \sqcap b_i = a && a \text{ ist } \sqcup\text{-irreduzibel} \\
&\iff \exists i \in \{1, \ldots, n\} : a \sqsubseteq b_i
\end{aligned}
$$

Dabei erfordert der die $\sqcup$-Irreduziblität von a verwendende Schritt formal natürlich eine Induktion. $\qquad\qquad\square$

Nach allen diesen Vorbereitungen können wir nun das schon am Beginn des Abschnitts angekündigte Resultat von G. Birkhoff beweisen. Aus formalen Gründen müssen wir dabei den Verband wiederum als nicht-trivial annehmen. Es sollte an dieser Stelle unbedingt noch bemerkt werden, dass aufgrund der Distributivität von Abwärtsmengenverbänden man durch solche Verbände auch nur distributive Verbände darstellen kann; andernfalls erreicht man nie die angestrebte Isomorphie.

5.5.6 Satz (Darstellung durch Abwärtsmengen; G. Birkhoff) Es sei ein endlicher distributiver Verband $(V, \sqcup, \sqcap)$ mit $|V| > 1$ gegeben. Weiterhin sei die Teilmenge M von V definiert mittels $M := \mathsf{Sirr}(V)$. Dann ist V verbandsisomorph zur Abwärtsmengenvervollständigung $(\mathcal{A}(M), \cup, \cap)$ von $(M, \sqsubseteq)$.

Beweis: Wir betrachten die gleiche Abbildung wie bei der Darstellung vollständiger Verbände durch $\sqcup$-dichte und $\sqcap$-dichte Teilmengen, d.h. wie im Beweis von Satz 5.4.8:

$$f : V \to \mathcal{A}(M) \qquad f(a) = \{x \in M \mid x \sqsubseteq a\}$$

Diese Abbildung ist wohldefiniert. Sind nämlich beliebige $b, c \in M$ mit $b \in f(a)$, so gilt

$$c \sqsubseteq b \quad \Longrightarrow \quad c \sqsubseteq b \sqsubseteq a \qquad\qquad\qquad \text{weil } b \in f(a)$$
$$\Longrightarrow \quad c \sqsubseteq a$$
$$\Longleftrightarrow \quad c \in f(a) \qquad\qquad\qquad\qquad \text{Definition von } f.$$

Also sind alle Bildelemente von f auch tatsächlich Abwärtsmengen $\sqcup$-irreduzibler Elemente.

Der Beweis des Satzes von G. Birkhoff ist beendet, wenn wir gezeigt haben, dass f eine surjektive Ordnungseinbettung ist. Dies impliziert nämlich, vollkommen analog zum letzten Schluss im Beweis von Satz 5.4.8, dass f ein Verbandsisomorphismus ist.

1. Die Abbildung f ist eine Ordnungseinbettung: Es seien $a, b \in V$ beliebige Elemente. Dann ist die Implikation

$$a \sqsubseteq b \quad \Longrightarrow \quad f(a) \subseteq f(b)$$

   trivial und die umgekehrte Implikation

$$f(a) \subseteq f(b) \quad \Longrightarrow \quad a \sqsubseteq b$$

   wurde schon im Beweis von Satz 5.4.8 gezeigt. Man beachte, dass dort nur die $\sqcup$-Dichtheit von M verwendet wurde. Dass die Menge der $\sqcup$-irreduziblen Menge $\sqcup$-dicht ist, ist genau Satz 5.4.4.2

2. Es ist f surjektiv: Zum Beweis sei A eine beliebige endliche Abwärtsmenge von $\sqcup$-irreduziblen Elementen. Dabei nehmen wir an, dass A die explizite Darstellung $A = \{a_1, \ldots, a_n\}$ habe. Wir behaupten nun, dass das Supremum $a_1 \sqcup \ldots \sqcup a_n$ ein Urbild von A ist, also die folgende Gleichheit gilt:

$$A \;=\; f(a_1 \sqcup \ldots \sqcup a_n)$$

   Inklusion „$\subseteq$": Es sei $a \in A$ beliebig gegeben. Dann gibt es ein i, $1 \le i \le n$, mit $a = a_i$. Folglich gelten $a \in M$ und $a \sqsubseteq a_1 \sqcup \ldots \sqcup a_n$. Nach Definition von f heißt dies $a \in f(a_1 \sqcup \ldots \sqcup a_n)$.

   Inklusion „$\supseteq$": Nun sei ein beliebiges $a \in f(a_1 \sqcup \ldots \sqcup a_n)$ gegeben, also ein Element a, welches $\sqcup$-irreduzibel ist und $a \sqsubseteq a_1 \sqcup \ldots \sqcup a_n$ erfüllt. Nach Satz 5.5.5 gibt es ein i, $1 \le i \le n$, mit $a \sqsubseteq a_i$. Weil A eine Abwärtsmenge ist, folgt daraus $a \in A$. $\qquad\square$

Ist V ein endlicher Verband mit mindestens zwei Elementen, so ist die Menge $\mathsf{Sirr}(V)$ nichtleer, denn insbesondere jedes Atom (und es gibt mindestens eines) ist $\sqcup$-irreduzibel. Weiterhin gilt nach dem Satz von G. Birkhoff: Der Verband V ist distributiv genau dann, wenn V verbandsisomorph zu einem Verband von Mengen mit den Mengenoperationen ist, also genau dann, wenn V verbandsisomorph zu einem Unterverband eines Potenzmengenverbands ist. Satz 5.5.6 ist auch der Ausgangspunkt für eine Theorie, die zwischen endlichen distributiven Verbänden und endlichen Ordnungen eine enge Verbindung herstellt. Nach dem Satz von G. Birkhoff gilt die Verbandsisomorphie

$$(V, \sqcup, \sqcap) \;\cong\; (\mathcal{A}(\mathsf{Sirr}(V)), \cup, \cap)$$

und die entsprechende Ordnungsisomorphie

$$(M, \sqsubseteq) \cong (\mathsf{Sirr}(\mathcal{A}(M)), \subseteq)$$

zeigt man unter Verwendung der Abbildung $f : M \to \mathsf{Sirr}(\mathcal{A}(M))$, welche definiert ist mittels $f(x) = \{a \in M \mid a \sqsubseteq x\}$. Die Auffassung von Sirr und $\mathcal{A}$ als zwei Abbildungen der Form $(V, \sqcup, \sqcap) \mapsto (\mathsf{Sirr}(V), \sqsubseteq)$ von einer Menge von endlichen distributiven Verbänden in die entsprechende Menge von endlichen Ordnungen bzw. der Form $(M, \sqsubseteq) \mapsto (\mathcal{A}(M), \cup, \cap)$ von den Ordnungen zurück in die Verbände stellt die (bis auf Isomorphie) bijektive Verbindung her. Insbesondere kann man die Untersuchung von endlichen distributiven Verbänden auf die Untersuchung der viel kleineren Mengen ihrer $\sqcup$-irreduziblen Elemente zurückführen. In der Literatur nennt man $\mathsf{Sirr}(V)$ auch den *Dual* von V.

Mit zwei Beispielen wollen wir diesen Abschnitt beenden.

5.5.7 Beispiele (zum Satz von G. Birkhoff) Zum Schluss dieses Abschnitts geben wir nachfolgend noch zwei Beispiele zu Satz 5.5.6 an.

1. Es sei $(V, \sqcup, \sqcap, ^{-})$ ein endlicher Boolescher Verband mit Atomen $a_1, \ldots, a_n$. Dann besteht die Menge $\mathsf{Sirr}(V)$ genau aus den Atomen und die Ordnung auf $M := \mathsf{Sirr}(V)$ ist die Identität, da verschiedene Atome unvergleichbar sind. Folglich wird die Potenzmenge der Atome zur Menge $\mathcal{A}(M)$ und der Abwärtsmengenverband zum Potenzmengenverband der Atome.

   Wir erhalten somit aus dem Satz von G. Birkhoff sofort den wesentlichen der Teil der Aussage des Hauptsatzes über endliche Boolesche Verbände. Nur die Strukturerhaltung der Negation wird durch ihn nicht gezeigt.

2. In Satz 5.5.6 kann auf die Distributivität des vorgegebenen endlichen Verbands V nicht verzichtet werden. Dazu betrachten wir den nicht-distributiven Verband $V_{\neg D}$ von Abbildung 2.2 in Abschnitt 3.2. Hier gilt offensichtlich

$$\mathsf{Sirr}(V_{\neg D}) = \{a, b, c\}$$

   und die Ordnung auf $\mathsf{Sirr}(V_{\neg D})$ ist, weil a, b, c Atome sind, wiederum die Identität.

   Als Abwärtsmengenverband dieser Ordnung bekommen wir wiederum einen Potenzmengenverband, nämlich den von $\{a, b, c\}$. Dieser hat 8 Elemente und ist somit nicht verbandsisomorph zu $\mathsf{Sirr}(V_{\neg D})$.   □

   Wendet man hingegen die Darstellung durch Schnittvervollständigung auf den Verband $V_{\neg D}$ an, so bekommt man

$$\mathsf{Sirr}(V_{\neg D}) \cup \mathsf{lirr}(V_{\neg D}) = \{a, b, c\}.$$

   Die Schnitte von $\{a, b, c\}$ mit der Identität als Ordnung sind jedoch $\emptyset, \{a\}, \{b\}, \{c\}$ und $\{a, b, c\}$. Ordnet man diese durch die Inklusion, so ist der entstehende Verband offensichtlich verbandsisomorph zu $V_{\neg D}$.   □

5.6 Berechnung der Schnitte und Abwärtsmengen

In diesem Abschnitt stellen wir Algorithmen vor, mit denen man im Fall von endlichen Ordnungen Schnittvervollständigungen (und damit auch Idealvervollständigungen) und Abwärtsmengenvervollständigungen) berechnen kann. Wir beginnen mit den Schnittvervollständigungen

Es existieren einige Algorithmen zur Berechnung der Menge aller Schnitte einer Ordnung, bei denen man eine polynomielle Laufzeit bekommt, wenn man die Anzahl der Schnitte als Konstante auffasst. Beispielsweise hat B. Ganter im Umfeld der formalen Begriffsanalyse einen entsprechenden Algorithmus entwickelt. Für nicht zu sehr „explodierende" Schnittvervollständigungen sind solche Algorithmen also durchaus effizient.

Wir behandeln nachfolgend einen Algorithmus zur Berechnung aller Schnitte, der einfacher als der Algorithmus von B. Ganter ist, jedoch nicht so effizient wie jener. Seine wesentliche Idee ist, eine Menge von Mengen bezüglich der Durchschnittsbildung abzuschließen. Wie dies möglich ist und welche Eigenschaft dann gilt, wird im folgenden Satz gezeigt. In diesem Satz verwenden wir, um die Formeln knapper und lesbarer formulieren zu können, für eine Menge $\mathcal{X}$ von Mengen die ursprüngliche Notation $\bigcap \mathcal{X}$ für den Durchschnitt aller in $\mathcal{X}$ enthaltenen Mengen.

5.6.1 Satz Es sei $\mathcal{B} = \{X_1, \ldots, X_n\}$ eine nichtleere Teilmenge von 2^M. Definiert man induktiv eine Kette $\mathcal{M}_0 \subseteq \mathcal{M}_1 \subseteq \ldots \subseteq \mathcal{M}_n$ in $(2^M, \subseteq)$ durch

$$\mathcal{M}_0 := \{M\} \qquad \mathcal{M}_{i+1} := \mathcal{M}_i \cup \{Y \cap X_{i+1} \mid Y \in \mathcal{M}_i\},$$

wobei $0 \leq i \leq n-1$, so gilt $\mathcal{M}_n = \{\bigcap \mathcal{X} \mid \mathcal{X} \subseteq \mathcal{B}\}$ und diese Menge ist das kleinste Hüllensystem im Potenzmengenverband $(2^M, \cup, \cap)$, das $\mathcal{B}$ umfasst.

Beweis: Wir verwenden die Abkürzung $\mathcal{B}_i = \{X_1, \ldots, X_i\}$ und zeigen durch Induktion, dass $\mathcal{M}_i = \{\bigcap \mathcal{X} \mid \mathcal{X} \subseteq \mathcal{B}_i\}$ für alle i mit $0 \leq i \leq n$ gilt. Wegen $\mathcal{B}_n = \mathcal{B}$ folgt daraus die erste Behauptung.

Der Induktionsbeginn $\{\bigcap \mathcal{X} \mid \mathcal{X} \subseteq \mathcal{B}_0\} = \{\bigcap \emptyset\} = \{M\} = \mathcal{M}_0$ verwendet, dass das Infimum der leeren Menge $\emptyset \subseteq 2^M$ das größte Element der Ordnung $(2^M, \subseteq)$ ist. Hier ist die Rechnung für den Induktionsschritt:

$$
\begin{aligned}
&\{\bigcap \mathcal{X} \mid \mathcal{X} \subseteq \mathcal{B}_{i+1}\} \\
={} &\{\bigcap \mathcal{X} \mid \mathcal{X} \subseteq \mathcal{B}_{i+1}, X_{i+1} \notin \mathcal{X}\} \cup \{\bigcap \mathcal{X} \mid \mathcal{X} \subseteq \mathcal{B}_{i+1}, X_{i+1} \in \mathcal{X}\} \\
={} &\{\bigcap \mathcal{X} \mid \mathcal{X} \subseteq \mathcal{B}_i\} \cup \{\bigcap \mathcal{X} \mid \mathcal{X} \subseteq \mathcal{B}_{i+1}, X_{i+1} \in \mathcal{X}\} \\
={} &\mathcal{M}_i \cup \{\bigcap \mathcal{X} \mid \mathcal{X} \subseteq \mathcal{B}_{i+1}, X_{i+1} \in \mathcal{X}\} && \text{Ind. Hyp.} \\
={} &\mathcal{M}_i \cup \{(\bigcap \mathcal{X}) \cap X_{i+1} \mid \mathcal{X} \subseteq \mathcal{B}_i\} \\
={} &\mathcal{M}_i \cup \{Y \cap X_{i+1} \mid Y \in \{\bigcap \mathcal{X} \mid \mathcal{X} \subseteq \mathcal{B}_i\}\} \\
={} &\mathcal{M}_i \cup \{Y \cap X_{i+1} \mid Y \in \mathcal{M}_i\} && \text{Ind. Hyp} \\
={} &\mathcal{M}_{i+1} && \text{Def. } \mathcal{M}_{i+1}
\end{aligned}
$$

Zum Beweis der Hüllensystem-Eigenschaft von $\mathcal{M}_n$ haben wir aufgrund der Endlichkeit von $\mathcal{M}_n$ nur zu zeigen, dass $M \in \mathcal{M}_n$ gilt und für alle $\bigcap \mathcal{X}_1 \in \mathcal{M}_n$ und $\bigcap \mathcal{X}_2 \in \mathcal{M}_n$ (wobei $\mathcal{X}_1, \mathcal{X}_2 \subseteq \mathcal{B}$ vorausgesetzt ist) auch $(\bigcap \mathcal{X}_1) \cap (\bigcap \mathcal{X}_2) \in \mathcal{M}_n$ gilt. Die erste Eigenschaft haben wir oben schon gezeigt, die zweite folgt aus $(\bigcap \mathcal{X}_1) \cap (\bigcap \mathcal{X}_2) = \bigcap (\mathcal{X}_1 \cup \mathcal{X}_2)$ und $\mathcal{X}_1 \cup \mathcal{X}_2 \subseteq \mathcal{B}$.

Um $\mathcal{B} \subseteq \mathcal{M}_n$ zu verifizieren, verwenden wir $X_i = \bigcap \{X_i\}$ und $\{X_i\} \subseteq \mathcal{B}$ für alle i mit $1 \leq i \leq n$.

Es bleibt noch zu zeigen, dass $\mathcal{M}_n$ das kleinste Hüllensystem ist, das $\mathcal{B}$ umfasst. Zum Beweis sei $\mathcal{N} \subseteq 2^M$ ein weiteres Hüllensystem in $(2^M, \cup, \cap)$ mit $\mathcal{B} \subseteq \mathcal{N}$. Gilt $\bigcap \mathcal{X} \in \mathcal{M}_n$, wobei $\mathcal{X} \subseteq \mathcal{B}$, dann gilt auch $\mathcal{X} \subseteq \mathcal{N}$. Da $\mathcal{N}$ ein Hüllensystem ist, bekommen wir $\bigcap \mathcal{X} \in \mathcal{N}$. Weil dieses Argument für alle Elemente von $\mathcal{M}_n$ gilt, folgt $\mathcal{M}_n \subseteq \mathcal{N}$. $\qquad \square$

Man nennt die Menge $\mathcal{B}$ von Satz 5.6.1 auch die Basis und bezeichnet dann $\mathcal{M} := \mathcal{M}_n$ als die durch den Abschluss unter Durchschnittsbildung aus der Basis erzeugte Menge. Weil $\mathcal{M}$ ein Hüllensystem ist, induziert die Ordnung $(\mathcal{M}, \subseteq)$ einen vollständigen Verband, mit dem Durchschnitt als Infimumsoperation, der Supremumsoperation wie in Satz 3.4.2.1 (dem Satz von der oberen Grenze) definiert, $\emptyset$ als dem kleinsten Element und M als dem größten Element.

Bei der Entwicklung des nachfolgenden Algorithmus zur Berechnung aller Schnitte wenden wir Satz 5.6.1 auf eine spezielle Basis an.

5.6.2 Anwendung (Aufzählung aller Schnitte) Es sei $(M, \sqsubseteq)$ eine gegebene endliche Ordnung mit m als die Kardinalität von M. Wenn wir die Menge $\mathcal{H}(M) = \{\mathsf{Mi}(a) \mid a \in M\}$ der Hauptschnitte von $(M, \sqsubseteq)$ als Basis wählen, denn berechnet der nachstehende Algorithmus aufgrund von Satz 5.6.1 die Trägermenge $\mathcal{M} \subseteq 2^M$ des vollständigen Verbands $(\mathcal{M}, \sqcup, \cap)$, dessen sämtliche Elemente Teilmengen von M sind und der auch alle Hauptschnitte der Ordnung als Elemente enthält.

$$\begin{aligned}
&\mathcal{M} := \{M\}; \\
&\underline{\text{forall}} \; a \in M \; \underline{\text{do}} \\
&\quad \mathcal{G} := \mathcal{M}; \\
&\quad \underline{\text{forall}} \; Y \in \mathcal{G} \; \underline{\text{do}} \\
&\qquad \mathcal{M} := \mathcal{M} \cup \{Y \cap \mathsf{Mi}(a)\} \; \underline{\text{od}} \; \underline{\text{od}}; \\
&\underline{\text{return}} \; \mathcal{M}
\end{aligned}$$

Der vollständige Verband $(\mathcal{M}, \sqcup, \cap)$ ist identisch zum Schnittverband der Ordnung $(M, \sqsubseteq)$, welche beide inklusionsgeordnet sind. Die Inklusion $\mathcal{M} \subseteq \mathcal{S}(M)$ folgt aus dem zweiten Teil von Satz 5.6.1 und der Tatsache, dass $\mathcal{S}(M)$ ein Hüllensystem mit $\mathcal{H}(M) \subseteq \mathcal{S}(M)$ ist. Wegen der Endlichkeit von $\mathcal{M}$ und $\mathcal{S}(M)$ folgt nun $\mathcal{M} = \mathcal{S}(M)$ aus $|\mathcal{S}(M)| \leq |\mathcal{M}|$. Zum Beweis dieser Abschätzung verwenden wir zuerst Satz 5.2.9. Er besagt, dass die Abbildung $e_s(a) = \mathsf{Mi}(a)$ ein Ordnungsisomorphismus zwischen $(M, \sqsubseteq)$ und $(\mathcal{H}(M), \subseteq)$ ist. Aufgrund von $\mathcal{H}(M) \subseteq \mathcal{M}$ liegt folglich durch die Abbildung $f : M \to \mathcal{M}$ mit $f(a) = \mathsf{Mi}(a)$ eine Ordnungseinbettung von $(M, \sqsubseteq)$ in $(\mathcal{M}, \subseteq)$ vor. Nach Satz 5.3.7 führt f zu einer

Ordnungseinbettung g von $(\mathcal{S}(M), \subseteq)$ in $(\mathcal{M}, \subseteq)$. Aus der Injektivität von g folgt nun $|\mathcal{S}(M)| \leq |\mathcal{M}|$.

Hier ist nun der angekündigte Algorithmus. Die in ihm verwendete <u>forall</u>-Schleife führt dabei ihren Rumpf für alle Elemente der angegebenen Menge aus.

Die äußere Schleife dieses Algorithmus wird m-mal durchlaufen, die innere maximal s-mal, mit $s = |(\mathcal{S}(M)|$. Der Gesamtaufwand hängt damit von der Darstellung der Mengen, der Mengen von Mengen und der Ordnungsrelation ab. Implementiert man etwa Teilmengen von M als Boolesche Vektoren, Mengen von solchen Teilmengen als lineare Listen von Booleschen Vektoren und die Ordnungsrelation durch eine Boolesche Matrix, so erfordert die Berechnung von $Y \cap \mathsf{Mi}(a)$ einen linearen Aufwand und das Einfügen dieser Menge in $\mathcal{M}$ den Aufwand $\mathcal{O}(m * |\mathcal{M}|)$. Insgesamt kommt man damit auf eine Laufzeit in $\mathcal{O}(s^2 * m^2)$. Setzt man hingegen auf M eine fest vorgegebene Anordnung der Elemente voraus und implementiert man Teilmengen von M durch sortierte lineare Listen und Mengen von solchen Teilmengen als Binärbäume von sortierten linearen Listen, so ist eine Laufzeit von $\mathcal{O}(s * m^2)$ möglich, weil nun das Einfügen von $Y \cap \mathsf{Mi}(a)$ nur mehr den Aufwand $\mathcal{O}(m)$ erfordert. □

Durch eine Modifikation des Beweises von Satz 5.6.1 erhält man, dass zu einer Basis $\mathcal{B} = \{X_1, \ldots, X_n\}$ durch das letzte Glied $\mathcal{J}_n$ der Kette $\mathcal{J}_0 \subseteq \mathcal{J}_1 \subseteq \ldots \subseteq \mathcal{J}_n$, welche durch

$$\mathcal{J}_0 = \{\emptyset\} \qquad \mathcal{J}_{i+1} = \mathcal{J}_i \cup \{Y \cup X_{i+1} \mid Y \in \mathcal{J}_i\}$$

induktiv definiert ist, die Menge $\mathcal{J} := \{\bigcup \mathcal{X} \mid \mathcal{X} \subseteq \mathcal{B}\}$ berechnet wird. Nach Konstruktion ist diese Menge von Mengen abgeschlossen gegenüber beliebigen Vereinigungen und sogar die $\subseteq$-kleinste $\mathcal{B}$ enthaltende Teilmenge von 2^M mit dieser Eigenschaft. Wie $(\mathcal{M}, \subseteq)$ induziert auch $(\mathcal{J}, \subseteq)$ einen vollständigen Verband. Für die Menge $\mathcal{H}(M)$ der Hauptschnitte einer Ordnung $(M, \sqsubseteq)$ als Basis ist dieser verbandsisomorph zum Abwärtsmengenverband $(\mathcal{A}(M), \cup, \cap)$. Somit kann man auch diesen im Fall einer nicht zu sehr „explodierenden" Vervollständigung durchaus noch effizient berechnen.

Kapitel 6

Wohlgeordnete Mengen und das Auswahlaxiom

Die gegenwärtige Art und Weise Mathematik zu betreiben ist ohne Mengen nicht denkbar, da die Mengenlehre den begrifflichen Rahmen darstellt. Normalerweise wird Mengenlehre, so wie auch in diesem Buch, naiv betrieben. Dies erlaubt Antinomien, wie beispielsweise die Menge aller Mengen, die sich nicht selbst als Element enthalten. E. Zermelo kannte diese bereits 1901. Um Antinomien zu verhindern, wurde die (typfreie) axiomatische Mengenlehre begründet. Das entsprechende Axiomensystem geht auf E. Zermelo und A. Fraenkel zurück. Ein entscheidendes Axiom ist dabei das *Auswahlaxiom*. Obwohl in seiner Formulierung kein mit Ordnungen verwandter Begriff vorkommt, hat es viel mit speziellen Ordnungen zu tun. Dies wird am Anfang dieses Kapitels gezeigt. Aufgrund dieser Resultate sind wir dann in der Lage, für bisher unbewiesene Sätze, wie den Darstellungssatz von M.H. Stone und den Satz von A. Davis, die Beweise zu erbringen.

6.1 Wohlordnungen und Ordinalzahlen

Wir haben in Abschnitt 4.2 die Gleichmächtigkeit von Mengen als Relation $\approx$ eingeführt und angegeben, dass diese Relation die Gesetze einer Äquivalenzrelation erfüllt. Bei einem naiven Mengenansatz kann man die Äquivalenzklassen dieser Relation als *Kardinalzahlen* auffassen. Dabei ist man nicht an die Endlichkeit von Mengen gebunden. Beispielsweise liegen $\mathbb{N}$ und $\mathbb{Q}$ in der gleichen (ersten unendlichen) Kardinalzahl, genannt $\aleph_0$, während $\mathbb{R}$ in einer anderen Kardinalzahl, genannt $\aleph$, liegt. Kardinalzahlen kann man ordnen, indem man die Ordnung durch die Klassenvertreter definiert (siehe Abschnitt 2.2). Wegen $\mathbb{N} \preceq \mathbb{R}$ und $\mathbb{N} \not\approx \mathbb{R}$ ist beispielsweise $\aleph_0$ echt kleiner als $\aleph$. Die Antisymmetrie der Ordnung auf Kardinalzahlen ist dabei eine Folge des Satzes von Schröder-Bernstein.

Das Problem des naiven Ansatzes ist, dass Äquivalenzklassen gleichmächtiger Mengen keine Menge mehr bilden. Man kann bei einem streng-formalen Ansatz der Mengenlehre das Problem umgehen, indem man nicht jede Äquivalenzklasse als Kardinalzahl definiert, sondern jeweils nur einen geeigneten Repräsentanten aus ihr. Dies ist mit Ordinalzahlen möglich, welche wir am Ende des Abschnitts behandeln. Die Ordinalzahlen orientieren sich im Endlichen an der Position eines Elements beim Zählen und werden im nicht-formalen Gebrauch oft durch Zahlwörter „erstes, zweites, . . . Element" angegeben. G. Cantor zeigte, wie man auch dieses Konzept mittels Mengen vom Endlichen in das Unendliche verallgemeinern kann. Wesentlich dazu ist der Begriff einer Wohlordnung, mit dem wir den Abschnitt beginnen.

6.1.1 Definition Eine Ordnung $(M, \sqsubseteq)$ heißt eine *Wohlordnung* oder *wohlgeordnet*, wenn sie Noethersch ist und eine Totalordnung (also eine Kette) bildet. Die Elemente einer Wohlordnung werden auch *transfinite Zahlen* genannt. □

Endliche Mengen kann man aufzählen und solche Aufzählungen $\{a_1, \ldots, a_n\}$ induzieren offensichtlich Wohlordnungen. Je zwei endliche Wohlordnungen mit $n \in \mathbb{N}$ Elementen sind isomorph (Beweis durch Induktion). Es gibt auch Wohlordnungen mit unendlicher Trägermenge. Beispielsweise ist $(\mathbb{N}, \leq)$ eine Wohlordnung. Hingegen ist $(\mathbb{Z}, \leq)$ keine Wohlordnung. Man kann die ganzen Zahlen jedoch wohlordnen, indem man die Ordnung gemäß der Aufzählung $0, 1, -1, 2, -2, 3, -3, \ldots$ von $\mathbb{Z}$ festlegt. Auch $(\mathbb{R}, \leq)$ ist offensichtlich keine Wohlordnung. Nachfolgend geben wir noch eine Nichtstandard-Wohlordnung auf den positiven natürlichen Zahlen an.

6.1.2 Beispiel (für eine Wohlordnung auf Zahlen) Wir betrachten auf der unendlichen Menge $\mathbb{N} \setminus \{0\}$ der positiven natürlichen Zahlen die Ordnungsrelation $\sqsubseteq$, welche für alle $a, b \in \mathbb{N} \setminus \{0\}$ festgelegt ist mittels

$$a \sqsubseteq b \quad :\Longleftrightarrow \quad (a \leq b \wedge a + b \text{ gerade}) \vee (a \text{ ungerade} \wedge b \text{ gerade}).$$

Anschaulich kann man diese Ordnung wie folgt darstellen:

$$1 \sqsubset 3 \sqsubset 5 \sqsubset \ldots \sqsubset 2 \sqsubset 4 \sqsubset 6 \sqsubset \ldots$$

Aus dieser informellen Kettendarstellung ergibt sich, dass $(\mathbb{N} \setminus \{0\}, \sqsubseteq)$ eine Wohlordnung ist. Dies formal nachzurechnen ist etwas mühsam. Diese Wohlordnung ist nicht isomorph zur „natürlichen Wohlordnung" $(\mathbb{N} \setminus \{0\}, \leq)$. Erstere hat unendlich viele Hauptideale (a) unendlicher Kardinalität, nämlich für alle positiven geraden natürlichen Zahlen a, letztere hat kein einziges unendliches Hauptideal. □

Die Eigenschaft, wohlgeordnet zu sein, kann man auch anders beschreiben, wie der nachfolgende Satz zeigt.

6.1.3 Satz Eine Ordnung $(M, \sqsubseteq)$ ist genau dann eine Wohlordnung, wenn jede nichtleere Teilmenge ein kleinstes Element besitzt.

Beweis: „$\Longrightarrow$": Diese Richtung wurde schon im Beweis von Satz 3.4.12 bewiesen, wo wir zeigten, dass bei Noetherschen Ordnungen jede nichtleere Teilmenge einer Kette ein kleinstes Element besitzt.

„$\Longleftarrow$": Besitzt jede nichtleere Teilmenge ein kleinstes Element, so besitzt sie auch ein minimales Element. Also ist somit $(M, \sqsubseteq)$ Noethersch. Zum Beweis der Ketteneigenschaft seien $a, b \in M$ gegeben. Weil $\{a, b\}$ nach Voraussetzung ein kleinstes Element besitzt, muss entweder $a \sqsubseteq b$ gelten, wenn a das kleinste Element ist, oder $b \sqsubseteq a$, wenn b das kleinste Element ist. $\qquad\square$

Insbesondere besitzen Wohlordnungen also jeweils ein kleinstes Element O. Die Beschreibung von Wohlordnungen in Satz 6.1.3 ist sehr ähnlich zur früheren Definition von Noetherschen Ordnungen. Nur das Wort „minimales" in Definition 3.4.10 ist durch das Wort „kleinstes" ersetzt. Durch diese kleine Ersetzung ändert sich die Bedeutung der Definition jedoch wesentlich. Dies zeigt noch einmal, dass man zwischen den Begriffen „Minimalität" und „Kleinstsein" bei allgemeinen Ordnungen sehr genau zu unterscheiden hat.

Bezeichnet O das kleinste Element einer Wohlordnung $(M, \sqsubseteq)$, so gilt $\{b \in M \mid b \sqsubset a\} = \{b \in M \mid \mathsf{O} \sqsubseteq b \sqsubset a\}$. In Analogie zum früher eingeführten Intervallbegriff $[a, b]$ definieren wir deshalb wie folgt:

6.1.4 Definition Zu einer Wohlordnung $(M, \sqsubseteq)$ und einem Element $a \in M$ definieren wir

$$[\mathsf{O}, a[\; := \; \{b \in M \mid \mathsf{O} \sqsubseteq b \sqsubset a\}$$

und nennen die so festgelegte Menge ein (rechts-offenes) *Anfangsintervall* von M. $\qquad\square$

Damit sind Anfangsintervalle von Wohlordnungen insbesondere auch Abwärtsmengen in ihnen. Im derzeitigen Kontext gilt aber auch die folgende Umkehrung.

6.1.5 Satz Jede Abwärtsmenge $N \neq M$ einer Wohlordnung $(M, \sqsubseteq)$ ist ein Anfangsintervall.

Beweis: Nach Satz 6.1.3 besitzt die nichtleere Menge $M \setminus N$ ein kleinstes Element a. Wir zeigen nun, dass $N = [\mathsf{O}, a[$ gilt. Dazu sei $b \in M$ beliebig gewählt.

Inklusion „$\subseteq$": Es gelte $b \in N$. Dann gilt $a \not\sqsubseteq b$, denn $a \sqsubseteq b$ würde $a \in N$ implizieren (N ist Abwärtsmenge). In Ketten ist $a \not\sqsubseteq b$ äquivalent zu $b \sqsubset a$, was $b \in [\mathsf{O}, a[$ beweist.

Inklusion „$\supseteq$": Nun gelte $b \in [\mathsf{O}, a[$. Wäre $b \notin N$, so gilt $b \in M \setminus N$ und damit ist a nicht mehr das kleinste Element von $M \setminus N$. Widerspruch! $\qquad\square$

Bei einer Wohlordnung $(M, \sqsubseteq)$ hat jedes Element $a \in M$, bis auf ein möglicherweise vorhandenes größtes Element, einen eindeutigen oberen Nachbarn. Er ist das kleinste Element der nichtleeren Menge $\{b \in M \mid a \sqsubset b\}$ und wird mit a^+ bezeichnet. Wir können diesen *Nachfolger* auch wie folgt darstellen:

$$a^+ = \bigsqcap\{b \in M \mid a \sqsubset b\}$$

Nach der Festlegung gilt $a \sqsubset a^+$. Jedoch muss es nicht immer einen unteren Nachbarn einer transfiniten Zahl geben, wie die Zahl 2 in Beispiel 6.1.2 zeigt. Hier besitzt das Anfangsintervall $[1, 2[$ kein größtes Element. Solche Grenzelemente zeichnet man aus.

6.1.6 Definition Ein Element $a \in M$ einer Wohlordnung heißt eine *transfinite Limeszahl*, falls $a \neq \mathsf{O}$ und das Anfangsintervall $[\mathsf{O}, a[$ kein größtes Element besitzt.   □

Ist a in der Wohlordnung $(M, \sqsubseteq)$ eine transfinite Limeszahl, so gilt auch $a = \bigsqcup [\mathsf{O}, a[$. Trivialerweise ist a eine obere Schranke von $[\mathsf{O}, a[$. Ist $c \in M$ eine weiter obere Schranke von $[\mathsf{O}, a[$, so gilt auch $a \sqsubseteq c$. Aus $a \not\sqsubseteq c$ würde nämlich $c \sqsubset a$ folgern, also $c \in [\mathsf{O}, a[$, und damit hätte dieses Anfangsintervall c als größtes Element. Man kann die transfiniten Zahlen also einteilen in die kleinste Zahl O, die Nachfolgerzahlen a^+ mit einem eindeutigen unteren Nachbarn a und die transfiniten Limeszahlen. Eine anschaulichere Beschreibung von transfiniten Limeszahlen wird durch den nachfolgenden Satz gegeben.

6.1.7 Satz Ein Element $\mathsf{O} \neq a \in M$ ist eine transfinite Limeszahl in der Wohlordnung $(M, \sqsubseteq)$ genau dann, wenn für alle $b \in M$ aus $b \sqsubset a$ folgt $b^+ \sqsubset a$.

Beweis: „$\Longrightarrow$“: Angenommen, es gäbe $b \in M$ mit $b \sqsubset a$ und $b^+ \not\sqsubset a$. Letzteres heißt $a \sqsubseteq b^+$, denn wir befinden uns ja in einer Kette. Eine Konsequenz ist $b \sqsubset a \sqsubseteq b^+$. Da b^+ der obere Nachbar von b ist, folgt daraus $a = b^+$. Aus dieser Eigenschaft bekommen wir, dass b maximal in $[\mathsf{O}, a[$ ist, denn für alle $c \in [\mathsf{O}, a[$ mit $b \sqsubseteq c$ gilt $b \sqsubseteq c \sqsubset a = b^+$ und damit $b = c$, weil b^+ der obere Nachbar von b ist. Bei Ketten sind maximale Elemente aber größte Elemente und damit haben wir einen Widerspruch zu der Tatsache, dass a eine transfinite Limeszahl ist.

„$\Longleftarrow$“: Angenommen, a sei keine transfinite Limeszahl und $b \in M$ das größte Element von $[\mathsf{O}, a[$. Nach Voraussetzung gilt dann auch $b^+ \in [\mathsf{O}, a[$ und dies ist, zusammen mit $b \sqsubset b^+$, ein Widerspruch zur Tatsache, dass b das größte Element von $[\mathsf{O}, a[$ ist.   □

Da Wohlordnungen insbesondere Noethersch geordnet sind, kann man zum Beweisen das Prinzip der *Noetherschen Induktion* verwenden. Will man zeigen, dass die Eigenschaft P allen Elementen einer Wohlordnung $(M, \sqsubseteq)$ zukommt, so genügt es, die folgenden zwei Eigenschaften zu verifizieren:

(1) $P(\mathsf{O})$ ist wahr.

(2) Ist $\mathsf{O} \neq a$ beliebig, so dass $P(b)$ wahr ist für alle $b \sqsubset a$, dann ist auch $P(a)$ wahr.

Der zweite Teil, genannt Induktionsschritt, wird beim Vorliegen von transfiniten Limeszahlen oft in zwei Teile zerlegt. Ist keine transfinite Limeszahl vorliegend, so genügt es, für den eindeutigen unteren Nachbarn anzunehmen, dass für ihn P gilt. Im Fall einer transfiniten Limeszahl verwendet man den Originalschritt (2). Insgesamt hat man also statt (2) die folgenden Eigenschaften zu verifizieren:

(2′) Ist $a^+ \neq \mathsf{O}$ eine beliebige Nachfolgerzahl, so dass $P(a)$ wahr ist, dann ist auch $P(a^+)$ wahr.

(2″) Ist $a \neq \mathsf{O}$ eine beliebige transfinite Limeszahl, so dass $P(b)$ wahr ist für alle $b \sqsubset a$, dann ist auch $P(a)$ wahr.

Die durch die drei Schritte (1), (2′) und (2″) beschriebene Variante der Noetherschen Induktion auf Wohlordnungen wird *transfinite Induktion* genannt, wobei (2′) der Nachfolgerschritt und (2″) der Limesschritt ist. Und hier ist nun die Rechtfertigung für dieses Prinzip.

6.1.8 Satz (Transfinite Induktion) Das Prinzip der transfiniten Induktion ist korrekt, d.h. eine Eigenschaft P gilt für alle Elemente einer Wohlordnung $(M, \sqsubseteq)$, falls (1), (2′) und (2″) gelten.

Beweis: Gibt es ein Element in M, das P nicht erfüllt, so gibt es auch ein kleinstes Element $a \in M$ mit dieser Eigenschaft; man vergleiche mit Satz 6.1.3. Dies ist aber ein Widerspruch, denn wegen (1) kann a nicht O sein, wegen (2′) kann a keine Nachfolgerzahl sein und wegen (2″) kann a auch keine transfinite Limeszahl sein. $\qquad \square$

Auf Wohlordnungen kann man nicht nur Induktion betreiben, um Eigenschaften zu verifizieren, sondern auch induktiv/rekursiv definieren. Beispielsweise legt man zur Definition einer Abbildung $f : M \to M$ auf einer Wohlordnung oft erst den Wert $f(\mathsf{O})$ fest, definiert dann $f(a^+)$ in Abhängigkeit von $f(a)$ und definiert schließlich für eine transfinite Limeszahl $a \in M$ noch $f(a)$ mittels der Werte $f(b)$ mit $b \sqsubset a$. Wir werden demnächst ähnlich vorgehen.

Nach der Induktion befassen wir uns nun mit dem Vergleich von Wohlordnungen. Mengen von Wohlordnungen kann man anordnen. Wie dies möglich ist, wird im nachfolgenden Satz gezeigt. Wir bereiten ihn mit der Festlegung einer Relation auf Wohlordnungen vor. Dabei verwenden wir, wie schon früher eingeführt, das Symbol $\cong$, um die Isomorphie von Ordnungen darzustellen.

6.1.9 Definition Für Wohlordnungen $(M, \sqsubseteq_1)$ und $(N, \sqsubseteq_2)$ definieren wir

$$(M, \sqsubseteq_1) \trianglelefteq (N, \sqsubseteq_2),$$

falls $(M, \sqsubseteq_1) \cong (N, \sqsubseteq_2)$ oder es ein $a \in N$ mit $(M, \sqsubseteq_1) \cong ([\mathsf{O}, a[, \sqsubseteq_2)$ gibt. $\qquad \square$

Man nennt oft die Wohlordnung $(M, \sqsubseteq_1)$ *kürzer* als die Wohlordnung $(N, \sqsubseteq_2)$, falls $(M, \sqsubseteq_1)$ zu einem Anfangsintervall von $(N, \sqsubseteq_2)$ isomorph ist. Inhalt des folgenden Satzes 6.1.10 sind Ordnungseigenschaften der Relation von Definition 6.1.9. Dabei wird bei der Antisymmetrie nicht Gleichheit, sondern nur Ordnungsisomorphie gezeigt. Formal ist $\trianglelefteq$ deshalb nur eine Quasiordnung auf Wohlordnungen. Sie induziert, nach dem dritten Punkt des Satzes, in der bekannten Weise jedoch eine Ordnung auf Klassen isomorpher Wohlordnungen, da die Richtung „$\Longleftarrow$" des dritten Punkts von Satz 6.1.10 trivialerweise zutrifft.

6.1.10 Satz Die Relation $\trianglelefteq$ erfüllt für alle Wohlordnungen $(M, \sqsubseteq_1)$, $(N, \sqsubseteq_2)$ und $(P, \sqsubseteq_3)$ die folgenden Eigenschaften:

1. $(M, \sqsubseteq_1) \trianglelefteq (M, \sqsubseteq_1)$.

2. $(M, \sqsubseteq_1) \trianglelefteq (N, \sqsubseteq_2)$ und $(N, \sqsubseteq_2) \trianglelefteq (P, \sqsubseteq_3) \implies (M, \sqsubseteq_1) \trianglelefteq (P, \sqsubseteq_3)$

3. $(M, \sqsubseteq_1) \trianglelefteq (N, \sqsubseteq_2)$ und $(N, \sqsubseteq_2) \trianglelefteq (M, \sqsubseteq_1) \implies (M, \sqsubseteq_1) \cong (N, \sqsubseteq_2)$

Beweis: Die Verifikationen von Reflexivität und Transitivität sind trivial, denn die identische Abbildung und die Komposition von Ordnungsisomorphismen sind Ordnungsisomorphismen.

Zum Beweis der Antisymmetrie (bis auf Isomorphie) nehmen wir an, dass $(M, \sqsubseteq_1) \trianglelefteq (N, \sqsubseteq_2)$ und $(N, \sqsubseteq_2) \trianglelefteq (M, \sqsubseteq_1)$ gelten, $(M, \sqsubseteq_1) \cong (N, \sqsubseteq_2)$ jedoch nicht. Dann ist $(M, \sqsubseteq_1)$ isomorph zu einem Anfangsintervall von $(N, \sqsubseteq_2)$ und $(N, \sqsubseteq_2)$ isomorph zu einem Anfangsintervall von $(M, \sqsubseteq_1)$. Die Komposition der beiden Isomorphismen liefert einen Ordnungsisomorphismus zwischen M und einem Anfangsintervall von M. Dieser sei (mit $a \in M$)

$$f : M \to [0, a[.$$

Wir führen nun die Existenz von f zu einem Widerspruch. Dazu betrachten wir die Menge

$$C := \{b \in M \mid f(b) \neq b\}.$$

Wegen $f(a) \in [0, a[$ gilt $f(a) \sqsubset_1 a$, also $a \in C$. Folglich ist die Menge C nichtleer. Aufgrund von Satz 6.1.3 gibt es somit in C ein kleinstes Element $c \in C$. Es gilt $c \sqsubset_1 f(c)$. Wäre dem nicht so, so gilt $f(c) \sqsubset_1 c$, denn wir sind in einer Kette und haben $f(c) \neq c$. Daraus würde, nach der Wahl von c als kleinstem Element, $f(c) \notin C$ folgen, also $f(f(c)) = f(c)$, was (wegen $c \neq f(c)$) der Injektivität von f widerspricht.

Für alle $b \in M$ gilt nun:

$$b \sqsubset_1 c \implies f(b) = b \sqsubset_1 c \qquad\qquad\qquad \text{weil } b \notin C$$
$$b = c \implies f(b) \neq c \qquad\qquad\qquad \text{nach Wahl gilt } c \in C$$
$$c \sqsubset_1 b \implies c \sqsubset_1 f(c) \sqsubseteq_1 f(b) \qquad\qquad \text{f monoton, } c \sqsubset_1 f(c)$$

Diese drei Eigenschaften widersprechen aber der Surjektivität von f, denn $c \in [0, a[$ hat kein Urbild (wobei $c \in [0, a[$ aus $c \sqsubset_1 f(c)$ und $f(c) \in [0, a[$ folgt). $\qquad\square$

Die im letzten Teil des Beweises gezeigte Eigenschaft wird üblicherweise wie folgt formuliert: *Eine Wohlordnung ist zu keinem ihrer Anfangsintervalle isomorph.* Als nächstes vergleichen wir die Quasiordnung $\trianglelefteq$ auf Wohlordnungen noch mit der früher eingeführten Quasiordnung zum Kardinalitätsvergleich. Wir erhalten das folgende einfache Ergebnis.

6.1.11 Satz Sind $(M, \sqsubseteq_1)$ und $(N, \sqsubseteq_2)$ zwei Wohlordnungen mit $(M, \sqsubseteq_1) \trianglelefteq (N, \sqsubseteq_2)$, so gilt $M \preceq N$.

Beweis: Gilt $(M, \sqsubseteq_1) \cong (N, \sqsubseteq_2)$ so gibt es eine bijektive Abbildung zwischen M und N, also auch eine injektive Abbildung von M nach N. So eine Abbildung existiert auch, wenn $(M, \sqsubseteq_1)$ zu einem Anfangsintervall $([0, a[, \sqsubseteq_2)$ von $(N, \sqsubseteq_2)$ isomorph ist. $\qquad\square$

Der nachfolgende fundamentale Satz besagt, dass zwei Wohlordnungen bezüglich der oben eingeführten Quasiordnung immer vergleichbar sind. Entweder eine ist kürzer als die andere, oder beide sind isomorph. Eine Anwendung der im Beweis verwendeten partiellen

Operation min liefert dabei das kleinste Element einer Menge, falls ein solches existiert. Andernfalls ist das Ergebnis als undefiniert erklärt.

6.1.12 Satz (Hauptsatz über Wohlordnungen) Sind $(M, \sqsubseteq_1)$ und $(N, \sqsubseteq_2)$ zwei Wohlordnungen, so gilt $(M, \sqsubseteq_1) \trianglelefteq (N, \sqsubseteq_2)$ oder $(N, \sqsubseteq_2) \trianglelefteq (M, \sqsubseteq_1)$.

Beweis: Wir definieren eine *partielle* Abbildung $f : M \to N$ durch die folgende Rekursion[1] (wobei der Index angibt, dass das kleinste Element bezüglich $\sqsubseteq_2$ gebildet wird):

$$f(a) \;=\; \min_2(N \setminus \{f(x) \,|\, x \sqsubset_1 a\})$$

Man beachte, dass der Ausdruck $f(a)$ undefiniert ist, falls der Ausdruck $f(x)$ für ein Element $x \in M$ mit $x \sqsubseteq_1 a$ undefiniert ist.

Es bezeichne $D(f) \subseteq M$ den Definitionsbereich und $W(f) \subseteq N$ den Wertebereich von f. Wir zeigen nun die folgenden Punkte, wobei wir mit dem totalen Teil von f die Restriktion von f zur (totalen und surjektiven) Abbildung von $D(f)$ nach $W(f)$ meinen.

1. $D(f)$ ist eine Abwärtsmenge: Ist $f(a)$ definiert, so müssen alle $f(x)$ für $x \sqsubset_1 a$ ebenfalls definiert sein. Also liegen alle Elemente x mit $x \sqsubset_1 a$ auch in $D(f)$.

2. $W(f)$ ist eine Abwärtsmenge: Es sei $f(a) \in W(f)$ beliebig und es sei weiterhin irgendein $b \in N$ mit $b \sqsubset_2 f(a)$ gegeben. Dann muss b in der Menge $\{f(x) \,|\, x \sqsubset_1 a\}$ liegen, weil $b \in N \setminus \{f(x) \,|\, x \sqsubset_1 a\}$ in Kombination mit $b \sqsubset_2 f(a)$ und der Definition von $f(a)$ zu $f(a) \sqsubseteq_2 b \sqsubset_2 f(a)$ führen würde. Folglich ist b Wert eines Elements von M unter f, d.h. $b \in W(f)$.

3. Der totale Teil von f ist injektiv: Es seien beliebige $a, b \in D(f)$ mit $a \neq b$ gegeben. Wir nehmen o.B.d.A. $a \sqsubset_1 b$ an. Weil $f(b)$ das kleinste Element ist, das nicht in $\{f(x) \,|\, x \sqsubset_1 b\}$ liegt, kann $f(a) = f(b)$ nicht gelten. Wegen $a \sqsubset_1 b$ wäre ja sonst $f(b) = f(a) \in \{f(x) \,|\, x \sqsubset_1 b\}$, was ein Widerspruch wäre.

4. Der totale Teil von f ist monoton: Es seien $a, b \in D(f)$ beliebig gegeben, mit $a \sqsubseteq_1 b$. Ist $a = b$, so folgt daraus sofort $f(a) = f(b) \sqsubseteq_2 f(b)$. Es sei nun $a \sqsubset_1 b$. Dann gilt $f(a) \sqsubset_2 f(b)$. Andernfalls hätten wir (N ist Kette) nämlich $f(b) = f(a)$ oder $f(b) \sqsubset_2 f(a)$. Die Gleichheit kann wegen der Injektivität nicht gelten. Der verbleibende Fall $f(b) \sqsubset_2 f(a)$ führt mit $f(a) = \min_2(N \setminus \{f(x) \,|\, x \sqsubset_1 a\})$ zu $f(b) \in \{f(x) \,|\, x \sqsubset_1 a\}$, also zu $b \sqsubset_1 a$, was $a \sqsubset_1 b$ widerspricht.

5. Der totale Teil von f ist eine Ordnungseinbettung von $(D(f), \sqsubseteq_1)$ nach $(W(f), \sqsubseteq_2)$: Wir haben nur mehr die revertierte Monotonie-Implikation zu verifizieren. Es seien $a, b \in D(f)$ mit $f(a) \sqsubseteq_2 f(b)$ beliebig vorgegeben. Aus $f(a) = f(b)$ bekommen wir $a \sqsubseteq_1 a = b$ unter Verwendung der Injektivität. Gilt hingegen $f(a) \sqsubset_2 f(b)$, so bringt

---

[1]Man beachte, dass zur Definition von $f(a)$ nur die Werte für echt kleinere Argumente als a verwendet werden. Damit ist die Rekursion terminierend, denn in Wohlordnungen gibt es keine unendlichen echt absteigenden Ketten. Diese Wohldefiniertheit von f muss aber nicht heißen, dass f auch immer definierte Werte liefert. Die Menge, deren kleinstes Element eigentlich geliefert werden soll, kann ja leer sein. Wir werden dies später noch anhand eines Beispiels zeigen.

dies $a \sqsubset_1 b$. Die Ungleichung $a \neq b$ ist eine Folge der Eindeutigkeit von f und $b \sqsubset_1 a$ kann auch nicht gelten, weil sonst die eben gezeigte (strenge) Monotonie den Widerspruch $f(b) \sqsubset_2 f(a)$ implizieren würde.

Insbesondere ist also $(D(f), \sqsubseteq_1)$ isomorph zu $(W(f), \sqsubseteq_2)$, weil der totale Teil von f sogar eine surjektive Ordnungseinbettung ist. Nun unterscheiden wir die vier möglichen Fälle.

Es sei $D(f) = M$ und $W(f) = N$. Dann sind die beiden Wohlordnungen $(M, \sqsubseteq_1)$ und $(N, \sqsubseteq_2)$ via der (totalen) Abbildung f isomorph.

Nun gelte $D(f) \neq M$ und $W(f) = N$. Nach Satz 6.1.5 ist die Abwärtsmenge $D(f)$ ein Anfangsintervall von $(M, \sqsubseteq_1)$ und dieses ist isomorph zu $(N, \sqsubseteq_2)$ via dem totalen Teil von f. Folglich bekommen wir in diesem Fall die Beziehung $(N, \sqsubseteq_2) \trianglelefteq (M, \sqsubseteq_1)$.

Beim dritten Fall $D(f) = M$ und $W(f) \neq N$ folgt, analog zu eben, die Eigenschaft $(M, \sqsubseteq_1) \trianglelefteq (N, \sqsubseteq_2)$.

Der verbleibende Fall $D(f) \neq M$ und $W(f) \neq N$ kann schließlich nicht auftreten. Falls $D(f) \neq M$ und $W(f) \neq N$ gelten, sind diese beiden Abwärtsmengen nach Satz 6.1.5 Anfangsintervalle $D(f) = [\mathsf{O}, a[$ von $(M, \sqsubseteq_1)$ bzw. $W(f) = [\mathsf{O}, b[$ von $(N, \sqsubseteq_2)$. Wegen $W(f) = [\mathsf{O}, b[$ ist b das kleinste Element von N mit $b \notin W(f)$. Nun haben wir:

$$
\begin{aligned}
f(a) &= \min_2(N \setminus \{f(x) \mid x \sqsubset_1 a\}) && \text{Definition } f \\
&= \min_2(N \setminus \{f(x) \mid x \in D(f)\}) && D(f) = [\mathsf{O}, a[\\
&= \min_2(N \setminus W(f)) && \\
&= b && \text{siehe oben}
\end{aligned}
$$

Daraus folgt aber $a \in D(f)$, also der Widerspruch $a \in [\mathsf{O}, a[$. $\square$

Identifiziert man isomorphe Ordnungen, so bildet (nach dem Hauptsatz) jede nichtleere Menge von Wohlordnungen bezüglich $\trianglelefteq$ eine Kette. Man kann sogar zeigen, dass so eine Menge wiederum eine Wohlordnung ist, indem man verifiziert, dass jede abzählbarabsteigende Kette $\ldots \trianglelefteq (M_2, \sqsubseteq_2) \trianglelefteq (M_1, \sqsubseteq_1) \trianglelefteq (M_0, \sqsubseteq_0)$ in der vorgegebenen Menge stationär wird. Es muss an dieser Stelle jedoch ausdrücklich betont werden, dass es keinen Sinn macht, von der Menge aller Wohlordnungen zu sprechen, da so eine Menge im Widerspruch zu den Axiomen von E. Zermelo und A. Fraenkel steht.

Wir wollen die Definition der partiellen Abbildung f in dem obigen Hauptsatz anhand eines Beispiels noch etwas verdeutlichen.

6.1.13 Beispiel (zum Hauptsatz über Wohlordnungen) Wir betrachten die beiden folgenden Wohlordnungen, die jeweils in einer anschaulichen Kettendarstellung beschrieben sind und die wir beide in Beispiel 6.1.2 schon erwähnt haben. Die Fettschrift in der linken Ordnung soll nur die Unterscheidung erleichtern.

$$M : \mathbf{1} < \mathbf{2} < \mathbf{3} < \ldots \qquad\qquad N : 1 \sqsubset 3 \sqsubset 5 \sqsubset \ldots \sqsubset 2 \sqsubset 4 \sqsubset 6 \sqsubset \ldots$$

Definieren wir $f : M \to N$ wie im Hauptsatz von M nach N, so bekommen wir $f(\mathbf{1}) = \min_2 N = 1$, $f(\mathbf{2}) = \min_2(N \setminus \{1\}) = 3$, $f(\mathbf{3}) = \min_2(N \setminus \{1,3\}) = 5$ und so fort. Damit gelten $D(f) = M$ und $W(f) = [1,2[\neq N$, also: $(M, \leq)$ ist kürzer als $(N, \sqsubseteq)$.

Betrachten wir hingegen die partielle Abbildung $f : N \to M$, also in der umgekehrten Richtung, so bekommen wir $f(1) = \min_1 M = \mathbf{1}$, $f(3) = \min_1(M \setminus \{\mathbf{1}\}) = \mathbf{2}$, $f(5) = \min_1(M \setminus \{\mathbf{1}, \mathbf{2}\}) = \mathbf{3}$ und so weiter, was zeigt, dass $f(a)$ für alle $a \in [1,2[$ definiert ist. Hingegen ist $f(2)$ nicht definiert, denn die Menge, deren kleinstes Element zur Definition von $f(2)$ verwendet wird, ist leer. Somit gelten hier $D(f) \neq N$ und $W(f) = M$ und konsequenterweise ist wiederum $(M, \leq)$ kürzer als $(N, \sqsubseteq)$.

Ändert man das obige Beispiel ab zu

$$M : \mathbf{1} < \mathbf{2} < \mathbf{3} < \ldots \qquad N : 1 \sqsubset 3 \sqsubset 5 \sqsubset \ldots,$$

so bekommt man für die Abbildung $f : M \to N$ des Hauptsatzes $D(f) = M$ und $W(f) = N$ und damit einen Isomorphismus zwischen den beiden Wohlordnungen. □

Nach den Wohlordnungen kommen wir nun zu den Ordinalzahlen, die von G. Cantor eingeführt wurden und eine Verallgemeinerung der natürlichen Zahlen darstellen. Es gibt verschiedene Möglichkeiten, diese einzuführen; man vergleiche mit gängigen Lehrbüchern über Mengenlehre. Wir legen sie wie nachfolgend beschrieben fest und nehmen dabei gleich Bezug auf den Wohlordnungsbegriff.

6.1.14 Definition Eine Menge $\mathcal{O}$ von Mengen heißt eine *Ordinalzahl*, wenn die beiden folgenden Eigenschaften gelten:

1. Für alle $N \in \mathcal{O}$ und $P \in N$ gilt $P \in \mathcal{O}$.

2. Definiert man auf $\mathcal{O}$ eine Ordnung $\sqsubseteq$ durch $X \sqsubseteq Y$ falls $X \in Y$ oder $X = Y$ für alle $X, Y \in \mathcal{O}$, so ist $(\mathcal{O}, \sqsubseteq)$ eine Wohlordnung. □

Ordinalzahlen sind per Definition also Mengen von Mengen. Die erste Eigenschaft der Definition 6.1.14 wird auch *Transitivität* der Menge $\mathcal{O}$ genannt. Dies wird deutlicher, wenn man sie als „$P \in N \in \mathcal{O}$ impliziert $P \in \mathcal{O}$" schreibt. Die zweite Eigenschaft von Definition 6.1.14 besagt, dass durch die Elementbeziehung $\in$ der Mengenlehre eine Striktordnung auf $\mathcal{O}$ definiert ist, deren reflexive Hülle zu einer Wohlordnung führt.

6.1.15 Beispiel (für eine Ordinalzahl) Beispielsweise bekommt man eine Ordinalzahl $\mathcal{O} := \{\mathcal{O}_i \mid i \in \mathbb{N}\}$, indem man setzt $\mathcal{O}_0 := \emptyset$ und die restlichen Elemente induktiv durch $\mathcal{O}_{i+1} := \mathcal{O}_i \cup \{\mathcal{O}_i\}$ definiert. Diese Konstruktion führt zur folgenden Kette, an der man auch die Eigenschaft $\mathcal{O}_i = \{\mathcal{O}_0, \ldots, \mathcal{O}_{i-1}\}$ erkennt.

$$\emptyset \subset \{\emptyset\} \subset \{\emptyset, \{\emptyset\}\} \subset \{\emptyset, \{\emptyset\}, \{\emptyset, \{\emptyset\}\}\} \subset \ldots$$

Man kann diese Kette aber auch anders angeben:

$$\emptyset \in \{\emptyset\} \in \{\emptyset, \{\emptyset\}\} \in \{\emptyset, \{\emptyset\}, \{\emptyset, \{\emptyset\}\}\} \in \ldots$$

Dass diese spezielle Ordinalzahl existiert, ist genau die Aussage des *Unendlichkeitsaxioms*[2] der Zermelo-Fraenkel-Mengenlehre.

Die geordnete Ordinalzahl $(\{\mathcal{O}_i \mid i \in \mathbb{N}\}, \subseteq)$ ist isomorph zur Wohlordnung $(\mathbb{N}, \leq)$ und, bis auf Isomorphie, die kleinste unendliche Ordinalzahl. Sie wird mit ω bezeichnet. Damit haben wir nun drei Sichtweisen der natürlichen Zahlen: als reine Menge (bezeichnet mit dem Symbol $\mathbb{N}$), als Klassenvertreter der kleinsten unendlichen Kardinalzahl (angedeutet durch die Schreibweise $|\mathbb{N}|$ oder das Symbol $\aleph_0$ („Aleph Null")) und als Klassenvertreter der kleinsten unendlichen Ordinalzahl (bezeichnet mit dem griechischen Buchstaben ω). $\square$

An diesem Beispiel erkennt man schon einige Eigenschaften von Ordinalzahlen. Etwa ist zu jedem $N \in \mathcal{O}$ das Anfangsintervall $\{X \mid X \in N\}$ einer Ordinalzahl $\mathcal{O}$ wieder eine Ordinalzahl und es gilt weiterhin $N = \{X \mid X \in N\}$. Wir wollen dies aber nicht weiter vertiefen, sondern nun zum Abschluss des Abschnitts die Verbindung zum Auswahlaxiom so herstellen, wie sie sich historisch ergab. Das Axiom selbst werden wir erst im nächsten Abschnitt formulieren.

Weil Ordinalzahlen Wohlordnungen sind, kann man nach Satz 6.1.12 zwei Ordinalzahlen bezüglich der Quasiordnung $\trianglelefteq$ immer vergleichen. G. Cantors Wunsch war es, zu zeigen, dass auch zwei Kardinalzahlen jeweils bezüglich der durch die Quasiordnung $\preceq$ induzierten Ordnung $\leq$ vergleichbar sind. Der Beweis gelang E. Zermelo im Jahr 1904. Hier kommt nun das Auswahlaxiom ins Spiel. Er führte dieses ein und bewies mit dessen Hilfe, dass auf jeder nichtleeren Menge M eine Ordnung $\sqsubseteq$ so definiert werden kann, dass $(M, \sqsubseteq)$ eine Wohlordnung ist. Insbesondere kann man also zu zwei Kardinalzahlen im anfangs eingeführten naiven Sinn, etwa $\mathcal{K} = \{X \mid X \cong M\}$ und $\mathcal{L} = \{X \mid X \cong N\}$, deren Repräsentantenmengen M und N zu $(M, \sqsubseteq_1)$ und $(N, \sqsubseteq_2)$ wohlordnen und bekommt dann entweder $(M, \sqsubseteq_1) \trianglelefteq (N, \sqsubseteq_2)$ oder $(N, \sqsubseteq_2) \trianglelefteq (M, \sqsubseteq_1)$. Nach Satz 6.1.11 gilt im ersten Fall $M \preceq N$ (also $\mathcal{K} \leq \mathcal{L}$) und im zweiten Fall gilt $N \preceq M$ (also $\mathcal{L} \leq \mathcal{K}$).

Bei dem am Anfang des Abschnitts auch erwähnten streng-formalen Ansatz zu den Kardinalzahlen ordnet man jeder Menge M als ihre Kardinalzahl, oft mit $|M|$ bezeichnet, die kleinste Ordinalzahl zu, die gleichmächtig zu M ist. Dann gilt ebenfalls $|M| \preceq |N|$ oder $|N| \preceq |M|$ für alle Mengen M und N.

6.2 Auswahlaxiom und wichtige Folgerungen

Die Zermelo-Fraenkel-Axiome der Mengenlehre werden heutzutage von fast allen Mathematikern als Grundlage ihrer Wissenschaft anerkannt. Das Auswahlaxiom ist eines dieser Axiome. Wenn auch wir uns also auf E. Zermelo und A. Fraenkels Axiomatisierung der Mengenlehre berufen, so erhalten wir sofort das folgende Resultat.

---

[2]In Worten besagt das Unendlichkeitsaxiom: Es gibt eine Menge M, die die leere Menge und mit jedem Element a auch $a \cup \{a\}$ enthält. Die Liste aller Zermelo-Fraenkel-Axiome findet man in formalisierter Schreibweise etwa in: A. Oberschelp, Allgemeine Mengenlehre, BI-Wissenschaftsverlag, 1994.

6.2.1 Satz (Auswahlaxiom) Ist $\mathcal{M}$ eine Menge von nichtleeren Mengen, dann gibt es eine Auswahlabbildung $f : \mathcal{M} \to \bigcup\{X \mid X \in \mathcal{M}\}$ mit $f(X) \in X$ für alle $X \in \mathcal{M}$. $\square$

Die Hervorhebung des Auswahlaxioms als Satz (ohne Beweis) ist dadurch motiviert, dass bei einem formal-logischen Ansatz zur Beweisbarkeit Axiome per Definition beweisbar sind. E. Zermelo wählte in seiner Originalarbeit eine andere, aber offensichtlich äquivalente Formulierung. Er schreibt „... dass das Produkt einer unendlichen Gesamtheit von Mengen, deren jede mindestens ein Element enthält, selbst von Null verschieden ist" (Mathematische Annalen, Band 59, Seite 516). Das Auswahlaxiom ist ganz anders als die restlichen Zermelo-Fraenkel-Axiome. Jene beschreiben die Existenz von postulierten Mengen (z.B. der Potenzmenge im *Potenzmengenaxiom* oder der Paarmenge im *Paarmengenaxiom*) eindeutig. Das Auswahlaxiom hingegen verzichtet auf diese eindeutige Beschreibung. Oft kann man die Auswahlabbildung nicht einmal konstruktiv beschreiben. Darum ist an dem Axiom auch Kritik geübt worden und es gibt durchaus ernstzunehmende Mathematiker, die mit ihm nichts zu tun haben wollen. Ohne das Auswahlaxiom kommt man jedoch heutzutage in der Mathematik nicht mehr weit. Das folgende Beispiel zeigt, dass es schon in den Mathematik-Grundvorlesungen vorkommt, ohne dass dies in der Regel natürlich explizit erwähnt wird.

6.2.2 Beispiel (zur Verwendung des Auswahlaxioms) Eine Abbildung $f : \mathbb{R} \to \mathbb{R}$ heißt in $x_0 \in \mathbb{R}$ *ε-δ-stetig*, falls für alle $\varepsilon > 0$ ein $\delta > 0$ existiert mit $|f(x) - f(x_0)| < \varepsilon$ für alle $x \in \mathbb{R}$ mit $|x - x_0| < \delta$. Hingegen heißt f *folgenstetig*, falls für jede Folge $(a_n)_{n \geq 0}$, welche gegen x_0 konvergiert, die Bildfolge $(f(a_n))_{n \geq 0}$ gegen $f(x_0)$ konvergiert. Beide Begriffe sind gleichwertig. Beim Beweis der ε-δ-Stetigkeit aus der Folgenstetigkeit wird normalerweise das Auswahlaxiom verwendet. Hier ist ein solcher Beweis.

Angenommen, f sei in $x_0 \in \mathbb{R}$ folgenstetig und nicht ε-δ-stetig. Dann gibt es ein $\varepsilon > 0$, so dass für alle $\delta > 0$ ein $x \in \mathbb{R}$ mit den folgenden Eigenschaften existiert:

$$|x - x_0| < \delta \qquad |f(x) - f(x_0)| \geq \varepsilon$$

Wir wählen nun zu jedem $n \in \mathbb{N}$ ein δ_n als $\delta_n := \frac{1}{n+1}$. Somit gibt es zu allen $n \geq 0$ ein a_n mit $|a_n - x_0| < \frac{1}{n+1}$. Damit konvergiert die Folge $(a_n)_{n \geq 0}$ dieser Zahlen gegen x_0. Jedoch konvergiert die Bildfolge $(f(a_n))_{n \geq 0}$ nicht gegen $f(x_0)$, weil der Abstand von jedem $f(a_n)$ zu $f(x_0)$ nach der zweiten Forderung mindestens ε beträgt. Das ist ein Widerspruch zur Folgenstetigkeit.

In diesem Beweis geht das Auswahlaxiom bei der Auswahl der Folge der a_n aus den Mengen $\{x \in \mathbb{R} \mid |x - x_0| < \frac{1}{n+1}\}$ ein. Man kann nun natürlich die Frage stellen, ob es vielleicht einen anderen Beweis gibt, der ohne das Auswahlaxiom oder eine dazu äquivalente Formulierung auskommt. Die Antwort ist „nein"; eine Begründung ist im Rahmen dieses Buchs aber nicht möglich. $\square$

Nachfolgend geben wir noch ein weiteres Beispiel an, welches wiederum oft in Anfangsvorlesungen gebracht wird. Es handelt sich um die Charakterisierung von surjektiven Abbildungen durch die Existenz von sogenannten Rechtsinversen. Wie beim letzten Beispiel kann man wiederum zeigen, dass die Eigenschaft ohne das Auswahlaxiom oder eine dazu äquivalente Formulierung nicht beweisbar ist.

6.2.3 Beispiel (zur Verwendung des Auswahlaxioms) Es sei $f : M \to N$ eine beliebige Abbildung. Dann kann man die Surjektivität von f wie folgt charakterisieren:

$$f \text{ ist surjektiv} \iff \exists g \in M^N : \forall b \in N : f(g(b)) = b$$

Der Beweis der Richtung „$\Longleftarrow$" kommt ohne das Auswahlaxiom aus. Ist $b \in N$ beliebig gewählt, so definiert man $a \in M$ durch $a := g(b)$ und bekommt dadurch $f(a) = f(g(b)) = b$.

Zum Beweis der verbleibenden Richtung „$\Longrightarrow$" betrachtet man zu jedem $b \in N$ die Urbildmenge $M_b := \{a \in M \mid f(a) = b\}$. Wegen der Surjektivität von f sind alle Mengen M_b nicht leer. Also kann man zu jedem $b \in N$ ein Element $g_b \in M_b$ auswählen. Die Zuordnung $g(b) = g_b$ definiert eine Abbildung $g : N \to M$ und für alle $b \in N$ gilt $f(g(b)) = f(g_b) = b$, da $g_b \in M_b$ gilt. Hier geht das Auswahlaxiom bei der Auswahl der Elemente g_b ein.   □

Im Gegensatz zu diesem Beispiel kann man für alle Abbildungen $f : M \to N$ ohne die Verwendung des Auswahlaxioms zeigen, dass

$$f \text{ ist injektiv} \iff \exists g \in M^N : \forall a \in M : g(f(a)) = a$$

gilt. Bei dieser Äquivalenz handelt es sich um die Charakterisierung von injektiven Abbildungen durch die Existenz von sogenannten Linksinversen.

Es wurde zu Beginn des 20. Jahrhunderts von einer Reihe von Mathematikern gezeigt, dass das Auswahlaxiom mit anderen wichtigen Sätzen der Mathematik, z.B. dem oben erwähnten *Wohlordnungssatz* (jede nichtleere Menge kann wohlgeordnet werden), in dem Sinne gleichwertig ist, dass mit Hilfe der restlichen Axiome der Zermelo-Fraenkel-Mengenlehre die Äquivalenz des Auswahlaxioms mit diesen Sätzen bewiesen werden kann. In vielen Lehrbüchern findet man so eine Darstellung, beispielsweise auch in dem Buch von B.A. Davey und H.A. Priestley (siehe Einleitung) und dem Buch von L. Skornjakow (zitiert in Abschnitt 3.1). Wir wählen einen direkten Weg und verwenden im Rest dieses Abschnitts Satz 6.2.1 nur zum Beweis des Wohlordnungssatzes und derjenigen zu ihm eigentlich gleichwertigen Sätze, die dann im restlichen Kapitel noch Verwendung finden. Wie man vom Wohlordnungssatz auf das Auswahlaxiom schließen kann, ist offensichtlich.

Grundlegend für das weitere Vorgehen ist der nachfolgende Satz 6.2.7, der, ohne das Auswahlaxiom zu verwenden, die Existenz von Fixpunkten unter bestimmten Voraussetzungen beweist. In seinem Beweis, welchen wir aus Gründen der Übersichtlichkeit, in einzelne Schritte aufspalten, spielen gewisse Mengen eine zentrale Rolle, die wir in der folgenden Definition einführen.

6.2.4 Definition Gegeben sei eine Ordnung $(M, \sqsubseteq)$ mit kleinstem Element O, in der jede Kette ein Supremum besitzt. Weiterhin sei eine Abbildung $f : M \to M$ vorliegend. Wir nennen eine Teilmenge T von M einen *Turm* bezüglich f in M, kurz: einen f-*Turm in M*, falls die folgenden drei Eigenschaften gelten:

1. $\mathsf{O} \in T$.

2. Aus $a \in T$ folgt $f(a) \in T$.

3. Ist $K \subseteq T$ eine Kette in $(M, \sqsubseteq)$, so gilt $\bigsqcup K \in T$. $\qquad\square$

Das im dritten Punkt der Definition hingeschriebene Supremum existiert nach der zweiten Voraussetzung an die Ordnung $(M, \sqsubseteq)$. Jeder f-Turm ist nichtleer, da er das kleinste Element O der Ordnung enthält. Unter den gemachten Voraussetzungen an die Ordnung $(M, \sqsubseteq)$ gibt es offensichtlich auch mindestens einen f-Turm, nämlich die gesamte Trägermenge M. Sie ist bezüglich der Inklusion von Mengen der größte f-Turm in M. Der folgende Satz zeigt, dass der Durchschnitt aller f-Türme einer Ordnung wiederum ein f-Turm ist, also bezüglich der Inklusion den kleinsten f-Turm in M bildet.

6.2.5 Satz (Kleinster f-Turm) Es seien $(M, \sqsubseteq)$ eine Ordnung, so dass ein kleinstes Element O existiert und jede Kette ein Supremum hat, und $f : M \to M$. Dann ist der Durchschnitt aller f-Türme in M wieder ein f-Turm, und somit der kleinste f-Turm in M bezüglich der Inklusion von Mengen.

Beweis: Wir definieren $D := \bigcap \{T \mid T \; f\text{-Turm in } M\}$ und haben für D die drei Bedingungen nachzuweisen, die ein f-Turm zu erfüllen hat. Daraus folgt auch sofort, dass D der kleinste f-Turm in M bezüglich der Inklusion ist.

Die Verifikation der ersten Eigenschaft von Definition 6.2.4 ist trivial. Da $\mathsf{O} \in T$ für alle f-Türme T in M gilt, liegt O auch in deren Durchschnitt, also in D.

Nun sei $a \in D$ beliebig. Dann gilt $a \in T$ für alle f-Türme T in M. Folglich ist $f(a) \in T$ für alle f-Türme T in M. Dies bringt schließlich $f(a) \in D$, also die zweite Eigenschaft von Definition 6.2.4.

Auf die gleiche Art und Weise prüft man auch die dritte Eigenschaft nach, d.h., dass für jede Kette $K \subseteq D$ gilt $\bigsqcup K \in D$. $\qquad\square$

Als Verallgemeinerung von Satz 6.2.5 kann man leicht zeigen, dass zu jeder Abbildung $f : M \to M$ die Menge der f-Türme von $(M, \sqsubseteq)$ ein Hüllensystem in $(2^M, \subseteq)$ ist. Die Hauptarbeit des Beweises von Satz 6.2.7 wird in dem nächsten Satz geleistet, welcher die entscheidende Eigenschaft des kleinsten f-Turms angibt.

6.2.6 Satz Unter den Voraussetzungen von Satz 6.2.5 ist der kleinste f-Turm in M eine Kette in der Ordnung $(M, \sqsubseteq)$, falls die Abbildung f expandierend ist.

Beweis: Wir betrachten den bezüglich der Inklusion von Mengen kleinsten f-Turm D in der Ordnung M, dessen Existenz wir in Satz 6.2.5 gezeigt haben. Aufbauend auf D definieren wir nun zuerst eine Teilmenge A von D durch

$$A := \{a \in D \mid \forall x \in D : x \sqsubset a \Rightarrow f(x) \sqsubseteq a\}$$

und dann für alle Elemente $a \in A$ dieser eben definierten Menge noch die Teilmengen B_a

durch die Festlegung
$$B_a := \{x \in D \mid x \sqsubseteq a \lor f(a) \sqsubseteq x\}.$$
Für die so eingeführte Menge A bzw. Familie von Mengen $(B_a)_{a \in A}$ zeigen wir nun der Reihe nach die folgenden vier aufeinander aufbauenden Punkte.

1. Für alle $a \in A$ ist B_a ein f-Turm in M: Es sind die drei Eigenschaften von Definition 6.2.4 zu überprüfen.

   Die erste Eigenschaft $\mathsf{O} \in B_a$ ist wegen $\mathsf{O} \sqsubseteq a$ klar.

   Nun sei $x \in B_a$ beliebig gegeben. Dann gilt $x \sqsubseteq a$ oder $f(a) \sqsubseteq x$. Wir spalten dies wie folgt auf.

   $$
   \begin{array}{llll}
   x \sqsubset a & \Longrightarrow & f(x) \sqsubseteq a & \text{wegen } a \in A \text{ und } x \in D \\
   & \Longrightarrow & f(x) \in B_a & \text{Definition } B_a \\
   x = a & \Longrightarrow & f(a) \sqsubseteq f(x) & \text{da } f(a) = f(x) \\
   & \Longrightarrow & f(x) \in B_a & \text{Definition } B_a \\
   f(a) \sqsubseteq x & \Longrightarrow & f(a) \sqsubseteq f(x) & f \text{ ist expandierend} \\
   & \Longrightarrow & f(x) \in B_a & \text{Definition } B_a
   \end{array}
   $$

   Damit ist die zweite Eigenschaft gezeigt.

   Schließlich sei zum Beweis der dritten Eigenschaft noch $K \subseteq B_a$ eine beliebige Kette. Wir unterscheiden zwei Fälle. Gilt $x \sqsubseteq a$ für alle $x \in K$, so zieht dies $\bigsqcup K \sqsubseteq a$ nach sich, also $\bigsqcup K \in B_a$. Gibt es hingegen ein $x \in K$ mit $x \not\sqsubseteq a$, dann muss für dieses Element $f(a) \sqsubseteq x$ zutreffen, was $f(a) \sqsubseteq x \sqsubseteq \bigsqcup K$ und somit ebenfalls $\bigsqcup K \in B_a$ bringt.

2. Für alle $a \in A$ gilt $B_a = D$: Nach dem ersten Punkt sind für alle $a \in A$ die Mengen $B_a \subseteq D$ f-Türme in M. Der Rest folgt nun aus der Tatsache, dass D der kleinste f-Turm in M ist.

3. A ist ein f-Turm in M: Wir haben wiederum die drei Eigenschaften von Definition 6.2.4 zu testen.

   Die erste Eigenschaft $\mathsf{O} \in A$ trifft zu, weil die Abschätzung $x \sqsubset \mathsf{O}$ für alle Elemente $x \in D$ falsch ist.

   Zum Beweis der zweiten Eigenschaft sei $a \in A$ beliebig vorausgesetzt. Um $f(a) \in A$ zu verifizieren, setzen wir $x \in D$ mit $x \sqsubset f(a)$ beliebig voraus und zeigen $f(x) \sqsubseteq f(a)$. Wegen $x \in D = B_a$ (zweiter Punkt) gilt $x \sqsubseteq a$, denn der verbleibende Fall $f(a) \sqsubseteq x$ ist aufgrund der Annahme $x \sqsubset f(a)$ ausgeschlossen. Wir unterscheiden zwei Fälle.

   $$
   \begin{array}{llll}
   x \sqsubset a & \Longrightarrow & f(x) \sqsubseteq a & \text{da } a \in A \text{ und } x \in D \\
   & \Longrightarrow & f(x) \sqsubseteq f(a) & f \text{ ist expandierend} \\
   x = a & \Longrightarrow & f(x) \sqsubseteq f(a) & \text{da } f(x) = f(a) \sqsubseteq f(a)
   \end{array}
   $$

Schließlich sei noch $K \subseteq A$ eine beliebige Kette. Um $\bigsqcup K \in A$ (also die dritte Eigenschaft) zu zeigen, setzen wir irgendein $x \in D$ mit $x \sqsubset \bigsqcup K$ voraus und beweisen, dass dies $f(x) \sqsubseteq \bigsqcup K$ impliziert. Wir starten mit dem oben bewiesenen zweiten Punkt wie folgt:

$$
\begin{aligned}
\forall\, a \in A : B_a = D &\implies \forall\, a \in K : B_a = D && \text{da } K \subseteq A \\
&\implies \forall\, a \in K : x \in B_a && \text{da } x \in D \\
&\implies \forall\, a \in K : x \sqsubseteq a \vee f(a) \sqsubseteq x && \text{Definition } B_a
\end{aligned}
$$

Nun unterscheiden wir zwei Fälle.

Es gilt $f(a) \sqsubseteq x$ für alle $a \in K$: Aufgrund der Expansionseigenschaft von f folgt daraus $a \sqsubseteq f(a) \sqsubseteq x$ für alle $a \in K$. Dies bringt $x \in \mathsf{Ma}(K)$, also $\bigsqcup K \sqsubseteq x$, was aber der Annahme $x \sqsubset \bigsqcup K$ widerspricht. Der Fall kann also nicht eintreten.

Es gibt folglich ein $a \in K$ mit $f(a) \not\sqsubseteq x$: Für dieses a muss dann, nach oben, $x \sqsubseteq a$ gelten. Nun unterscheiden wir nochmals zwei Unterfälle.

$$
\begin{aligned}
x \sqsubset a &\implies f(x) \sqsubseteq a && \text{da } a \in K \subseteq A \text{ und } x \in D \\
&\implies f(x) \sqsubseteq \bigsqcup K && \text{da } a \in K
\end{aligned}
$$

$$
\begin{aligned}
x = a &\implies a \sqsubset \bigsqcup K && \text{Voraussetzung } x \sqsubset \bigsqcup K \\
&\implies f(x) = f(a) \sqsubseteq \bigsqcup K && \bigsqcup K \in D = B_a \text{ und } \bigsqcup K \not\sqsubseteq a
\end{aligned}
$$

4. $A = D$: Die Inklusion „$\subseteq$" gilt nach der Definition von A als Teilmenge von D und die Inklusion „$\supseteq$" folgt aus dem dritten Punkt und der Tatsache, dass D der kleinste f-Turm in M ist.

Nach dem vierten Punkt sind also sogar für alle $a \in D$ die Mengen B_a erklärt und nach dem zweiten Punkt sind sie alle identisch zu D.

Nun seien $a, b \in D$ beliebig gegeben. Wegen $D = B_a$ gilt dann $b \in B_a$. Dies bringt $b \sqsubseteq a$ oder $f(a) \sqsubseteq b$. Aus $f(a) \sqsubseteq b$ folgt aber $a \sqsubseteq b$ wegen der Expansionseigenschaft von f. Also gilt $b \sqsubseteq a$ oder $a \sqsubseteq b$ und damit ist schließlich D als Kette in $(M, \sqsubseteq)$ nachgewiesen. $\qquad\square$

Nun endlich können wir das eigentliche Resultat zeigen. Es geht auf N. Bourbaki zurück. Dies ist ein Pseudonym, unter dem eine Gruppe von vorwiegend französischen Mathematikern seit dem Jahr 1934 eine sich durch besondere Strenge auszeichnende Lehrbuchreihe über die Grundlagen der Mathematik erstellte.

6.2.7 Satz (Fundamentallemma von N. Bourbaki) Es sei $(M, \sqsubseteq)$ eine Ordnung, so dass ein kleinstes Element O existiert und jede Kette ein Supremum hat. Ist die Abbildung $f : M \to M$ expandierend, so besitzt sie einen Fixpunkt.

Beweis: Es bezeichne wiederum D den kleinsten f-Turm in M. Nach Satz 6.2.6 ist D eine Kette in $(M, \sqsubseteq)$. Aufgrund der Voraussetzung existiert somit $a := \bigsqcup D$. Von diesem Element zeigen wir nun, dass es ein Fixpunkt von f ist.

Die Eigenschaft $a \sqsubseteq f(a)$ folgt aus der vorausgesetzten Expansionseigenschaft von f.

Nach Satz 6.2.5 ist D ein f-Turm in M. Da D natürlich eine Kette in sich selbst ist, gilt $a = \bigsqcup D \in D$ nach der dritten Forderung an f-Türme und somit auch $f(a) \in D$ nach der zweiten Forderung an f-Türme. Aus $f(a) \in D$ folgt schließlich die noch fehlende Abschätzung $f(a) \sqsubseteq \bigsqcup D = a$. $\qquad\qquad\qquad\qquad\qquad\qquad\qquad\qquad\qquad$ $\square$

Aufbauend auf diesen Satz beweisen wir nun das Lemma von M. Zorn und das Maximalkettenprinzip von F. Hausdorff. Verglichen mit dem eben durchgeführten Beweis des Fundamentallemmas (inklusive der vorbereitenden Sätze 6.2.5 und 6.2.6) geht dies relativ einfach. Wir beginnen mit der folgenden Variante des Lemmas von M. Zorn.

6.2.8 Satz (Variante des Lemmas von M. Zorn) Es sei $(M, \sqsubseteq)$ eine Ordnung mit kleinstem Element, in der jede Kette ein Supremum besitzt. Dann gibt es in M ein maximales Element.

Beweis: Für die Ordnung $(M, \sqsubseteq)$ gelten die Voraussetzungen des Fundamentallemmas 6.2.7. Der Beweis wird nun durch Widerspruch geführt. Angenommen, in M gibt es kein maximales Element. Wenn wir dann die Menge

$$\mathcal{M} := \{\{b \in M \mid a \sqsubset b\} \mid a \in M\}$$

von Mengen betrachten, so ist jedes Element von $\mathcal{M}$ nichtleer, weil kein Element $a \in M$ maximal ist. Aufgrund des Auswahlaxioms 6.2.1 existiert folglich eine Auswahlabbildung f von $\mathcal{M}$ in die Vereinigung ihrer Elemente mit $f(\{b \in M \mid a \sqsubset b\}) \in \{b \in M \mid a \sqsubset b\}$, also

$$a \sqsubset f(\{b \in M \mid a \sqsubset b\}),$$

für alle $a \in M$. Nun definieren wir mit Hilfe von f eine Abbildung auf M wie folgt:

$$g : M \to M \qquad\qquad g(a) = f(\{b \in M \mid a \sqsubset b\})$$

Dann gilt $a \sqsubset g(a)$ für alle $a \in M$. Wegen dieser Eigenschaft ist die Abbildung g expandierend, kann aber auch keinen Fixpunkt haben. Dies widerspricht dem Fundamentallemma 6.2.7. $\qquad\qquad\qquad\qquad\qquad\qquad\qquad\qquad\qquad\qquad\qquad$ $\square$

Das nun folgende Maximalkettenprinzip ist eine relativ einfache Konsequenz der eben bewiesenen Variante des Lemmas von M. Zorn. Sein Beweis verwendet das Auswahlaxiom nicht mehr.

6.2.9 Satz (Maximalkettenprinzip von F. Hausdorff) Es sei eine Ordnung $(M, \sqsubseteq)$ gegeben. Dann ist jede Kette K von M Teilmenge einer maximalen Kette von M.

Beweis: Wir definieren zu einer beliebig vorgegebenen Kette K in $(M, \sqsubseteq)$ die folgende nichtleere Menge von Mengen:

$$\mathcal{N} := \{X \subseteq M \mid X \text{ Kette mit } K \subseteq X\}$$

Weiterhin ordnen wir $\mathcal{N}$ durch Inklusion. Dann ist K das kleinste Element von $(\mathcal{N}, \subseteq)$. Wie wir nun zeigen, besitzt in der Ordnung $(\mathcal{N}, \subseteq)$ jede Kette $\mathcal{K} \subseteq \mathcal{N}$ mit $S := \bigcup\{X \mid X \in \mathcal{K}\}$ ein Supremum.

S ist eine Kette: Es seien $a, b \in S$ beliebig gewählt. Dann gibt es Mengen $X_a, X_b \in \mathcal{K}$ mit $a \in X_a$ und $b \in X_b$. Weil $\mathcal{K}$ eine Kette in $(\mathcal{N}, \subseteq)$ ist, gilt $X_a \subseteq X_b$ oder $X_b \subseteq X_a$. Falls $X_a \subseteq X_b$ zutrifft, dann folgt daraus $a, b \in X_b$ und beide Elemente sind somit nach der Ketteneigenschaft von X_b in $(M, \sqsubseteq)$ vergleichbar. Analog schließt man auch im Fall $X_b \subseteq X_a$ auf die Vergleichbarkeit von a und b.

$K \subseteq S$: Es gilt $K \subseteq X$ für alle $X \in \mathcal{K}$, also auch $K \subseteq \bigcup\{X \mid X \in \mathcal{K}\} = S$.

S ist offensichtlich als Vereinigung der Mengen von $\mathcal{K}$ auch die kleinste obere Schranke von $\mathcal{K}$ bezüglich der Inklusion von Mengen.

Folglich sind für die Ordnung $(\mathcal{N}, \subseteq)$ die Voraussetzungen des Lemmas von M. Zorn erfüllt und das somit existierende maximale Element von $\mathcal{N}$ ist eine maximale Kette in $(M, \sqsubseteq)$, die K enthält. $\qquad\square$

Wir verwenden nun das Maximalkettenprinzip, um die Originalversion des Lemmas von M. Zorn zu beweisen. Das nachfolgende Resultat ist eigentlich K. Kuratowski zuzuschreiben, denn es wurde von ihm schon vor M. Zorn publiziert.

6.2.10 Satz (Lemma von M. Zorn, Originalform) Besitzt in einer Ordnung $(M, \sqsubseteq)$ jede Kette eine obere Schranke, so gibt es in M ein maximales Element.

Beweis: Es sei K eine nach dem Maximalkettenprinzip existierende maximale Kette in $(M, \sqsubseteq)$. Nach Annahme gibt es eine obere Schranke $a \in M$ von K.

Angenommen, a sei nicht maximal in M. Dann gibt es ein $b \in M$ mit $a \sqsubset b$. Es gilt $b \notin K$, denn $b \in K$ würde $b \sqsubseteq a$ bedeuten (weil $a \in \mathsf{Ma}(K)$). Andererseits ist, wie man leicht verifiziert, $K \cup \{b\}$ eine Kette. Dies widerspricht jedoch der Maximalität von K. $\qquad\square$

Und hier ist schließlich noch der Wohlordnungssatz, mit dessen Beweis durch E. Zermelo, wie schon im letzten Abschnitt bemerkt, die Geschichte des Auswahlaxioms eigentlich begann. Auch die Vorgeschichte des Wohlordnungssatzes ist interessant. G. Cantor hielt den Satz für ein „grundlegendes Denkgesetz", J. König glaubte 1904, den Wohlordnungssatz widerlegen zu können, aber F. Hausdorff fand einen Fehler in Königs Argumentation. E. Zermelo glückte im gleichen Jahr schließlich der Beweis, den er in Band 59 der Mathematischen Annalen publizierte. Weil dieser Beweis nicht von allen Mathematikern sofort anerkannt wurde, gab er einige Jahre später in Band 68 der Mathematischen Annalen noch einen zweiten Beweis an. Ein Großteil seines zweiten Artikels in den Mathematischen Annalen ist der Widerlegung der Kritik seiner Kollegen gewidmet.

6.2.11 Satz (Wohlordnungssatz von E. Zermelo) Ist M eine nichtleere Menge, dann existiert eine Ordnungsrelation $\sqsubseteq$ auf M, so dass $(M, \sqsubseteq)$ eine Wohlordnung ist.

Beweis: Wir betrachten die folgende Menge von Paaren:

$$\mathcal{M} := \{(X, \leq_X) \mid X \subseteq M \text{ und } (X, \leq_X) \text{ ist Wohlordnung }\}$$

Wegen der einelementigen Teilmengen von M gilt $\mathcal{M} \neq \emptyset$, denn für alle $a \in M$ ist das Paar $(\{a\}, \{\langle a, a \rangle\})$ eine Wohlordnung mit $\{a\} \subseteq M$. Weiterhin ist relativ einfach nachzurechnen, dass die Menge $\mathcal{M}$ zu einer Ordnung wird, wenn wir eine Relation $\leq$ auf $\mathcal{M}$ wie folgt festlegen: Es gilt $(X, \leq_X) \leq (Y, \leq_Y)$ per Definition genau dann, wenn die folgenden drei Eigenschaften zutreffen:

$$X \subseteq Y \tag{1}$$
$$\forall\, a, b \in X : a \leq_X b \Rightarrow a \leq_Y b \tag{2}$$
$$\forall\, a \in X, b \in Y \setminus X : a <_Y b \tag{3}$$

Diese drei Eigenschaften besagen in Worten, dass entweder die Wohlordnungen $(X, \leq_X)$ und $(Y, \leq_Y)$ identisch sind, oder $(X, \leq_X)$ mit einem Anfangsstück von $(Y, \leq_Y)$ übereinstimmt und die restlichen Elemente von Y in der Ordnung echt danach kommen[3].

Die Fortsetzungsordnung ist trivialerweise reflexiv. Wir demonstrieren nachfolgend den Beweis der Antisymmetrie: Es gelte $(X, \leq_X) \leq (Y, \leq_Y)$ und $(Y, \leq_Y) \leq (X, \leq_X)$, wobei $(X, \leq_X)$ und $(Y, \leq_Y)$ beliebig aus $\mathcal{M}$ gewählt sind. Aufgrund von (1) bekommen wir dann $X = Y$ und (2) zeigt die Äquivalenz von $a \leq_X b$ und $a \leq_Y b$ für alle $a, b \in X = Y$. Folglich sind die Paare $(X, \leq_X)$ und $(Y, \leq_Y)$ identisch. Der Beweis der Transitivität ist von etwa der gleichen Schwierigkeit; deshalb verzichten wir auf ihn.

Für die Ordnung $(\mathcal{M}, \leq)$ gilt die Voraussetzung der Originalversion des Lemmas von M. Zorn. Ist nämlich $\mathcal{K}$ eine Kette in $(\mathcal{M}, \leq)$, so hat diese eine obere Schranke $(K_*, \leq_*)$, wobei die Trägermenge K_* festgelegt ist durch

$$K_* := \bigcup \{X \mid \exists \leq_X : (X, \leq_X) \in \mathcal{K}\},$$

also als die Vereinigung der Trägermengen der Kettenglieder von $\mathcal{K}$, und die Relation $\leq_*$ auf der Menge K_* festgelegt ist durch die Beziehung

$$a \leq_* b \quad :\Longleftrightarrow \quad \exists (X, \leq_X) \in \mathcal{K} : a, b \in X \wedge a \leq_X b$$

für alle $a, b \in K_*$, also als die Vereinigung der Ordnungsrelationen der Kettenglieder von $\mathcal{K}$. Wir verifizieren zuerst durch eine Reihe von Teilbeweisen, dass das Paar $(K_*, \leq_*)$ tatsächlich in der Menge $\mathcal{M}$ liegt.

1. Die Inklusion $K_* \subseteq M$ gilt trivialerweise.

2. Das Paar $(K_*, \leq_*)$ ist eine Ordnung: Die Reflexivität gilt offensichtlich. Zum Beweis der Antisymmetrie seien $a, b \in K_*$ mit $a \leq_* b$ und $b \leq_* a$ beliebig gegeben. Also gibt es $(X, \leq_X), (Y, \leq_Y) \in \mathcal{K}$ mit den folgenden Eigenschaften:

$$a, b \in X \qquad a \leq_X b \qquad a, b \in Y \qquad b \leq_Y a$$

   Gilt $(X, \leq_X) \leq (Y, \leq_Y)$, so folgen daraus $a, b \in Y$, $a \leq_Y b$ und $b \leq_Y a$, also $a = b$. Analog zeigt man $a = b$ falls $(Y, \leq_Y) \leq (X, \leq_X)$ zutrifft. Auf eine ähnliche Weise verifiziert man auch die Transitivität.

---

[3]In der Literatur wird diese Relation deshalb auch Fortsetzungsordnung genannt.

3. $(K_*, \leq_*)$ ist eine Totalordnung: Dazu seien $a, b \in K_*$ beliebig gewählt. Dann gibt es $(X, \leq_X), (Y, \leq_Y) \in \mathcal{K}$ mit $a \in X$ und $b \in Y$. Gilt $(X, \leq_X) \leq (Y, \leq_Y)$, so folgt daraus $a, b \in Y$ und beide Elemente sind bezüglich $\leq_Y$, also auch bezüglich $\leq_*$, vergleichbar; im anderen Fall $(Y, \leq_Y) \leq (X, \leq_X)$ argumentiert man analog.

4. Die Totalordnung $(K_*, \leq_*)$ ist auch Noethersch: Zum Beweis verwenden wir die Kettencharakterisierung von Noetherschsein und nehmen an, es sei eine beliebige abzählbar-unendliche Kette

$$\ldots \leq_* a_2 \leq_* a_1 \leq_* a_0$$

in der Ordnung $(K_*, \leq_*)$ vorliegend. Nach der Definition der Ordnungsrelation $\leq_*$ gibt es folglich Kettenglieder $(X_k, \leq_{X_k}) \in \mathcal{K}$, $k \in \mathbb{N}$, die zur Kette

$$\ldots \leq_{X_2} a_2 \leq_{X_1} a_1 \leq_{X_0} a_0$$

führen. Wir zeigen nun für alle $k \in \mathbb{N}$ durch Induktion, dass auch die folgenden drei Eigenschaften für die Kettenglieder zutreffen:

$$a_{k+1} \in X_0 \qquad a_k \in X_0 \qquad a_{k+1} \leq_{X_0} a_k$$

Der Induktionsbeginn $k = 0$ ist vorgegeben; man vergleiche nochmals mit der vorhergehenden Einführung der Kette.

Zum Induktionsschluss sei $k \neq 0$ vorausgesetzt und für $k-1$ gelte die Induktionshypothese. Damit treffen die Eigenschaften $a_{k-1+1} \in X_0$, $a_{k-1} \in X_0$ und $a_{k-1+1} \leq_{X_0} a_{k-1}$ zu, welche sich zu $a_k \in X_0$, $a_{k-1} \in X_0$ und $a_k \leq_{X_0} a_{k-1}$ vereinfachen.

Es bleiben die obigen drei Eigenschaften zu zeigen. Die mittlere Eigenschaft $a_k \in X_0$ ist eine Konsequenz der Induktionshypothese, die restlichen zwei Eigenschaften zeigt man wie folgt: Nach der allgemeinen Annahme gelten $a_{k+1} \in X_k$, $a_k \in X_k$ und $a_{k+1} \leq_{X_k} a_k$. Nun unterscheiden wir zwei Fälle:

Es gelte $(X_k, \leq_{X_k}) \leq (X_0, \leq_{X_0})$. Unter dieser Annahme folgen sofort $a_{k+1} \in X_0$ und $a_{k+1} \leq_{X_0} a_k$ aufgrund der Punkte (1) und (2) der Definition von $\leq$.

Nun gelte der verbleibende Fall $(X_0, \leq_{X_0}) \leq (X_k, \leq_{X_k})$. Hier ist $a_{k+1} \notin X_0$ nicht möglich, weil diese Annahme, zusammen mit $a_k \in X_0$ und Bedingung (3), die Eigenschaft $a_k <_{X_k} a_{k+1}$ impliziert – im Widerspruch zu $a_{k+1} \leq_{X_k} a_k$. Folglich haben wir $a_{k+1} \in X_0$. Auch $a_k <_{X_0} a_{k+1}$ ist nicht möglich, weil dies mit Punkt (2) wiederum zum Widerspruch $a_k <_{X_k} a_{k+1}$ führt. Somit muss $a_{k+1} \leq_{X_0} a_k$ gelten.

Aus den eben gezeigten Eigenschaften $a_{k+1} \in X_0$, $a_k \in X_0$ und $a_{k+1} \leq_{X_0} a_k$ für alle $k \in \mathbb{N}$ folgt die Existenz der abzählbar-unendlichen Kette

$$\ldots \leq_{X_0} a_2 \leq_{X_0} a_1 \leq_{X_0} a_0$$

in der Wohlordnung $(X_0, \leq_{X_0})$. Weil aber die Ordnung $(X_0, \leq_{X_0})$ nach Annahme Noethersch ist, wird diese Kette stationär. Somit wird auch die Originalkette $\ldots \leq_*$ $a_2 \leq_* a_1 \leq_* a_0$ stationär, was zu beweisen war.

Nun zeigen wir, dass die Wohlordnung $(K_*, \leq_*)$ eine obere Schranke der Kette $\mathcal{K}$ in der Ordnung $(\mathcal{M}, \leq)$ ist. Dazu sei $(X, \leq_X)$ ein beliebiges Kettenglied aus $\mathcal{K}$. Es sind die Eigenschaften $(1), (2)$ und (3) nachzuweisen:

1. Inklusion (1): $X \subseteq K_*$ gilt trivialerweise.

2. Eigenschaft (2): Es seien beliebige Elemente $a, b \in X$ mit $a \leq_X b$ vorgegeben. Dann folgt nach Definition sofort $a \leq_* b$.

3. Eigenschaft (3): Schließlich seien noch beliebige Elemente $a \in X$ und $b \in K_* \setminus X$ vorliegend. Wegen $b \in K_* \setminus X$ gibt es dann ein Kettenglied $(Y, \leq_Y)$ mit $b \in Y \setminus X$. Aus $b \in Y \setminus X$ folgt $(X, \leq_X) \leq (Y, \leq_Y)$ und dies bringt $a <_Y b$, was $a <_* b$ impliziert.

Aufgrund des Zornschen Lemmas gibt es in $(\mathcal{M}, \leq)$ ein maximales Element $(N, \leq_N)$. Insbesondere ist $(N, \leq_N)$ eine Wohlordnung mit $N \subseteq M$. Es muss aber sogar $N = M$ gelten. Sonst gäbe es nämlich ein Element $a \in M \setminus N$ und man könnte $(N, \leq_N)$ echt zu $(N', \leq_{N'})$ vergrößern, indem man a als größtes Element neu zu N hinzufügt. □

Man kann in dem Fundamentallemma 6.2.7 auf das kleinste Element verzichten, wenn man statt Ketten wohlgeordnete Teilmengen betrachtet. Diese Originalversion des Lemmas wird beispielsweise im Buch von M. Erné (siehe Einleitung) bewiesen. Mit ihr kann man dann die Originalform des Lemmas von M. Zorn ohne den Umweg über die Variante und das Maximalkettenprinzip direkt aus dem Auswahlaxiom herleiten. Diese Originalform wird heutzutage, wie auch von uns, in der Regel zum Beweis des Wohlordnungssatzes herangezogen. E. Zermelo bezog sich hingegen noch direkt auf das Auswahlaxiom.

6.3 Fixpunkte von Abbildungen auf CPOs

Die in den Sätzen 6.2.7 und 6.2.8 vorausgesetzten Ordnungen $(M, \sqsubseteq)$, welche ein kleinstes Element besitzen und in denen jede Kette ein Supremum hat, stellen eine Abschwächung der vollständigen Verbände dar, denn jeder vollständige Verband erfüllt offensichtlich diese Eigenschaften. Sie haben in den letzten Jahren stark an Bedeutung gewonnen. Dies gilt insbesondere für die Informatik, wo sie mittlerweile die ordnungstheoretische Grundlage der sogenannten denotationellen Semantik darstellen. Den Namen dieser speziellen Ordnungen haben wir früher auch schon erwähnt, nämlich vor dem Fixpunktsatz von B. Knaster, A. Tarski und S. Kleene. Hier ist nun sozusagen die „offizielle" Namensgebung.

6.3.1 Definition Eine Ordnung $(M, \sqsubseteq)$ heißt eine *CPO* (nach „complete partial order"), wenn sie ein kleinstes Element besitzt und jede Kette ein Supremum hat. □

Bei CPOs wird das kleinste Element üblicherweise mit dem Symbol $\bot$ (Sprechweise: Bottom) bezeichnet. Wir bleiben jedoch im Folgenden beim bisher verwendeten Symbol O. Unter Verwendung des neuen Begriffs lautet das Fundamentallemma wie folgt: *Expandierende Abbildungen auf CPOs besitzen Fixpunkte.* Auch die Variante des Lemmas von M.

Zorn kann man nun prägnanter formulieren: *Jede CPO besitzt ein maximales Element*. Im Hinblick auf Anwendungen ist die Existenz von kleinsten Fixpunkten von Abbildungen auf CPOs von besonderer Bedeutung. Sie werden beispielsweise bei der denotationellen Semantik von Programmiersprachen verwendet, um die Semantik von Schleifen und rekursiven Programmen zu erklären. Wir werden das im nächsten Kapitel zeigen. Die Eigenschaft, welche dabei für die verwendeten Abbildungen in natürlicher Weise immer vorausgesetzt werden kann, ist Monotonie. In der Regel liegt sogar $\sqcup$-Stetigkeit vor, wenn man die Definition 4.1.4.1 für vollständige Verbände direkt auf CPOs überträgt. In diesem Fall kann man auch den Beweis der ersten Gleichung des Fixpunktsatzes von B. Knaster, A. Tarski und S. Kleene wörtlich übernehmen. Dies bringt:

6.3.2 Satz (Fixpunkte bei CPOs, stetiger Fall) Ist $f : M \to M$ eine $\sqcup$-stetige Abbildung auf einer CPO $(M, \sqsubseteq)$, so ist $\mu_f := \bigsqcup_{i \geq 0} f^i(\mathsf{O})$ ihr kleinster Fixpunkt. $\quad\square$

Auch monotone Abbildungen f auf CPOs haben kleinste Fixpunkte. Hier kann man jedoch den verbandstheoretischen Beweis von Satz 4.1.1.1 nicht übernehmen, da sich jener auf das Infimum der von f kontrahierten Elemente bezieht, welches in CPOs jedoch nicht existieren muss. Stattdessen kommt die beim Beweis des Fundamentallemmas verwendete Konstruktion des kleinsten f-Turms in Kombination mit dem Lemma von M. Zorn (genauer: dessen Variante) und dem Maximalkettenprinzip zum Einsatz. Wir bereiten den Beweis des Fixpunktsatzes für monotone Abbildungen auf CPOs etwas vor.

6.3.3 Satz Es sei $f : M \to M$ eine monotone Abbildung auf einer CPO $(M, \sqsubseteq)$, Dann ist die Menge der von f expandierten Elemente von M ein f-Turm in M.

Beweis: Wir haben für die Menge $E := \{x \in M \mid x \sqsubseteq f(x)\}$ die drei Eigenschaften von Definition 6.2.4 nachzuweisen.

1. Offensichtlich gilt die erste Eigenschaft $\mathsf{O} \in E$ von Definition 6.2.4

2. Sei $x \in M$ beliebig gewählt. Aus $x \sqsubseteq f(x)$ folgt dann $f(x) \sqsubseteq f(f(x))$ aufgrund der Monotonie, so dass $x \in E$ impliziert $f(x) \in E$. Dies ist die zweite Eigenschaft.

3. Zum Beweis der dritten Eigenschaft sei $K \subseteq E$ eine beliebig gewählte Kette in E. Weil die Abbildung f monoton ist, gilt $f(a) \sqsubseteq f(\bigsqcup K)$ für alle $a \in K$ und folglich auch $\bigsqcup \{f(a) \mid a \in K\} \sqsubseteq f(\bigsqcup K)$. Diese Abschätzung wenden wir nun an und bekommen für alle $x \in K$, dass

$$
\begin{aligned}
x \;&\sqsubseteq\; f(x) && \text{da } K \subseteq E \\
&\sqsubseteq\; \bigsqcup \{f(a) \mid a \in K\} \\
&\sqsubseteq\; f(\bigsqcup K) && \text{eben gezeigt,}
\end{aligned}
$$

gilt, was $\bigsqcup K \sqsubseteq f(\bigsqcup K)$ impliziert. Letzteres heißt aber genau $\bigsqcup K \in E$. $\quad\square$

Und hier ist nun der angekündigte Fixpunktsatz, der die Existenz eines kleinsten Fixpunktes im Fall von monotonen Abbildungen auf CPOs angibt.

6.3.4 Satz (Fixpunkte bei CPOs, monotoner Fall) Es seien $f : M \to M$ eine monotone Abbildung auf einer CPO $(M, \sqsubseteq)$ und D der kleinste f-Turm. Dann hat D ein größtes Element, und dieses ist der kleinste Fixpunkt μ_f von f.

Beweis: Nach der ersten und dritten Eigenschaft von f-Türmen ist die durch D induzierte Ordnung $(D, \sqsubseteq)$ auch eine CPO[4] und hat damit (nach der oben prägnant formulierten Variante des Lemmas von M. Zorn) mindestens ein maximales Element. Wir zeigen nun die folgenden zwei Eigenschaften:

1. Jedes maximale Element $a \in D$ ist ein Fixpunkt von f: Nach Satz 6.3.3 gilt, mit E als der Menge der von f expandierten Elemente, die Beziehung $a \in D \subseteq E$, also insbesondere $a \sqsubseteq f(a)$. Aus $a \in D$ folgt aber auch $f(a) \in D$ und dies bringt, zusammen mit $a \sqsubseteq f(a)$ und der Maximalität von a in D, die Gleichheit $a = f(a)$.

2. Für jeden Fixpunkt $a \in M$ von f ist die Menge $\mathsf{Mi}(a)$ ein f-Turm.

   Klar ist wiederum die erste Eigenschaft $\mathsf{O} \in \mathsf{Mi}(a)$.

   Es sei $x \in M$ ein beliebiges Element. Gilt $x \sqsubseteq a$, so auch $f(x) \sqsubseteq f(a) = a$ aufgrund der Monotonie von f und der Fixpunkteigenschaft von a. Folglich trifft auch die zweite Eigenschaft zu.

   Zum Beweis der dritten Eigenschaft sei $K \subseteq \mathsf{Mi}(a)$ eine beliebige Kette in $\mathsf{Mi}(a)$. Dann gilt offensichtlich $\bigsqcup K \sqsubseteq a$, also auch $\bigsqcup K \in \mathsf{Mi}(a)$.

Nun seien $a, b \in D$ beliebige maximale Elemente. Nach dem ersten Punkt sind beide Fixpunkte und nach dem zweiten Punkt bekommen wir deswegen $a \in D \subseteq \mathsf{Mi}(b)$ und $b \in D \subseteq \mathsf{Mi}(a)$. Dies zeigt die Eindeutigkeit des maximalen Elements.

Das einzige maximale Element von D, nennen wir es a, ist auch das größte Element von D. Jedes Element $b \in D$ bildet nämlich eine Kette $\{b\}$ in der Ordnung $(D, \sqsubseteq)$ und diese Kette ist, nach dem Maximalkettenprinzip 6.2.9, in einer maximalen Kette K von $(D, \sqsubseteq)$ enthalten. Es muss $\bigsqcup K$ in D maximal sein, denn sonst könnte man die Kette K in $(D, \sqsubseteq)$ um ein echt über $\bigsqcup K$ liegendes Element vergrößern. Folglich gilt also $\bigsqcup K = a$ und dies zeigt $b \sqsubseteq \bigsqcup K = a$.

Ist schließlich $c \in M$ ein weiterer Fixpunkt von f, so gilt für das eindeutige maximale Element $a \in D$ nach dem zweiten Punkt $a \in D \subseteq \mathsf{Mi}(c)$, was $a \sqsubseteq c$ impliziert. Also ist a der kleinste Fixpunkt. $\qquad\square$

Man beachte, dass wir im letzten Beweis nirgends verwendet haben, dass der kleinste f-Turm eine Kette ist. Diese Eigenschaft gilt zwar für alle expandierenden Abbildungen f auf CPOs, aber aus der Monotonie von f kann man nicht auf die Expansionseigenschaft von f schließen.

---

[4]Weil für jede Kette K in D gilt $\bigsqcup K \in D$, ist das Supremum von K in $(M, \sqsubseteq)$ offensichtlich gleich dem Supremum von K in $(D, \sqsubseteq)$ und wir brauchen deshalb zwischen beiden Suprema bezeichnungsmäßig nicht zu unterscheiden. Die vorliegende Situation wird formalisiert durch den analog zu den Verbänden definierten Begriff einer *Unter-CPO*, auf den wir aber nicht weiter eingehen wollen.

Im Buch von B.A. Davey und H.A. Priestley findet man einen Beweis des eben präsentierten Fixpunktsatzes, der ebenfalls das Fundamentallemma von N. Bourbaki verwendet, nicht aber das Auswahlaxiom. Die Idee ist, zuerst die Menge der Elemente zu betrachten, die von der Abbildung f expandiert werden und eine untere Schranke der Fixpunktmenge von f bilden, und dann nachzuweisen, dass sie ein f-Turm in der gegebenen CPO ist. Man erreicht damit jedoch nicht die schöne prägnante Formulierung „der kleinste f-Turm besitzt ein größtes Element und dieses ist der kleinste Fixpunkt von f" von Satz 6.3.4. Auch Beweise des Satzes durch transfinite Induktion wurden publiziert.

Mit Hilfe des eben bewiesenen Fixpunktsatzes kann man nun sehr elegant zeigen, dass für alle monotonen Abbildungen auf CPOs das Prinzip der Berechnungsinduktion (welches wir in Satz 4.3.2 schon für vollständige Verbände formulierten) gilt, wenn man den Begriff des zulässigen Prädikats in offensichtlicher Weise auf CPOs überträgt. Hier ist das entsprechende Resultat.

6.3.5 Satz (Berechnungsinduktion auf CPOs) Gegeben seien eine CPO $(M, \sqsubseteq)$, eine monotone Abbildung $f : M \to M$ und ein zulässiges Prädikat P auf M. Dann folgt aus

(1) $\quad P(\mathsf{O})$ $\qquad\qquad\qquad\qquad\qquad$ (Induktionsbeginn)
(2) $\quad \forall\, a \in M : P(a) \Rightarrow P(f(a))$ $\qquad$ (Induktionsschluss)

die Eigenschaft $P(\mu_f)$.

Beweis: Wir betrachten die Menge $N := \{a \in M \mid P(a) \text{ gilt}\}$. Dann ist, unter den Voraussetzungen (1), (2) und der Zulässigkeit von P, die Menge N ein f-Turm in M. Der Induktionsbeginn zeigt $\mathsf{O} \in N$, der Induktionsschluss entspricht genau der zweiten Bedingung von Definition 6.2.4 und die Zulässigkeit von P entspricht genau der dritten Bedingung von Definition 6.2.4.

Da nach Satz 6.3.4 der kleinste Fixpunkt μ_f von f das größte Element des kleinsten f-Turms D ist, gilt $\mu_f \in D \subseteq N$ und somit auch $P(\mu_f)$. $\qquad\square$

Weil vollständige Verbände insbesondere CPOs sind, gilt nach diesem Satz das Prinzip der Berechnungsinduktion bei vollständigen Verbänden auch schon im Fall von monotonen Abbildungen, wie wir schon am Ende von Abschnitt 4.3 angemerkt hatten. Weiterhin ist auch bei monotonen Abbildungen $f : M \to M$ auf CPOs $(M, \sqsubseteq)$ für alle $a \in M$ die bei vollständigen Verbänden offensichtlich erlaubte Schlussweise „$f(a) \sqsubseteq a$ impliziert $\mu_f \sqsubseteq a$" (erste Induktionsregel, siehe Abschnitt 4.1) zulässig. Sie wird in der Informatik-Literatur manchmal das Lemma von D. Park (oder die Park'sche Regel) genannt und kann sehr einfach mittels der Berechnungsinduktion 6.3.5 bewiesen werden.

6.3.6 Satz (Lemma von D. Park) Gegeben seien eine CPO $(M, \sqsubseteq)$, eine monotone Abbildung $f : M \to M$ und ein Element $a \in M$ mit $f(a) \sqsubseteq a$. Dann gilt $\mu_f \sqsubseteq a$.

Beweis: Wir definieren ein Prädikat P auf der Menge M, indem wir für alle $x \in M$ festlegen, dass

$$P(x) \quad :\Longleftrightarrow \quad x \sqsubseteq a.$$

Dann kann P für alle $x \in M$ beschrieben werden durch die Eigenschaft

$$P(x) \iff Id(x) \sqsubseteq \overline{a}(x),$$

mit $Id : M \to M$ als der identischen Abbildung auf M, d.h. es gilt $Id(x) = x$ für alle $x \in M$, und $\overline{a} : M \to M$ als der a-konstantwertigen Abbildung auf M, d.h. es gilt $\overline{a}(x) = a$ für alle $x \in M$. Da beide Abbildungen $\sqcup$-stetig sind, ist P zulässig. Dies folgt aus einer Übertragung des syntaktischen Kriteriums von Satz 4.3.3 auf CPOs.

Der Induktionsbeginn $P(\mathsf{O})$ der Berechnungsinduktion folgt aus $\mathsf{O} \sqsubseteq a$.

Zum Induktionsschluss der Berechnungsinduktion sei $x \in M$ beliebig mit $P(x)$ angenommen, d.h. mit $x \sqsubseteq a$. Die Monotonie von f bringt dann $f(x) \sqsubseteq f(a)$ und daraus folgt $f(x) \sqsubseteq a$, also $P(f(x))$, wegen der Voraussetzung an a.

Nach dieser Berechnungsinduktion gilt also $P(\mu_f)$ und dies ist genau $\mu_f \sqsubseteq a$. $\square$

Nun seien $f, g : M \to M$ zwei monotone Abbildungen auf einer CPO $(M, \sqsubseteq)$. Gilt bezüglich der Abbildungsordnung $f \sqsubseteq g$, so folgt daraus insbesondere $f(\mu_g) \sqsubseteq g(\mu_g)$, also $f(\mu_g) \sqsubseteq \mu_g$. Das Lemma von D. Park zeigt nun $\mu_f \sqsubseteq \mu_g$. In Worten besagt dies, dass auf CPOs der Fixpunktoperator μ monoton auf den monotonen Abbildungen ist. Man kann sogar zeigen, dass auf CPOs der Fixpunktoperator μ $\sqcup$-stetig auf den $\sqcup$-stetigen Abbildungen ist; ein Beweis dieses Resultats, welches von D. Scott stammt, ist aber wesentlich komplizierter als der eben gebrachte Beweis.

Es sollte an dieser Stelle auch noch bemerkt werden, dass bei monotonen Abbildungen f, die nicht $\sqcup$-stetig sind, das Supremum der Iteration $\bigsqcup_{i \geq 0} f^i(\mathsf{O})$ des stetigen Falls sowohl bei den Verbänden als auch bei den CPOs echt unter dem kleinsten Fixpunkt liegen kann. Die Leserin oder der Leser sei hierzu etwa auf Abschnitt 6.3 des Buchs „Relationen und Graphen" von G. Schmidt und T. Ströhlein (Springer Verlag, 1989) verwiesen, wo diese Situation anhand des Unterschieds zwischen den graphentheoretischen Begriffen „progressiv-finit" und „progressiv-endlich" herausgearbeitet wird.

6.4 Darstellung beliebiger Boolescher Verbände

Nachdem wir in den vergangenen drei Abschnitten dieses Kapitels das Thema Verbände ziemlich verlassen hatten, kehren wir nun wieder zu ihm zurück und widmen uns dem Darstellungsproblem für den allgemeinen (also auch nichtendlichen) Fall. Bei Booleschen Verbänden haben wir hier schon in Abschnitt 3.3 als Verallgemeinerung des Hauptsatzes 3.3.9 den Darstellungssatz 3.3.15 von M.H. Stone formuliert, aber noch nicht bewiesen. Nun haben wir die Mittel der Mengenlehre zur Hand, den Beweis zu erbringen. Wir erinnern an den Begriff eines Ideals, den wir bei den Vervollständigungen eingeführt haben. Spezielle Ideale werden beim Beweis des Darstellungssatzes eine entscheidende Rolle spielen. Diese werden in der folgenden Definition eingeführt.

6.4.1 Definition Es sei $(V, \sqcup, \sqcap)$ ein Verband. Dann heißt ein Ideal $I \subseteq V$ ein ...

- ... *echtes Ideal*, falls es ungleich V ist,

- ... *maximales Ideal*, falls es ein echtes Ideal ist und V das einzige Ideal ist, das I echt enthält,

- ... *Primideal*, falls es ein echtes Ideal ist und für alle $a, b \in V$ aus $a \sqcap b \in I$ folgt $a \in I$ oder $b \in I$.

Mit $\mathcal{I}_M(V)$ bezeichnen wir die *Menge aller maximalen Ideale* von V und mit $\mathcal{I}_P(V)$ die *Menge aller Primideale* von V. □

Die Menge $\mathcal{I}_M(V)$ besteht also genau aus den maximalen Elementen von $\mathcal{I}(V) \setminus \{V\}$ bezüglich der Mengeninklusion als Ordnung. Schon daran sieht man, dass die eben eingeführten Ideale nicht immer existieren müssen.

6.4.2 Beispiel (für maximale Ideale und Primideale) Wir betrachten noch einmal die Idealmenge des Verbands $V_{\neg M}$. Wegen Beispiel 5.3.10 wissen wir:

$$\mathcal{I}(V_{\neg M}) \;=\; \{\{\bot\}, \{\bot, a\}, \{\bot, b\}, \{\bot, a, c\}, V_{\neg M}\}$$

Die dort angegebene Abbildung 4.2 liefert auch sofort $\{\bot, a, c\}$ und $\{\bot, b\}$ als einzige maximale Ideale. Diese Ideale sind auch Primideale. Hingegen ist $\{\bot, a\}$ kein Primideal. Für $b, c \in V_{\neg M}$ gilt zwar $\bot = b \sqcap c \in \{\bot, a\}$, aber weder $b \in \{\bot, a\}$ noch $c \in \{\bot, a\}$. □

Es besteht eine gewisse Ähnlichkeit der Definition der Primideale mit der Definition der ⊔-irreduziblen Elemente. Und in der Tat werden beim Beweis des Darstellungssatzes von M.H. Stone die Primideale die Rolle der ⊔-irreduziblen Elemente im Beweis des Darstellungssatzes von G. Birkhoff für endliche distributive Verbände übernehmen.

Bei allgemeinen Verbänden besteht zwischen der Menge der maximalen Ideale und der Menge der Primideale keinerlei Inklusionsbeziehung. Im Fall von distributiven Verbänden mit größtem Element L ist hingegen jedes maximale Ideal auch ein Primideal. Bei Booleschen Verbänden gilt sogar noch die Umkehrung dieser Beziehung, also insgesamt die Gleichheit $\mathcal{I}_M(V) = \mathcal{I}_P(V)$. Diese zwei letztgenannten Eigenschaften werden nachfolgend gezeigt. Wir beginnen mit der Inklusion bei den distributiven Verbänden.

6.4.3 Satz Gegeben sei ein distributiver Verband $(V, \sqcup, \sqcap)$ mit einem größten Element L. Dann gilt die Inklusion $\mathcal{I}_M(V) \subseteq \mathcal{I}_P(V)$.

Beweis: Es sei I ein beliebiges maximales Ideal. Weiterhin seien $a, b \in V$ mit $a \sqcap b \in I$ beliebig vorgegeben.

Ist a in I, so sind wir fertig; ist a hingegen nicht in I, so haben wir $b \in I$ nachzuweisen. Letzteres wird nachfolgend demonstriert. Wir betrachten dazu zu $a \notin I$ die Menge

$$J \;:=\; \{x \in V \mid \exists\, c \in I : x \sqsubseteq c \sqcup a\}.$$

Die nachfolgenden Punkte zeigen, dass J ein Ideal ist, welches I und a enthält:

1. J ist ein Ideal: Es seien $x, y \in J$ beliebig gewählt. Also gibt es $c, d \in I$ mit $x \sqsubseteq c \sqcup a$ und $y \sqsubseteq d \sqcup a$. Dies bringt $x \sqcup y \sqsubseteq c \sqcup d \sqcup a$ und damit $x \sqcup y \in J$, denn es ist ja $c \sqcup d \in I$.

   Nun seien $x \in J$ und $y \in V$ beliebig gewählt. Hier gibt es ein $c \in I$ mit $x \sqsubseteq c \sqcup a$. Daraus folgt die Abschätzung

$$
\begin{aligned}
x \sqcap y \;\; &\sqsubseteq \;\; (c \sqcup a) \sqcap y && \text{siehe oben} \\
&= \;\; (c \sqcap y) \sqcup (a \sqcap y) && \text{Distributivität} \\
&\sqsubseteq \;\; (c \sqcap y) \sqcup a
\end{aligned}
$$

   und diese bringt $x \sqcap y \in J$, weil $c \sqcap y \in I$ gilt.

2. $I \subseteq J$: Dies folgt aus $x \sqsubseteq x \sqcup a$ für alle $x \in I$.

3. $a \in J$: Hier verwendet man $a \sqsubseteq \mathsf{O} \sqcup a$ und $\mathsf{O} \in I$.

Wegen $a \notin I$ und $a \in J$ zeigt $I \subseteq J$ sogar $I \subset J$ und aus der Maximalität von I folgt nun $J = V$. Dies bringt $\mathsf{L} \in J$. Nach der Definition von J gibt es also ein $c \in I$ mit $\mathsf{L} \sqsubseteq c \sqcup a$, also $\mathsf{L} = c \sqcup a$. Daraus folgt:

$$
\begin{aligned}
c \sqcup b \;\; &= \;\; \mathsf{L} \sqcap (c \sqcup b) \\
&= \;\; (c \sqcup a) \sqcap (c \sqcup b) \\
&= \;\; c \sqcup (a \sqcap b) && \text{Distributivität} \\
&\in \;\; I && \text{da } c \in I \text{ und } a \sqcap b \in I
\end{aligned}
$$

Wegen $b \sqsubseteq c \sqcup b$ folgt somit nach der Abgeschlossenheit von Idealen nach unten $b \in I$ wie gewünscht. $\square$

Boolesche Verbände haben ein größtes Element. Aufgrund von Satz 6.4.3 genügt es daher, beim Beweis des folgenden Satzes nur mehr die Inklusion „$\supseteq$" zu verifizieren. Es sollte noch erwähnt werden, dass für den Beweis des Darstellungssatzes der Satz 6.4.3 bereits genügt. Satz 6.4.4 hat aber wegen seiner schärferen Aussage natürlich auch seine eigene Bedeutung und auch zahlreiche Anwendungen, auf die wir aber nicht eingehen können.

6.4.4 Satz Ist $(V, \sqcup, \sqcap, \bar{\;})$ ein Boolescher Verband, so haben wir $\mathcal{I}_M(V) = \mathcal{I}_P(V)$.

Beweis: Es sei I ein beliebiges Primideal von V. Um zu zeigen, dass I auch ein maximales Ideal von V ist, verwenden wir, dass für alle $a \in V$ die folgende Beziehung zutrifft:

$$
a \in I \quad \Longleftrightarrow \quad \overline{a} \notin I \tag{$*$}
$$

Da I ein Primideal ist, muss $a \in I$ oder $\overline{a} \in I$ gelten, denn wir haben ja $a \sqcap \overline{a} = \mathsf{O} \in I$. Weil Primideale echte Ideale sind, können aber $a \in I$ und $\overline{a} \in I$ gleichzeitig nicht gelten (sonst wäre ja L in I). Damit ist $(*)$ bewiesen.

Nun sei J ein weiteres Ideal mit $I \subset J$. Wir wählen $\overline{\overline{a}} = a \in J \setminus I$ und bekommen, nach $(*)$, dass $\overline{a} \in I$. Insgesamt haben wir also $a \in J$ und $\overline{a} \in I \subseteq J$, so dass $\mathsf{L} = a \sqcup \overline{a} \in J$. Dies bringt $J = V$ und somit ist I als maximal nachgewiesen. $\square$

Das folgende wichtige Resultat, genannt *Primideal-Theorem* (für Boolesche Verbände), zeigt im Fall von Booleschen Verbänden die Existenz gewisser Primideale auf. Es ist der Schlüssel zum späteren Beweis des Darstellungssatzes und auch genau die Stelle, wo das Auswahlaxiom in Form des Lemmas von M. Zorn gebraucht wird. Solche Primideal-Theoreme sind übrigens bei Darstellungsfragen und auch sonst in vielen anderen algebraischen Bereichen von sehr großer Bedeutung.

6.4.5 Satz (Primideal-Theorem für Boolesche Verbände) Es seien $(V, \sqcup, \sqcap, \bar{})$ ein Boolescher Verband und $I \subset V$ ein echtes Ideal. Dann gibt es ein Primideal $J \in \mathcal{I}_P(V)$ mit $I \subseteq J$.

Beweis: Wir betrachten die Menge der echten Ideale von V, die das Ideal I umfassen, d.h. definieren eine Teilmenge $\mathcal{M}$ der Potenzmenge $2^{\mathcal{I}(V)}$ wie folgt:

$$\mathcal{M} := \{ J \in \mathcal{I}(V) \mid I \subseteq J \wedge J \neq V \}$$

Wegen $I \in \mathcal{M}$ gilt $\mathcal{M} \neq \emptyset$ und es ist das Paar $(\mathcal{M}, \subseteq)$ offensichtlich eine Ordnung.

Nun zeigen wir, dass $\mathcal{M}$ die Voraussetzung der Originalform des Lemmas von M. Zorn erfüllt. Es sei also $\mathcal{K} \subseteq \mathcal{M}$ eine beliebige Kette in $(\mathcal{M}, \subseteq)$. Wir definieren

$$K := \bigcup \{ X \mid X \in \mathcal{K} \}$$

und zeigen, dass K eine obere Schranke von $\mathcal{K}$ bezüglich der Inklusion in $\mathcal{M}$ ist. Dazu ist nur zu verifizieren, dass $K \in \mathcal{M}$ gilt (denn damit wird die Vereinigung sogar zum Supremum von $\mathcal{K}$ bezüglich der Inklusion). Das geschieht in den folgenden Punkten:

1. $I \subseteq K$: Nach der Definition von $\mathcal{M}$ und wegen $\mathcal{K} \subseteq \mathcal{M}$ gilt $I \subseteq X$ für alle $X \in \mathcal{K}$, also auch die Inklusion $I \subseteq \bigcup \{ X \mid X \in \mathcal{K} \} = K$.

2. $K \neq V$: Aus $K = V$ würde folgen, dass es ein $X \in \mathcal{K}$ mit $L \in X$ gibt. Dies resultiert aber in dem Widerspruch $X = V$ (Primideale sind echte Ideale).

3. $a, b \in K$ impliziert $a \sqcup b \in K$: Wegen $a, b \in K$ gibt es $X_a \in \mathcal{K}$ mit $a \in X_a$ und $X_b \in \mathcal{K}$ mit $b \in X_b$. Es gilt $X_a \subseteq X_b$ oder $X_b \subseteq X_a$, denn $\mathcal{K}$ ist eine Kette. Im ersten Fall haben wir $a, b \in X_b$, also $a \sqcup b \in X_b$ wegen der Idealeigenschaft von X_b, also auch $a \sqcup b \in K$, im zweiten Fall folgt $a \sqcup b \in K$ in analoger Weise.

4. $a \in K, b \in V$ impliziert $a \sqcap b \in K$: Wiederum gibt es ein $X_a \in \mathcal{K}$ mit $a \in X_a$. Die Idealeigenschaft von X_a zeigt $a \sqcap b \in X_a \subseteq K$.

Nach dem Lemma von M. Zorn gibt es in $(\mathcal{M}, \subseteq)$ ein maximales Element, also ein maximales Ideal J, welches I umfasst. Nach Satz 6.4.4 ist J ein Primideal. $\square$

Bevor wir den Darstellungssatz nun endlich beweisen können, brauchen wir noch ein kleines Hilfsresultat. Es sieht zwar bescheiden aus, benutzt aber das Primideal-Theorem an entscheidender Stelle.

6.4.6 Satz Es seien $a, b \in V$ zwei verschiedene Elemente eines gegebenen Booleschen Verbands $(V, \sqcup, \sqcap, \bar{\ })$. Dann gibt es ein Primideal $J \in \mathcal{I}_P(V)$, welches entweder a oder b enthält, aber nicht beide Elemente.

Beweis: Aus $a \neq b$ folgt $a \not\sqsubseteq b$ oder $b \not\sqsubseteq a$, denn die Gültigkeit von $a \sqsubseteq b$ und $b \sqsubseteq a$ würde $a = b$ implizieren.

Es gelte o.B.d.A. $a \not\sqsubseteq b$. Dann folgt daraus $\bar{a} \sqcup b \neq \mathsf{L}$. Wir betrachten nun das Hauptideal $(\bar{a} \sqcup b)$, welches ein echtes Ideal ist, da es L nicht enthält. Nach dem Primideal-Theorem 6.4.5 gibt es ein Primideal $J \in \mathcal{I}_P(V)$ mit $(\bar{a} \sqcup b) \subseteq J$.

Wegen $b \sqsubseteq \bar{a} \sqcup b$ gilt $b \in (\bar{a} \sqcup b) \subseteq J$. Hingegen kann $a \in J$ nicht gelten. Aufgrund von $\bar{a} \sqsubseteq \bar{a} \sqcup b$ gilt nämlich $\bar{a} \in (\bar{a} \sqcup b) \subseteq J$. Aus $a \in J$ und $\bar{a} \in J$ würde nun $\mathsf{L} = a \sqcup \bar{a} \in J$ (erste Idealbedingung) impliziert und folglich $V = J$ (Abgeschlossenheit nach unten) gelten. Das wäre ein Widerspruch zur Tatsache, dass Primideale echte Ideale sind. $\square$

Einfache Umformungen zeigen, dass $J \in \mathcal{I}_P(V)$ entweder a oder b aber nicht beide zugleich genau dann enthält, wenn $a \in J$ und $b \notin J$ äquivalent sind. Man kann damit den Satz 6.4.6 kurz so formulieren: Zwei verschiedene Elemente eines Booleschen Verbands können immer durch ein Primideal getrennt werden. Und hier ist nun mit dem Stone'schen Satz und seinem Beweis das Hauptresultat dieses Abschnitts. Im Vergleich zur früheren Version ist zwar die Formulierung des Satzes etwas geändert, die Aussage bleibt aber die gleiche.

6.4.7 Satz (Darstellungssatz von M.H. Stone) Gegeben sei ein Boolescher Verband $(V, \sqcup, \sqcap, \bar{\ })$. Dann gibt es einen Mengenkörper, der zu ihm (mittels eines Booleschen Verbandsisomorphismus) isomorph ist.

Beweis: Wir betrachten die folgende Abbildung von V in die Potenzmenge der Primideale von V, welche einem Element die Primideale zuordnet, die es nicht enthalten:

$$f : V \to 2^{\mathcal{I}_P(V)} \qquad f(a) = \{I \in \mathcal{I}_P(V) \,|\, a \notin I\}$$

Diese Abbildung ist injektiv: Es seien $a, b \in V$ beliebig gewählt. Dann haben wir:

$$
\begin{aligned}
f(a) = f(b) \quad &\Longleftrightarrow \quad \{I \in \mathcal{I}_P(V) \,|\, a \notin I\} = \{I \in \mathcal{I}_P(V) \,|\, b \notin I\} \qquad \text{Definition } f \\
&\Longleftrightarrow \quad \forall\, I \in \mathcal{I}_P(V) : a \notin I \Leftrightarrow b \notin I \\
&\Longleftrightarrow \quad \forall\, I \in \mathcal{I}_P(V) : a \in I \Leftrightarrow b \in I
\end{aligned}
$$

Nach Satz 6.4.6 folgt aus der letzten Zeile dieser Rechnung $a = b$, denn $a \neq b$ würde dem Satz widersprechen. Wir haben nun für alle $a, b \in V$ die folgenden drei Gleichungen:

1. $f(a \sqcup b) = f(a) \cup f(b)$: Zum Beweis von „$\subseteq$" sei $I \in f(a \sqcup b)$, also I ein beliebiges Primideal mit $a \sqcup b \notin I$. Dann gilt $a \notin I$ oder $b \notin I$, denn $a \in I$ und $b \in I$ würden $a \sqcup b \in I$ implizieren. Folglich haben wir $I \in f(a)$ oder $I \in f(b)$, also auch $I \in f(a) \cup f(b)$. Um „$\supseteq$" nachzuweisen, gelte nun $I \in f(a) \cup f(b)$, d.h. I ist nun ein beliebiges Primideal mit $a \notin I$ oder $b \notin I$. Falls $a \notin I$, dann gilt auch $a \sqcup b \notin I$, denn

$a \sqcup b \in I$ und $a \sqsubseteq a \sqcup b \in I$ würden den Widerspruch $a \in I$ bringen. Analog zeigt man auch im Fall $b \notin I$, dass $a \sqcup b \notin I$ zutrifft. Insgesamt haben wir also $I \in f(a \sqcup b)$.

2. $f(a \sqcap b) = f(a) \cap f(b)$: Gilt $I \in f(a \sqcap b)$ für das beliebige Primideal I, so impliziert dies $a \sqcap b \notin I$, also $a \notin I$ und $b \notin I$, was „$\subseteq$" zeigt. Umgekehrt folgen $a \notin I$ und $b \notin I$ aus $I \in f(a) \cap f(b)$, was $a \sqcap b \notin I$ wegen der Primidealeigenschaft von I nach sich zieht. Dies bringt die noch fehlende Inklusion „$\supseteq$".

3. $f(\overline{a}) = \overline{f(a)}$: Es gilt für alle Primideale I, dass

$$
\begin{aligned}
I \in f(\overline{a}) &\iff \overline{a} \notin I && \text{Definition } f \\
&\iff a \in I && (*) \text{ im Beweis von Satz 6.4.4} \\
&\iff I \notin f(a) && \text{Definition } f \\
&\iff I \in \overline{f(a)},
\end{aligned}
$$

was die behauptete Gleichung impliziert.

Wenn also mit $\mathcal{R} := \{f(a) \,|\, a \in V\}$ das Bild der Trägermenge V unter der Abbildung f bezeichnet wird, dann ist $\mathcal{R}$ nach diesen drei Gleichungen ein Mengenkörper im Potenzmengenverband $(2^{\mathcal{I}_P(V)}, \cup, \cap, \overline{})$. Für $A = f(a) \in \mathcal{R}$ und $B = f(b) \in \mathcal{R}$ gilt nämlich $A \cup B = f(a) \cup f(b) = f(a \sqcup b) \in \mathcal{R}$ und analog zeigt man $A \cap B \in \mathcal{R}$ und $\overline{A} \in \mathcal{R}$.

Die Injektivität von f in Verbindung mit den obigen Gleichungen zeigt schließlich die Isomorphie des Booleschen Verbands $(V, \sqcup, \sqcap, \overline{})$ mit dem Mengenkörper $(\mathcal{R}, \cup, \cap, \overline{})$ vermöge des Booleschen Verbandsisomorphismus $g : V \to \mathcal{R}$, welcher definiert ist mittels $g(a) = f(a)$. $\square$

Bei dem durch die Bildmenge der Abbildung f definierten Mengenkörper des Darstellungssatzes 6.4.7 muss es sich (natürlich nur im unendlichen Fall) nicht immer um einen Potenzmengenverband handeln. Dies wird in dem folgenden Beispiel gezeigt.

6.4.8 Beispiel (zum Satz von M.H. Stone) Wir betrachten die folgende Teilmenge der Potenzmenge der natürlichen Zahlen (deren Elemente finit-kofinit genannt werden):

$$\mathcal{M} := \{X \subseteq \mathbb{N} \,|\, X \text{ endlich oder } \mathbb{N} \setminus X \text{ endlich}\}$$

Es kann leicht durch eine Reihe von Fallunterscheidungen gezeigt werden, dass mit beliebigen Mengen $X, Y \in \mathcal{M}$ auch $X \cup Y \in \mathcal{M}$, $X \cap Y \in \mathcal{M}$ und $\overline{X} \in \mathcal{M}$ gelten, also die Struktur $(\mathcal{M}, \cup, \cap, \overline{})$ als Mengenkörper ein Boolescher Verband (genauer: ein Boolescher Unterverband des Potenzmengenverbands $(2^{\mathbb{N}}, \cup, \cap)$) ist.

Dieser Verband ist jedoch nicht vollständig. Dazu betrachten wir zu $n \in \mathbb{N}$ die folgende Menge X_n von $\mathcal{M}$, die aus $\mathbb{N}$ entsteht, indem man die ersten n geraden Zahlen entfernt (was zu einem endlichen Komplement $\mathbb{N} \setminus X_n$ führt).

$$X_n = \mathbb{N} \setminus \{2, 4, 6, \ldots, 2 * n\}$$

Es gilt $X_0 \supseteq X_1 \supseteq \ldots$ und offensichtlich besteht das Infimum $\bigcap\{X_n \,|\, n \in \mathbb{N}\}$ dieser Kette genau aus den ungeraden natürlichen Zahlen. Weder diese Menge noch ihr Komplement (die Menge der geraden natürlichen Zahlen) ist endlich und damit ist das Infimum (der Durchschnitt) $\bigcap\{X_n \mid n \in \mathbb{N}\}$ der Teilmenge $\{X_n \mid n \in \mathbb{N}\}$ von $\mathcal{M}$ nicht aus $\mathcal{M}$.

Als eine Konsequenz kann der Boolesche Verband $(\mathcal{M}, \cup, \cap, \overline{})$ nicht isomorph zu einem Potenzmengenverband sein, da solch ein Verband immer vollständig ist. $\square$

Zum Schluss des Abschnitts ist noch eine Bemerkung zum Beweis des Darstellungssatzes 6.4.7 angebracht. Der Leserin oder dem Leser ist sicherlich aufgefallen, dass man den Beweis „stromlinienförmiger" formulieren könnte, wenn man nur mit maximalen Idealen arbeiten würde. Damit kann man Primideale einsparen und auch auf Satz 6.4.4 verzichten. Wir haben den Ansatz über die Primideale gewählt, weil er sich auf die allgemeinere Klasse der distributiven Verbände übertragen lässt. Der Isomorphismus ist dabei der gleiche wie in Satz 6.4.7. Es bedarf aber nun wirklich der Primideale, d.h. maximale Ideale genügen nicht mehr, und eines allgemeineren Primideal-Theorems für distributive Verbände, bei dem auch noch der Begriff eines *Filters* (ist: Ideal im dualen Verband) Verwendung findet. Details findet man beispielsweise in dem eingangs zitierten Buch von B.A. Davey und H.A. Priestley. In diesem Buch wird auch die topologische Struktur des Mengenkörpers des Stoneschen Satzes beschrieben, welche der eigentliche Inhalt des von M.H. Stone publizierten Satzes ist[5].

6.5   Existenz von Fixpunkten und Vollständigkeit

Dieser letzte Abschnitt des Kapitels ist dem Beweis des Satzes von A. Davis gewidmet, der auch noch aussteht. Wie beim Beweis des Satzes von M.H. Stone werden wir wiederum das Auswahlaxiom verwenden, diesmal aber nicht nur in der Form des Lemmas von M. Zorn, sondern auch noch in der Form des Maximalkettenprinzips. Auch Wohlordnungen werden zum Beweis herangezogen. Wir starten den Beweis des Satzes von A. Davis mit der Definition einer wichtigen Klasse von Teilmengen.

6.5.1 Definition Es seien $(M, \sqsubseteq)$ eine Ordnung und $N \subseteq M$. Die Teilmenge $N' \subseteq N$ heißt *konfinal*, falls für alle $a \in N$ ein $b \in N'$ mit $a \sqsubseteq b$ existiert. $\square$

Konfinale Teilmengen haben ihre Bedeutung etwa beim Beweis der Existenz von Suprema. Ist N' eine konfinale Teilmenge von N in der Ordnung $(M, \sqsubseteq)$ und existiert das Supremum einer der beiden Mengen N' oder N, so ist dieses, wie man ohne großen Aufwand nachrechnet, auch das Supremum der jeweils anderen Menge.

In der Kette $(\mathbb{N}, \leq)$ aller natürlichen Zahlen bilden etwa die geraden natürlichen Zahlen eine konfinale Teilkette, da über jeder natürlichen Zahl noch eine gerade natürliche Zahl liegt. Eine Menge, die das größte Element der vorliegenden Ordnung enthält, ist immer

---

[5]Für Leserinnen oder Leser, die mit den Grundbegriffen der mengentheoretischen Topologie vertraut sind, sei folgendes angemerkt: Der Mengenkörper besteht aus allen Teilmengen des Primidealraums, welche bezüglich der durch die Basis V erzeugte Topologie zugleich offen und abgeschlossen sind.

eine konfinale Teilmenge, sofern sie nur eine Teilmenge ist.

Zu jeder Kette K in einer endlichen Ordnung $(M, \sqsubseteq)$ ist K offensichtlich eine konfinale Teilkette von sich selbst. Diese Teilkette ist sogar wohlgeordnet, wenn man Wohlgeordnetsein einer Teilmenge N von M als abkürzende Sprechweise dafür verwendet, dass die durch N induzierte Teilordnung eine Wohlordnung bildet. Der folgende Satz zeigt unter Verwendung des Lemmas von M. Zorn, dass wohlgeordnete konfinale Teilketten von Ketten sogar bei beliebigen Ordnungen immer existieren.

6.5.2 Satz (von den konfinalen Wohlordnungen) Vorausgesetzt sei $K \subseteq M$ als Kette in der Ordnung $(M, \sqsubseteq)$. Dann existiert eine wohlgeordnete konfinale Teilmenge von K.

Beweis: Wir definieren zur Kette K die folgende Menge von Mengen:

$$\mathcal{N} := \{X \subseteq K \mid X \text{ ist wohlgeordnet bezüglich } \sqsubseteq \}$$

Es gilt $\mathcal{N} \neq \emptyset$, denn für alle Kettenglieder $a \in K$ ist die einelementige Menge $\{a\}$ eine wohlgeordnete Teilmenge von K. Nun definieren wir eine Relation $\leq$ auf $\mathcal{N}$, indem wir für alle Mengen $A, B \in \mathcal{N}$ festlegen, dass

$$A \leq B \quad :\Longleftrightarrow \quad A \subseteq B \wedge \forall b \in B \setminus A : b \in \mathsf{Ma}(A).$$

Es seien die Mengen $A, B, C \in \mathcal{N}$ beliebig gewählt. Die folgenden drei Punkte zeigen dann, dass das Paar $(\mathcal{N}, \leq)$ eine Ordnung bildet.

1. „*Reflexivität*": $A \leq A$ gilt, weil die Inklusion $A \subseteq A$ trivialerweise zutrifft und die Formel $\forall b \in A \setminus A : b \in \mathsf{Ma}(A)$ wegen des leeren Quantorbereichs auch wahr ist.

2. „*Antisymmetrie*": Es gelte $A \leq B$ und $B \leq A$. Dann gelten insbesondere die Inklusionen $A \subseteq B$ und $B \subseteq A$. Folglich gilt $A = B$.

3. „*Transitivität*": Es sei $A \leq B$ und $B \leq C$. Aus der Transitivität der Inklusion folgt dann $A \subseteq C$. Weiterhin gilt für alle $c \in C \setminus A$ entweder $c \in C \setminus B$ oder $c \in B \setminus A$ und die Fallunterscheidung

$$c \in C \setminus B \quad \Longrightarrow \quad c \in \mathsf{Ma}(B) \subseteq \mathsf{Ma}(A) \qquad\qquad B \leq C \text{ und } \mathsf{Ma} \text{ antiton}$$
$$c \in B \setminus A \quad \Longrightarrow \quad c \in \mathsf{Ma}(A) \qquad\qquad\qquad\qquad\qquad\qquad A \leq B$$

beendet den Beweis von $A \leq C$.

Nun beweisen wir, dass die Ordnung $(\mathcal{N}, \leq)$ die Voraussetzungen der Originalform des Lemmas von M. Zorn erfüllt. Es sei also $\mathcal{K} \subseteq \mathcal{N}$ eine Kette in $(\mathcal{N}, \leq)$. Wir definieren

$$S := \bigcup \{X \mid X \in \mathcal{K}\}$$

und zeigen, dass S eine obere Schranke von $\mathcal{K}$ bezüglich der Ordnung $\leq$ ist.

1. $S \subseteq K$: Jedes Kettenglied $X \in \mathcal{K}$ ist nach Definition von $\mathcal{N}$ in K enthalten, also gilt diese Eigenschaft auch für S.

2. S ist wohlgeordnet bezüglich $\sqsubseteq$: Zur Verifikation der Ketteneigenschaft seien beliebige $a, b \in S$ gegeben. Dann gibt es $X_a, X_b \in \mathcal{K}$ mit $a \in X_a$ und $b \in X_b$. Da $\mathcal{K}$ eine Kette ist, gilt $X_a \leq X_b$ oder $X_b \leq X_a$. Im ersten Fall haben wir $a, b \in X_b$ und beide sind vergleichbar, denn X_b ist eine Kette; im zweiten Fall geht man analog vor.

Jede abzählbar-absteigende Kette $\dots \sqsubseteq a_2 \sqsubseteq a_1 \sqsubseteq a_0$ aus S wird auch stationär. Dazu sei $a_0 \in X_0 \in \mathcal{K}$. Dann folgt daraus auch $a_i \in X_0$ für alle $i \in \mathbb{N}$. Wäre nämlich $a_i \notin X_0$ mit $a_i \in X_i \in \mathcal{K}$, so impliziert dies die Eigenschaften $X_0 \subset X_i$ (weil $X_i \leq X_0$ nicht möglich ist) und $a_i \in X_i \setminus X_0$. Dies wiederum bringt (wegen $X_0 \leq X_i$) auch $a_0 \sqsubseteq a_i$, was zum Widerspruch $a_i = a_0 \in X_0$ führt. Also liegt jedes Kettenglied a_i in X_0 und das Wohlgeordnetsein von X_0 zeigt nun die Behauptung.

Damit liegt S in $\mathcal{N}$ und wir können nun mit dem Schrankenbeweis fortfahren. Dazu sei $X \in \mathcal{K}$ ein beliebiges Kettenglied. Die folgenden beiden Punkte zeigen $X \leq S$.

3. $X \subseteq S$: Dies ist trivial.

4. Für alle $b \in S \setminus X$ gilt $b \in \mathsf{Ma}(X)$:

$$
\begin{aligned}
b \in S \setminus X \;&\Longrightarrow\; X \subset X_b && \text{mit } b \in X_b \in \mathcal{K};\ \mathcal{K} \text{ ist Kette} \\
&\Longrightarrow\; X \leq X_b && \text{weil } X \subset X_b \text{ und } \mathcal{K} \text{ Kette} \\
&\Longrightarrow\; b \in \mathsf{Ma}(X) && X \leq X_b \text{ und } b \in X_b \setminus X
\end{aligned}
$$

Nun wenden wir die Originalversion des Lemmas von M. Zorn an und erhalten ein maximales Element W in $(\mathcal{N}, \leq)$. Diese Menge W ist nach Definition von $\mathcal{N}$ eine wohlgeordnete Teilmenge von K.

Es bleibt noch die Konfinalität von W zu verifizieren. Dazu sei $a \in K$ beliebig vorausgesetzt. Dann zeigen die Implikationen

$$
\begin{aligned}
a \in W \;&\Longrightarrow\; \exists b \in W : a \sqsubseteq b && \text{wähle } b \text{ als } a \\[6pt]
a \notin W \;&\Longrightarrow\; a \notin \mathsf{Ma}(W) && a \in \mathsf{Ma}(W) \Rightarrow W \subset W \cup \{a\} \in \mathcal{N};\ \text{Wsp.} \\
&\Longrightarrow\; \exists b \in W : b \not\sqsubseteq a && \\
&\Longleftrightarrow\; \exists b \in W : a \sqsubseteq b && a, b \in K \text{ und } K \text{ Kette}
\end{aligned}
$$

das Gewünschte und beenden den Beweis. $\square$

Der übernächste Satz 6.5.4 formuliert einen Spezialfall des Satzes von A. Davis, nämlich für maximale Ketten. Sein Beweis ist wahrscheinlich einer der kompliziertesten in diesem an komplizierten Beweisen nicht gerade armen Kapitel. Er wird vorbereitet durch den nächsten Satz 6.5.3, in dem zum ersten Mal die Voraussetzung des Satzes von A. Davis auftaucht.

6.5.3 Satz Es sei $(V, \sqcup, \sqcap)$ ein Verband mit der Eigenschaft, dass jede monotone Abbildung auf V einen Fixpunkt besitzt. Dann gelten $\mathsf{Ma}(K) \neq \emptyset$ und $\mathsf{Mi}(K) \neq \emptyset$ für alle Ketten $K \subseteq V$.

Beweis: Wir beweisen zuerst die Existenz einer oberen Schranke. Aufgrund von Satz 6.5.2 existiert in K eine konfinale wohlgeordnete Menge $W \subseteq K$.

Wir zeigen nun durch einen Widerspruch, dass ein Element $a \in V$ mit der Eigenschaft $W \subseteq \mathsf{Mi}(a)$ existiert. Angenommen, es gelte $W \not\subseteq \mathsf{Mi}(a)$ für alle $a \in V$. Dann bringt dies $W \setminus \mathsf{Mi}(a) \neq \emptyset$ für alle $a \in V$, und als nichtleere Teilmengen von wohlgeordneten Mengen haben alle $W \setminus \mathsf{Mi}(a)$ somit kleinste Elemente $\min(W \setminus \mathsf{Mi}(a))$ (siehe Satz 6.1.3). Nun definieren wir eine Abbildung auf dem Verband wie folgt:

$$f : V \to V \qquad f(x) = \min(W \setminus \mathsf{Mi}(x))$$

Dann ist f monoton, denn für alle $a, b \in V$ gilt:

$$
\begin{aligned}
a \sqsubseteq b \;\; &\Longrightarrow \;\; \mathsf{Mi}(a) \subseteq \mathsf{Mi}(b) && \text{Eigenschaft } \mathsf{Mi} \\
&\Longrightarrow \;\; W \setminus \mathsf{Mi}(b) \subseteq W \setminus \mathsf{Mi}(a) \\
&\Longrightarrow \;\; \min(W \setminus \mathsf{Mi}(a)) \sqsubseteq \min(W \setminus \mathsf{Mi}(b)) && \text{Eigenschaft } \min \\
&\Longleftarrow\!\!\!\Longrightarrow \;\; f(a) \sqsubseteq f(b) && \text{Definition } f
\end{aligned}
$$

Sie hat aber keinen Fixpunkt, denn alle $a \in V$ erfüllen $a \in \mathsf{Mi}(a)$, wohingegen definitionsgemäß $f(a) = \min(W \setminus \mathsf{Mi}(a)) \notin \mathsf{Mi}(a)$ zutrifft. Das ist ein Widerspruch zur Voraussetzung, dass jede monotone Abbildung einen Fixpunkt besitzt.

Es sei nun $a \in V$ ein Element mit $W \subseteq \mathsf{Mi}(a)$. Weil W in K konfinal ist, gibt es für alle $b \in K$ ein $c \in W$ mit $b \sqsubseteq c$, und aus $W \subseteq \mathsf{Mi}(a)$ folgt $c \sqsubseteq a$, also $b \sqsubseteq a$. Das ist genau $a \in \mathsf{Ma}(K)$.

Um die Existenz einer unteren Schranke von K zu beweisen, betrachten wir K als Kette im dualen Verband $(V, \sqcap, \sqcup)$. In diesem hat K, nach den obigen Rechnungen, eine obere Schranke. Diese ist eine untere Schranke von K im Originalverband. $\square$

Und hier ist nun der angekündigte Spezialfall. Weil es entscheidend für einzelne Schritte ist, geben wir im Beweis, wenn nötig, als unteren Index die Trägermenge der Ordnung an, in der wir uns jeweils bewegen. In Analogie zur schon früher eingeführten min-Operation verwenden wir weiterhin eine max-Operation zur Kennzeichnung des größten Elements einer nichtleeren Menge.

6.5.4 Satz (von A. Kogalowskij) Es sei $(V, \sqcup, \sqcap)$ ein Verband, der die Voraussetzung von Satz 6.5.3 erfüllt. Weiterhin sei $K \subseteq V$ eine maximale Kette. Dann besitzt in der Ordnung $(K, \sqsubseteq_{|K})$ jede Teilmenge ein Supremum und ein Infimum, d.h. diese Ordnung induziert einen vollständigen Verband.

Beweis: Aufgrund von Satz 6.5.3 haben wir $\mathsf{Ma}(K) \neq \emptyset$. Weiterhin gilt $\mathsf{Ma}(K) \subseteq K$. Gäbe es nämlich ein $a \in \mathsf{Ma}(K)$ mit $a \notin K$, so wäre $K \cup \{a\}$ eine K echt umfassende Kette, was der Maximalität von K widerspricht. Somit besteht $\mathsf{Ma}(K)$ genau aus einem Element, und dieses ist das größte Element von K. Durch eine analoge Argumentation weist man nach, dass die maximale Kette K auch ein kleinstes Element besitzt.

Wir nehmen nun an, dass in der Ordnung $(K, \sqsubseteq_{|K})$ eine nichtleere Teilmenge N von K existiert, die kein Infimum $\sqcap_K N$ besitzt, und leiten aus dieser Tatsache mittels einer Folge von vier Beweisschritten einen Widerspruch her. Folglich hat also jede nichtleere Teilmenge ein Infimum und aufgrund des größten Elements in der Ordnung $(K, \sqsubseteq_{|K})$ zeigt der Satz von der oberen Grenze die Behauptung.

Im ersten Beweisschritt definieren wir eine Teilmenge U von K wie folgt:

$$U \; := \; K \cap \mathsf{Mi}(N) \qquad\qquad\qquad \text{Minoranten von } N \text{ in } (K, \sqsubseteq_{|K})$$

Da $(K, \sqsubseteq_{|K})$ ein kleinstes Element besitzt und dieses auch eine untere Schranke von N ist, gilt $U \neq \emptyset$. Wir betrachten nun die beiden Ordnungen $(U, \sqsubseteq_{|U})$ und $(N, \sqsupseteq_{|N})$ (hierbei ist $(N, \sqsupseteq_{|N})$ die zu $(N, \sqsubseteq_{|N})$ duale Ordnung). Deren Trägermengen U und N sind Ketten in $(K, \sqsubseteq_{|K})$ bzw. $(K, \sqsupseteq_{|K})$. Nach dem Satz 6.5.2 von den konfinalen Wohlordnungen gibt es konfinale wohlgeordnete Teilmengen S von U in $(K, \sqsubseteq_{|K})$ bzw. T von N in $(K, \sqsupseteq_{|K})$.

Aufbauend auf den beiden Mengen S und T definieren wir nun im zweiten Beweisschritt eine Abbildung auf dem gesamten Verband V wie folgt:

$$f : V \to V \qquad\qquad f(x) = \begin{cases} \min(S \setminus \mathsf{Mi}(x)) & : \; S \not\subseteq \mathsf{Mi}(x) \\ \max(T \setminus \mathsf{Ma}(x)) & : \; S \subseteq \mathsf{Mi}(x) \end{cases}$$

Es ist natürlich zu verifizieren, dass dadurch tatsächlich eine Abbildung definiert wird. Dazu sei $x \in V$ beliebig gewählt. Wir unterscheiden zwei Fälle:

1. $S \not\subseteq \mathsf{Mi}(x)$: In diesem Fall ist $S \setminus \mathsf{Mi}(x)$ eine nichtleere Teilmenge der Wohlordnung $(S, \sqsubseteq_{|S})$ und das kleinste Element $\min(S \setminus \mathsf{Mi}(x))$ existiert somit.

2. $S \subseteq \mathsf{Mi}(x)$: Hier zeigen wir, dass $T \not\subseteq \mathsf{Ma}(x)$ gilt, indem wir aus $T \subseteq \mathsf{Ma}(x)$ die Eigenschaft $x = \bigsqcap_K N$ herleiten, was einen Widerspruch zur Annahme an N darstellt. Weil damit also $T \setminus \mathsf{Ma}(x)$ eine nichtleere Teilmenge der Wohlordnung $(T, \sqsupseteq_{|T})$ ist, gibt es das kleinste Element dieser Menge und dieses Element ist das größte Element $\max(T \setminus \mathsf{Ma}(x))$ bezüglich der Originalordnung $\sqsubseteq$, genau wie in der Definition der Abbildung f hingeschrieben. Der Infimumsbeweis besteht aus drei Teilbeweisen.

   Es ist x mit allen Elementen aus K vergleichbar. Dazu sei $a \in K$ beliebig gewählt. Gilt $a \in \mathsf{Mi}(N)$, so haben wir $a \in U$. Da S in U konfinal ist, gibt es ein $c \in S$ mit $a \sqsubseteq_{|K} c$, also

$$\begin{aligned} a &\sqsubseteq c \\ &\sqsubseteq x \end{aligned} \qquad\qquad\qquad \begin{aligned} & a \sqsubseteq_{|K} c \Leftrightarrow a \sqsubseteq c \\ & c \in S \subseteq \mathsf{Mi}(x). \end{aligned}$$

   Gilt hingegen $a \notin \mathsf{Mi}(N)$, so gibt es (wir sind in der Kette K) ein $b \in N$ mit $a \sqsupseteq b$. Weil T in N bezüglich $\sqsupseteq_{|K}$ konfinal ist, gibt es ein $c \in T$ mit $b \sqsupseteq_{|K} c$ und dies zeigt

$$\begin{aligned} a &\sqsupseteq b \\ &\sqsupseteq c \\ &\sqsupseteq x \end{aligned} \qquad\qquad\qquad \begin{aligned} & \text{siehe oben} \\ & b \sqsupseteq_{|K} c \Leftrightarrow b \sqsupseteq c \\ & c \in T \subseteq \mathsf{Ma}(x). \end{aligned}$$

Die Maximalität von K impliziert nun $x \in K$, denn andernfalls könnte man K zur echt größeren Kette $K \cup \{x\}$ machen.

Es ist x eine untere Schranke von N in $(K, \sqsubseteq_{|K})$: Es sei $a \in N$ beliebig. Weil T in N bezüglich $\sqsupseteq_{|K}$ konfinal ist, gibt es ein $c \in T$ mit

$$
\begin{aligned}
a \;\; &\sqsupseteq_{|K} \;\; c \\
&\sqsupseteq_{|K} \;\; x
\end{aligned}
\qquad\qquad\qquad c, x \in K \text{ und } c \in T \subseteq \mathsf{Ma}(x).
$$

Weitergehend ist x sogar die größte untere Schranke von N in $(K, \sqsubseteq_{|K})$: Es sei $a \in K$ eine weitere untere Schranke von N in $(K, \sqsubseteq_{|K})$. Nach Definition von U gilt dann $a \in U$. Da S in U konfinal ist, gibt es ein $c \in S$ mit

$$
\begin{aligned}
a \;\; &\sqsubseteq_{|K} \;\; c \\
&\sqsubseteq_{|K} \;\; x
\end{aligned}
\qquad\qquad\qquad c, x \in K \text{ und } c \in S \subseteq \mathsf{Mi}(x).
$$

Im dritten Beweisschritt verifizieren wir, dass die Abbildung f monoton ist. Dazu seien zwei Elemente $x, y \in V$ mit $x \sqsubseteq y$ vorgegeben. Offensichtlich impliziert diese Voraussetzung, dass $\mathsf{Ma}(y) \subseteq \mathsf{Ma}(x)$ und $\mathsf{Mi}(x) \subseteq \mathsf{Mi}(y)$. Nun unterscheiden wir drei Fälle:

1. $S \subseteq \mathsf{Mi}(x)$: Hier bekommen wir $f(x) \sqsubseteq f(y)$ wie folgt.

$$
\begin{aligned}
f(x) \;\; &= \;\; \max(T \setminus \mathsf{Ma}(x)) && \text{Definition } f \\
&\sqsubseteq \;\; \max(T \setminus \mathsf{Ma}(y)) && T \setminus \mathsf{Ma}(x) \subseteq T \setminus \mathsf{Ma}(y), \text{ Eig. max} \\
&= \;\; f(y) && S \subseteq \mathsf{Mi}(x) \subseteq \mathsf{Mi}(y), \text{ Definition } f
\end{aligned}
$$

2. $S \not\subseteq \mathsf{Mi}(x)$ und $S \subseteq \mathsf{Mi}(y)$: In diesem Fall erhalten wir die folgenden beiden Eigenschaften, welche $f(x) \sqsubseteq f(y)$ implizieren.

$$
\begin{aligned}
f(x) \;\; &= \;\; \min(S \setminus \mathsf{Mi}(x)) && \text{Definition } f \\
&\in \;\; S && \text{Eigenschaft min} \\
&\subseteq \;\; U && S \text{ konfinale Teilmenge von } U \\
&\subseteq \;\; \mathsf{Mi}(N) && \text{Definition von } U
\end{aligned}
$$

$$
\begin{aligned}
f(y) \;\; &= \;\; \max(T \setminus \mathsf{Ma}(y)) && \text{Definition } f \\
&\in \;\; T && \text{Eigenschaft min} \\
&\subseteq \;\; N && T \text{ konfinale Teilmenge von } N
\end{aligned}
$$

3. $S \not\subseteq \mathsf{Mi}(x)$ und $S \not\subseteq \mathsf{Mi}(y)$: Diese Annahme erlaubt es ebenfalls, die gewünschte Abschätzung zu verifizieren. Hier ist eine entsprechende Rechnung.

$$
\begin{aligned}
f(x) \;\; &= \;\; \min(S \setminus \mathsf{Mi}(x)) && \text{Definition } f \\
&\sqsubseteq \;\; \min(S \setminus \mathsf{Mi}(y)) && S \setminus \mathsf{Mi}(y) \subseteq S \setminus \mathsf{Mi}(x), \text{ Eig. min} \\
&= \;\; f(y) && \text{Definition } f
\end{aligned}
$$

Im vierten Beweisschritt stellen wir nun den gewünschten Widerspruch her. Weil nach Voraussetzung jede monotone Abbildung einen Fixpunkt hat, gibt es ein $a \in V$ mit $f(a) = a$. Die folgende Fallunterscheidung beendet den Beweis:

1. $S \subseteq \mathrm{Mi}(a)$: Hier folgt der Widerspruch aus

$$a = f(a) = \max(T \setminus \mathrm{Ma}(a)) \notin \mathrm{Ma}(a),$$

   da natürlich $a \in \mathrm{Ma}(a)$ wegen der Reflexivität der Ordnungsrelation gilt.

2. $S \not\subseteq \mathrm{Mi}(a)$: Diese Annahme impliziert in genau derselben Weise den Widerspruch $a \notin \mathrm{Mi}(a)$ zur wahren Aussage $a \in \mathrm{Mi}(a)$. $\square$

Durch den nächsten Satz kommen wir unserem Ziel wieder ein Stück näher. Er bezieht sich schon auf die gesamte Ordnung $(V, \sqsubseteq)$ und nicht nur, wie der letzte Satz, auf eine durch eine maximale Kette induzierte Teilordnung. Die Existenz von beliebigen Suprema und Infima werden aber noch nicht behandelt. Hier besteht durch die Ketteneigenschaft noch eine wesentliche Einschränkung.

Im Beweis des nachstehenden Satzes findet das Maximalkettenprinzip von F. Hausdorff Verwendung.

6.5.5 Satz Der Verband $(V, \sqcup, \sqcap)$ erfülle wiederum die Voraussetzung von Satz 6.5.3. Dann gelten die folgenden Aussagen:

1. Jede Kette K in V besitzt ein Supremum und ein Infimum.

2. V besitzt ein größtes und ein kleinstes Element.

Beweis: Wir beginnen mit dem Beweis der ersten Behauptung, da diese im Beweis der zweiten Behauptung verwendet wird.

1. Nach dem Maximalkettenprinzip 6.2.9 existiert eine maximale Kette L in V mit $K \subseteq L$. Die Ordnung $(L, \sqsubseteq_{|L})$ induziert nach Satz 6.5.4 einen vollständigen Verband. Somit existiert $a := \bigsqcup_L K \in L$. Wir zeigen nachfolgend, dass a auch das Supremum von K in V ist.

   Aus $a = \bigsqcup_L K \in L$ folgt $b \sqsubseteq_{|L} a$ für alle $b \in K$. Weil $b \sqsubseteq_{|L} a$ mit $b \sqsubseteq a$ übereinstimmt, haben wir somit $a \in \mathrm{Ma}(K)$.

   Nun sei $k \in V$ eine weitere obere Schranke von K in V. Für das Element $a \sqcap k$ gelten dann die folgenden Eigenschaften:

   Es ist mit allen Elementen $b \in L$ vergleichbar: Gilt $a \sqsubseteq b$, so haben wir $a \sqcap k \sqsubseteq a \sqsubseteq b$. Im anderen Fall $b \sqsubset a$ gibt es ein $c \in K$ mit $b \sqsubseteq c$. Wäre nämlich $b \not\sqsubseteq c$ für alle $c \in K$, so impliziert dies $c \sqsubseteq b$ für alle $c \in K$ und damit ist b eine obere Schranke von K in $(L, \sqsubseteq_{|L})$. Dies bringt $a \sqsubseteq_{|L} b$, also $a \sqsubseteq b$, was $b \sqsubset a$ widerspricht. Aus $c \in K$ folgt $b \sqsubseteq c \sqsubseteq a$ und $k \in \mathrm{Ma}(K)$ bringt $b \sqsubseteq k$. Insgesamt gilt also hier $b \sqsubseteq a \sqcap k$.

   Es gilt $a \sqcap k \in L$: Aufgrund der eben gezeigten Vergleichbarkeit könnte man sonst die maximale Kette L zu der echt größeren Kette $L \cup \{a \sqcap k\}$ erweitern.

   Es ist $a \sqcap k$ eine obere Schranke von K in $(L, \sqsubseteq_{|L})$: Zum Beweis sei $b \in K$ beliebig vorgegeben. Dann gilt (wegen $b, a \in L$ sind $b \sqsubseteq_{|L} a$ und $b \sqsubseteq a$ äquivalent)

$$
\begin{aligned}
b &= b \sqcap b \\
&\sqsubseteq k \sqcap a
\end{aligned}
\qquad\qquad k \in \mathsf{Ma}(K) \text{ und } b \sqsubseteq_{|L} a.
$$

und aus $b, k \sqcap a \in L$ folgt $b \sqsubseteq_{|L} k \sqcap a$.

Aus $a \sqcap k \in L$, der eben gezeigten Schrankeneigenschaft $a \sqcap k \in \mathsf{Ma}_L(K)$ und der Definition von a folgt $a \sqsubseteq_{|L} a \sqcap k$, also $a \sqsubseteq a \sqcap k$. Eine Konsequenz ist $a = a \sqcap k$. Dies bringt $a \sqsubseteq k$, was die Verifikation von $a = \bigsqcup K$ beendet.

Mittels des dualen Verbands folgt aus den bisherigen Betrachtungen, dass K auch ein Infimum in V besitzt.

2. Wiederum impliziert das Maximalkettenprinzip die Existenz einer maximalen Kette L in V. Nach dem ersten Teil existieren $\bigsqcup L$ und $\bigsqcap L$.

Es ist $\bigsqcup L$ das größte Element von V: Angenommen, es gebe $a \in V$ mit $a \not\sqsubseteq \bigsqcup L$. Allgemein gilt $\bigsqcup L \sqsubseteq a \sqcup \bigsqcup L$ und $a \not\sqsubseteq \bigsqcup L$ zeigt nun sogar $\bigsqcup L \sqsubset a \sqcup \bigsqcup L$. Daraus folgt $a \sqcup \bigsqcup L \notin L$ und man kann L um dieses Element echt zu einer neuen Kette vergrößern. Das ist ein Widerspruch zur Maximalität von L.

Durch Dualisierung weist man nach, dass $\bigsqcap L$ das kleinste Element von V ist. $\qquad\square$

Nach diesen Vorbereitungen haben wir nun endlich alle Hilfsmittel bei der Hand, um mit relativ geringem Aufwand den Satz von A. Davis beweisen zu können. Im nachfolgenden Beweis wird noch einmal das Maximalkettenprinzip von F. Hausdorff angewendet. Von den vorbereitenden Sätzen geht nur mehr Satz 6.5.5 ein. Wie schon im Beweis der Sätze 6.5.4 und 6.5.5 wird die entscheidende Voraussetzung „jede monotone Abbildung besitzt einen Fixpunkt" nicht explizit erwähnt. Sie geht nur implizit durch Satz 6.5.3 in den gesamten Beweisgang ein.

6.5.6 Satz (von A. Davis) Es sei $(V, \sqcup, \sqcap)$ ein Verband mit der Eigenschaft, dass jede monotone Abbildung auf ihm einen Fixpunkt besitzt. Dann ist V vollständig.

Beweis: Es sei $M \subseteq V$ eine beliebige nichtleere Teilmenge. Es genügt zu zeigen, dass M ein Infimum besitzt. Aus der Existenz des größten Elements $\mathsf{L} \in V$ (Satz 6.5.5.2) und dem Satz von der oberen Grenze folgt dann nämlich die Behauptung.

Satz 6.5.5.2 zeigt auch die Existenz des kleinsten Elements $\mathsf{O} \in V$ und wegen $\mathsf{O} \in \mathsf{Mi}(M)$ existiert nach dem Maximalkettenprinzip 6.2.9 in der Ordnung $(\mathsf{Mi}(M), \sqsubseteq_{|\,\mathsf{Mi}(M)})$ eine $\{\mathsf{O}\}$ enthaltende maximale Kette K. Diese ist natürlich auch eine Kette in der Ordnung $(V, \sqsubseteq)$ und hat damit (wegen Satz 6.5.5.1) ein Supremum.

Die folgende Rechnung zeigt, dass das Supremum $\bigsqcup K$, dessen Existenz eben bewiesen wurde, eine untere Schranke von M ist:

$$
\begin{aligned}
K \subseteq \mathsf{Mi}(M) &\implies M \subseteq \mathsf{Ma}(\mathsf{Mi}(M)) \subseteq \mathsf{Ma}(K) && \text{Eigenschaften } \mathsf{Ma} \text{ und } \mathsf{Mi} \\
&\implies M \subseteq \mathsf{Ma}(\textstyle\bigsqcup K) && a \in \mathsf{Ma}(K) \Rightarrow \textstyle\bigsqcup K \sqsubseteq a \\
&\implies \textstyle\bigsqcup K \in \mathsf{Mi}(M)
\end{aligned}
$$

Nun sei $a \in \mathsf{Mi}(M)$ eine weitere untere Schranke von M. Dann gilt, wegen $\bigsqcup K \in \mathsf{Mi}(M)$, auch $a \sqcup \bigsqcup K \in \mathsf{Mi}(M)$. Weiterhin haben wir:

$$\bigsqcup K \;\; = \;\; a \sqcup \bigsqcup K \tag{$*$}$$

Hier ist $\bigsqcup K \sqsubseteq a \sqcup \bigsqcup K$ klar und die Beziehung $\bigsqcup K \sqsubset a \sqcup \bigsqcup K$ kann nicht gelten, weil sonst $K \cup \{a \sqcup \bigsqcup K\}$ eine echt größer als K seiende Kette in der Ordnung $(\mathsf{Mi}(M), \sqsubseteq_{\mid \mathsf{Mi}(M)})$ wäre. Die Eigenschaft $(*)$ entspricht aber genau $a \sqsubseteq \bigsqcup K$ und konsequenterweise ist $\bigsqcup K$ somit sogar das Infimum von M.   □

Der präsentierte Beweis des Satzes von A. Davis, welcher sich an dem im schon öfter erwähnten Buch von L. Skornjakow angegebenen orientiert, ist insgesamt gesehen technisch sicherlich nicht als einfach zu bezeichnen. Er ist aber elementar in der Hinsicht, dass in ihm keine sehr komplizierten mathematischen Begriffe verwendet werden. A. Davis' Originalbeweis aus dem Jahr 1955 baut auf Ordinalzahlen auf und ist damit weniger elementar. Als wesentliche Eigenschaft verwendet er, dass bei einem nicht vollständigen Verband $(V, \sqcup, \sqcap)$ zwei unendliche Ordinalzahlen $\mathcal{O}$ und $\mathcal{P}$ existieren und zwei mit ihren Elementen indizierte Ketten $(a_i)_{i \in \mathcal{O}}$ und $(b_j)_{j \in \mathcal{P}}$ in V, so dass die erste Kette echt aufsteigend ist, die zweite Kette echt absteigend ist, die Beziehungen $a_i \sqsubseteq b_j$ für alle $i \in \mathcal{O}$ und $j \in \mathcal{P}$ zutreffen und $\bigsqcup \{a_i \mid i \in \mathcal{O}\}$ und $\bigsqcap \{b_j \mid j \in \mathcal{P}\}$ verschieden sind.

Mit einem Beispiel wollen wir diesen Abschnitt beenden. Durch dieses Beispiel wird auch eine Verbindung zu den monotonen Abbildungen auf CPOs hergestellt, sowie eine Verallgemeinerung des Satzes von A. Davis.

6.5.7 Beispiel (zum Satz von A. Davis) In Abbildung 5.1 ist das Hasse-Diagramm einer Ordnung mit drei Elementen $\bot$, a, und b dargestellt.

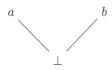

Abbildung 6.1: Beispiel für eine dreielementige Ordnung

Von den 27 Abbildungen auf dieser Ordnung sind genau 11 monoton. Diese 11 monotonen Abbildungen f_1 bis f_{11} sind in der folgenden Tabelle durch deren Spalten repräsentiert. Die erste Spalte beschreibt dabei etwa die Abbildung f_1, die alle Elemente auf $\bot$ abbildet, und für die durch die zweite Spalte beschriebene Abbildung f_2 gilt beispielsweise $f_2(\bot) = \bot$, $f_2(a) = a$ und $f_2(b) = \bot$.

	f_1	f_2	f_3	f_4	f_5	f_6	f_7	f_8	f_9	f_{10}	f_{11}
$\bot$	$\bot$	$\bot$	$\bot$	$\bot$	$\bot$	a	$\bot$	$\bot$	$\bot$	$\bot$	b
a	$\bot$	a	b	$\bot$	a	a	b	$\bot$	a	b	b
b	$\bot$	$\bot$	$\bot$	a	a	a	a	b	b	b	b

Wie diese Tabelle zeigt, besitzt jede Abbildung einen Fixpunkt. Dies ist nach dem Fixpunktsatz klar. Aufgrund der Endlichkeit ist die Ordnung auch eine CPO. Folglich gilt für dieses Beispiel, dass $(M, \sqsubseteq)$ eine CPO genau dann ist, wenn jede monotone Abbildung $f : M \to M$ einen Fixpunkt hat. Diese Äquivalenz gilt sogar allgemein. Man kann den Satz von A. Davis nämlich auf CPOs übertragen und bekommt dann die obige Aussage. Diese wird beispielsweise, wie auch der Satz von A. Davis, im Buch von B.A. Davey und H.A. Priestley ohne Beweis erwähnt.   □

6.6 Eine Anwendung in der mathematischen Logik

Von den zum Auswahlaxiom äquivalenten Eigenschaften wird das Lemma von M. Zorn in der Originalversion am häufigsten angewandt. Bisher haben wir nur Anwendungen in der Theorie der Ordnungen und Verbände kennengelernt. Sehr bekannte Anwendungen stammen auch aus der Algebra, etwa, dass jeder Vektorraum eine Basis besitzt, oder, dass jeder Ring mit Einselement, der nicht der Nullring ist, ein maximales Ideal hat. In diesem Abschnitt demonstrieren wir eine Anwendung in der mathematischen Logik und beweisen den sogenannten Kompaktheitssatz der Aussagenlogik. K. Gödel scheint den Satz erstmals in dieser Form bewiesen zu haben.

In Beispiel 4.4.11 haben wir die Menge $\mathfrak{A}(V)$ der Aussageformen über der Menge V der Aussagenvariablen mit Hilfe der Negation und der Implikation definiert. Nun verwenden wir statt der Implikation die Junktoren der Konjunktion und der Disjunktion, definieren die Menge $\mathfrak{A}(V)$ also wie folgt neu:

1. Für alle $x \in V$ gilt $x \in \mathfrak{A}(V)$.

2. Für alle $\varphi \in \mathfrak{A}(V)$ gilt $(\neg\varphi) \in \mathfrak{A}(V)$.

3. Für alle $\varphi, \psi \in \mathfrak{A}(V)$ gilt $(\varphi \wedge \psi) \in \mathfrak{A}(V)$.

4. Für alle $\varphi, \psi \in \mathfrak{A}(V)$ gilt $(\varphi \vee \psi) \in \mathfrak{A}(V)$.

5. Es gibt keine weiteren Aussageformen in $\mathfrak{A}(V)$.

Der Wahrheitswert $v^*(\varphi)$ einer Aussageform $\varphi \in \mathfrak{A}(V)$ wird in Abhängigkeit von einer *Belegung* $v : V \to \mathbb{B}$ festgelegt, die den Aussagevariablen einen Wahrheitswert zuordnet. Dabei ist $v^*(\varphi)$ über den Aufbau der Aussageformen wie folgt definiert (wobei wir bei den Aussageformen in Zukunft die äußeren Klammern weglassen); im Prinzip stellt dies die Fortsetzung der Abbildung $v : V \to \mathbb{B}$ zu einer Abbildung $v^* : \mathfrak{A}(V) \to \mathbb{B}$ dar.

1. Für alle $x \in V$ gilt $v^*(x) = v(x)$.

2. Für alle $\varphi \in \mathfrak{A}(V)$ gilt $v^*(\neg\varphi) = tt$ genau dann, wenn $v^*(\varphi) = ff$.

3. Für alle $\varphi, \psi \in \mathfrak{A}(V)$ gilt $v^*(\varphi \wedge \psi) = tt$ genau dann, wenn $v^*(\varphi) = tt$ und $v^*(\psi) = tt$.

4. Für alle $\varphi, \psi \in \mathfrak{A}(V)$ gilt $v^*(\varphi \vee \psi) = tt$ genau dann, wenn $v^*(\varphi) = tt$ oder $v^*(\psi) = tt$.

Gilt etwa $V = \{x, y, z\}$ und ist die Belegung $v : V \to \mathbb{B}$ festgelegt durch $v(x) = v(y) = tt$ und $v(z) = \mathit{ff}$, so gelten offensichtlich $v^*(x \vee (y \wedge \neg z)) = tt$ und $v^*(\neg x \wedge \neg y \wedge z) = \mathit{ff}$. Die Erfüllbarkeit von (auch unendlichen) Mengen von Aussageformen ist wie folgt definiert.

6.6.1 Definition Eine Menge A von Aussageformen ist genau dann *erfüllbar*, wenn es eine Belegung $v : V \to \mathbb{B}$ gibt, so dass $v^*(\varphi) = tt$ für alle $\varphi \in A$ gilt. $\square$

Eine unmittelbare Folgerung dieser Definition ist das folgende Resultat.

6.6.2 Satz Ist die Menge A von Aussageformen erfüllbar, so ist auch jede endliche Teilmenge von A erfüllbar. $\square$

Der Kompaktheitssatz der Aussagenlogik stellt nun gerade die Umkehrung dieses Resultats dar, so dass insgesamt eine beliebige Menge von Aussageformen genau dann erfüllbar ist, wenn jede endliche Teilmenge von ihr erfüllbar ist.

6.6.3 Satz (Kompaktheitssatz der Aussagenlogik) Es sei A eine Menge von Aussageformen. Ist jede endliche Teilmenge von A erfüllbar, so ist auch A erfüllbar.

Beweis: Es sei also jede endliche Teilmenge der gegebenen Menge A von Aussageformen erfüllbar. Wir betrachten zuerst die folgende nichtleere Teilmenge von $2^{\mathfrak{A}(V)}$:

$$\mathcal{M} := \{X \subseteq \mathfrak{A}(V) \mid A \subseteq X \text{ und jede endliche Teilmenge von } X \text{ ist erfüllbar}\}$$

Für jede Kette $\mathcal{K}$ in $(\mathcal{M}, \subseteq)$ gilt $\bigcup \mathcal{K} \in \mathcal{M}$. Die Inklusion $A \subseteq \bigcup \mathcal{K}$ ist klar. Ist eine endliche Teilmenge $\{\varphi_1, \ldots, \varphi_n\}$ von $\bigcup \mathcal{K}$ beliebig gewählt, so gibt es Kettenglieder $X_1, \ldots, X_n$ mit $\varphi_i \in X_i$ für alle $i, 1 \leq i \leq n$. Für das größte dieser Kettenglieder, X_{i_0} genannt, gilt also $\{\varphi_1, \ldots, \varphi_n\} \subseteq X_{i_0}$. Wegen $X_{i_0} \in \mathcal{M}$ ist somit $\{\varphi_1, \ldots, \varphi_n\}$ erfüllbar.

Nach dem Lemma von M. Zorn gibt es also in $(\mathcal{M}, \subseteq)$ eine maximale Teilmenge. Diese sei B genannt. Wir zeigen zunächst, dass $\varphi \in B$ oder $\neg \varphi \in B$ für alle $\varphi \in \mathfrak{A}(V)$ gilt. Wäre dem nämlich nicht so, so folgt aus der Maximalität von B, dass

1. es eine endliche Teilmenge $B_1 \subseteq B$ gibt, so dass $B_1 \cup \{\varphi\}$ nicht erfüllbar ist,

2. es eine endliche Teilmenge $B_2 \subseteq B$ gibt, so dass $B_2 \cup \{\neg \varphi\}$ nicht erfüllbar ist.

Jedoch ist $B_1 \cup B_2$ erfüllbar, sagen wir durch die Belegung $v : V \to \mathbb{B}$, denn $B_1 \cup B_2$ ist eine endliche Teilmenge von B. Gilt nun $v^*(\varphi) = tt$, so ist das ein Widerspruch zur Nichterfüllbarkeit von B_1, gilt hingegen $v^*(\neg \varphi) = tt$, so ist das ein Widerspruch zur Nichterfüllbarkeit von B_2.

Da für $\varphi \in \mathfrak{A}(V)$ offensichtlich nicht $\varphi \in B$ und $\neg \varphi \in B$ gleichzeitig gelten können, gilt somit nach oben die folgende Äquivalenz für alle $\varphi \in \mathfrak{A}(V)$:

$$\varphi \in B \quad \Longleftrightarrow \quad \neg \varphi \notin B \tag{1}$$

Wir definieren nun nach diesen Vorbereitungen eine Belegung $v : V \to \mathbb{B}$, indem wir für alle $x \in V$ festlegen, dass

$$v(x) = tt \iff x \in B,$$

und betrachten, darauf aufbauend, die Menge

$$F := \{\varphi \in \mathfrak{A}(V) \mid v^*(\varphi) = tt \Leftrightarrow \varphi \in B\}.$$

Es gilt offensichtlich $V \subseteq F$. Wenn wir gezeigt haben, dass F abgeschlossen ist bezüglich der Negation, der Konjunktion und der Disjunktion, dann gilt $\mathfrak{A}(V) = F$. Nach Definition von F gilt nämlich $F \subseteq \mathfrak{A}(V)$ und $\mathfrak{A}(V) \subseteq F$ folgt aus der Tatsache, dass $\mathfrak{A}(V)$ nach der induktiven Definition die kleinste Menge im entsprechenden Universum von Zeichenreihenmengen ist, die bezüglich der Negation, der Konjunktion und der Disjunktion abgeschlossen ist. Aus $\mathfrak{A}(V) = F$ folgt aber $v^*(\varphi) = tt$ für alle $\varphi \in B$ und wir sind fertig.

Zum Beweis der Abgeschlossenheit von F bezüglich der Negation sei $\varphi \in F$ beliebig gewählt. Dann gilt

$$
\begin{aligned}
v^*(\neg\varphi) = tt &\iff v^*(\varphi) = f\!f && \text{Definition } v^* \\
&\iff \varphi \notin B && \text{wegen } \varphi \in F \\
&\iff \neg\varphi \in B && \text{nach (1)}
\end{aligned}
$$

und dies bringt $\neg\varphi \in F$.

Wir behandeln nun die Konjunktion und nehmen beliebige Aussageformen $\varphi, \psi \in \mathfrak{A}(V)$ an. Dann gilt die folgende Eigenschaft:

$$\varphi \wedge \psi \in B \iff \varphi \in B \text{ und } \psi \in B \tag{2}$$

Zum Beweis der Richtung „$\Longrightarrow$" sei $\varphi \wedge \psi \in B$. Da $\{\varphi \wedge \psi, \neg\varphi\}$ nicht erfüllbar ist, kann $\neg\varphi \in B$ nicht gelten. Nach (1) gilt somit $\varphi \in B$. Auf die gleiche Weise zeigt man $\psi \in B$. Um „$\Longleftarrow$" zu beweisen, nehmen wir $\varphi \in B$ und $\psi \in B$ an. Weil $\{\varphi, \psi, \neg(\varphi \wedge \psi)\}$ nicht erfüllbar ist, muss $\neg(\varphi \wedge \psi) \notin B$ gelten und nach (1) gilt somit $\varphi \wedge \psi \in B$.

Gilt nun noch $\varphi, \psi \in F$, so folgt daraus

$$
\begin{aligned}
v^*(\varphi \wedge \psi) = tt &\iff v^*(\varphi) = tt \text{ und } v^*(\psi) = tt && \text{Definition } v^* \\
&\iff \varphi \in B \text{ und } \psi \in B && \text{wegen } \varphi, \psi \in F \\
&\iff \varphi \wedge \psi \in B && \text{nach (2)}
\end{aligned}
$$

und dies bringt $\varphi \wedge \psi \in F$.

Auf eine analoge Art und Weise kann man zeigen, dass aus $\varphi, \psi \in F$ folgt $\varphi \vee \psi \in F$.   □

Durch Kontraposition bekommt man aus den letzten beiden Sätzen, dass eine Menge von Aussageformen genau dann unerfüllbar ist, wenn es eine endliche Teilmenge von ihr gibt, die unerfüllbar ist. Dies benutzt man in der Praxis, um ein sogenanntes Semientscheidungsverfahren anzugeben, welches die Unerfüllbarkeit von Mengen A von Aussageformen testet. Man generiert systematisch endliche Teilmengen von A und testet diese auf Unerfüllbarkeit. Ist A unerfüllbar, so liefert einer dieser Tests nach endlicher Zeit „wahr" und das Verfahren terminiert mit dem Resultat „A ist unerfüllbar"; ist A erfüllbar, so terminiert das Verfahren nicht.

Kapitel 7

Einige Informatik-Anwendungen von Ordnungen und Verbänden

Bisher haben wir uns auf die Vorstellung von wichtigen Konzepten der Ordnungs- und Verbandstheorie und die für das Gebiet typischen Denk- und Schlussweisen konzentriert. Die wenigen gebrachten Anwendungen waren rein mathematischer Natur, wie etwa das Schröder-Bernstein-Theorem oder die Konsequenzen des Auswahlaxioms. Ordnungen und Verbände sind jedoch so grundlegende Begriffe, dass sie fortwährend auch in anderen Disziplinen Verwendung finden. In der Informatik treten sie beispielsweise bei Ersetzungssystemen, der Semantik von Programmiersprachen, den logischen Schaltungen, der Programmanalyse und in der Algorithmik auf. Einigen dieser Anwendungen ist dieses Kapitel gewidmet. Auf Anwendungen in anderen Disziplinen, etwa die Verwendung von Ordnungen in den Ingenieurwissenschaften bei Messverfahren, in den Sozial- und Wirtschaftswissenschaften bei der Aufdeckung von Präferenzstrukturen und in der Sozialwahltheorie zum Festlegen von Dominanz und Gewinn, können wir leider nicht eingehen.

7.1   Schaltabbildungen und logische Schaltungen

Betrachtet man das Verhalten eines Rechners aus logischer Sicht und unter einer starken Idealisierung, so kann man darunter eine „Black Box" verstehen, die einer bestimmten Eingabe I eine eindeutige Ausgabe O zuordnet. Heutige Rechner sind digital, d.h. sie arbeiten (im Gegensatz zu den früher oft verwendeten Analogrechnern) nur mit endlich vielen Zeichen. Genaugenommen hat man es sogar nur mit zwei Werten zu tun, die elektrotechnisch „Strom fließt" und „Strom fließt nicht" entsprechen. Es macht deshalb Sinn, I und O als Bitsequenzen (Binärzahlen usw.) und folglich einen Rechner abstrakt als eine Abbildung $f : \mathbb{B}^m \to \mathbb{B}^n$ aufzufassen. Solch eine Abbildung kann offensichtlich in der Art

$$f(x_1, \ldots, x_m) \;=\; \langle f_1(x_1, \ldots, x_m), \ldots, f_n(x_1, \ldots, x_m) \rangle$$

beschrieben werden, mit n Abbildungen $f_i : \mathbb{B}^m \to \mathbb{B}$ für alle $i, 1 \leq i \leq n$. Wegen ihrer Bedeutung haben diese Abbildungen f_i einen eigenen Namen.

7.1.1 Definition Ist n eine positive natürliche Zahl, so nennt man eine Abbildung $f :$ $\mathbb{B}^n \to \mathbb{B}$ eine n-stellige *Schaltabbildung*. □

Wir wissen bereits aufgrund von Satz 2.6.4, dass die Menge aller Abbildungen zwischen zwei Verbänden mit den komponentenweise definierten Operationen $f \sqcup g$ und $f \sqcap g$ wiederum einen Verband bildet. Sind die beiden Verbände sogar Boolesch und definiert man auch eine Negation auf den Abbildungen komponentenweise durch $\overline{f}(x) = \overline{f(x)}$, so erhält man sogar, wie man sehr einfach verifiziert, einen Booleschen Abbildungsverband. Damit kann man insbesondere mit den Schaltabbildungen wie in einem Booleschen Verband rechnen.

7.1.2 Bemerkung (zur Schreibweise) Nachfolgend bezeichnen wir, zur Vereinfachung, die Elemente des Verbands der Wahrheitswerte mit O und L statt mit tt und ff. Insbesondere in der Elektrotechnik werden auch noch $a + b$, ab und $\overline{a}$ statt $a \vee b$, $a \wedge b$ und $\neg a$ geschrieben. Wir verwenden bei den Operationen aber auch in Zukunft die aussagenlogischen Schreibweisen. □

Es gibt genau $2^4 = 16$ zweistellige Schaltabbildungen. Die Disjunktion und die Konjunktion kennen wir schon. Zwei weitere wichtige zweistellige Schaltabbildungen sind durch die nachfolgenden zwei Tabellen angegeben:

$\triangledown$	O	L
O	L	O
L	O	O

$\triangle$	O	L
O	L	L
L	L	O

Offensichtlich gelten die Gleichungen $a \triangledown b = \neg(a \vee b)$ und $a \triangle b = \neg(a \wedge b)$ für alle $a, b \in \mathbb{B}$. Man nennt deshalb $\triangledown$ auch Nor- und $\triangle$ auch Nand-Operation. Der Vorteil dieser zwei Operationen in der praktischen Schaltungstechnik ist ihre sehr einfache und effiziente Realisierung mittels Transistoren. Mit Nor und Nand kann man auch alle Schaltabbildungen darstellen. Dies folgt aus dem nachfolgenden Satz und den einfach herzuleitenden Darstellungen von Negation, Disjunktion und Konjunktion mittels Nor und Nand. Die theoretische Bedeutung des Satzes liegt in der Aussage, dass man alle Schaltabbildungen mittels der Operationen des Verbands der Wahrheitswerte darstellen kann.

7.1.3 Satz (Disjunktive Normalform) Jede n-stellige Schaltabbildung f (mit $n > 0$) ist mittels Negation, Disjunktion und Konjunktion in der Form

$$f(x_1, \ldots, x_n) = \bigvee_{I \subseteq \{1,\ldots,n\}} (\bigwedge_{i \in I} x_i) \wedge (\bigwedge_{i \notin I} \neg x_i) \wedge f(a_1^I, \ldots, a_n^I)$$

darstellbar, wobei die Wahrheitswerte $a_1^I, \ldots, a_n^I \in \mathbb{B}$ festgelegt sind durch $a_i^I = L$ falls $i \in I$ und $a_i^I = O$ falls $i \notin I$.

Beweis: Der Beweis erfolgt durch Induktion nach n. Hierbei ist der Induktionsbeginn $n = 1$ gegeben durch

$$f(x_1) = (x_1 \wedge f(L)) \vee (\neg x_1 \wedge f(O)).$$

Zum Induktionsschluss sei $n > 1$. Dann gilt

$$f(x_1, \ldots, x_n) = (f(x_1, \ldots, x_{n-1}, L) \wedge x_n) \vee (f(x_1, \ldots, x_{n-1}, O) \wedge \neg x_n),$$

denn ist $x_n = O$, so fällt der erste Teil der Disjunktion weg, und im Fall $x_n = L$ fällt der zweite Teil der Disjunktion weg. Der verbleibende Rest ist jeweils gleich $f(x_1, \ldots, x_n)$.

Nun wenden wir die eben bewiesene Gleichung an und erhalten

$$f(x_1, \ldots, x_n) = (f_L(x_1, \ldots, x_{n-1}) \wedge x_n) \vee (f_O(x_1, \ldots, x_{n-1}) \wedge \neg x_n),$$

wobei $f_L(x_1, \ldots, x_{n-1}) = f(x_1, \ldots, x_{n-1}, L)$ und $f_O(x_1, \ldots, x_{n-1}) = f(x_1, \ldots, x_{n-1}, O)$ zwei Schaltabbildungen der Stelligkeit $n - 1$ definieren. Auf diese können wir die Induktionsvoraussetzung anwenden und erhalten

$$f_L(x_1, \ldots, x_{n-1}) = \bigvee_{I \subseteq \{1, \ldots, n-1\}} (\bigwedge_{i \in I} x_i) \wedge (\bigwedge_{i \notin I} \neg x_i) \wedge f_L(a_1^I, \ldots, a_{n-1}^I)$$

im ersten Fall und

$$f_O(x_1, \ldots, x_{n-1}) = \bigvee_{I \subseteq \{1, \ldots, n-1\}} (\bigwedge_{i \in I} x_i) \wedge (\bigwedge_{i \notin I} \neg x_i) \wedge f_O(a_1^I, \ldots, a_{n-1}^I)$$

im zweiten Fall. Dabei gelten wiederum $a_i^I = L$ falls $i \in I$ und $a_i^I = O$ falls $i \notin I$. Die erste Gleichung zeigt nun

$$f(x_1, \ldots, x_{n-1}, L) = \bigvee_{I \subseteq \{1, \ldots, n\}} (\bigwedge_{i \in I} x_i) \wedge (\bigwedge_{i \notin I} \neg x_i) \wedge f(a_1^I, \ldots, a_n^I)$$

mit $a_i^I = L$ falls $i \in I$ und $a_i^I = O$ falls $i \notin I$. Ist nämlich $I \subseteq \{1, \ldots, n\}$ eine Menge mit $n \in I$, so ist $\bigwedge_{i \in I} x_i$ gleichwertig zu $\bigwedge_{i \in I \setminus \{n\}} x_i$ und $\bigwedge_{i \notin I} \neg x_i$ gleichwertig zu $\bigwedge_{i \notin I \setminus \{n\}} \neg x_i$, und weiterhin trifft $a_n^I = L$ zu.

Aus der zweiten obigen Gleichung folgt das gleiche Resultat für $f(x_1, \ldots, x_{n-1}, O)$ und dies beendet den Beweis. $\square$

Rechnet man $f(x_1, \ldots, x_n)$ gemäß Satz 7.1.3 aus, so fallen natürlich alle Disjunktionsglieder mit $f(a_1^I, \ldots, a_n^I) = O$ weg. In den verbleibenden Disjunktionsgliedern kann man, wegen der Eigenschaft $x \wedge L = x$, die Ausdrücke $f(a_1^I, \ldots, a_n^I)$ ebenfalls weglassen. Wir erhalten also eine *Disjunktion von Konjunktionen*, wobei jedes Konjunktionsglied eine Variable x_i oder eine negierte Variable $\neg x_i$ ist. Die Konjunktionen heißen auch *Min-Terme* und ihre Glieder *Literale*. Dabei ist eine Variable x_i ein positives Literal und eine negierte Variable $\neg x_i$ ein negatives Literal.

7.1.4 Beispiel (für eine disjunktive Normalform) Wir betrachten die folgende, tabellarisch gegebene dreistellige Schaltabbildung f:

x	O	O	O	O	L	L	L	L
y	O	O	L	L	O	O	L	L
z	O	L	O	L	O	L	O	L
$f(x, y, z)$	O	L	L	O	L	O	O	L

Die Abbildung f nimmt genau viermal den Wert L an und somit besteht ihre disjunktive Normalform aus der Disjunktion von genau vier Min-Termen, nämlich von $\neg x \wedge \neg y \wedge z$ (zweite Spalte), $\neg x \wedge y \wedge \neg z$ (dritte Spalte), $x \wedge \neg y \wedge \neg z$ (fünfte Spalte) und $x \wedge y \wedge z$ (achte Spalte). Insgesamt haben wir also

$$f(x,y,z) \;=\; (\neg x \wedge \neg y \wedge z) \vee (\neg x \wedge y \wedge \neg z) \vee (x \wedge \neg y \wedge \neg z) \vee (x \wedge y \wedge z)$$

als die disjunktive Normalform der Schaltabbildung f. $\qquad\qquad\qquad\qquad\qquad\square$

Neben der disjunktiven Normalform gibt es noch die *konjunktive Normalform* als weitere wichtige Normalform von Schaltabbildungen. Hier ist eine Schaltabbildung durch eine Konjunktion von sogenannten Klauseln definiert, wobei eine *Klausel* eine Disjunktion von Literalen ist. Hat man ein Verfahren, das zu einer Schaltabbildung f eine disjunktive Normalform bestimmt, so ist es mit dessen Hilfe sehr einfach möglich, eine konjunktive Normalform von f zu bekommen. Dazu berechnet man zuerst eine disjunktive Normalform von $\overline{f}$, negiert diese, und formt dann den so entstehenden Ausdruck zur Beschreibung von f mittels der Gesetze von A. de Morgan zu einer konjunktiven Normalform um.

Als *Schaltglied* (oder *Gatter*) bezeichnet man die gerätemäßige Realisierung einer Schaltabbildung. Für die gängigsten Schaltglieder wurden einige Sinnbilder eingeführt. Die Negation wird in der Regel dadurch dargestellt, dass man auf der Leitung einen dicken schwarzen Punkt anbringt. In der nachfolgenden Abbildung 7.1 sind die gängigsten Sinnbilder für die Konjunktion, Disjunktion, Nand-Operation und Nor-Operation angegeben.

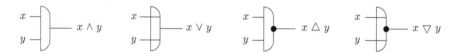

Abbildung 7.1: Sinnbilder für Schaltglieder

Als *Schaltnetz* bezeichnet man die gerätemäßige Realisierung einer Abbildung $f : \mathbb{B}^m \mapsto \mathbb{B}^n$. Oft spricht man genauer von m-n-Schaltnetzen. Ein n-stelliges Schaltglied ist also ein n-1-Schaltnetz. Graphisch werden beliebige Schaltnetze durch rechteckige Kästen dargestellt. Neben dieser Auffassung von Schaltnetzen als Dingen, deren Innenleben nicht erkennbar ist, hat man oft Interesse an der Zurückführung von Schaltnetzen auf bestimmte schon vorhandene Schaltnetze, etwa auf Schaltglieder. Dies entspricht einem modularen Entwurf von Schaltnetzen. Die graphische Darstellung ergibt sich, indem man die Terme der Abbildungen zuerst baumartig darstellt, an Stelle der Bezeichnungen die entsprechenden Sinnbilder einführt und gleiche vorkommende Teilbäume identifiziert. Wir wollen dies in dem nachfolgenden Beispiel anhand einfacher Schaltungen demonstrieren.

7.1.5 Beispiel (Schaltnetzentwurf) Wir wollen zuerst die logische Äquivalenz als eine zweistellige Schaltabbildung f auf den Wahrheitswerten mittels der oben angegebenen Schaltglieder realisieren, also ein entsprechendes Schaltnetz entwerfen. Dazu starten wir mit der folgenden Definition von f, wobei die Operation $\rightarrow$ (in Infix-Schreibweise) die

Implikation auf den Wahrheitswerten bezeichnet.

$$f : \mathbb{B}^2 \to \mathbb{B} \qquad f(x,y) = (x \to y) \wedge (y \to x)$$

Aus dieser Definition bekommen wir:

$$
\begin{aligned}
f(x,y) &= (x \to y) \wedge (y \to x) & \text{Definition } f \\
&= (\neg x \vee y) \wedge (\neg y \vee x) & \text{Aussagenlogik}
\end{aligned}
$$

Nun zeichnen wir den letzten Ausdruck $(\neg x \vee y) \wedge (\neg y \vee x)$ in einer offensichtlichen Art und Weise als einen Baum. Dieser besitzt die äußerste Operation (die Konjunktion) als Wurzelbeschriftung. Weiterhin besitzt er vier Blätter, wobei zwei mit der Variablen x und zwei mit der Variablen y beschriftet sind. Schließlich hat der Baum noch vier innere Knoten, die mit den noch im Ausdruck vorkommenden Operationen (zweimal Negation und zweimal Disjunktion) beschriftet sind. Die Baumkanten sind von den Knoten der Operationen zu den Knoten der Argumente gerichtet. Nach Einführung der Sinnbilder statt der Operationen und einer speziellen (sogenannten orthogonalen) Zeichnung der Kanten des Baums ergibt sich (bei einer gleichzeitigen Drehung um 90°, wie es beim Zeichnen von logischen Schaltungen üblich ist) das untenstehende Bild. Dieses ist die graphische Darstellung der logischen Schaltung zur Realisierung der Schaltabbildung f.

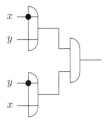

Schließlich werden noch die zwei x- und die zwei y-Eingänge zu jeweils einer Eingangsleitung zusammengefasst und es wird ein Rahmen um die Zeichnung gezogen, um ihre Abgeschlossenheit zu betonen. Dies führt insgesamt zu dem in Abbildung 7.2 angegebenen 2-1-Schaltnetz zur Realisierung von f:

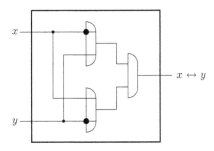

Abbildung 7.2: Ein Schaltnetz für die Äquivalenz

Wir haben somit ein Schaltnetz für die Äquivalenzoperation auf den Wahrheitswerten mit Hilfe von fünf Schaltgliedern realisiert: zwei Negationsgliedern, zwei Disjunktionsgliedern und einem Konjunktionsglied. Es geht aber auch mit weniger Schaltgliedern. Wir verwenden Gesetze der Booleschen Verbände und bekommen

$$
\begin{aligned}
f(x, y) &= (\neg x \vee y) \wedge (\neg y \vee x) \\
&= (x \vee \neg x) \wedge (y \vee \neg x) \wedge (x \vee \neg y) \wedge (y \vee \neg y) \\
&= ((x \wedge y) \vee \neg x) \wedge ((x \wedge y) \vee \neg y) & \text{Distributivität} \\
&= (x \wedge y) \vee (\neg x \wedge \neg y) & \text{Distributivität} \\
&= (x \wedge y) \vee \neg (x \vee y) & \text{de Morgan,}
\end{aligned}
$$

was auf die in der nachfolgenden Abbildung 7.3 angegebenen Realisierung von f mit Hilfe von drei Schaltgliedern für die Operationen $\wedge$, $\triangledown$ und $\vee$ führt.

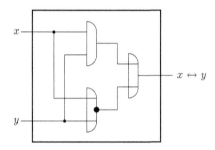

Abbildung 7.3: Ein effizienteres Schaltnetz für die Äquivalenz

Die eben entwickelte logische Schaltung ist die Grundlage des sogenannten Halbaddierers $HA : \mathbb{B}^2 \to \mathbb{B}$. Dieser wird in der Schaltungstechnik zur stellenweisen Addition von zwei Binärzahlen gleicher Länge gebraucht und errechnet für jede Stelle die Summe $s_{HA}(x, y)$ der Wahrheitswerte (Bits) x und y und auch den entsprechenden Übertrag $\ddot{u}_{HA}(x, y)$. Seine tabellarische Festlegung sieht also wie folgt aus:

x	O	O	L	L
y	O	L	O	L
$s_{HA}(x, y)$	O	L	L	O
$\ddot{u}_{HA}(x, y)$	O	O	O	L

Nach Satz 7.1.3, dem Satz von der disjunktiven Normalform, folgt aus der dritten und vierten Zeile dieser Tafel, dass die beiden Abbildungen des Halbaddierers durch die Gleichungen $s_{HA}(x, y) = (\neg x \wedge y) \vee (x \wedge \neg y)$ und $\ddot{u}_{HA}(x, y) = x \wedge y$ beschrieben sind. Wir bekommen somit das in der folgenden Abbildung 7.4 angegebene Schaltnetz für den Halbaddierer, welches aus sechs Schaltgliedern besteht:

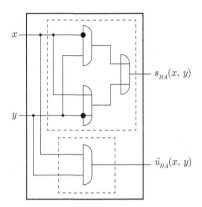

Abbildung 7.4: Ein Schaltnetz für den Halbaddierer

Wie im Fall des Schaltnetzes von Abbildung 7.2 für f ist auch dieses Schaltnetz noch verbesserbar. Einfache Anwendungen der de Morganschen Gesetze zeigen nämlich die Gleichung $\neg f(x, y) = s_{HA}(x, y)$ und damit kann man statt des gestrichelt eingerahmten Teilnetzes für $s_{HA}(x, y)$ das Schaltnetz von Abbildung 7.3 verwenden, bei dem das Oder-Schaltglied durch ein Nor-Schaltglied ersetzt ist. Dies führt zu einer Realisierung des Halbaddierers mit nur vier Schaltgliedern.

Aus dem Schaltnetz für den Halbaddierer kann man nun ein Schaltnetz für den Volladdierer konstruieren. Dieser addiert zwei Werte x und y jeweils an der n-ten Stelle von Binärzahlen unter Berücksichtigung eines Übertrags c aus der Addition der Werte an der jeweils $n - 1$-ten Stelle und berechnet auch noch den entstehenden neuen Übertrag. Wenn wir den Halbaddierer durch einen Kasten mit der Aufschrift *HA* darstellen, so bekommen wir aus der tabellarischen Definition des Volladdierers (welche zu erstellen wir dem Leser überlassen) unter Verwendung der disjunktiven Normalformen der beiden Abbildungen $s_{VA} : \mathbb{B}^3 \to \mathbb{B}$ für die Addition bzw. $\ddot{u}_{VA} : \mathbb{B}^3 \to \mathbb{B}$ für den Übertrag das folgende Bild.

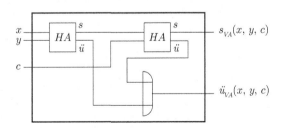

Abbildung 7.5: Ein Schaltnetz für den Volladdierer

Mit genau n Volladdierern kann man nun offensichtlich durch ein geeignetes Zusammenschalten n-stellige Binärzahlen addieren. □

Bezüglich weiterer Details zum Schaltungsentwurf müssen wir auf entsprechende Spezialliteratur verweisen, etwa auf „Rechneraufbau und Rechnerstrukturen" von W. Oberschelp und G. Vossen (Oldenburg-Verlag, 9. Auflage 2003). In dem eben angegebenen Buch wird auch auf das Vereinfachen von Schaltungen eingegangen, bei der die Theorie der Booleschen Verbände ebenfalls (wie in Beispiel 7.1.5 schon angedeutet) als ein wesentliches Hilfsmittel Anwendung findet.

7.2 Denotationelle Semantik

Die denotationelle Semantikdefinition einer Programmiersprache abstrahiert von den konkreten Berechnungen und beschreibt nur das funktionale Verhalten. Sie ist kompositional über den Aufbau der Programme definiert. Diese wichtige Eigenschaft, welche sie von der Logik übernommen hat, bedeutet, dass die Semantik eines Programms durch die Semantik seiner Komponenten bestimmt ist. Dadurch werden Beweise sehr oft induktiv über den syntaktischen Aufbau möglich, was in der Regel einfacher ist, als Beweise, die sich an operativen Berechnungen orientieren. Die in der Praxis derzeit immer noch wichtigsten und am häufigsten verwendeten Programmiersprachen sind von imperativer Art. Solche Programmiersprachen bauen auf Programmvariablen auf, deren Inhalte durch Zuweisungen oder allgemein durch Anweisungen geändert werden können. Eine Programmabarbeitung liefert also keinen Wert, sondern transformiert einen gegebenen Speicherzustand in einen anderen. Dieser Abschnitt ist der denotationellen Semantik von imperativen Programmiersprachen unter Verwendung von CPOs, Konstruktionen auf CPOs und Fixpunkten gewidmet.

Zur syntaktischen Beschreibung der Programme setzen wir eine Menge S von Typen (auch Sorten genannt) voraus, sowie drei weitere Mengen X von Programmvariablen, K von Konstantensymbolen und O von Operationssymbolen. Von der Menge S verlangen wir, dass sie mindestens den Typ *bool* für die Wahrheitswerte enthält. Weiterhin verlangen wir, dass jeder Programmvariablen $x \in X$ und jedem Konstantensymbol $c \in K$ genau ein Element von S als sein Typ zugeordnet ist[1]. Wir notieren dies als $x : s$ bzw. $c : s$, falls $s \in S$ der x bzw. c zugeordnete Typ ist. Schließlich verlangen wir noch, dass jedem Operationssymbol $f \in O$ genau ein Element aus $S^+ \times S$ als seine Funktionalität zugeordnet ist. Hierbei bezeichnet S^+ die Menge der nichtleeren Sequenzen von Typen aus S. Ist $\langle s_1 \cdots s_k, s \rangle$ die f zugeordnete Funktionalität, so drücken wir dies mittels $f : s_1 \cdots s_k \to s$ aus.

Die beiden folgenden Definitionen legen die Syntax der Programmiersprache fest, deren Semantik wir später in denotationeller Weise definieren wollen.

7.2.1 Definition (Syntax der Terme) Die Familie $(EXP_s)_{s \in S}$ der *Terme jeweils des Typs* $s \in S$ ist induktiv wie folgt definiert:

---

[1] Formal haben wir es hier mit einer sogenannten Signatur $\Sigma = (S, K, O)$ zu tun, welche gemeinsam mit der Variablenmenge die syntaktische Basis der Programmiersprache bildet. Im üblichen Jargon handelt es sich um die vordefinierten Typen (wie *bool* oder *int*), Konstanten (wie *true* oder 0) und Operationen (wie *or* oder +).

1. (Programmvariable) Für alle $s \in S$ und $x \in X$ mit $x : s$ gilt $x \in EXP_s$.

2. (Konstantensymbole) Für alle $s \in S$ und $c \in K$ mit $c : s$ gilt $c \in EXP_s$.

3. (Zusammengesetzte Terme) Für alle $s_1, \ldots, s_k, s \in S$, $f \in O$ mit $f : s_1 \cdots s_k \to s$ und $t_i \in EXP_{s_i}$, $1 \leq i \leq k$, gilt $f(t_1, \ldots, t_k) \in EXP_s$. $\hfill\square$

Die Terme bilden die erste syntaktische Kategorie unserer imperativen Programmiersprache. Aufbauend auf den Termen haben wir noch die Anweisungen als zweite syntaktische Kategorie. Diese sind die eigentlichen Programme und werden induktiv wie folgt festgelegt. In der Literatur spricht man auch von der Sprache der while-Programme.

7.2.2 Definition (Syntax der Anweisungen) Die Menge *STAT* der *Anweisungen* ist induktiv wie folgt definiert:

1. (Leere Anweisung) Es gilt `skip` $\in STAT$.

2. (Zuweisung) Für alle $s \in S$, $x \in X$ mit $x : s$ und $t \in EXP_s$ gilt $(x := t) \in STAT$.

3. (Bedingte Anweisung) Für alle $b \in EXP_{bool}$ und $a_1, a_2 \in STAT$ gilt `if` b `then` a_1 `else` a_2 `fi` $\in STAT$.

4. (Schleife) Für alle $b \in EXP_{bool}$ und $a_1 \in STAT$ gilt `while` b `do` a_1 `od` $\in STAT$.

5. (Sequentielle Komposition) Für alle $a_1, a_2 \in STAT$ gilt $(a_1 ; a_2) \in STAT$. $\hfill\square$

Die durch die Definition 7.2.2 beschriebenen Anweisungen sind vollständig geklammert und deshalb syntaktisch eindeutig zerlegbar. Dies ist formal notwendig, um ihre Semantik kompositional definieren zu können. Aus Gründen der Lesbarkeit lassen wir im Folgenden bei Zuweisungen jedoch stets die umgebenden Klammern weg, d.h. nehmen an, dass das Zuweisungszeichen := stärker bindet als die anderen Anweisungs-Konstruktoren. Wie wir später sehen werden, ist das Semikolon bezüglich der semantischen Gleichwertigkeit von Anweisungen assoziativ, d.h. die Semantik der Anweisung $(a_1 ; (a_2 ; a_3))$ wird sich als gleich der Semantik der Anweisung $((a_1 ; a_2) ; a_3)$ herausstellen. Deshalb werden wir auch bei sequentieller Komposition die Klammerung zur Verbesserung der Lesbarkeit weglassen.

Zur Definition der Semantik setzen wir eine Interpretation I voraus, die jedem Typ $s \in S$ genau eine nichtleere Menge s^I zuordnet. Mit $\mathbb{O}$ bezeichnen wir die Vereinigung aller Mengen s^I, $s \in S$. Weiterhin setzen wir voraus, dass die Interpretation jedem Konstantensymbol $c \in K$ genau ein Element c^I aus $\mathbb{O}$ zuordnet und jedem Operationssymbol $f \in O$ genau eine partielle Abbildung f^I über den Mengen s^I, $s \in S$. Dabei muss die Typisierung respektiert werden, d.h. $c : s$ impliziert $c^I \in s^I$ und $f : s_1 \cdots s_k \to s$ impliziert $f^I : \prod_{i=1}^{k} s_i^I \to s^I$. Weil *bool* als Typ der Wahrheitswerte erklärt ist, muss natürlich $bool^I = \mathbb{B}$ gelten[2].

---

[2]Wir interpretieren nun die Signatur $\Sigma = (S, K, O)$ durch eine Σ-Algebra. Bei so einer Interpretation wird immer angenommen, dass sich die syntaktischen Symbole und Namen und die üblichen mathematischen Bezeichnungen entsprechen, also etwa $true^I = tt$, $0^I = 0$ und $a +^I b = a + b$ gelten. Aus diesem Grund unterscheidet man hier oft nicht (oder höchstens durch verschiedene Zeichensätze bei Verwendung eines Textformatierungssystems wie LaTeX) zwischen Syntax und Semantik.

Bevor wir CPOs bei der Semantikdefinition verwenden, haben wir zwei Konstruktionsprinzipien auf ihnen einzuführen, die wir in Abschnitt 2.6 schon für Ordnungen und Verbände betrachteten.

7.2.3 Satz   1. Sind $(M, \sqsubseteq_M)$ und $(N, \sqsubseteq_N)$ CPOs und $\sqsubseteq$ die Abbildungsordnung auf N^M, so ist $(N^M, \sqsubseteq)$ eine CPO.

2. Sind $(M_i, \sqsubseteq_i)$, $1 \leq i \leq n$, CPOs und $\sqsubseteq$ die auf n Komponenten verallgemeinerte Produktordnung, so ist $(\prod_{i=1}^n M_i, \sqsubseteq)$ eine CPO.

Beweis: Wir beweisen nur den ersten Teil, da man den zweiten Teil in analoger Weise behandeln kann. Dass die Abbildungsordnung eine Ordnung ist, haben wir schon erwähnt; dass sie die Abbildung $\Omega : M \to N$ mit $\Omega(x) = O_N$ (mit O_N als dem kleinsten Element von N) als kleinstes Element besitzt, ist trivial.

Es sei nun noch $K \subseteq N^M$ eine beliebige Kette von Abbildungen. Dann ist für alle $a \in M$ die Menge $\{f(a) \mid f \in K\}$ eine Kette in $(N, \sqsubseteq_N)$. Sind nämlich $g(a), h(a) \in \{f(a) \mid f \in K\}$, so gilt $g(a) \sqsubseteq_N h(a)$ falls $g \sqsubseteq h$ und $h(a) \sqsubseteq_N g(a)$ falls $h \sqsubseteq g$. Wegen der CPO-Eigenschaft von N ist folglich die Abbildung

$$f^* : M \to N \qquad f^*(a) = \bigsqcup \{f(a) \mid f \in K\}$$

wohldefiniert. Sie ist eine obere Schranke von K, weil für alle $g \in K$ und $a \in M$

$$
\begin{aligned}
g(a) &\sqsubseteq \bigsqcup \{f(a) \mid f \in K\} && \text{da } g(a) \in \{f(a) \mid f \in K\} \\
&= f^*(a) && \text{Definition } f^*
\end{aligned}
$$

zutrifft. Ist $h : M \to N$ eine weitere obere Schranke von K, so gilt

$$
\begin{aligned}
h(a) &\sqsupseteq \bigsqcup \{f(a) \mid f \in K\} && \text{da } h(a) \sqsupseteq f(a) \text{ für alle } a \in M \\
&= f^*(a) && \text{Definition } f^*.
\end{aligned}
$$

Also gilt $f^* \sqsubseteq h$ und damit hat die Kette K die Abbildung f^* als Supremum. $\square$

Die folgende Definition der Semantik der Basis unserer imperativen Programmiersprache verwendet im ersten Punkt das Lifting einer Menge zu einer flachen Ordnung, wie es am Ende von Abschnitt 2.6 beschrieben wurde. Durch so ein Lifting entsteht offensichtlich eine CPO mit einer flachen Ordnung und aufgrund von Satz 7.2.3.2 sind folglich die im dritten Punkt der Definition eingeführten (totalen) Abbildungen als Abbildungen auf CPOs erklärt.

7.2.4 Definition (Semantik der Basis)   1. Für alle Typen $s \in S$ definieren wir eine CPO $(I[s], \leq_s)$ durch das Lifting der Menge s^I unter der Hinzunahme eines neuen kleinsten Elements O_s.

2. Für alle Konstantensymbole $c \in K$ mit $c : s$ definieren wir $I[c]$ als Element $c^I \in I[s]$. (Damit gilt $I[c] \neq O_s$.)

3. Für alle Operationssymbole $f \in O$ mit $f : s_1 \cdots s_k \to s$ definieren wir eine Abbildung $I[f] : \prod_{i=1}^{k} I[s_i] \to I[s]$ durch $I[f](a_1, \ldots, a_k) = f^I(a_1, \ldots, a_k)$ falls $a_i \neq O_{s_i}$ für alle $i, 1 \leq i \leq k$, und $f^I(a_1, \ldots, a_k)$ definiert ist, und $I[f](a_1, \ldots, a_k) = O_s$ sonst. □

Das Element O_s wird im dritten Punkt dieser Definition dazu benutzt, die Abbildung zu totalisieren. Aufgrund dieser Vorgehensweise stehen die kleinsten Elemente der bei denotationeller Semantik verwendeten CPOs im Regelfall für „undefiniert". Somit kann man den dritten Punkt auch so lesen: Einem Operationssymbol wird eine Abbildung zugeordnet, die immer „undefiniert" als Resultat liefert, falls mindestens eines ihrer Argument undefiniert ist. Diese Eigenschaft bezeichnet man als Striktheit. Sie hat die folgende Konsequenz:

7.2.5 Satz Es sei $f \in O$ ein Operationssymbol mit $f : s_1 \cdots s_k \to s$. Dann ist die Abbildung $I[f] : \prod_{i=1}^{k} I[s_i] \to I[s]$ monoton.

Beweis: Es seien $\langle a_1, \ldots, a_k \rangle, \langle b_1, \ldots, b_k \rangle \in \prod_{i=1}^{k} I[s_i]$ zwei beliebige k-Tupel mit der Eigenschaft $\langle a_1, \ldots, a_k \rangle \sqsubseteq \langle b_1, \ldots, b_k \rangle$. Dann impliziert die Produktordnung $a_i \leq_{s_i} b_i$ für alle $i, 1 \leq i \leq k$.

Gilt $a_i \neq O_{s_i}$ für alle $i, 1 \leq i \leq k$, so liefert die flache Ordnung $a_i = b_i$ für alle $i, 1 \leq i \leq k$, also $I[f](a_1, \ldots, a_k) = I[f](b_1, \ldots, b_k)$. Gibt es hingegen ein i mit $a_i = O_{s_i}$, so haben wir $I[f](a_1, \ldots, a_k) = O_s \leq_s I[f](b_1, \ldots, b_k)$. □

Es ist eine relativ einfache Übung zu zeigen, dass monotone Abbildungen auf Artinschen CPOs (und Argument- und Resultat-CPO von $I[f]$ sind offensichtlich Artinsch) sogar $\sqcup$-stetig sind. Wir gehen aber nicht genauer auf diesen Sachverhalt ein, da er später nicht mehr benötigt wird.

Durch die nächste Definition modellieren wir Speicherzustände. Ein aktueller Speicherzustand entspricht einer Abbildung σ von den Programmvariablen in $\mathbb{O}$, welche natürlich wiederum die Typisierung respektieren muss. Bei dieser Vorgehensweise kann man sich zu $x \in X$ das Element $\sigma(x)$ als Inhalt oder Wert der Programmvariablen x zum gegebenen Zeitpunkt vorstellen. Programme können fehlschlagen, beispielsweise wenn der Wert der rechten Seite einer Zuweisung undefiniert ist oder eine Schleife nicht terminiert. Diesen Fehlerzustand modellieren wir wiederum durch ein Lifting.

7.2.6 Definition   1. Mit $(\mathbb{S}, \sqsubseteq)$ bezeichnen wir das Lifting der Menge aller Abbildungen $\sigma : X \to \mathbb{O}$, die $\sigma(x) \in s^I$ für alle $s \in S$ und $x \in X$ mit $x : s$ erfüllen, durch die Hinzunahme eines neuen kleinsten Elements O.

2. Eine Abbildung $\sigma : X \to \mathbb{O}$ aus $\mathbb{S}$ heißt ein *Speicherzustand* und das kleinste Element O aus $(\mathbb{S}, \sqsubseteq)$ heißt der *Fehlerzustand*.

3. Zu einem Speicherzustand $\sigma \in \mathbb{S}$ definieren wir durch
$$\sigma[x/u](y) = \begin{cases} \sigma(y) & : \ y \neq x \\ u & : \ y = x \end{cases}$$
seine *Abänderung* $\sigma[x/u] : X \to \mathbb{O}$ an der Stelle $x \in X$ mit $x : s$ zu $u \in s^I$. □

Aufgrund der beiden Typrestriktionen $x : s$ und $u \in s^I$ ist die Abbildung $\sigma[x/u]$ offensichtlich wieder ein Speicherzustand (respektiert also die Typisierung). Nach all diesen Vorbereitungen können wir nun die Semantik der Programmiersprache angeben. Den üblichen Gepflogenheiten folgend, bezeichnen wir die denotationelle Semantik eines syntaktischen Konstrukts durch das Einschließen mittels der sogenannten Semantikklammern $[\![$ und $]\!]$. Wir beginnen mit der Termsemantik.

7.2.7 Definition (Semantik der Terme) Die denotationelle Semantik ordnet jedem Term $t \in EXP_s$, wobei $s \in S$, eine Abbildung $[\![t]\!] : \mathbb{S} \to I[s]$ zu. Für Speicherzustände σ ist $[\![t]\!](\sigma)$ induktiv wie folgt über den Aufbau von t definiert:

1. Ist t eine Programmvariable $x \in X$, so ist $[\![x]\!](\sigma) = \sigma(x)$.

2. Ist t ein Konstantensymbol $c \in K$, so ist $[\![c]\!](\sigma) = I[c]$.

3. Ist t von der Form $f(t_1, \ldots, t_k)$, so ist $[\![f(t_1, \ldots, t_k)]\!](\sigma) = I[f]([\![t_1]\!](\sigma), \ldots, [\![t_k]\!](\sigma))$.

Für den Fehlerzustand O legen wir fest $[\![t]\!](\mathsf{O}) = \mathsf{O}_s$. $\hfill\square$

Die Monotonie der Abbildung $[\![t]\!] : \mathbb{S} \to I[s]$ für alle Terme $t \in EXP_s$, wobei $s \in S$, ist eine unmittelbare Konsequenz der letzten Festlegung und der Flachheit der Ordnung auf der Menge $\mathbb{S}$. Sind nämlich beliebig gewählte $\sigma_1, \sigma_2 \in \mathbb{S}$ mit $\sigma_1 \sqsubseteq \sigma_2$ vorgegeben, so impliziert $\sigma_1 = \mathsf{O}$, dass $[\![t]\!](\sigma_1) = \mathsf{O}_s \leq_s [\![t]\!](\sigma_2)$. Im Fall $\sigma_1 \neq \mathsf{O}$ bekommen wir hingegen $\sigma_1 = \sigma_2$ wegen der flachen Ordnung auf $\mathbb{S}$ und dies bringt $[\![t]\!](\sigma_1) = [\![t]\!](\sigma_2) \leq [\![t]\!](\sigma_2)$. Wir halten das Ergebnis in dem folgenden Satz fest.

7.2.8 Satz (Monotonie der Termsemantik) Für alle Terme $t \in EXP_s$ ist $[\![t]\!] : \mathbb{S} \to I[s]$ eine monotone Abbildung von der CPO $(\mathbb{S}, \sqsubseteq)$ zur CPO $(I[s], \leq_s)$. $\hfill\square$

Der letzte Teil der denotationellen Semantikdefinition für unsere Programmiersprache besteht in der Festlegung der Semantik der Anweisungen. Beim Fall der Schleife wird hier ein kleinster Fixpunkt verwendet.

7.2.9 Definition (Semantik der Anweisungen) Die denotationelle Semantik ordnet jeder Anweisung $a \in STAT$ eine Abbildung $[\![a]\!] : \mathbb{S} \to \mathbb{S}$ zu. Für $\sigma \in \mathbb{S}$ ist $[\![a]\!](\sigma)$ induktiv wie folgt über den Aufbau von a definiert:

1. Ist a die leere Anweisung, so ist

$$[\![\mathtt{skip}]\!](\sigma) \;=\; \sigma.$$

2. Ist a eine Zuweisung $x := t$ mit $x : s$, so ist

$$[\![x := t]\!](\sigma) \;=\; \begin{cases} \sigma[x/[\![t]\!](\sigma)] & : \;\; [\![t]\!](\sigma) \neq \mathsf{O}_s \\ \mathsf{O} & : \;\; [\![t]\!](\sigma) = \mathsf{O}_s. \end{cases}$$

3. Ist a eine bedingte Anweisung if b then a_1 else a_2 fi, so ist

$$[\![\text{if } b \text{ then } a_1 \text{ else } a_2 \text{ fi}]\!](\sigma) \;=\; \begin{cases} [\![a_1]\!](\sigma) & : \quad [\![b]\!](\sigma) = tt \\ [\![a_2]\!](\sigma) & : \quad [\![b]\!](\sigma) = f\!f \\ \text{O} & : \quad [\![b]\!](\sigma) = \text{O}_{bool}. \end{cases}$$

4. Ist a eine Schleife while b do a_1 od, so ist

$$[\![\text{while } b \text{ do } a_1 \text{ od}]\!](\sigma) \;=\; \mu_F(\sigma),$$

wobei die Abbildung $F : \mathbb{S}^{\mathbb{S}} \to \mathbb{S}^{\mathbb{S}}$ für $f : \mathbb{S} \to \mathbb{S}$ und $\rho \in \mathbb{S}$ definiert ist durch

$$F(f)(\rho) \;=\; \begin{cases} f([\![a_1]\!](\rho)) & : \quad [\![b]\!](\rho) = tt \\ \rho & : \quad [\![b]\!](\rho) = f\!f \\ \text{O} & : \quad [\![b]\!](\rho) = \text{O}_{bool}. \end{cases}$$

5. Ist a eine sequentielle Komposition $a_1; a_2$ von Anweisungen a_1 und a_2, so ist

$$[\![a_1; a_2]\!](\sigma) \;=\; [\![a_2]\!]([\![a_1]\!](\sigma)). \qquad \qquad \square$$

Wegen $[\![t]\!](\text{O}) = \text{O}_s$ trifft im Fall $\sigma = \text{O}$ bei einer Zuweisung immer der untere Fall der Semantikdefinition zu. Dies ist notwendig, da O keine Abbildung darstellt und somit auch die Abänderung an einer Stelle nicht erklärt ist. Weiterhin wird durch diese Festlegung auch zugesichert, dass $\mathbb{O}$ der Resultatbereich der Speicherzustände bleibt. An dieser Stelle ist auch noch eine Bemerkung zur Semantik der Schleife angebracht. Geht man davon aus, dass für alle Konstruktionen mit Ausnahme der Schleife die Semantik wie eben definiert ist, und verwendet man die gängige semantische Gleichwertigkeit von

$$\text{while } b \text{ do } a_1 \text{ od}$$

und ihrer sogenannten „gestreckten Version"

$$\text{if } b \text{ then } a_1; \text{ while } b \text{ do } a_1 \text{ od}$$
$$\text{else skip fi},$$

so erhält man für die Semantik der Schleife eine Rekursionsbeziehung, welche besagt, dass zu allen $\sigma \in \mathbb{S}$ die Semantik $[\![\text{while } b \text{ do } a_1 \text{ od}]\!](\sigma)$ eine Lösung f^* der Gleichung

$$f^*(\sigma) \;=\; \begin{cases} f^*([\![a_1]\!](\sigma)) & : \quad [\![b]\!](\sigma) = tt \\ \sigma & : \quad [\![b]\!](\sigma) = f\!f \\ \text{O} & : \quad [\![b]\!](\sigma) = \text{O}_{bool} \end{cases}$$

ist. Schreibt man nun diese Gleichung mit Hilfe einer durch ihre rechte Seite definierten Abbildung F auf $\mathbb{S}^{\mathbb{S}}$ in eine Fixpunktform $f^* = F(f^*)$ um, und beachtet man weiterhin, dass unter operationellen Gesichtspunkten die Semantik der Schleife die am wenigsten definierte Lösung dieser Fixpunktgleichungen zu sein hat, so erhält man genau die in der Semantikdefinition 7.2.9.4 getroffene Festlegung.

In der Semantikdefinition der Schleife verwenden wir, dass die Abbildung F einen kleinsten Fixpunkt μ_F besitzt. Dass sie auf einer CPO definiert ist, folgt aus Satz 7.2.3.1 und der CPO-Eigenschaft des Liftings $(\mathbb{S}, \sqsubseteq)$. Um die Existenz von μ_F zu erhalten, müssen wir zumindest noch zeigen, dass F monoton ist. Der folgende Satz demonstriert, dass für die Abbildung F sogar $\sqcup$-Stetigkeit gilt.

7.2.10 Satz Die in der Semantikdefinition 7.2.9.4 verwendete Abbildung F ist monoton und sogar $\sqcup$-stetig.

Beweis: Wir beweisen zuerst die Monotonie von F. Dazu seien $f_1, f_2 : \mathbb{S} \to \mathbb{S}$ zwei beliebige Abbildungen mit der Eigenschaft $f_1 \sqsubseteq f_2$. Weiterhin sei $\sigma \in \mathbb{S}$ beliebig gegeben. Wir haben $F(f_1)(\sigma) \sqsubseteq F(f_2)(\sigma)$ zu zeigen, dann folgt aus der Definition der Abbildungsordnung $F(f_1) \sqsubseteq F(f_2)$. Geleitet durch die Form von F unterscheiden wir drei Fälle.

1. Es sei $[\![b]\!](\sigma) = O_{bool}$. Dann gilt $F(f_1)(\sigma) = O = F(f_2)(\sigma)$ nach der Definition von F.

2. Nun gelte $[\![b]\!](\sigma) = \mathit{ff}$. In diesem Fall haben wir $F(f_1)(\sigma) = \sigma = F(f_2)(\sigma)$, wobei wiederum nur die Definition von F verwendet wurde.

3. Schließlich gelte $[\![b]\!](\sigma) = \mathit{tt}$. Wegen $f_1 \sqsubseteq f_2$ haben wir $f_1(\rho) \sqsubseteq f_2(\rho)$ für alle $\rho \in \mathbb{S}$. Daraus folgt:

$$
\begin{aligned}
F(f_1)(\sigma) \; &= \; f_1([\![a_1]\!](\sigma)) && \text{Definition } F \\
&\sqsubseteq \; f_2([\![a_1]\!](\sigma)) && \text{wähle } \rho \text{ speziell als } [\![a_1]\!](\sigma) \\
&= \; F(f_2)(\sigma) && \text{Definition } F
\end{aligned}
$$

Wir kommen nun zum Beweis der Stetigkeit. Es sei $K \subseteq \mathbb{S}^\mathbb{S}$ eine beliebige Kette von Abbildungen von $\mathbb{S}$ nach $\mathbb{S}$. Dann haben wir, nach der Festlegung der Gleichheit von Abbildungen, die Gleichung $F(\bigsqcup K)(\sigma) = (\bigsqcup\{F(f) \,|\, f \in K\})(\sigma)$ für alle $\sigma \in \mathbb{S}$ zu verifizieren. Man beachte dabei, dass die Ketteneigenschaft von K und die Monotonie von F die Ketteneigenschaft von $\{F(f) \,|\, f \in K\}$ implizieren, also das Supremum $\bigsqcup\{F(f) \,|\, f \in K\}$ von Abbildungen existiert.

Zum Beweis der Gleichung $F(\bigsqcup K)(\sigma) = (\bigsqcup\{F(f) \,|\, f \in K\})(\sigma)$ unterscheiden wir wiederum die drei Fälle des Monotoniebeweises.

1. Zuerst sei $[\![b]\!](\sigma) = O_{bool}$. Dann bekommen wir:

$$
\begin{aligned}
F(\bigsqcup K)(\sigma) \; &= \; \bigsqcup\{O\} && \text{Definition } F \\
&= \; \bigsqcup\{F(f)(\sigma) \,|\, f \in K\} && \text{Definition } F \\
&= \; (\bigsqcup\{F(f) \,|\, f \in K\})(\sigma) && \text{siehe Beweis Satz 7.2.3.1}
\end{aligned}
$$

2. Den Fall $[\![b]\!](\sigma) = \mathit{ff}$ behandelt man vollkommen analog:

$$
\begin{aligned}
F(\bigsqcup K)(\sigma) \; &= \; \bigsqcup\{\sigma\} && \text{Definition } F \\
&= \; \bigsqcup\{F(f)(\sigma) \,|\, f \in K\} && \text{Definition } F \\
&= \; (\bigsqcup\{F(f) \,|\, f \in K\})(\sigma) && \text{siehe Beweis Satz 7.2.3.1}
\end{aligned}
$$

3. Der verbleibende Fall $[\![b]\!](\sigma) = f\!f$ wird durch die Rechnung

$$
\begin{aligned}
F(\bigsqcup K)(\sigma) &= (\bigsqcup K)([\![a_1]\!](\sigma)) && \text{Definition } F\\
&= \bigsqcup\{f([\![a_1]\!](\sigma)) \mid f \in K\} && \text{siehe Beweis Satz 7.2.3.1}\\
&= \bigsqcup\{F(f)(\sigma) \mid f \in K\} && \text{Definition } F\\
&= (\bigsqcup\{F(f) \mid f \in K\})(\sigma) && \text{siehe Beweis Satz 7.2.3.1}
\end{aligned}
$$

schließlich auch noch bewiesen. $\qquad\square$

Als eine erste Konsequenz aus diesem Satz und dem Fixpunktsatz 6.3.2 erhalten wir die Darstellung $\mu_F = \bigsqcup_{i\geq 0} F^i(\Omega)$, mit der Abbildung Ω als dem kleinsten Element von $(\mathbb{S}^\mathbb{S}, \sqsubseteq)$, also definiert mittels $\Omega(\sigma) = \mathrm{O}$ für alle $\sigma \in \mathbb{S}$. Eine weitere Konsequenz ist die folgende Eigenschaft, die einer Übertragung der Aussage bei der Termsemantik auf die Semantik der Anweisungen entspricht.

7.2.11 Satz (Monotonie der Anweisungssemantik) Für alle Anweisungen $a \in STAT$ ist $[\![a]\!] : \mathbb{S} \to \mathbb{S}$ eine monotone Abbildung auf der CPO $(\mathbb{S}, \sqsubseteq)$.

Beweis: Es genügt, $[\![a]\!](\mathrm{O}) = \mathrm{O}$ zu beweisen; die Monotonie folgt dann aus der Flachheit von $(\mathbb{S}, \sqsubseteq)$ analog zum Vorgehen bei der Termsemantik. Wir verwenden Induktion nach dem Aufbau von a.

1. Beim Induktionsbeginn ist a gleich `skip` oder eine Zuweisung $x := t$. In beiden Fällen gilt offensichtlich $[\![a]\!](\mathrm{O}) = \mathrm{O}$.

2. Beim Induktionsschluss haben wir drei Fälle. Der Fall, dass a eine bedingte Anweisung `if b then` a_1 `else` a_2 `fi` ist, folgt aus $[\![b]\!](\mathrm{O}) = \mathrm{O}_{bool}$.

   Nun sei a eine Schleife `while b do` a_1 `od`. Dann erhalten wir für die Abbildung F von Definition 7.2.9.4 und die kleinste Abbildung Ω von $(\mathbb{S}^\mathbb{S}, \sqsubseteq)$ die Eigenschaft

$$
F^i(\Omega)(\mathrm{O}) = \mathrm{O} \tag{$*$}
$$

für alle $i \in \mathbb{N}$. Der Fall $i = 0$ ist klar und den Fall $i > 0$ zeigt man wie folgt:

$$
\begin{aligned}
F^i(\Omega)(\mathrm{O}) &= F(F^{i-1}(\Omega))(\mathrm{O}) && \text{da } i > 0\\
&= \begin{cases} F^{i-1}(\Omega)([\![a_1]\!](\mathrm{O})) &: [\![b]\!](\mathrm{O}) = tt\\ \mathrm{O} &: [\![b]\!](\mathrm{O}) = f\!f\\ \mathrm{O} &: [\![b]\!](\mathrm{O}) = \mathrm{O}_{bool} \end{cases} && \text{Definition } F\\
&= \mathrm{O} && [\![b]\!](\mathrm{O}) = \mathrm{O}_{bool}
\end{aligned}
$$

Als Anwendung der Gleichung $(*)$ bekommen wir nun das gewünschte Resultat:

$$
\begin{aligned}
[\![\texttt{while } b \texttt{ do } a_1 \texttt{ od}]\!](\mathrm{O}) &= \mu_F(\mathrm{O}) && \text{Semantik der Schleife}\\
&= (\bigsqcup_{i\geq 0} F^i(\Omega))(\mathrm{O}) && \text{Sätze 7.2.10 und 6.3.2}\\
&= \bigsqcup_{i\geq 0}(F^i(\Omega)(\mathrm{O})) && \text{siehe Beweis Satz 7.2.3.1}\\
&= \bigsqcup\{\mathrm{O}\} && \text{Gleichung } (*)\\
&= \mathrm{O}
\end{aligned}
$$

Beim Fall einer sequentiellen Komposition $a_1; a_2$ als a wird schließlich doch noch die Induktionsvoraussetzung verwendet:

$$[\![a_1; a_2]\!](\mathsf{O}) = [\![a_2]\!]([\![a_1]\!](\mathsf{O})) = [\![a_2]\!](\mathsf{O}) = \mathsf{O}$$

verwendet die Induktionsvoraussetzung erst für a_1 und dann für a_2. ☐

Wir beenden diesen Abschnitt mit einem Beispiel. Es soll demonstrieren, wie man mit Hilfe der denotationellen Semantik und ordnungstheoretischen Hilfsmitteln formal Aussagen über Programme beweisen kann.

7.2.12 Beispiel (zum Rechnen mit Semantik) Wir setzen einen Typ *nat* für die natürlichen Zahlen voraus (d.h. $nat^I = \mathbb{N}$) und die grundlegendsten Konstanten- und Operationssymbole der Typen *bool* und *nat*. Zu einem Konstantensymbol c und zwei Programmvariablen x und y, alle vom Typ *nat*, betrachten wir die folgende Anweisung a:

$$x := c; y := 1;$$
$$\texttt{while } x \neq 0 \texttt{ do}$$
$$x := x - 1; y := 2 * y \texttt{ od}$$

Um zu zeigen, dass a in y den Wert 2^{c^I} berechnet, behandeln wir zunächst die Schleife. Ist $\sigma \in \mathbb{S}$, so gilt $[\![\texttt{while ... od}]\!](\sigma) = \mu_F$, wobei für die iterierte Anwendung der Abbildung $F : \mathbb{S}^{\mathbb{S}} \to \mathbb{S}^{\mathbb{S}}$ auf $f : \mathbb{S} \to \mathbb{S}$ und $\rho \in \mathbb{S}$ sich die folgende Fallunterscheidung ergibt:

$$F(f)(\rho) = \begin{cases} f(\rho[x/\rho(x) - 1][y/2 * \rho(y)]) & : \ \rho \neq \mathsf{O} \text{ und } \rho(x) \neq 0 \\ \rho & : \ \rho \neq \mathsf{O} \text{ und } \rho(x) = 0 \\ \mathsf{O} & : \ \rho = \mathsf{O} \end{cases}$$

Als erste Eigenschaft beweisen wir $\mu_F(\sigma) \neq \mathsf{O}$ für alle $\sigma \neq \mathsf{O}$, was in Worten besagt, dass die Schleife fehlerfrei terminiert, falls sie in keinem Fehlerzustand gestartet wird. Zum Beweis verwenden wir eine Induktion nach $\sigma(x)$. Hier ist der Induktionsbeginn[3] $\sigma(x) = 0$:

$$\begin{aligned} \mu_F(\sigma) &= F(\mu_F)(\sigma) && \mu_F \text{ ist Fixpunkt} \\ &= \sigma && \text{Definition } F \\ &\neq \mathsf{O} && \text{Voraussetzung} \end{aligned}$$

Die nachstehende Rechnung beweist den Induktionsschluss $\sigma(x) > 0$, wobei im letzten Schritt $\sigma[x/\sigma(x) - 1][y/2 * \sigma(y)](x) = \sigma(x) - 1 < \sigma(x)$ verwendet wird:

$$\begin{aligned} \mu_F(\sigma) &= F(\mu_F)(\sigma) && \mu_F \text{ ist Fixpunkt} \\ &= \mu_F(\sigma[x/\sigma(x) - 1][y/2 * \sigma(y)]) && \text{Definition } F \\ &\neq \mathsf{O} && \text{Induktionsvoraussetzung} \end{aligned}$$

---

[3]Genaugenommen führen wir eine Noethersche Induktion in einer Noetherschen Quasiordnung durch. Deren Elemente sind alle Speicherzustände ρ und es ist $\rho_1 \preccurlyeq \rho_2$ durch $\rho_1(x) \leq \rho_2(x)$ festgelegt. Minimal sind somit alle ρ mit $\rho(x) = 0$ und beim Induktionsschritt darf man bei gegebenem ρ die Eigenschaft für alle ρ' mit $\rho'(x) < \rho(x)$ voraussetzen.

Um mittels der Semantikdefinition zu verifizieren, dass die Schleife bei einem Start in einem Speicherzustand σ nicht nur fehlerfrei terminiert, sondern als neuen Wert der Variablen y auch noch $\sigma(y) * 2^{\sigma(x)}$ berechnet (d.h. das richtige Ergebnis), kann man wie folgt vorgehen. Man beweist zuerst für die Abbildung $g : \mathbb{S} \to \mathbb{S}$ mit

$$g(\rho) = \begin{cases} \rho[x/0][y/\rho(y) * 2^{\rho(x)}] & : \ \rho \neq \mathsf{O} \\ \mathsf{O} & : \ \rho = \mathsf{O} \end{cases}$$

durch Fallunterscheidungen $F(g)(\sigma) = g(\sigma)$ für alle $\sigma \in \mathbb{S}$, also die Fixpunktgleichung $F(g) = g$. Interessant ist nur der Fall $\sigma \neq \mathsf{O}$ und $\sigma(x) \neq 0$. Hier gilt:

$$
\begin{aligned}
F(g)(\sigma) &= g(\sigma[x/\sigma(x) - 1][y/2 * \sigma(y)]) && \text{Definition } F \\
&= \sigma[\ldots][\ldots][x/0][y/\sigma[\ldots][\ldots](y) * 2^{\sigma[\ldots][\ldots](x)}] && \text{Definition } g \\
&= \sigma[x/0][y/2 * \sigma(y) * 2^{\sigma(x)-1}] \\
&= \sigma[x/0][y/\sigma(y) * 2^{\sigma(x)}] \\
&= g(\sigma) && \text{Definition } g
\end{aligned}
$$

Aus $F(g) = g$ folgt $\mu_F \sqsubseteq g$, also $\mu_F(\sigma) \sqsubseteq g(\sigma)$ für alle $\sigma \in \mathbb{S}$ nach Definition der Abbildungsordnung. Es gilt aber sogar $\mu_F(\sigma) = g(\sigma)$ für alle $\sigma \in \mathbb{S}$. Der Fall $\sigma = \mathsf{O}$ ist klar und im Fall $\sigma \neq \mathsf{O}$ verwenden wir $\mu_F(\sigma) \sqsubseteq g(\sigma)$, $\mu_F(\sigma) \neq \mathsf{O}$ und dass das Lifting $(\mathbb{S}, \sqsubseteq)$ flach geordnet ist. Insgesamt haben wir also $\mu_F = g$.

Nach dieser Analyse der Schleife ist es einfach, die Semantik des gesamten Programms zu bestimmen. Im Fall $\sigma \neq \mathsf{O}$ bekommen wir

$$
\begin{aligned}
[\![a]\!](\sigma) &= \mu_F(\sigma[x/c^I][y/1]) \\
&= g(\sigma[x/c^I][y/1]) && \mu_F = g \\
&= \sigma[x/c^I][y/1][x/0][y/\sigma[x/c^I][y/1](y) * 2^{\sigma[x/c^I][y/1](x)}] && \text{Definition } g \\
&= \sigma[x/0][y/2^{c^I}]
\end{aligned}
$$

und im verbleibenden Fall gilt offensichtlich $[\![a]\!](\mathsf{O}) = \mathsf{O}$. $\qquad\qquad\Box$

Wie schon dieses sehr kleine Beispiel demonstriert, ist die denotationelle Semantik nicht sehr gut dazu geeignet, mit konkreten größeren imperativen Programmen zu arbeiten, etwa zu zeigen, dass eine konkrete Zustandsabbildung berechnet wird oder zwei Programme die gleiche Semantik besitzen. Dies steht in einem gewissen Gegensatz zur denotationellen Semantik von funktionalen Programmen, wo Rechnungen mittels der Semantik oft viel einfacher sind.

Die eigentliche Stärke der denotationellen Semantik beim imperativen Sprach-Paradigma liegt in der Beschreibungsmächtigkeit und den Möglichkeiten, grundlegende Aussagen über schematische Programme im Vergleich zu anderen Ansätzen (insbesondere operativen) relativ einfach beweisen zu können. Zu den letzteren gehören etwa fundamentale Transformationsregeln, welche Programmierwissen kodifizieren, oder die Korrektheit von gewissen Beweissystemen (etwa dem Hoare-Kalkül) zur formalen Verifikation von imperativen Programmen. Der Leser sei hierzu auf die reichhaltige Literatur zur Programmiersprachensemantik verwiesen, etwa auf die Bücher „Semantics with Applications. A Formal Introduction" von H. Nielson und F. Nielson (Wiley, 1992) und „Semantik: Theorie sequentieller und paralleler Programmierung" von E. Best (Vieweg-Verlag, 1995).

7.3   Nachweis von Terminierung

Ersetzungssysteme (oft auch Reduktionssysteme genannt) bestehen abstrakt aus einer Menge E und einer Einschritt-Ersetzungsrelation auf E, welche in der Regel durch einen Pfeil $\rightarrow$ in Infix-Notation angegeben wird. Sie haben in der Informatik eine Reihe von wichtigen Anwendungen. Textersetzungssysteme eignen sich etwa besonders gut für das Rechnen in Halbgruppen, Termersetzungssysteme werden oft zur Festlegung von operationeller Semantik und zum Schließen in (gleichungsdefinierten) algebraischen und logischen Strukturen verwendet und Ersetzungssysteme auf Polynomen haben in den letzten Jahren durch ihre Anwendungen bei der Berechnung von Gröbner-Basen sehr an Bedeutung gewonnen.

Bei Ersetzungssystemen $(E, \rightarrow)$ konstruiert man zu einem Startelement $a_0 \in E$ eine Folge $a_0, a_1, a_2, \ldots$ so, dass $a_i \rightarrow a_{i+1}$ für alle Folgenglieder gilt. Als anschaulichere Notation hierfür wird normalerweise, analog zu den abzählbaren Ketten bei Ordnungen, $a_0 \rightarrow a_1 \rightarrow a_2 \rightarrow \ldots$ verwendet, und man spricht in diesem Zusammenhang dann auch von einer Berechnung mit Startpunkt a_0. Gibt es eine Berechnung $a_0 \rightarrow a_1 \rightarrow \ldots \rightarrow a_i$, so schreibt man dafür auch $a_0 \overset{*}{\rightarrow} a_i$. Bei der so definierten *Berechnungsrelation* $\overset{*}{\rightarrow}$ auf E handelt es sich nämlich um die reflexiv-transitive Hülle der Einschritt-Ersetzungsrelation und der Stern wird in der Regel zur Kennzeichnung dieser Hülle verwendet. Zentral für das Arbeiten mit Ersetzungssystemen ist der Begriff Terminierung.

7.3.1 Definition Ein Ersetzungssystem $(E, \rightarrow)$ heißt *terminierend*, wenn jede Berechnung $a_0 \rightarrow a_1 \rightarrow a_2 \rightarrow \ldots$ endlich ist, es also $i \in \mathbb{N}$ mit $\{b \in E \mid a_i \rightarrow b\} = \emptyset$ gibt. Man nennt dann a_i das Ergebnis der Berechnung oder eine Normalform. $\qquad\square$

Wie man leicht zeigen kann, wird durch die Abbildung

$$h : 2^E \rightarrow 2^E \qquad h(X) = \{b \in E \mid \exists\, a \in X : a \overset{*}{\rightarrow} b \wedge b \text{ Normalform}\},$$

die einer Teilmenge X von E die von ihr aus berechenbaren Normalformen zuordnet, eine Hüllenbildung im Potenzmengenverband $(2^E, \cup, \cap)$ erklärt. Damit ist eine Verbindung zu den Verbänden hergestellt. Es stehen uns somit alle in diesem Zusammenhang bewiesenen Resultate bei Ersetzungssystemen zur Verfügung.

Speziell für einelementige Teilmengen $\{a\}$ bekommt man $|h(\{a\})| \geq 1$ im Fall von terminierenden Ersetzungssystemen. Man ordnet a also mindestens ein Ergebnis zu. Ein anderer Wunsch ist oft $|h(\{a\})| \leq 1$. Ist man an solchen eindeutigen Ergebnissen interessiert, so spielt der Begriff *Konfluenz* eine Rolle. Er besagt, dass man zwei „auseinanderlaufende" Berechnungen $a_0 \rightarrow a_1 \rightarrow a_2 \rightarrow \ldots \rightarrow a_m$ und $a_0 \rightarrow a_1' \rightarrow a_2' \rightarrow \ldots \rightarrow a_n'$ durch

„Verlängerungen" $a_m \to a_{m+1} \to a_{m+2} \to \ldots \to b$ und $a'_n \to a'_{n+1} \to a'_{n+2} \to \ldots \to b$ wieder zusammenführen kann. Bei terminierenden und konfluenten Ersetzungssystemen gilt $|h(\{a\})| = 1$ und dadurch wird durch die Berechnungsrelation offensichtlich eine Abbildung auf E definiert.

Wir konzentrieren uns im Folgenden auf die Terminierung. Es kann gezeigt werden, dass es kein allgemeines Verfahren gibt, welches für ein beliebiges Ersetzungssystem $(E, \to)$ als Eingabe entscheiden kann, ob es terminierend oder nichtterminierend ist. In der Praxis kommt man beim Problem der Terminierung unter Zuhilfenahme von Ordnungen jedoch oft zum Ziel. Dem liegt der nachfolgende Satz zugrunde, dessen Beweis sich direkt aus Satz 3.4.11 ergibt.

7.3.2 Satz (Terminierungskriterium) Ein Ersetzungssystem $(E, \to)$ ist terminierend, falls es eine Abbildung $t : E \to M$ in eine Noethersche Ordnung $(M, \sqsubseteq)$ gibt, so dass für alle $a, b \in E$ gilt: $a \to b$ impliziert $t(b) \sqsubset t(a)$. □

Die Abbildung t von Satz 7.3.2 wird auch *Terminierungsabbildung* genannt. Es wurden in den letzten Jahrzehnten beträchtliche Erfolge bei der Konstruktion geeigneter Noetherscher Ordnungen und Terminierungsabbildungen erzielt, insbesondere bei Terminierungsbeweisen von Termersetzungssystemen. Wir wollen im Folgenden einen kleinen Einblick in die entsprechenden Vorgehensweisen geben. Aus Platzgründen beschränken wir uns dabei auf die einfacher zu behandelnden Textersetzungssysteme, bezüglich allgemeiner Ersetzungssysteme sei beispielsweise auf das Buch „Reduktionssysteme" von J. Avenhaus (Springer, 1995) verwiesen. Dazu brauchen wir ein paar vorbereitende Notationen.

Wir kennen schon die Menge S^+ der nichtleeren Sequenzen von Elementen aus S. Als S^* notieren wir nun die Menge aller Sequenzen von Elementen aus S. Es gilt also $S^* = S^+ \cup \{\varepsilon\}$, wobei ε die leere Sequenz $\langle\rangle$ benennt. Bei Textersetzung sind die Bezeichnungen „Zeichen" statt „Element" und „Wort" statt „Sequenz" geläufig; wir werden deshalb diese auch im Folgenden verwenden. Die Konkatenation von zwei Wörtern $v, w \in S^*$ notieren wir als vw und auch für das Anfügen eines Zeichens $a \in S$ an ein Wort $w \in S^*$ schreiben wir aw (Anfügen von links) bzw. wa (Anfügen von rechts). Mit $|w|$ bezeichnen wir die Länge von $w \in S^*$ und w_i bezeichnet das i-te Zeichen von w. Schließlich sei $|w|_a$ die Anzahl der Vorkommen von $a \in S$ in w, also die Mächtigkeit von $\{i \in \mathbb{N} \mid w_i = a\}$.

7.3.3 Definition Ein *Textersetzungssystem* ist ein Paar (S, R), wobei S eine nichtleere Menge von Zeichen und R eine Relation auf S^* ist. Ein Paar $(l, r) \in R$ wird als $l \mapsto r$ notiert und *Textersetzungsregel* mit linker Seite l und rechter Seite r genannt. Durch

$$v \to w \quad :\Longleftrightarrow \quad \exists\, l \mapsto r \in R, x, y \in S^* : v = xly \wedge w = xry$$

für alle $v, w \in S^*$ wird die Einschritt-Ersetzungsrelation auf S^* festgelegt. □

Durch diese Definition erhält man ein Ersetzungssystem $(S^*, \to)$ im Sinne der am Anfang des Abschnitts gegebenen abstrakten Beschreibung und somit übertragen sich alle bisherigen Begriffe auf die Konkretisierung „Textersetzungssystem". Es sollte noch erwähnt werden, dass man aus algorithmischen Gründen bei einem Textersetzungssystem (S, R) normalerweise annimmt, dass S endlich ist. Dadurch kann man die Elemente von S der Reihe nach aufzählen. Ordnungstheoretisch heißt dies, dass man es mit einer Totalordnung $(S, \leq)$ zu tun hat. Man nennt S dann ein Alphabet.

7.3.4 Beispiel (für eine Textersetzung) Wir betrachten die Menge $S = \{a, b, c, \Diamond\}$ und die folgenden drei Textersetzungsregeln, welche wir mit (1) bis (3) durchnummerieren.

$$(1) \quad a\Diamond b\Diamond \mapsto \Diamond \qquad (2) \quad a\Diamond \mapsto \Diamond \qquad (3) \quad c \mapsto \Diamond$$

Die vom Wort $aacbc$ ausgehenden Berechnungen kann man als Diagramm wie in Abbildung 7.6 angegeben darstellen. Die Ersetzung erfolgt dabei von oben nach unten. Welche Regeln angewendet werden ist bei so einem kleinen Beispiel klar. Bei größeren Beispielen werden an den Linien oft zusätzlich die Regeln in einer geeigneten Form angegeben, welche zu den entsprechenden Berechnungsschritten führen.

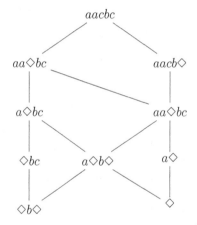

Abbildung 7.6: Graphische Darstellung von Berechnungen

Aufgrund dieses Diagramms erhalten wir für die obige Hüllenabbildung h insbesondere, wenn wir es von oben nach unten durchgehen, dass $h(\{aacbc\}) = \{\Diamond b\Diamond, \Diamond\}$ zutrifft. Die Menge $\{\Diamond b\Diamond, \Diamond\}$ kann man also als (nichtdeterministische) Ausgabe des Textersetzungsalgorithmus zur Eingabe $aacbc$ auffassen.   □

Die Terminierungsabbildung eines allgemeinen Ersetzungssystems hat bei jedem Ersetzungsschritt ihren Wert in der entsprechenden Noetherschen Ordnung echt zu verkleinern. Bei Textersetzungssystemen ist jeder Ersetzungsschritt durch eine Regelanwendung festgelegt. Man wird deshalb versuchen, die Terminierungsabbildung auf die Textersetzungsregeln einzuschränken. Damit wird die Anwendbarkeit wesentlich vereinfacht. Zur Einschränkung auf die Regeln bedarf es natürlich einer gewissen Verträglichkeit mit der Wortstruktur, welche wir nun präzisieren.

7.3.5 Definition Eine Abbildung $t : S^* \to M$ in eine Ordnung $(M, \sqsubseteq)$ heißt *verträglich mit der Wortstruktur*, falls für alle $v, w \in S^*$ und $a, b \in S$ gilt: Aus $t(v) \sqsubset t(w)$ folgt $t(avb) \sqsubset t(awb)$ und $t(v) = t(w)$ impliziert $t(avb) = t(awb)$. ☐

Als Spezialisierung von Satz 7.3.2 auf die Regeln von Textersetzungssystemen erhalten wir nun das folgende Kriterium.

7.3.6 Satz (Terminierungskriterium für Textersetzung) Ein Textersetzungssystem (S, R) ist terminierend, falls es eine mit der Wortstruktur verträgliche Abbildung $t : S^* \to M$ in eine Noethersche Ordnung $(M, \sqsubseteq)$ gibt, so dass $t(r) \sqsubset t(l)$ für alle $l \mapsto r \in R$ gilt.

Beweis: Es sei $l \mapsto r \in R$ eine beliebige Textersetzungsregel, Nach Voraussetzung gilt dann $t(r) \sqsubset t(l)$. Durch eine einfache Induktion nach den Längen von x und y in Kombination mit der Verträglichkeit von t mit der Wortstruktur folgt daraus $t(xry) \sqsubset t(xly)$ für alle $x, y \in S^*$.

Liegt nun eine Beziehung $v \to w$ vor, so gibt es $l \mapsto r \in R$ und $x, y \in S^*$ mit $v = xly$ und $w = xry$. Aus $t(r) \sqsubset t(l)$ folgt, wie eben gezeigt, $t(xry) \sqsubset t(xly)$, also $t(w) \sqsubset t(v)$. Den Rest erledigt Satz 7.3.2. ☐

Um die Terminierung eines Textersetzungssystems zu beweisen, genügt es also, eine mit der Wortstruktur verträgliche Abbildung t in eine Noethersche Ordnung so zu finden, dass für jede Textersetzungsregel der t-Wert der rechten Seite echt kleiner als der t-Wert der linken Seite ist.

Eine wichtige Klasse von solchen Terminierungsabbildungen, die mit der Wortstruktur verträglich sind, ist die Klasse der *Gewichtsabbildungen* $t : S^* \to \mathbb{N}$ in die gewöhnliche Noethersche Ordnung $(\mathbb{N}, \leq)$ der natürlichen Zahlen. Hierbei wird zuerst jedem Zeichen $a \in S$ ein Gewicht $g(a) \in \mathbb{N} \setminus \{0\}$ zugeordnet und dann t rekursiv mittels $t(\varepsilon) = 0$ und $t(aw) = g(a) + t(w)$ definiert. Dies bringt $t(w) = \sum_{i=1}^{|w|} g(w_i)$, womit man sofort die beiden Forderungen von Definition 7.3.5 verifiziert.

7.3.7 Beispiel (Terminierung durch Gewichtsabbildung) Mit Hilfe einer Gewichtsabbildung kann man etwa die Terminierung des Textersetzungssystems von Beispiel 7.3.4 nachweisen. Eine mögliche Wahl der Gewichte bei der Festlegung $t(w) = \sum_{i=1}^{|w|} g(w_i)$ ist

$$g(a) = 1 \qquad g(b) = 1 \qquad g(\Diamond) = 1 \qquad g(c) = 2,$$

weil dies für die drei Textersetzungsregeln die Beziehungen

$$t(\Diamond) = 1 < 4 = t(a \Diamond b \Diamond) \qquad t(\Diamond) = 1 < 2 = t(a \Diamond) \qquad t(\Diamond) = 1 < 2 = t(c)$$

impliziert. Also ist für jede Textersetzungsregel der t-Wert der rechten Seite echt kleiner als der t-Wert der linken Seite. Satz 7.3.6 zeigt nun die Terminierung. ☐

Weitere wichtige Terminierungsabbildungen, die mit der Wortstruktur verträglich sind, sind $t(w) = |w|$ (Längenabbildung) und $t_a(w) = |w|_a$ (Anzahl der Vorkommen eines Zeichens). Beide sind, für sich allein genommen, nicht auf das Textersetzungssystem von

Beispiel 7.3.4 anwendbar. Durch eine Kombination kommt man hingegen zum Erfolg. Sie stützt sich auf eine spezielle Ordnung auf Tupeln gleicher Länge, die man beispielsweise vom Telefonbuch her kennt. Aus Gründen der Vereinfachung beschränken wir uns auf Paare.

7.3.8 Satz Es seien $(M, \sqsubseteq_1)$ und $(N, \sqsubseteq_2)$ Ordnungen. Dann ist die durch die Festlegung

$$\langle a, b \rangle <_{lex} \langle c, d \rangle \quad :\Longleftrightarrow \quad a \sqsubset_1 c \vee (a = c \wedge b \sqsubseteq_2 d)$$

für alle Paare $\langle a, b \rangle$ und $\langle c, d \rangle$ aus $M \times N$ definierte Relation $<_{lex}$ eine Striktordnung auf dem direkten Produkt $M \times N$.

Beweis: Wir wählen $a \in M$ und $b \in N$ beliebig. Dann ist $\langle a, b \rangle <_{lex} \langle a, b \rangle$ äquivalent zu $b \sqsubset_2 b$, kann also nicht gelten. Damit ist die Irreflexivität nachgewiesen.

Nun gelte $\langle a, b \rangle <_{lex} \langle c, d \rangle$ und $\langle c, d \rangle <_{lex} \langle e, f \rangle$ für die beliebig gewählten Paare $\langle a, b \rangle, \langle c, d \rangle, \langle e, f \rangle \in M \times N$. Dann kann man die Transitivität $\langle a, b \rangle <_{lex} \langle e, f \rangle$ durch eine Reihe von Fallunterscheidungen nachweisen.

Es gelte $a \sqsubset_1 c$. Gilt auch noch $c \sqsubset_1 e$, so bringt dies $a \sqsubset_1 e$, also $\langle a, b \rangle <_{lex} \langle e, f \rangle$. Treffen hingegen $c = e$ und $d \sqsubseteq_2 f$ zu, so bringt dies wiederum $a \sqsubset_1 e$, also $\langle a, b \rangle <_{lex} \langle e, f \rangle$.

Den Fall, dass $a = c$ und $b \sqsubset_1 d$ gelten, und seine beiden sich aus $\langle c, d \rangle <_{lex} \langle e, f \rangle$ ergebenden Unterfälle behandelt man in analoger Weise. $\square$

Aufgrund von Satz 2.2.2.2 wissen wir, dass Striktordnungsrelationen mittels der Bildung von reflexiven Hüllen zu Ordnungsrelationen führen. Die aus Satz 7.3.8 sich ergebende ist in der Literatur unter dem nachfolgenden Namen bekannt.

7.3.9 Definition Die durch die Striktordnung $<_{lex}$ von Satz 7.3.8 definierte Ordnung $(M \times N, \leq_{lex})$ heißt die *lexikographische Ordnung* von $(M, \sqsubseteq_1)$ und $(N, \sqsubseteq_2)$. $\square$

Terminierungsbeweise von Ersetzungssystemen stützen sich aufgrund von Satz 7.3.2 auf Noethersche Ordnungen. Wesentlich in unserem Zusammenhang ist nun die in dem folgenden Satz angegebene Vererbungseigenschaft.

7.3.10 Satz Sind $(M, \sqsubseteq_1)$ und $(N, \sqsubseteq_2)$ Noethersche Ordnungen, so ist auch $(M \times N, \leq_{lex})$ eine Noethersche Ordnung.

Beweis: Wir betrachten das folgende Prädikat P auf M: Es gilt $P(a_0)$ genau dann, wenn es kein $b_0 \in N$ gibt, so dass in $\langle a_0, b_0 \rangle$ eine echt abzählbar-absteigende Kette

$$\ldots \langle a_2, b_2 \rangle <_{lex} \langle a_1, b_1 \rangle <_{lex} \langle a_0, b_0 \rangle \tag{$*$}$$

startet. Aufgrund von Satz 3.4.11 ist der Beweis erbracht, wenn wir die Gültigkeit von P für alle Elemente von M gezeigt haben. Wir verwenden dazu eine Noethersche Induktion auf $(M, \sqsubseteq_1)$.

Der Induktionsanfang $P(a_0)$ mit einem beliebigen minimalen Element a_0 aus M ist trivial, denn in diesem Fall kann es kein $b_0 \in N$ mit der geforderten Eigenschaft geben.

Zum Induktionsschluss sein nun $a_0 \in M$ ein nicht-minimales Element. Wir nehmen an, dass es eine echt abzählbar absteigende Kette der Form (∗) gibt, und leiten daraus unter Verwendung der Induktionsvoraussetzung einen Widerspruch her. Damit ist dann $P(a_0)$ bewiesen.

Es kann nicht die Eigenschaft $a_0 = a_i$ für alle Indizes $i \in \mathbb{N}$ gelten, denn dies würde die echt abzählbar-absteigende Kette

$$\ldots \sqsupset_2 b_2 \sqsupset_2 b_1 \sqsupset_2 b_0$$

nach sich ziehen, was, wiederum nach Satz 3.4.11, dem Noetherschein der Ordnung $(N, \sqsubseteq_2)$ widerspricht.

Nun wählen wir i als den kleinsten Index mit $a_i \sqsubset_1 a_0$. Nach der Induktionsvoraussetzung $P(a_i)$ gibt es kein $c_i \in N$, so dass in dem Paar $\langle a_i, c_i \rangle$ eine echt abzählbar-absteigende Kette startet. Das ist aber ein Widerspruch zur Teilkette

$$\ldots \langle a_{i+2}, b_{i+2} \rangle <_{lex} \langle a_{i+1}, b_{i+1} \rangle <_{lex} \langle a_i, b_i \rangle$$

der Kette von (∗). Damit ist der Widerspruchsbeweis beendet. □

Sind die Ordnungen $(M, \sqsubseteq_1)$ und $(N, \sqsubseteq_2)$ sogar Wohlordnungen, so ist auch die lexikographische Ordnung $(M \times N, \leq_{lex})$ eine Wohlordnung. Gilt nämlich $\langle a, b \rangle = \langle c, d \rangle$, so auch $\langle a, b \rangle \leq_{lex} \langle c, d \rangle$. Im Fall $\langle a, b \rangle \neq \langle c, d \rangle$ bestimmt bei $a \neq c$ die Anordnung von a und c in M die Anordnung der Paare $\langle a, b \rangle$ und $\langle c, d \rangle$ in $(M \times N, \leq_{lex})$. Trifft hingegen $a = c$ zu, so muss $b \neq d$ gelten. Nun bestimmt die Anordnung von b und d in N, wie die Paare in $(M \times N, \leq_{lex})$ angeordnet sind.

Bei der Anwendung von Terminierungsabbildungen in lexikographische Ordnungen spielt eine spezielle Paarbildung eine ausgezeichnete Rolle. Glücklicherweise erhält diese die wichtige Voraussetzung von Satz 7.3.6, wie der nachstehende Satz zeigt.

7.3.11 Satz Sind $t_1 : S^* \to M$ und $t_2 : S^* \to N$ zwei Abbildungen in Ordnungen $(M, \sqsubseteq_1)$ und $(M, \sqsubseteq_2)$, die verträglich mit der Wortstruktur sind, so ist auch die Abbildung

$$t : S^* \to M \times N \qquad t(w) = \langle t_1(w), t_2(w) \rangle$$

in die lexikographische Ordnung $(M \times N, \leq_{lex})$ verträglich mit der Wortstruktur.

Beweis: Es seien $v, w \in S^*$ und $a, b \in S$ beliebig vorgegeben. Dann haben wir

$$
\begin{aligned}
t(avb) <_{lex} t(awb) &\iff \langle t_1(avb), t_2(avb) \rangle <_{lex} \langle t_1(awb), t_2(awb) \rangle \\
&\iff t_1(avb) \sqsubset_1 t_1(awb) \vee \\
&\quad (t_1(avb) = t_1(awb) \wedge t_2(avb) \sqsubset_2 t_2(awb)) \\
&\impliedby t_1(v) \sqsubset_1 t_1(w) \vee \\
&\quad (t_1(v) = t_1(w) \wedge t_2(v) \sqsubset_2 t_2(w)) \qquad \text{Vor.} \\
&\iff \langle t_1(v), t_2(v) \rangle <_{lex} \langle t_1(w), t_2(w) \rangle \\
&\iff t(v) <_{lex} t(w),
\end{aligned}
$$

was die erste Forderung von Definition 7.3.5 beweist. Die Rechnung

$$
\begin{aligned}
t(avb) = t(awb) \quad &\Longleftrightarrow \quad \langle t_1(avb), t_2(avb) \rangle = \langle t_1(awb), t_2(awb) \rangle \\
&\Longleftrightarrow \quad t_1(avb) = t_1(awb) \wedge t_2(avb) = t_2(awb) \\
&\Longleftarrow \quad t_1(v) = t_1(w) \wedge t_2(v) = t_2(w) \qquad \text{Vor.} \\
&\Longleftrightarrow \quad \langle t_1(v), t_2(v) \rangle = \langle t_1(w), t_2(w) \rangle \\
&\Longleftrightarrow \quad t(v) = t(w)
\end{aligned}
$$

zeigt schließlich noch die zweite Forderung von Definition 7.3.5. $\qquad\square$

Nun kombinieren wir die Längenabbildung und die Abbildung, welche die Anzahl der Vorkommen eines Zeichens liefert, um das Textersetzungssystem von Beispiel 7.3.4 als terminierend nachzuweisen.

7.3.12 Beispiel (Terminierung durch lexikographische Ordnung) Wir definieren eine Terminierungsabbildung t von der Zeichenmenge $\{a, b, c, \diamond\}$ des Textersetzungssystems von Beispiel 7.3.4 in die Ordnung $(\mathbb{N} \times \mathbb{N}, \leq_{lex})$ wie folgt:

$$
t : \{a, b, c, \diamond\} \to \mathbb{N} \times \mathbb{N} \qquad t(w) = \langle |w|, |w|_c \rangle
$$

Damit haben wir die Darstellung $t(w) = \langle t_1(w), t_2(w) \rangle$, mit $t_1(w) = |w|$ und $t_2(w) = |w|_c$. Nach Satz 7.3.11 ist t mit der Wortstruktur verträglich, weil es die Abbildungen t_1 und t_2 sind, und nach Satz 7.3.10 ist der Resultatbereich von t Noethersch geordnet. Zur letzten Aussage haben wir unterstellt, dass $(\mathbb{N} \times \mathbb{N}, \leq_{lex})$ die lexikographische Ordnung ist, wie sie aus der gewöhnlichen Ordnung der natürlichen Zahlen entsteht.

Es gelten $t(\diamond) <_{lex} t(a \diamond b \diamond)$ und $t(\diamond) <_{lex} t(a \diamond)$ wegen $|\diamond| < |a \diamond b \diamond|$ und $|\diamond| < |a \diamond|$. Weiterhin gilt auch $t(\diamond) <_{lex} t(c)$, weil $|\diamond| = |c|$ und $|\diamond|_c < |c|_c$. Satz 7.3.6 zeigt nun wiederum die Terminierung. $\qquad\square$

Zum Schluss des Abschnitts wollen wir noch eine weitere Anwendung von Terminierungsbeweisen skizzieren, die für die praktische Programmierung von großer Bedeutung ist. Wir beginnen mit einem motivierenden Beispiel.

7.3.13 Beispiel (für eine Programmentwicklung) Bei funktionaler Programmierung besteht eine Programmentwicklung oft aus dem Beweis einer Rekursionsgleichung für die gegebene Spezifikation. Das in Informatik-Grundvorlesungen am häufigsten benutzte Beispiel ist sicherlich die Fakultätsabbildung

$$
fac : \mathbb{N} \to \mathbb{N} \qquad fac(n) = n! := \prod_{i=1}^{n} i.
$$

Sie erfüllt für alle $n \in \mathbb{N}$ die Rekursionsgleichung

$$
fac(n) = \begin{cases} 1 & : \ n = 0 \\ n * fac(n-1) & : \ n \neq 0. \end{cases}
$$

Ein funktionales Programm besteht nun in der Übertragung dieser Rekursion in Programmiersprachennotation, beispielsweise in

```
fun fac(n) = if n = 0 then 1
                else n * fac(n-1),
```

wenn man die funktionale Sprache Standard ML verwendet. □

So einleuchtend die eben beschriebene Vorgehensweise ist, sie hat doch ihre Tücken. Das funktionale Programm nimmt nämlich nur noch auf die Rekursionsgleichung Bezug, in der nun die ursprüngliche Abbildung f für eine Unbekannte steht. Etwas formalisierter heißt dies, dass sie eine Lösung einer Gleichung $h = F_f(h)$ ist, wobei die Definition der Abbildung F_f auf partiellen Abbildungen[4] in der Form $f_f(h)(a) = \ldots$ sich direkt aus der rechten Seite der Rekursion von f ergibt. Im Fakultätsbeispiel sieht die Definition von F_{fac} für $h : \mathbb{N} \to \mathbb{N}$ und $n \in \mathbb{N}$ wie folgt aus:

$$F_{fac} : \mathbb{N}^{\mathbb{N}} \to \mathbb{N}^{\mathbb{N}} \qquad F_{fac}(h)(n) = \begin{cases} 1 & : \; n = 0 \\ n * h(n-1) & : \; n \neq 0. \end{cases}$$

Offensichtlich ist die oben definierte Fakultätsabbildung *fac* die einzige Lösung der Gleichung $h = F_{fac}(h)$ in der Unbekannten h, d.h. der einzige Fixpunkt von F_{fac}. Dies muss aber nicht immer so sein. Ändert man z.B. die Typisierung von F_{fac} ab zu $F_{fac} : \mathbb{Z}^{\mathbb{Z}} \to \mathbb{Z}^{\mathbb{Z}}$, so bekommt man mindestens zwei Fixpunkte. Einer entsteht, aus *fac*, indem man diese Abbildung auf negative Eingaben n durch $fac(n) = 0$ konstant fortsetzt. Der andere entsteht auch durch eine Erweiterung von *fac* auf die negativen Zahlen. Hier spezifiziert man aber alle Resultate $fac(n)$ für $n < 0$ als undefiniert.

Um zu zeigen, dass die ursprünglich betrachtete Abbildung $f : M \to N$ der einzige Fixpunkt der durch ihre Rekursionsgleichung induzierte Abbildung $F_f : N^M \to N^M$ ist, hat man zu verifizieren, dass für alle $a \in M$ aus der Definiertheit von $f(a)$ die Definiertheit von $\mu_{F_f}(a)$ folgt. Im Prinzip besteht die eben beschriebene Aufgabe aus einem Terminierungsbeweis für die Rekursion. Dies kann man in vielen Fällen wiederum durch eine Terminierungsabbildung t in eine Noethersche Ordnung bewerkstelligen. Dazu hat man nachzuweisen, dass in der rechten Seite der Gleichung $F_f(h)(a) = \ldots$ für alle $a \in M$, für die $f(a)$ definiert ist, unter Beachtung der entsprechenden Bedingungen der Fallunterscheidungen die t-Werte der Argumente aller Aufrufe von h echt kleiner als $t(a)$ sind.

Bei der Fakultätsrekursion ist dies trivial. Hier wählt man $(\mathbb{N}, \leq)$ als Noethersche Ordnung und $t : \mathbb{N} \to \mathbb{N}$ als Identität. Dann gilt im Fall $n \neq 0$ für das Argument $n-1$ des rekursiven Aufrufs die Eigenschaft $t(n-1) < t(n)$. Nachfolgend geben wir ein Beispiel für einen wesentlich komplizierteren Terminierungsbeweis an.

---

[4]Diese Verallgemeinerung ist wichtig. Rekursive funktionale Programme können ja nicht terminieren und damit muss die ihnen zugeordnete Abbildung auch Undefiniertheitsstellen haben dürfen. Außerdem sichert sie die Existenz des kleinsten Fixpunkts μ_{F_f} von F_f zu, welcher – unter dem Gesichtspunkt der operationellen Berechnung – die mathematische Bedeutung der Rekursionsgleichung ist. Die partiellen Abbildungen auf einer Menge bilden nämlich eine CPO, wenn man sie in der Auffassung als Relationen durch die Inklusion ordnet.

7.3.14 Beispiel (Programmterminierungsbeweis) Wir betrachten das nachfolgende funktionale Programm in Standard ML Syntax, wobei die vordefinierten ML-Operationen div und mod den Teiler bzw. den Rest bei einer ganzzahligen Division berechnen:

```
fun P(n) = if n mod 2 = 1 then P((3*n + 1) div 2)
                          else n div 2
```

Die durch dieses Programm induzierte Abbildung $F_P : \mathbb{N}^{\mathbb{N}} \to \mathbb{N}^{\mathbb{N}}$ ist für alle partiellen Abbildungen $h : \mathbb{N} \to \mathbb{N}$ und alle $n \in \mathbb{N}$ wie folgt festgelegt:

$$F_P(h)(n) = \begin{cases} h(\frac{3*n+1}{2}) & : \quad n \text{ ungerade} \\ \frac{n}{2} & : \quad n \text{ gerade} \end{cases}$$

Um die Terminierung von P für alle Eingaben $n \in \mathbb{N}$ zu beweisen, betrachten wir die folgende Terminierungsabbildung in die gewöhnliche Ordnung der natürlichen Zahlen:

$$t : \mathbb{N} \to \mathbb{N} \qquad\qquad t(n) = \begin{cases} 1 + t(\frac{n-1}{2}) & : \quad n \text{ ungerade} \\ 0 & : \quad n \text{ gerade} \end{cases}$$

Offensichtlich terminiert die Rekursion von t, diese Terminierungsabbildung ist also total. Durch sie wird jeder natürlichen Zahl n die Anzahl des Zeichens L zugeordnet, die man antrifft, indem man die Binärdarstellung von n von rechts nach links bis zum ersten Vorkommen des Zeichens O oder ggf. bis zum Wortanfang liest. Dies zu verifizieren ist trivial. Eine ganz andere Frage ist natürlich, wie man so eine ungewöhnliche Terminierungsabbildung findet. Hier spielt Erfahrung eine große Rolle. Oft hilft auch systematisches Experimentieren mit symbolischen Auswertungen.

Es bleibt nach dem eben Gesagten noch zu zeigen, dass für alle ungeraden $n \in \mathbb{N}$ die Abschätzung $t(\frac{3*n+1}{2}) < t(n)$ gilt. Der Beweis erfolgt durch eine Noethersche Induktion auf der Menge der ungeraden natürlichen Zahlen.

Zum Induktionsanfang sei $n = 1$, also minimal. Dann gilt:

$$\begin{aligned} t(\tfrac{3*1+1}{2}) \quad &= \quad t(2) \\ &= \quad 0 && \text{Definition } t \\ &< \quad 1 \\ &= \quad 1 + t(0) && \text{Definition } t \\ &= \quad t(1) && \text{Definition } t \end{aligned}$$

Zum Induktionsschluss sei nun $n > 1$ ungerade. Es gibt zwei Fälle. Ist $\frac{3*n+1}{2}$ gerade, so folgt ohne Verwendung der Induktionsvoraussetzung

$$\begin{aligned} t(\tfrac{3*n+1}{2}) \quad &= \quad 0 && \text{Definition } t \\ &< \quad 1 \\ &\leq \quad 1 + t(\tfrac{n-1}{2}) \\ &= \quad t(n) && \text{Definition } t. \end{aligned}$$

Nun sei $\frac{3*n+1}{2}$ ungerade. Hier schließen wir wie folgt:

$$
\begin{aligned}
t(\tfrac{3*n+1}{2}) &= 1 + t(\tfrac{\frac{3*n+1}{2}-1}{2}) && \text{Definition } t\\
&= 1 + t(\tfrac{3*\frac{n-1}{2}+1}{2})\\
&< 1 + t(\tfrac{n-1}{2}) && \text{Induktionshypothese } \tfrac{n-1}{2} < n\\
&= t(n) && \text{Definition } t
\end{aligned}
$$

Wesentlich bei dieser Rechnung ist das Ungeradesein von $\frac{n-1}{2}$. Dies folgt aber aus der Annahme an $\frac{3*n+1}{2}$. Gäbe es nämlich ein $k \in \mathbb{N}$ mit $\frac{n-1}{2} = 2*k$, so folgt daraus der Widerspruch $\frac{3*n+1}{2} = 2*(3*k+1)$ zum Ungeradesein von $\frac{3*n+1}{2}$. $\qquad\square$

Ein seit mehreren Jahrzehnten ungelöstes Terminierungsproblem geht auf den Mathematiker L. Collatz zurück. Die entsprechende partielle Abbildung f auf den natürlichen Zahlen ist rekursiv wie folgt definiert: $f(0) = 0$, $f(n) = f(3*n+1)$ falls n ungleich Null und ungerade ist und $f(n) = f(\frac{n}{2})$ für alle anderen natürlichen Zahlen n. Es ist bisher unbekannt, ob diese Rekursion für alle natürlichen Zahlen terminiert, d.h. die durch sie festgelegte partielle Abbildung total ist.

7.4 Kausalität in verteilten Systemen

Ein auf einem Rechner ablaufendes Programm mit allen seinen dazu benötigten Ressourcen wird als Prozess bezeichnet. Früher hatten Rechner nur eine CPU und damit war es nicht möglich, dass mehrere Prozesse gleichzeitig abliefen. Heutzutage haben Rechner mehrere CPUs und sind sogar zu Rechnernetzen zusammengeschlossen. Damit können Prozesse parallel ablaufen. Im Vergleich zu den früheren sequentiellen Prozessen bedingt aber so ein verteiltes System paralleler Prozesse die Beachtung von zusätzlichen Nebenbedingungen. Diese betreffen etwa Koordinierungsfragen, Kommunikationskonzepte und die kausalen Beziehungen zwischen den ausgeführten Aktionen. Insbesondere bei der Klärung von Kausalität spielen Ordnungen und Verbände eine große Rolle. Dies soll in diesem Abschnitt angedeutet werden.

Das im Folgenden von uns verwendete Modell eines verteilten Systems ist das einer Ansammlung von einzelnen sequentiellen Prozessen $P_1, \ldots, P_n$ in einem Netzwerk aus unidirektionalen Kommunikationskanälen zwischen Prozesspaaren zum Austausch von Nachrichten. Die *Aktionsstruktur* des verteilten Systems ist gegeben durch eine Menge E von Ereignissen, eine jedem Prozess P_i zugeordnete Totalordnung $(E_i, \leq_i)$ mit $E_i \subseteq E$ und eine *Kausalitätsrelation* $\rightsquigarrow$ auf der Menge $\bigcup_{i=1}^{n} E_i$. Dabei gilt $d <_i e$ wenn d und e Ereignisse des Prozesses P_i sind und d zeitlich vor e stattfindet. Ereignisse eines Prozesses, die nichts mit der Kommunikation zwischen Prozessen zu tun haben, heißen intern. Als nichtinterne Ereignisse betrachtet man nur das Senden und Empfangen von Nachrichten. Die Kausalitätsrelation $d \rightsquigarrow e$ auf den nichtinternen Ereignissen trifft zu, wenn $d \in E_i$ das Senden einer Nachricht von P_i nach P_j ist und $e \in E_j$ das Empfangen dieser Nachricht von P_i

durch P_j. Graphisch werden Aktionsstrukturen durch kreisfreie gerichtete Graphen darge-stellt, mit den Hasse-Diagrammen der Ordnungen $(E_i, \leq_i)$ jeweils in einer Ebene und den Pfeilen für die Kausalitätsrelation zwischen diesen Ebenen. Solche Strukturen beschreiben Ordnungen. Formalisiert wurde dies erstmals durch L. Lamport.

7.4.1 Definition Die Aktionsstruktur eines verteilten Systems sei gegeben durch die Er-eignismenge E, die Totalordnungen $(E_i, \leq_i)$, $1 \leq i \leq n$, und die Kausalitätsrelation $\rightsquigarrow$. Die Relation $\Rightarrow$ auf $\bigcup_{i=1}^n E_i$ sei definiert durch

$$d \Rightarrow e \quad :\Longleftrightarrow \quad d \rightsquigarrow e \vee \exists i \in \{1, \dots, n\} : d, e \in E_i \wedge d \leq_i e$$

für alle $d, e \in \bigcup_{i=1}^n E_i$. Dann heißt die reflexiv-transitive Hülle $\overset{*}{\Rightarrow}$ von $\Rightarrow$ die *Happened-before-Ordnung* und wird mit dem Symbol $\rightarrow$ bezeichnet. $\qquad\square$

Zur Vereinfachung nehmen wir nachfolgend immer $E = \bigcup_{i=1}^n E_i$ an. Dies heißt, dass wir nur jene Ereignisse in Betracht ziehen, die in der Aktionsstruktur eines gegebenen ver-teilten Systems gemäß der obigen Festlegung vorkommen. Wenn man dann die einzelnen Prozesse nicht mehr in Betracht zieht, kann man ein verteiltes System somit abstrakt als die durch die Happened-before-Ordnung angeordnete Menge ihrer Ereignisse darstellen, al-so als Ordnung $(E, \rightarrow)$. Die Reflexivität und Transitivität der Happened-before-Ordnung ergeben sich direkt aus der Beschreibung als reflexiv-transitive Hülle. Weil der die Aktions-struktur darstellende gerichtete Graph kreisfrei ist, bekommen wir auch die Antisymmetrie der Happened-before-Ordnung.

7.4.2 Beispiel (für ein verteiltes System) Das folgende Bild zeigt die Aktionsstruk-tur eines verteilten Systems, sein sogenanntes Raum-Zeit-Diagramm.

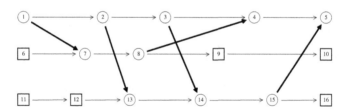

Abbildung 7.7: Aktionsstruktur eines verteilten Systems

Die drei Ebenen (die Zeitlinien) zeigen an, dass das System aus drei Prozessen besteht. Die Ereignisse des ersten Prozesses tragen die Nummern 1 bis 5, die des zweiten Prozesses tragen die Nummern 6 bis 10 und die des dritten Prozesses tragen die Nummern 11 bis 16. Interne Ereignisse sind durch Quadrate markiert und die Pfeile der Kausalitätsrelation sind fett gezeichnet. Beispielsweise ist das erste Ereignis eine Sendeaktion von P_1 nach P_2 und das siebte Ereignis die entsprechende Empfangsaktion von P_2. $\qquad\square$

Beim Management von verteilten Systemen ist es wichtig, alle Kausalitätsbedingungen einzuhalten, damit insbesondere Kommunikationsfehler zwischen den parallel ablaufenden

Prozessen vermieden werden. Insbesondere ist darauf zu achten, dass keine Nachrichten „aus der Zukunft empfangen werden". Um dies sicherzustellen, bedient man sich der folgenden zwei Begriffe, wobei beim ersten Begriff – dem wichtigeren – Ordnungen (und später auch mittelbar Verbände) herangezogen werden.

7.4.3 Definition Es seien $(E_i, \leq_i)$, $1 \leq i \leq n$, die Totalordnungen der Aktionsstruktur eines verteilten Systems.

1. Eine Menge $S \subseteq E$ heißt ein *globaler Zustand* (oder auch konsistenter Schnitt), falls sie eine Abwärtsmenge der Ordnung $(E, \rightarrow)$ ist.

2. Ein Tupel $\langle e_1, \ldots, e_n \rangle \in \prod_{i=1}^{n} E_i$ heißt eine *konsistente Schnittlinie*, falls $\{e_1, \ldots, e_n\}$ die Menge der maximalen Elemente eines globalen Zustands ist. □

Eine konsistente Schnittlinie erlaubt in einer Aktionsstruktur eines verteilten Systems zu einem bestimmten Zeitpunkt die Trennung in echte Vorgeschichte, letztmalig feststellbaren konsistenten Systemzustand und Zukunft. Das nachfolgende Beispiel soll dies verdeutlichen.

7.4.4 Beispiel (Weiterführung von Beispiel 7.4.2) In der Aktionsstruktur von Abbildung 7.7 ist etwa $\langle 3, 7, 12 \rangle$ eine konsistente Schnittlinie. Sie gibt an, dass zum gewählten Zeitpunkt bei P_1 bisher die Ereignisse 1 und 2 in dieser Reihenfolge auftraten, bei P_2 bisher das Ereignis 6 auftrat, bei P_3 bisher das Ereignis 11 auftrat und, als Beispiel für die Zukunft, bei P_1 noch die Ereignisse 4 und 5 in dieser Reihenfolge auftreten werden. Um sich das klarzumachen, kann man ein Gummiband-Modell verwenden und die Ereignisse einer konsistenten Schnittlinie in der jeweiligen Ebene so verschieben, dass sie genau übereinander angeordnet sind. Dann ist links die Vergangenheit und rechts die Zukunft. Solche Trennungen kann man auch als Schnappschüsse ansehen, welche oft die Analyse eines Systems erleichtern.

Hingegen ist etwa $\{1, 6, 7, 11, 12, 13\}$ kein globaler Zustand des durch Abbildung 7.7 dargestellten verteilten Systems. Die maximalen Elemente 1, 7 und 13 dieser Menge trennen zwar die drei Zeitlinien in Vergangenheit und Zukunft auf, aber nicht in konsistenter/vernünftiger Weise, da z.B. das Ereignis 13 von P_3 eine Nachricht aus der Zukunft empfängt. □

Wenden wir uns nun den globalen Zuständen selbst zu. Aufgrund von Satz 5.5.3 bilden sie einen vollständigen und distributiven Verband, genannt den Verband der globalen Zustände. Um seine wesentliche Bedeutung beschreiben zu können, brauchen wir einen weiteren Begriff aus der Theorie der Ordnungen.

7.4.5 Definition Es seien $(M, \leq)$ eine Ordnung und $(M, \sqsubseteq)$ eine Totalordnung. Folgt $a \sqsubseteq b$ aus $a \leq b$ für alle $a, b \in M$ (d.h. ist $\leq$ in $\sqsubseteq$ enthalten), so heißt $(M, \sqsubseteq)$ eine *lineare Erweiterung* von $(M, \leq)$. □

Fasst man eine Ordnung als gerichteten Graphen auf, so spricht man, der graphentheoretischen Sprechweise folgend, statt von einer linearen Erweiterung von einer topologischen Sortierung. Eine lineare Erweiterung $(M, \sqsubseteq)$ einer Ordnung $(M, \leq)$ wird normalerweise als eine Sortierung der Trägermenge M gemäß der Ordnungsrelation $\sqsubseteq$ angegeben. Ist $a_1, a_2, \ldots, a_n$ die dadurch entstehende lineare Liste, gilt also $a_1 \sqsubset a_2 \sqsubset \ldots \sqsubset a_n$, so wird aus der Forderung, dass die Relation $\leq$ in der Relation $\sqsubseteq$ enthalten ist, die Implikation

$$a_i \leq a_j \implies i \leq j$$

für alle Indizes $i, j \in \{1, \ldots, n\}$. Die lineare Liste heißt dann mit der Ordnung $(M, \leq)$ kompatibel. Zur Verdeutlichung betrachten wir wieder die Abbildung 7.7.

7.4.6 Beispiel (Weiterführung von Beispiel 7.4.2) Wie man einfach verifiziert, stellt die nachfolgende Liste eine lineare Erweiterung der Happenend-before-Ordnung des Beispiels von Abbildung 7.7 dar:

$$11, 6, 1, 12, 7, 2, 13, 8, 3, 14, 9, 4, 15, 16, 10, 5$$

Eine davon verschiedene lineare Erweiterung ist z.B. angegeben durch die folgende Liste:

$$1, 2, 3, 6, 7, 8, 4, 9, 10, 11, 12, 13, 14, 15, 5, 18$$

Auch dies prüft man recht schnell nach. □

Im endlichen Fall beweist man die Existenz einer linearen Erweiterung für jede Ordnung $(M, \leq)$ einfach durch eine Induktion nach der Größe der Trägermenge. Der Induktionsbeginn $|M| = 1$ ist trivial. Zum Induktionsschluss $|M| > 1$ entfernt man ein minimales Element a aus M und liftet dann, durch das Anfügen von a als neues kleinstes Element, die nach der Induktionshypothese existierende lineare Erweiterung von $(M \setminus \{a\}, \leq_{|M \setminus \{a\}})$ zu einer von $(M, \leq)$. Aber sogar beliebige Ordnungen besitzen eine lineare Erweiterung. Dies ist die Aussage eines Satzes von E. Szpilrajn aus dem Jahr 1930. Obwohl es etwas vom derzeitigen Thema wegführt, beweisen wir nachfolgend diesen Satz. Wir werden die Idee am Ende des Beweises nämlich am Abschnittsende wieder aufgreifen.

7.4.7 Satz (von E. Szpilrajn) Zu jeder beliebigen Ordnung $(M, \leq)$ existiert eine lineare Erweiterung $(M, \sqsubseteq)$.

Beweis: Wir definieren die folgende Menge von Ordnungsrelationen auf M:

$$\mathcal{M} := \{O \,|\, O \text{ ist Ordnungsrelation auf } M, \text{ welche } \leq \text{ enthält}\}$$

Es ist $\leq$ ein Element von $\mathcal{M}$, also $\mathcal{M} \neq \emptyset$. Weiterhin ist $(\mathcal{M}, \subseteq)$ eine Ordnung. Diese Ordnung erfüllt die Voraussetzung des Lemmas von M. Zorn, denn jede Kette $\mathcal{K}$ von Ordnungsrelationen aus $\mathcal{M}$ hat, wie man analog zum Beweis des Wohlordnungssatzes zeigt, die Vereinigung $\bigcup \{O \,|\, O \in \mathcal{K}\}$ als obere Schranke in $(\mathcal{M}, \subseteq)$.

Nach dem Lemma von M. Zorn gibt es also eine (die Relation $\leq$ enthaltende) maximale Ordnungsrelation $\sqsubseteq$ in $\mathcal{M}$. Es ist dann aber $(M, \sqsubseteq)$ sogar eine Totalordnung. Wären nämlich $a, b \in M$ mit $a \not\sqsubseteq b$ und $b \not\sqsubseteq a$, so bekommt man mittels der folgenden Festlegung für alle $x, y \in M$ eine Ordnungsrelation auf M:

$$x \sqsubseteq_* y \quad :\Longleftrightarrow \quad x \sqsubseteq y \vee (x \sqsubseteq a \wedge b \sqsubseteq y)$$

Die Reflexivität von $\sqsubseteq_*$ ist offensichtlich.

Zum Beweis der Antisymmetrie seien $x, y \in M$ mit $x \sqsubseteq_* y$ und $y \sqsubseteq_* x$ beliebig vorgegeben. Gelten $x \sqsubseteq y$ und $y \sqsubseteq x$, so impliziert dies $x = y$. Die anderen Fälle können nicht vorkommen. Aus $x \sqsubseteq y$, $y \sqsubseteq a$ und $b \sqsubseteq x$ folgt der Widerspruch $b \sqsubseteq a$, aus $x \sqsubseteq a$, $b \sqsubseteq y$ und $y \sqsubseteq x$ folgt ebenfalls der Widerspruch $b \sqsubseteq a$ und auch $x \sqsubseteq a$, $b \sqsubseteq y$, $y \sqsubseteq a$ und $b \sqsubseteq x$ impliziert diese widersprüchliche Eigenschaft.

Es bleibt noch die Transitivität zu zeigen. Dazu seien beliebige $x, y, z \in M$ mit $x \sqsubseteq_* y$ und $y \sqsubseteq_* z$ gegeben. Gelten $x \sqsubseteq y$ und $y \sqsubseteq z$, so gilt $x \sqsubseteq z$, also auch $x \sqsubseteq_* z$. Treffen $x \sqsubseteq y$, $y \sqsubseteq a$ und $b \sqsubseteq z$ zu, so zeigt dies $x \sqsubseteq a$ und $b \sqsubseteq z$, also $x \sqsubseteq_* z$. Auf die gleiche Weise behandelt man die restlichen beiden Fälle $x \sqsubseteq a$, $b \sqsubseteq y$ und $y \sqsubseteq z$ bzw. $x \sqsubseteq a$, $b \sqsubseteq y$, $y \sqsubseteq a$, $b \sqsubseteq z$.

Die Ordnungsrelation $\sqsubseteq_*$ enthält die Ordnungsrelation $\sqsubseteq$ und ist, wegen $a \not\sqsubseteq b$ und $a \sqsubseteq_* b$, aber von ihr verschieden. Das ist ein Widerspruch zur Maximalität von $\sqsubseteq$. $\qquad\square$

Es sei nun E, wie oben verabredet, die Menge der in der Aktionsstruktur eines verteilten Systems vorkommenden Ereignisse. Dann heißt jede mit der Happened-before-Ordnung kompatible Sortierung von E ein *Lauf* (oder eine Ausführung) des Systems. Eine wesentliche Bedeutung des Verbands der globalen Zustände ist nun, dass er bei einer endlichen Menge E in kompakter Form alle Läufe enthält. Zumindest in kleinen Fällen kann man sich dadurch einen Überblick über alle Abarbeitungsmöglichkeiten verschaffen. Das kann dem Management, der Analyse und der Fehlersuche sehr dienlich sein. Der folgende ordnungstheoretische Satz zeigt, wie man aus jedem Lauf $a_1, a_2, \ldots, a_n$ eines verteilten Systems eine maximale Kette im Verband der globalen Zustände bekommt.

7.4.8 Satz Es seien $(M, \leq)$ eine endliche Ordnung mit $|M| = n$ und $(\mathcal{A}(M), \cup, \cap)$ der Verband ihrer Abwärtsmengen. Gibt die lineare Liste $a_1, a_2, \ldots, a_n$ eine lineare Erweiterung $(M, \sqsubseteq)$ von $(M, \leq)$ an, so ist

$$\emptyset \subset \{a_1\} \subset \{a_1, a_2\} \subset \{a_1, a_2, a_3\} \subset \ldots \subset \{a_1, a_2, \ldots, a_n\}$$

eine maximale Kette in $(\mathcal{A}(M), \subseteq)$.

Beweis: Wir zeigen zuerst, dass jede Menge $\{a_1, a_2, \ldots, a_i\}$, $0 \leq i \leq n$, tatsächlich eine Abwärtsmenge ist. Der Fall $i = 0$ der leeren Menge ist klar. Im Fall $i > 0$ sei $a \in \{a_1, a_2, \ldots, a_i\}$, also $a = a_k$ mit $1 \leq k \leq i$. Weiterhin sei $b \in M$ beliebig gewählt. Dann gilt:

$$
\begin{aligned}
b \leq a_k \ &\Longrightarrow\ b \sqsubseteq a_k && (M, \sqsubseteq) \text{ lineare Erweiterung} \\
&\Longrightarrow\ \exists\, r, 1 \leq r \leq k : b = a_r && \text{Listenangabe lin. Erweiterung} \\
&\Longrightarrow\ b \in \{a_1, a_2, \ldots, a_i\} && \text{da } r \leq k \leq i
\end{aligned}
$$

Die Ketteneigenschaft der Menge

$$\mathcal{K} := \{\emptyset, \{a_1\}, \{a_1, a_2\}, \{a_1, a_2, a_3\}, \ldots, \{a_1, a_2, \ldots, a_n\}\}$$

bezüglich der Inklusion ist klar. Da die Kette $\mathcal{K}$ genau $n + 1$ Elemente besitzt, ist sie bezüglich der Kardinalität eine größte Kette in $(\mathcal{A}(M), \subseteq)$ und folglich auch maximal bezüglich der Inklusion. $\square$

Nach Satz 7.4.8 findet man jeden Lauf eines verteilten Systems im Verband der globalen Zustände als eine spezielle Kette wieder. Diese Kette erstreckt sich in maximaler Länge vom leeren globalen Zustand zum vollen globalen Zustand und sammelt dabei nacheinander die Ereignisse des Laufs auf. Wir sagen, dass der Lauf diese Kette induziert. Was noch abgeht, ist die Umkehrung von Satz 7.4.8. In der konkreten Situation eines verteilten Systems besagt sie: Betrachtet man im Verband der globalen Zustände eine maximale Kette vom kleinsten zum größten Element, so gibt es einen Lauf des verteilten Systems, der genau diese Kette induziert. Abstrakt besagt der entsprechende ordnungstheoretische Satz, dass jede maximale Kette in der Ordnung $(\mathcal{A}(M), \subseteq)$ die spezielle Form

$$\emptyset \subset \{a_1\} \subset \{a_1, a_2\} \subset \{a_1, a_2, a_3\} \subset \ldots \subset \{a_1, a_2, \ldots, a_n\}$$

hat, wobei die lineare Liste $a_1, a_2, \ldots, a_n$ eine lineare Erweiterung $(M, \sqsubseteq)$ von $(M, \leq)$ angibt. Zum Beweis dieser Aussage brauchen wir ein berühmtes Resultat bezüglich der Kardinalität von Ketten in modularen Verbänden, welches auf R. Dedekind zurückgeht (Theorem XVI seiner schon mehrmals zitierten Arbeit in Band 53 der Mathematischen Annalen).

7.4.9 Satz (Kettensatz für modulare Verbände) Es seien $(V, \sqcup, \sqcap)$ ein modularer Verband und $a, b \in V$ so, dass die Menge

$$\mathcal{K} = \{K \subseteq V \mid K \text{ Kette mit kleinstem Element } a \text{ und größtem Element } b\}$$

von Ketten nichtleer und jedes Element von $\mathcal{K}$ endlich ist. Dann haben alle maximalen Elemente von $(\mathcal{K}, \subseteq)$ die gleiche Kardinalität. $\square$

Die in diesem Satz verwendete Notation „K Kette mit kleinstem Element a und größtem Element b" formalisiert die Sprechweise „K ist eine Kette von a nach b". Einen Beweis des Satzes findet man etwa in dem Buch von H. Hermes (aufgeführt in der Einleitung) auf den Seiten 72 und 73. Seine Idee ist wie folgt: Man nimmt eine maximale Kette aus $\mathcal{K}$; diese sei etwa $a = x_1 \sqsubset x_2 \sqsubset \ldots \sqsubset x_n = b$. Dann zeigt man durch eine Induktion nach n, dass für jede weitere Kette $K \in \mathcal{K}$ gilt $|K| \leq n$, woraus sofort der Dedekindsche Kettensatz folgt. Der Induktionsbeginn $n = 1$ ist trivial. Beim Induktionsschluss wird verwendet, dass in einem modularen Verband $x \sqcup y$ ein oberer Nachbar von x genau dann ist, wenn $x \sqcap y$ ein unterer Nachbar von y ist (Nachbarschaftssatz).

In etwas anderen Worten ausgedrückt besagt der Kettensatz 7.4.9 insbesondere, dass in jedem endlichen modularen Verband alle maximalen Ketten vom kleinsten zum größten

Verbandselement die gleiche Kardinalität haben[5]. Weil distributive Verbände aufgrund von Satz 3.2.6 modular sind, gilt diese Eigenschaft insbesondere für alle (distributiven) Abwärtsmengenverbände endlicher Ordnungen.

Nach diesen Vorbereitungen können wir nun die gewünschte Umkehrung von Satz 7.4.8 zeigen.

7.4.10 Satz Es seien $(M, \leq)$ eine endliche Ordnung mit $|M| = n$ und $(\mathcal{A}(M), \cup, \cap)$ der Verband ihrer Abwärtsmengen. Dann besteht jede maximale Kette in $(\mathcal{A}(M), \subseteq)$ aus genau $n + 1$ Mengen und hat die Form

$$\emptyset \subset \{a_1\} \subset \{a_1, a_2\} \subset \{a_1, a_2, a_3\} \subset \ldots \subset \{a_1, a_2, \ldots, a_n\},$$

wobei die lineare Liste $a_1, a_2, \ldots, a_n$ von paarweise verschiedenen Elementen eine lineare Erweiterung $(M, \sqsubseteq)$ von $(M, \leq)$ angibt.

Beweis: Nach dem Satz von E. Szpilrajn besitzt die Ordnung $(M, \leq)$ eine lineare Erweiterung und nach Satz 7.4.8 führt diese zu einer maximalen Kette von $\emptyset$ nach M in $(\mathcal{A}(M), \subseteq)$ der Kardinalität $n + 1$. Folglich hat, nach dem Kettensatz 7.4.9, jede maximale Kette von $\emptyset$ nach M in $(\mathcal{A}(M), \subseteq)$ die Kardinalität $n + 1$, also die folgende spezielle Form mit paarweise verschiedenen Elementen $a_1, a_2, \ldots, a_n \in M$:

$$\emptyset \subset \{a_1\} \subset \{a_1, a_2\} \subset \{a_1, a_2, a_3\} \subset \ldots \subset \{a_1, a_2, \ldots, a_n\} \qquad (*)$$

Es bleibt noch zu zeigen, dass durch $a_1 \sqsubset a_2 \sqsubset \ldots \sqsubset a_n$ eine lineare Erweiterung $(M, \sqsubseteq)$ von $(M, \leq)$ gegeben ist.

Offensichtlich ist das Paar $(M, \sqsubseteq)$ eine Totalordnung.

Angenommen, es gibt $a_i, a_j \in M$ mit $a_i \leq a_j$ und $a_i \not\sqsubseteq a_j$. Dann folgt $a_j \sqsubset a_i$ aus der zweiten Bedingung und der Linearität von $\sqsubseteq$, was $j < i$ aufgrund der Listenangabe der linearen Erweiterung impliziert. Nun betrachten wir die Menge $A := \{a_1, a_2, \ldots, a_j\}$. Es gilt $a_j \in A$ und $a_i \leq a_j$, jedoch auch $a_i \notin A$ wegen $j < i$. Damit ist A keine Abwärtsmenge mehr. Dies ist ein Widerspruch zur Voraussetzung an die Mengen der Kette $(*)$. □

Die durch die Sätze 7.4.8 und 7.4.10 beschriebene Zuordnung zwischen den linearen Erweiterungen einer endlichen Ordnung $(M, \leq)$ und den maximalen Ketten im Verband $(\mathcal{A}(M), \cup, \cap)$ der Abwärtsmengen ist sogar bijektiv. Geht man nämlich von der linearen Erweiterung $(M, \sqsubseteq)$ von $(M \leq)$ in der Listdarstellung $a_1, \ldots, a_n$ nach Satz 7.4.8 zur maximalen Kette $\emptyset \subset \{a_1\} \subset \{a_1, a_2\} \subset \{a_1, a_2, a_3\} \subset \ldots \subset \{a_1, a_2, \ldots, a_n\}$ in $(\mathcal{A}(M), \cup, \cap)$ über, so ordnet die in Satz 7.4.10 beschriebene Zuordnung dieser Kette wieder genau die ursprüngliche Listdarstellung $a_1, \ldots, a_n$ zu. Auch der Weg von den maximalen Ketten in $(\mathcal{A}(M), \cup, \cap)$ zu den linearen Erweiterungen von $(M, \leq)$ und zurück führt wiederum auf die Ausgangskette.

---

[5]Auch hieraus folgt etwa, dass der Verband $V_{\neg M}$ nicht modular ist. Es gibt nämlich zwei maximale Ketten von $\bot$ zu $\top$. Eine Kette besteht aus vier Elementen und die andere Kette besteht aus nur drei Elementen.

Ist $(M, \sqsubseteq)$ eine lineare Erweiterung der endlichen Ordnung $(M, \leq)$, so kann man die maximale Kette der Sätze 7.4.8 und 7.4.10 auch in der Form

$$\mathcal{K} := \{\emptyset\} \cup \{\{x \in M \mid x \sqsubseteq a\} \mid a \in M\}$$

notieren. Durch die Mengen der Kette $\mathcal{K}$ sind genau die Abwärtsmengen von $(M, \sqsubseteq)$ gegeben. Es ist nämlich $\emptyset$ eine Abwärtsmenge von $(M, \sqsubseteq)$ und auch alle Mengen $\{x \in M \mid x \sqsubseteq a\}$ sind Abwärtsmengen von $(M, \sqsubseteq)$. Ist umgekehrt A eine Abwärtsmenge von $(M, \sqsubseteq)$, so gilt entweder $A = \emptyset$ oder A besitzt bezüglich der Ordnungsrelation $\sqsubseteq$ ein größtes Element a. Im letzten Fall gilt offensichtlich $A = \{x \in M \mid x \sqsubseteq a\}$. Somit kann man die beiden Sätze 7.4.8 und 7.4.10 wie folgt zusammenfassen; dieses Resultat geht auf R. Bonnet und M. Bouzet (1969) zurück.

7.4.11 Satz (von R. Bonnet und M. Bouzet) Ist $(M, \leq)$ eine endliche Ordnung, $\mathcal{L}_{\leq}(M)$ die Menge der linearen Erweiterungen von $(M, \leq)$ und $\mathcal{K}_{max}(\mathcal{A}_{\leq}(M))$ die Menge der maximalen Ketten im Verband der Abwärtsmengen[6] von $(M, \leq)$, so ist die Abbildung

$$f : \mathcal{L}_{\leq}(M) \to \mathcal{K}_{max}(\mathcal{A}_{\leq}(M)),$$

die jeder linearen Erweiterung $(M, \sqsubseteq) \in \mathcal{L}_{\leq}(M)$ die Menge ihrer Abwärtsmengen $\mathcal{A}_{\sqsubseteq}(M)$ zuordnet, bijektiv. □

Nach diesen abstrakten ordnungstheoretischen Resultaten kehren wir im folgenden Beispiel wieder zu dem Ausgangspunkt dieses Abschnitts, den verteilten Systemen, zurück. Dabei greifen wir das einführende Beispiel noch einmal auf.

7.4.12 Beispiel (Weiterführung von Beispiel 7.4.2) Wenn wir zur Aktionsstruktur von Beispiel 7.4.2 den Verband der globalen Zustände bestimmen, so besteht dieser aus genau 117 Mengen und damit einer riesigen Menge von Ketten vom kleinsten zum größten Element (genau: 351 532 Ketten). Um die Komplexität zu meistern, bietet es sich an, nur mehr die für die Kommunikation wesentlichen Ereignisse zu betrachten und alle internen Ereignisse aus der Ordnung zu entfernen.

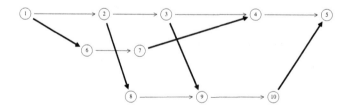

Abbildung 7.8: Reduktion des verteilten Systems von Beispiel 7.4.2

---

[6]Aus Gründen der Einfachheit haben wir bisher bei Mengen wie $\mathcal{I}(V)$ und $\mathcal{A}(M)$ immer die Ordnungsrelation unterdrückt. Weil wir nun Abwärtsmengen bezüglich verschiedener Ordnungen betrachten, müssen wir sie explizit angeben. Wir tun dies in Form eines unteren Index.

Graphisch sieht dann die durch diese Reduktion entstehende Aktionsstruktur wie in Abbildung 7.8 angegeben aus. Wie schon das Bild von Abbildung 7.7, so wurde auch dieses Bild mit Hilfe des an der Universität Kiel entwickelten Computersystems RELVIEW erstellt. Da RELVIEW Knoten von Graphen immer lückenlos und mit 1 beginnend durchnummeriert, haben sich, im Vergleich zum früheren Bild, die Nummern der Prozesse 7, 8, 13, 14 und 15 in 6, 7, 8, 9 und 10 verändert.

In der nachfolgenden Abbildung 7.9 ist der Verband der globalen Zustände zum verteilten System mit der Aktionsstruktur von Abbildung 7.8 angegeben. Dabei entspricht jeder der 27 Knoten dieses RELVIEW-Bildes genau einem globalen Zustand. Beispielsweise sind die Ereignismengen $\emptyset$, $\{1\}$, $\{1,2\}$, $\{1,2,3\}$, $\{1,2,3,6\}$, $\{1,2,3,6,7\}$, $\{1,2,3,4,6,7\}$, $\{1,2,3,4,6,7,8\}$, $\{1,2,3,4,6,7,8,9\}$, $\{1,2,3,4,6,7,8,9,10\}$ und $\{1,2,3,4,5,6,7,8,9,10\}$ die globalen Zustände der fett eingezeichneten Kette.

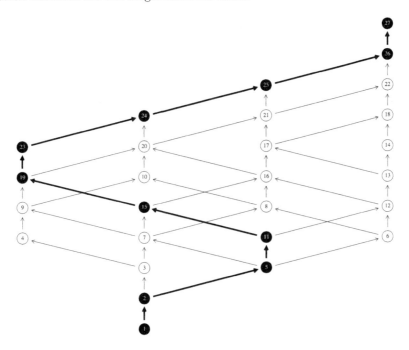

Abbildung 7.9: Verband der globalen Zustände der Reduktion

Aufgrund von Satz 7.4.10 und der obigen Kette $\emptyset \subset \{1\} \subset \{1,2\} \subset \{1,2,3\} \subset \ldots$ ist damit die Liste der Ereignisse

$$1,2,3,6,7,4,8,9,10,5$$

ein Lauf des verteilten Systems mit der Aktionsstruktur von Abbildung 7.8. Insgesamt berechnete RELVIEW genau 38 maximale Ketten vom leeren globalen Zustand zum vollen globalen Zustand. □

Der Verband der globalen Zustände ist auch von Bedeutung, wenn man ein verteiltes System unter dem Gesichtspunkt der Beobachtbarkeit analysiert. Hierbei ist die Grundannahme, dass ein Beobachter nicht gleichzeitig Ereignisse beobachten kann, sondern nur hintereinander. Parallel stattfindende Ereignisse werden in eine zufällige Reihenfolge gebracht. Die so erfassten Ereignisse/Aktionen werden dann in einem sequentiellen Ablaufprotokoll festgehalten.

So ein Ablaufprotokoll entspricht damit genau einem Lauf des beobachteten verteilten Systems. Existiert eine genügend große Menge von Ablaufprotokollen, so kann man die Happened-before-Ordnung (und damit auch die Aktionsstruktur) des Systems teilweise rekonstruieren. Kennt man alle Läufe, so lässt sich die Happened-before-Ordnung sogar eindeutig rekonstruieren. Dazu könnte man etwa, aufbauend auf die bisherigen Resultate des Buchs, zuerst den Verband der globalen Zustände in naheliegender Weise aus allen Läufen aufbauen und dann, wie nach Satz 5.5.6 (dem Darstellungssatz von G. Birkhoff) angemerkt, daraus die ihn induzierende Happened-before-Ordnung durch die Restriktion auf die $\sqcup$-irreduziblen Elemente bekommen. Dieses Verfahren liefert die Happened-before-Ordnung jedoch nur bis auf Isomorphie. Um sie wirklich zu bekommen, müsste man auch noch den Isomorphismus rückgängig machen. Es gibt jedoch ein viel einfacheres Verfahren, die Happened-before-Ordnung direkt aus allen Läufen zu erhalten. Mit dessen abstrakter ordnungstheoretischen Formulierung wollen wir diesen Abschnitt beenden.

Durch den nachfolgenden ordnungstheoretischen Satz wird gezeigt, wie es möglich ist, die Originalordnung aus ihren linearen Erweiterungen zu rekonstruieren. Das Resultat kann ebenfalls auf E. Szpilrajn zurückgeführt werden.

7.4.13 Satz Es seien $(M, \leq)$ eine Ordnung und $\mathcal{L}_\leq(M)$ die Menge der linearen Erweiterungen von $(M, \leq)$. Dann ist die Ordnungsrelation $\leq$ identisch zu $\bigcap\{\sqsubseteq \mid (M, \sqsubseteq) \in \mathcal{L}_\leq(M)\}$.

Beweis: „$\subseteq$": Offensichtlich ist die Ordnungsrelation $\leq$ als Menge von Paaren in dem Durchschnitt $\bigcap\{\sqsubseteq \mid (M, \sqsubseteq) \in \mathcal{L}_\leq(M)\}$ von Ordnungsrelationen enthalten, denn für alle $a, b \in M$ mit $a \leq b$ gilt $a \sqsubseteq b$ für alle $(M, \sqsubseteq) \in \mathcal{L}_\leq(M)$.

„$\supseteq$": Zum Beweis dieser Inklusion seien beliebige $a, b \in M$ vorgegeben, so dass $a \sqsubseteq b$ für jede lineare Erweiterung $(M, \sqsubseteq) \in \mathcal{L}_\leq(M)$ gilt. Angenommen, es gelte $a \not\leq b$. Dann trifft auch $b \not\leq a$ zu, denn $b \leq a$ impliziert $b \sqsubseteq a$ für jede lineare Erweiterung $(M, \sqsubseteq)$, also den Widerspruch $b = a$ zu $a \not\leq b$. Analog zum Beweis des Satzes 7.4.7 bekommt man mittels der Festlegung

$$x \leq_* y \quad :\Longleftrightarrow \quad x \leq y \vee (x \leq b \wedge a \leq y)$$

für alle $x, y \in M$ eine Ordnung $(M, \leq_*)$, so dass $\leq$ in $\leq_*$ enthalten ist und $b \leq_* a$ gilt. Die Ordnung $(M, \leq_*)$ besitzt aufgrund des Satzes 7.4.7 von E. Szpilrajn eine lineare Erweiterung $(M, \sqsubseteq_*)$. Diese ist auch eine lineare Erweiterung von $(M, \leq)$.

Wegen $b \leq_* a$ gilt $b \sqsubseteq_* a$ und somit, da $a \neq b$, die Beziehung $a \not\sqsubseteq_* b$. Diese ist aber ein Widerspruch dazu, dass $a \sqsubseteq b$ für jede lineare Erweiterung $(M, \sqsubseteq) \in \mathcal{L}_\leq(M)$ gilt. $\qquad\square$

Allgemein besitzen Ordnungen sehr viele lineare Erweiterungen. Das oben angesprochene einfachere Verfahren, die Happened-before-Ordnung direkt aus allen Läufen zu erhalten, wird somit nur in sehr speziellen Fällen auch effizient sein.

Man kann im Fall von endlichen Ordnungen allgemein zeigen, dass man (normalerweise) nicht alle linearen Erweiterungen einer gegebenen Ordnung schneiden muss, um die Originalordnung $(M, \leq)$ wieder zu erhalten, sondern maximal d Stück genügen. Diese eindeutige Zahl d (die sogenannte Dimension der Ordnung) ist aufgrund eines bekannten Satzes von R. Dilworth aus dem Jahr 1950 kleiner oder gleich der Kardinalität einer größten Antikette von $(M, \leq)$. Welche d Ordnungen aus der Menge $\mathcal{L}_\leq(M)$ man jedoch zu wählen hat, um die Originalordnung wieder zu erhalten, ist vermutlich nicht effizient feststellbar. Nur für einige wenige spezielle Ordnungen ist der Wert der Dimension bekannt.

Der eben erwähnte Satz von R. Dilworth besagt, dass im Fall einer endlichen Ordnung $(M, \leq)$ die Kardinalität einer größten Antikette gleich der kleinsten Zahl von disjunkten Ketten ist, die M partitionieren. Er ist äquivalent zu einer Reihe von wichtigen Sätzen der diskreten Mathematik, etwa dem Heiratssatz, dem Satz von K. Menger und dem Satz von D. König.

7.5 Bestimmung minimaler und maximaler Mengen

Ein in Anwendungen häufig vorkommendes algorithmisches Problem ist, zu einer gegebenen endlichen Menge M eine inklusionsminimale oder inklusionsmaximale Menge einer bestimmten Teilmenge $\mathcal{M}$ von 2^M zu bestimmen. Wir geben nachfolgend drei Beispiele an.

7.5.1 Beispiele (zur Bestimmung minimaler und maximaler Mengen) Für die ersten zwei Beispiele setzen wir wiederum voraus, dass der Leserin oder dem Leser die Grundbegriffe der Graphentheorie bekannt sind.

1. Es sei K die Menge der Kanten eines ungerichteten Graphen $G = (V, K)$ und $\mathcal{K} \subseteq 2^K$ die Menge derjenigen Kantenmengen von G, die in G kreisfrei sind. Dann ist ein inklusionsmaximales Element A aus $\mathcal{K}$ gerade die Kantenmenge eines spannenden Walds $W = (V, A)$ von G. Falls G zusätzlich zusammenhängend ist, d.h. jedes Paar von verschiedenen Knoten aus V durch einen Weg verbunden ist, dann wird $W = (V, A)$ zu einem *Gerüst* von G. In diesem Fall kann man A auch dadurch beschreiben, dass je zwei verschiedene Knoten aus V durch einen Weg mit Kanten nur aus A verbunden sind und A inklusionsminimal mit dieser Eigenschaft ist.

2. Wir betrachten wiederum einen ungerichteten Graphen $G = (V, K)$ mit Knotenmenge V und Kantenmenge K. Eine Teilmenge U von V heißt unabhängig, falls es keine zwei verschiedenen Knoten aus U gibt, die durch eine Kante verbunden sind. Die inklusionsmaximalen unabhängigen Teilmengen A von V sind genau diejenigen, bei denen zusätzlich jeder Knoten außerhalb von A mit einem Knoten innerhalb von A durch eine Kante verbunden ist. Man nennt A dann einen *Kern* von G. Kerne sind in der Spieltheorie von Bedeutung.

3. Auch unser letztes Beispiel stammt aus der Spieltheorie. Ein _einfaches Spiel_ ist ein Paar $(S, \mathcal{G})$, mit S als einer endlichen und nichtleeren Menge von Spielern und $\mathcal{G} \subseteq 2^S$. Jedes Element $K \in 2^S$ nennt man eine Koalition, die Koalitionen aus $\mathcal{G}$ nennt man gewinnend und die Koalitionen aus $\overline{\mathcal{G}}$ nennt man verlierend. Bei der Untersuchung von einfachen Spielen sind insbesondere die inklusionsminimalen Elemente aus $\mathcal{G}$ von Bedeutung, die minimal-gewinnenden Koalitionen, sowie die inklusionsmaximalen Elemente aus $\overline{\mathcal{G}}$, die maximal-verlierenden Koalitionen. Durch sie kann man die Macht von Spielern hinsichtlich der Bildung von gewinnenden Koalitionen beschreiben. □

All den eben gebrachten Beispielen ist gemeinsam, dass die betrachtete Teilmenge $\mathcal{M}$ von 2^M, von der ein inklusionsminimales oder inklusionsmaximales Element zu bestimmen ist, eine Abwärtsmenge im Potenzmengenverband $(2^M, \cup, \cap)$ oder im dualen Potenzmengenverband $(2^M, \cap, \cup)$ ist. Im ersten Beispiel folgt dies aus der Tatsache, dass Teilmengen kreisfreier Kantenmengen wieder kreisfrei sind und Obermengen zusammenhängender Kantenmengen wieder zusammenhängend sind. Die Menge der unabhängigen Knotenmengen, welche wir im zweiten Beispiel betrachten, ist eine Abwärtsmenge in $(2^V, \cup, \cap)$. Bei den einfachen Spielen des dritten Beispiels ist die Abwärtsmengen-Eigenschaft von $\mathcal{G}$ in $(2^S, \cap, \cup)$ Teil der Definition (Obermengen gewinnender Koalitionen sind gewinnend) und dies impliziert, dass Teilmengen verlierender Koalitionen auch verlierend sind.

In der Praxis wird normalerweise die Menge $\mathcal{M}$ durch ein Prädikat $\mathcal{P}$ auf der Potenzmenge 2^M beschrieben. Die Abwärtsmengen-Eigenschaft von $\mathcal{M}$ im Potenzmengenverband $(2^M, \cup, \cap)$ besagt dann, dass $\mathcal{P}$ nach unten vererbend ist, und die Abwärtsmengen-Eigenschaft von $\mathcal{M}$ im dualen Potenzmengenverband $(2^M, \cap, \cup)$ besagt dann, dass $\mathcal{P}$ nach oben vererbend ist. Im ersten Fall ist es einfach, ein inklusionsmaximales Element von $\mathcal{M}$ zu bestimmen, und im zweiten Fall wird die Bestimmung eines inklusionsminimalen Elements von $\mathcal{M}$ einfach. Es sollte bemerkt werden, dass die Bestimmung von inklusionsminimalen oder inklusionsmaximalen Mengen wesentlich schwieriger wird, wenn das entsprechende Prädikat weder nach unten noch nach oben vererbend ist.

In Abbildung 7.10 sind zwei Programme zu den gegebenen Aufgabenstellungen angegeben. Dabei bezeichnet das Additionssymbol das Hinzufügen eines Elements zu einer Menge und das Subtraktionssymbol das Entfernen eines Elements aus einer Menge. Durch die Operation **elem** wird aus einer nichtleeren Menge in nichtdeterministischer Weise ein beliebiges Element ausgewählt.

$A := \emptyset; B := \emptyset;$
while $B \neq M$ **do**
$\quad b := \mathsf{elem}(\overline{B});$
$\quad$ **if** $\mathcal{P}(A + b)$ **then** $A := A + b$ **fi**;
$\quad B := B + b$ **od**;
return A

$A := M; B := M;$
while $B \neq \emptyset$ **do**
$\quad b := \mathsf{elem}(B);$
$\quad$ **if** $\mathcal{P}(A - b)$ **then** $A := A - b$ **fi**;
$\quad B := B - b$ **od**;
return A

Abbildung 7.10: Programme **MAXSET** und **MINSET**

Beide Programme durchlaufen die Menge M mittels der Variablen B. Das Programm <u>MAXSET</u> baut dabei das Resultat A dadurch auf, dass es solange Elemente einfügt, bis $\mathcal{P}$ nicht mehr gilt. Im Gegensatz dazu berechnet das Programm <u>MINSET</u> das Resultat A dadurch, dass es solange Elemente entfernt, bis $\mathcal{P}$ nicht mehr gilt. In dem nachfolgenden Satz beweisen wir die Korrektheit dieser beiden Programme. Wir verwenden dazu wieder die Invariantentechnik, welche wir schon beim Beweis der Korrektheit der beiden Fixpunktprogramme in Abschnitt 4.1 benutzt haben.

7.5.2 Satz Es sei, mit den Bezeichnungen der Programme von Abbildung 7.10, die Teilmenge $\mathcal{M} \subseteq 2^M$ definiert durch $\mathcal{M} := \{X \subseteq M \mid \mathcal{P}(X)\}$. Ist M endlich, so terminieren beide Programme. Weiterhin berechnet

1. das Programm <u>SETMAX</u> ein inklusionsmaximales Element aus $\mathcal{M}$, falls $\mathcal{M}$ eine nichtleere Abwärtsmenge in $(2^M, \cup, \cap)$ ist,

2. das Programm <u>SETMIN</u> ein inklusionsminimales Element aus $\mathcal{M}$, falls $\mathcal{M}$ eine nichtleere Abwärtsmenge in $(2^M, \cap, \cup)$ ist.

Beweis: Die Terminierung der beiden Programme folgt aus der Endlichkeit von M, da B entweder echt vergrößert (linkes Programm) oder echt verkleinert (rechtes Programm) wird.

Von den folgenden zwei Eigenschaften beweisen wir nur die Korrektheit des Programms <u>SETMIN</u>. Die des Programms <u>SETMAX</u> kann analog verifiziert werden.

Zum Korrektheitsbeweis des Programms <u>SETMIN</u> verwenden wir die Voraussetzung an $\mathcal{M}$ als Vorbedingung,

$$Post(A) \quad :\Longleftrightarrow \quad \mathcal{P}(A) \wedge \forall X \in 2^A : \mathcal{P}(X) \Rightarrow X = A \,.$$

als Nachbedingung und

$$Inv(A, B) \quad :\Longleftrightarrow \quad \mathcal{P}(A) \wedge B \subseteq A \wedge \forall x \in A \setminus B : \neg \mathcal{P}(A - x)$$

als Invariante. Wir haben damit, wie im Fall der Programme zur Berechnung der extremen Fixpunkte, drei Eigenschaften zu verifizieren.

1. Die Initialisierung der Variablen A und B etabliert die Invariante: Da $\mathcal{M}$ nichtleer ist, gibt es ein $X \in 2^M$ mit $\mathcal{P}(X)$, und weil $\mathcal{M}$ eine Abwärtsmenge in $(2^M, \cap, \cup)$ ist, folgt daraus $\mathcal{P}(M)$. Die folgende Rechnung zeigt nun die gewünschte Eigenschaft $Inv(M, M)$:

$$\begin{aligned}
\mathcal{P}(M) \quad &\Longleftrightarrow \quad \mathcal{P}(M) \wedge \forall x \in \emptyset : \neg \mathcal{P}(M - x) \\
&\Longleftrightarrow \quad \mathcal{P}(M) \wedge M \subseteq M \wedge \forall x \in M \setminus M : \neg \mathcal{P}(M - x) \\
&\Longleftrightarrow \quad Inv(M, M)
\end{aligned}$$

2. Aus der Invariante $Inv(A, B)$ und der Terminierungsbedingung $B = \emptyset$ der <u>while</u>-Schleife folgt die Nachbedingung $Post(A)$: Diese Eigenschaft wird durch

$$
\begin{aligned}
Inv(A, \emptyset) &\iff \mathcal{P}(A) \land \emptyset \subseteq A \land \forall\, x \in A \setminus \emptyset : \neg\mathcal{P}(A - x)\\
&\iff \mathcal{P}(A) \land \forall\, x \in A : \neg\mathcal{P}(A - x)\\
&\iff \mathcal{P}(A) \land \forall\, X \in 2^A : X \neq A \Rightarrow \neg\mathcal{P}(X)\\
&\iff \mathcal{P}(A) \land \forall\, X \in 2^A : \mathcal{P}(X) \Rightarrow X = A\\
&\iff Post(A)
\end{aligned}
$$

gezeigt. Nur die Richtung „$\Longrightarrow$" des dritten Schritts dieser Rechnung ist nicht trivial und bedarf einer Erklärung. Es sei also $X \in 2^A$ mit $X \neq A$ beliebig gewählt. Dann besagt dies $X \subset A$ und folglich existiert ein $x \in A$ mit $X \subseteq A - x$. Aufgrund der Voraussetzung gilt $\neg\mathcal{P}(A - x)$. Angenommen, $\neg\mathcal{P}(X)$ würde nicht gelten. Dann gilt $\mathcal{P}(X)$ und $X \subseteq A - x$ in Verbindung mit der Abwärtsmengen-Eigenschaft von $\mathcal{M}$ in $(2^M, \cap, \cup)$, also der Vererbung von $\mathcal{P}$ nach oben, bringt den Widerspruch $\mathcal{P}(A - x)$.

3. Aus der Invariante $Inv(A, B)$ und $B \neq \emptyset$ folgt für alle $b \in B$, dass $\mathcal{P}(A - b)$ impliziert $Inv(A - b, B - b)$ und dass $\neg\mathcal{P}(A - b)$ impliziert $Inv(A, B - b)$: Es gelte also $B \neq \emptyset$ und b sei ein beliebig gewähltes Element von B. Zuerst behandeln wir den Fall $\mathcal{P}(A - b)$. Hier bekommen wir:

$$
\begin{aligned}
&\quad Inv(A, B)\\
&\iff \mathcal{P}(A) \land B \subseteq A \land \forall\, x \in A \setminus B : \neg\mathcal{P}(A - x)\\
&\implies \mathcal{P}(A) \land B - b \subseteq A - b \land \forall\, x \in A \setminus B : \neg\mathcal{P}(A - x)\\
&\implies \mathcal{P}(A - b) \land B - b \subseteq A - b \land \forall\, x \in A \setminus B : \neg\mathcal{P}((A - b) - x)\\
&\implies \mathcal{P}(A - b) \land B - b \subseteq A - b \land \forall\, x \in (A \setminus B) - b : \neg\mathcal{P}((A - b) - x)\\
&\iff \mathcal{P}(A - b) \land B - b \subseteq A - b \land \forall\, x \in (A - b) \setminus (B - b) : \neg\mathcal{P}((A - b) - x)\\
&\iff Inv(A - b, B - b)
\end{aligned}
$$

Diese Rechnung verwendet im dritten Schritt die Gültigkeit von $\mathcal{P}(A - b)$, die Eigenschaft, dass $\neg\mathcal{P}$ nach unten vererbend ist, und $(A - b) - x \subseteq A - x$. Die Vererbung von $\neg\mathcal{P}$ nach unten folgt, analog zur Vorgehensweise im zweiten Punkt, aus der Vererbung von $\mathcal{P}$ nach oben.

Es bleibt noch der Fall zu behandeln, dass $\mathcal{P}(A - b)$ nicht gilt. Hier rechnen wir wie nachfolgend angegeben, wobei die Gültigkeit von $\neg\mathcal{P}(A - b)$ im dritten Schritt verwendet wird.

$$
\begin{aligned}
Inv(A, B) &\iff \mathcal{P}(A) \land B \subseteq A \land \forall\, x \in A \setminus B : \neg\mathcal{P}(A - x)\\
&\implies \mathcal{P}(A) \land B - b \subseteq A \land \forall\, x \in A \setminus B : \neg\mathcal{P}(A - x)\\
&\iff \mathcal{P}(A) \land B - b \subseteq A \land \forall\, x \in (A \setminus B) + b : \neg\mathcal{P}(A - x)\\
&\iff \mathcal{P}(A) \land B - b \subseteq A \land \forall\, x \in A \setminus (B - b) : \neg\mathcal{P}(A - x)\\
&\iff Inv(A, B - b)
\end{aligned}
$$

Da die Nachbedingung $\mathcal{P}(A)$ genau die Inklusionsminimalität von A in der Menge $\mathcal{M}$ beschreibt, haben wir durch die drei Eigenschaften gezeigt, dass das Programm <u>SETMIN</u> das berechnet, was wir behaupten. $\qquad\square$

Die Effizienz der Programme MAXSET und MINSET hängt entscheidend von zwei Faktoren ab, der Anzahl der Schleifendurchläufe und den Kosten zur Auswertung von $\mathcal{P}$ in jedem Schleifendurchlauf. Alle verwendeten Mengenoperationen sind bei allen gängigen Implementierungen von Mengen effizient ausführbar. Die Anzahl der Schleifendurchläufe wird durch die Kardinalität der Grundmenge M bestimmt. Um die Kosten zur Auswertung von $\mathcal{P}$ zu senken, versucht man in der Praxis, falls dies möglich ist, das Prädikat $\mathcal{P}$ „fortzuschreiben". Eine Fortschreibung von $\mathcal{P}$ besteht darin, $\mathcal{P}(A - b)$ bzw. $\mathcal{P}(A + b)$ als $\mathcal{P}(A) \wedge \mathcal{Q}(A, b)$ darzustellen, wobei $\mathcal{Q}$ ein neues Prädikat auf $2^M \times M$ ist. Da $\mathcal{P}(A)$ in beiden Programmen bei der Verifikation ein Teil der Invariante ist, kann man in einem solchen Fall in der jeweiligen Schleife den Test $\mathcal{P}(A - b)$ bzw. $\mathcal{P}(A + b)$ durch den Test $\mathcal{Q}(A, b)$ ersetzen. So eine Transformation führt natürlich nur dann zu einer Senkung der Laufzeit, wenn die Auswertung von $\mathcal{Q}$ billiger als die von $\mathcal{P}$ ist.

Nachfolgend zeigen wir, wie man mit Hilfe des Programms SETMAX einen Kern eines ungerichteten Graphen bestimmt.

7.5.3 Beispiel (Bestimmung eines Kerns) Es sei also $G = (V, K)$ ein ungerichteter Graph. Wir nehmen weiterhin an, dass eine Operation neigh zur Verfügung steht, so dass zu allen Knoten $x \in V$ durch neigh(x) die Menge der Knoten berechnet wird, die mit x durch eine Kante verbunden sind. Folglich ist $U \in 2^V$ genau dann unabhängig, falls $\mathcal{P}(U)$ gilt, wobei das Prädikat $\mathcal{P}$ auf 2^V festgelegt ist durch

$$\mathcal{P}(X) \iff \forall x \in X, \forall y \in X - x : y \notin \mathsf{neigh}(x).$$

Um das Prädikat $\mathcal{P}$ fortzuschreiben, setzen wir $A, B \in 2^V$ mit $B \neq V$ und $b \in \overline{B}$ beliebig voraus. Einfache Überlegungen zeigen dann, dass die Äquivalenz

$$\mathcal{P}(A + b) \iff \mathcal{P}(A) \wedge A \cap \mathsf{neigh}(b) = \emptyset$$

gilt. Somit erhalten wir durch eine entsprechende Instantiierung von SETMAX das folgende Programm zur Berechnung eines Kerns von G:

```
A := ∅; B := ∅;
while B ≠ V do
    b := elem(B̄);
    if A ∩ neigh(b) = ∅ then A := A + b fi;
    B := B + b od;
return A
```

Die konkrete Laufzeit dieses Programms hängt von der Implementierung der Mengen ab. Werden sie etwa durch Boolesche Vektoren dargestellt, so ist sie quadratisch in $|M|$. $\quad\square$

Zum Ende des Abschnitts demonstrieren wir noch eine Anwendung des Programms SETMIN zur Bestimmung einer minimal-gewinnenden Koalition.

7.5.4 Beispiel (Bestimmung einer minimal-gewinnenden Koalition) Gegeben sei $(S, \mathcal{G})$ als ein einfaches Spiel. Dann kann man mit Hilfe des Programms SETMIN sofort eine minimal-gewinnende Koalition berechnen, indem man A und B mit S initialisiert und $A - b \in \mathcal{G}$ als $\mathcal{P}(A - b)$ nimmt.

Bei vielen der in der Praxis zur Modellierung von beispielsweise politischen oder wirtschaftlichen Situationen verwendeten einfachen Spiele ist der Anteil der gewinnenden Koalitionen nicht klein, manchmal sind sogar 50% aller Koalitionen gewinnend. In so einem Fall ist eine explizite Angabe $(S, \mathcal{G})$ eines einfachen Spiels bei einer größeren Anzahl von Spielern nicht mehr möglich. Man beschreibt es dann in der Regel durch eine sogenannte *gewichtete Darstellung* (g, Q). Diese besteht aus einer Abbildung $g : S \to \mathbb{N}$, die jedem Spieler ein Gewicht zuordnet, und einer Quote Q. Die Menge $\mathcal{G}$ ist dann implizit definiert durch

$$\mathcal{G} := \{K \subseteq S \mid \sum_{s \in K} g(s) \geq Q\}.$$

Will man etwa eine Entscheidung einer Hauptversammlung einer Aktiengesellschaft durch ein einfaches Spiel modellieren, so ist S die Menge der Aktionäre. Die Menge $\mathcal{G}$ wird implizit durch die gewichtete Darstellung (g, Q) definiert, wobei $g(s)$ die Anzahl der Aktien ist, die s besitzt, und Q die Anzahl der Aktien ist, welche es zum Durchsetzen der Vorlage zu erreichen gilt. Im Fall der Modellierung einer Parlamentsentscheidung mit Fraktionszwang durch ein einfaches Spiel in einer gewichteten Darstellung (g, Q) ist die Spielermenge S die Menge der Fraktionen, $g(s)$ die Anzahl der Parlamentssitze der Fraktion s und Q die zu erreichende Stimmenzahl (etwa mehr als die Hälfte bei Entscheidungen mit einfacher Mehrheit).

Aus der obigen impliziten Definition der Menge $\mathcal{G}$ ergibt sich sofort, dass die Bedingung $A - b \in \mathcal{G}$ zu $(\sum_{s \in A} g(s)) - g(b) \geq Q$ äquivalent ist. Eine unmittelbare Folgerung davon ist die nachfolgend angegebene Instantiierung des Programms <u>SETMIN</u> zur Bestimmung einer minimal-gewinnenden Koalition des durch die gewichtete Darstellung (g, Q) beschriebenen einfachen Spiels $(S, \mathcal{G})$.

$$A := S; B := S;$$
$$\underline{\text{while }} B \neq \emptyset \underline{\text{ do}}$$
$$\quad b := \text{elem}(B);$$
$$\quad \underline{\text{if }} (\sum_{s \in A} g(s)) - g(b) \geq Q \underline{\text{ then }} A := A - b \underline{\text{ fi}};$$
$$\quad B := B - b \underline{\text{ od}};$$
$$\underline{\text{return }} A$$

Neben den einfachen Spielen mit einer gewichteten Darstellung gibt es als Erweiterung auch noch solche, welche durch mehrere gewichtete Darstellungen $(g_1, Q_1), \ldots, (g_n, Q_n)$ beschrieben sind. Hier wird dann festgelegt, dass

$$\mathcal{G} := \{K \subseteq S \mid \forall i \in \{1, \ldots, n\} : \sum_{s \in K} g_i(s) \geq Q_i\},$$

also eine Koalition K genau dann gewinnend ist, wenn sie in jedem der durch die gewichteten Darstellungen beschriebenen einfachen Spiele gewinnend ist. Beispielsweise kann man eine Entscheidung des UN-Sicherheitsrats durch ein einfaches Spiel modellieren, welches die Mitglieder als Spieler hat und durch zwei gewichtete Darstellungen (g_1, Q_1) und (g_2, Q_2)

beschrieben ist. Die erste gewichtete Darstellung ordnet durch g_1 den Vetomächten das Gewicht 1 und den anderen Mitgliedern das Gewicht 0 zu und hat 5 als Quote Q_1. Sie beschreibt die Forderung, dass zur Annahme eines Vorschlags alle Vetomächte zustimmen müssen. Die zweite gewichtete Darstellung ordnet durch g_2 jedem Mitglied des Sicherheitsrats das Gewicht 1 zu, hat nun aber 9 als Quote Q_2. Sie beschreibt, dass zusätzlich noch mindestens 9 Stimmen nötig sind, damit ein Vorschlag angenommen wird.

Es ist offensichtlich, wie man das obige Programm abzuändern hat, damit es für ein einfaches Spiel, das durch mehrere gewichtete Darstellungen beschrieben ist, eine minimalgewinnende Koalition bestimmt.   □

Index